Fachrechnen für Raumausstatter

Von Studiendirektor i.R. Horst Kahlert,
Frankfurt am Main
und Studienrat Michael Wild, Augsburg

4., neu bearbeitete und erweiterte Auflage
mit 433 Bildern, 144 Beispielen und
1205 Aufgaben

B. G. Teubner Stuttgart · Leipzig 1999

Die Deutsche Bibliothek – CIP-Einheitsaufnahme

Kahlert, Horst:
Fachrechnen fur Raumausstatter / von Horst Kahlert und Michael Wild. – Stuttgart ; Leipzig : Teubner
[Hauptbd.]. Mit 144 Beispielen und 1205 Aufgaben. – 4., neubearb. und erw. Aufl. – 1999
ISBN-13: 978-3-519-35901-2 e-ISBN-13: 978-3-322-83009-8
DOI: 10.1007/ 978-3-322-83009-8

Typografische Gesamtgestaltung und Satz: Peter Pfitz, Stuttgart

Vorwort

Gute Fachkenntnisse müssen heute mehr denn je durch wirtschaftliche Überlegungen und rechnerische Fähigkeiten ergänzt werden. Der Raumausstatter muss rechnen können, um die besten Maßverhältnisse festzulegen, die Werkstoffe günstig zuzuschneiden und einzusetzen, seine Arbeit einzuteilen und zum richtigen Preis zu verkaufen.

Dabei soll ihm dieses Buch helfen, das aus einer vieljährigen Berufs- und Schulpraxis entstanden ist. Nach einer kurzen Wiederholung der Grundrechenarten wird der Schüler Schritt für Schritt in das Fachrechnen eingeführt. Der Stoff wird jeweils knapp, aber klar und einprägsam gebracht und durch Beispiele erläutert. Berufsbezogene Aufgaben festigen und sichern das Erlernte.

Das Buch hat einen vereinfachten, übersichtlichen Aufbau dadurch erfahren, dass auf den linken Buchseiten stets die Theorie mit Beispielaufgaben, und auf den rechten Buchseiten eine Fülle von Aufgaben zu finden sind. Ferner finden in dieser Ausgabe die neuen Rechtschreibregeln Anwendung. Die Inhalte sind an neue Normen und Verarbeitungsvorschriften angepasst. Wir haben Übungen zum Umgang mit dem Taschenrechner aufgenommen und am Ende des Buches eine Formelsammlung angehängt.

Auf diese Weise soll das Buch der Aus- und Weiterbildung junger Menschen dienen, die im vielseitigen Bereich unseres Berufes tätig sind. Geschrieben wurde es vor allem für die Berufs- und Berufsfachschüler, doch wird es auch dem Gesellen bei der Vorbereitung auf die Meisterprüfung nützlich sein.

Wir danken allen Kollegen, die Anregungen gegeben, Wünsche geäußert und uns auf Fehler hingewiesen haben. Mit dieser Auflage hoffen wir, allem nachgekommen zu sein. Für die gute Aufnahmen des Buches danken wir allen und hoffen auch weiterhin auf gute Zusammenarbeit.

Frankfurt am Main, Januar 1999
H. Kahlert M. Wild

Bildquellenverzeichnis

Die Bilder **12.**12 bis **12.**14, **13.**9 bis **13.**14c, **13.**42, **14.**2 bis **14.**6, **18.**5 und **18.**6 zeichnete Dipl.-Ing. Karl Ludwig Pulß, Eppertshausen.

Die Bilder **9.**37, **12.**7 bis **12.**9 und **13.**5 bis **13.**7 wurden aus Jakubowski, Malerfachrechnen, entnommen.

Die Bilder **7.**5 und **10.**2 wurden aus Kahlert/Schröter, Fachkunde für Raumausstatter, entnommen.

Die restlichen Bilder stammen aus dem Verlagsarchiv.

Inhaltsverzeichnis

1 Grundlagen des Fachrechnens

1.1 Zahlen, Einheiten und Größen

Wollen Sie als Raumausstatter genau angeben wie viel ein Schaumstoffpolster wiegt, so wiegen Sie das Polster und sagen zum Beispiel: Es wiegt genau 3,4 kg. Eine genaue Angabe besteht also aus einer Zahl und der dazugehörigen Einheit. Beides zusammen wird als Größe bezeichnet.

Zahl — Einheit

3,4 kg

Größe

Es ist ausgesprochen wichtig, dass wir eine Zahl immer mit ihrer dazugehörigen Einheit benennen, denn es können nur Zahlen mit gleichen Einheiten miteinander verrechnet werden:

3,4 kg + 12,8 kg + 7,5 kg = 23,7 kg, nicht aber:

12,6 kg + 4,9 km + 2,2 cm = ??? (verschiedene Einheiten)

Die Verwendung der Einheiten ist festgelegt:

Größe	Formelzeichen	Einheit	Formelzeichen	Beispiel
Länge	l	Meter	m	Länge l = 3,22 m
Breite	b	Meter	m	Breite b = 12,01 m
Höhe	h	Meter	m	Höhe h = 2,62 m
Radius	r	Meter	m	Radius r = 0,13 m
Durchmesser	d	Meter	m	Durchmesser d = 0,67 m
Sehne	s	Meter	m	Sehne s = 1,1 m
Bogenlänge	b	Meter	m	Bogenlänge b = 0,68 m
Winkel	α, β, γ	Grad	°	Winkel α = 45°
Umfang	U	Meter	m	Umfang U = 4,23 m
Fläche	A	Quadratmeter	m^2	Fläche A = 164 m^2
Mantelfläche	M	Quadratmeter	m^2	Mantelfläche M = 2,74 m^2
Oberfläche	O	Quadratmeter	m^2	Oberfläche O = 5,7 m^2
Volumen	V	Kubikmeter	m^3	Volumen V = 0,789 m^3
Masse	m	Kilogramm	kg	Masse m = 17 kg
Dichte	p	Kilogramm pro Kubikmeter	kg/m^3	Dichte p = 35 kg/m^3
Zeit	t	Sekunden	s	Zeit t = 12 s
Währung	–	Deutsche Mark	DM	Preis = 12,77 DM

1.2 Konstante

Konstante Zahlen haben einen festen Wert, sie sind also nicht veränderbar. Für den Raumausstatter ist nur eine Konstante von Bedeutung: die Kreiszahl π. Man benötigt sie zur Berechnung von Kreisen, Ellipsen und Kugeln. Konstante Zahlen haben keine Einheiten.

$\pi = 3{,}141592654\ ...$, für unsere Rechnungen genügt, wenn wir mit $\pi = 3{,}14$ rechnen.

1.3 Variable

Variablen sind Buchstaben, die in Rechnungen an Stelle einer Zahl stehen. Sie werden hautsächlich in Formeln angewandt:

Hier sind A, l und b Variable.

Variable haben keine Einheiten.

Fläche = Länge · Breite

$$A = l \cdot b$$

Variable

Alle Rechenregeln gelten auch für Variable. Kommt eine Variable in einer Rechnung mehrmals vor, so darf man das Malzeichen zwischen der Beizahl und der Variablen weglassen:

$$U = l + l + b + b \quad \Rightarrow \quad U = 2 \cdot l + 2 \cdot b \quad \Rightarrow \quad U = 2l + 2b$$

1.4 Runden von Dezimalzahlen

Bei der Lösung von Rechenaufgaben ergibt sich das Problem, dass ein Ergebnis mehr Nachkommastellen aufweist, als notwendig ist. Es muss also durch Auf- oder Abrunden die Anzahl der Nachkommastellen verändert werden. Werden keine anderen Angaben gemacht, so haben sich die folgenden Genauigkeiten bewährt:

Einheit	Formelzeichen	Nachkommastellen	Beispiel
Zentimeter	cm	1	4,8 cm
Meter	m	2	3,12 m
Quadratzentimeter	cm^2	2	7,24 cm^2
Quadratmeter	m^2	2	9,05 m^2
Kubikzentimeter	cm^3	2	4,94 cm^3
Kubikmeter	m^3	3	6,931 m^3
Kilogramm	kg	3	5,837 kg
Deutsche Mark	DM	2	4,88 DM

Beim Runden betrachtet man die Zahl, die nach der letzten notwendigen Nachkommastelle steht.

1. Steht hinter der Rundungsstelle die Zahl 0 bis 4, so wird abgerundet:

   94,734 m^2 wird abgerundet zu 94,73 m^2

2. Steht hinter der Rundungsstelle die Zahl 5 bis 9, so wird aufgerundet:

   14,638 m^2 wird aufgerundet zu 14,64 m^2

1.5 Systematisches Lösen von Rechnungen

Wenn der Raumausstatter einen Polstersessel herstellt, dann geht er nach bestimmten Schritten vor. Er hat ein Schema, ein Denk- und Handlungsmuster im Kopf, nach dem er vorgeht.

Beim Lösen von Rechenaufgaben ist es sehr sinnvoll, auch nach einem bestimmten Muster vorzugehen. Die folgenden Schritte geben ein bewährtes System wieder:

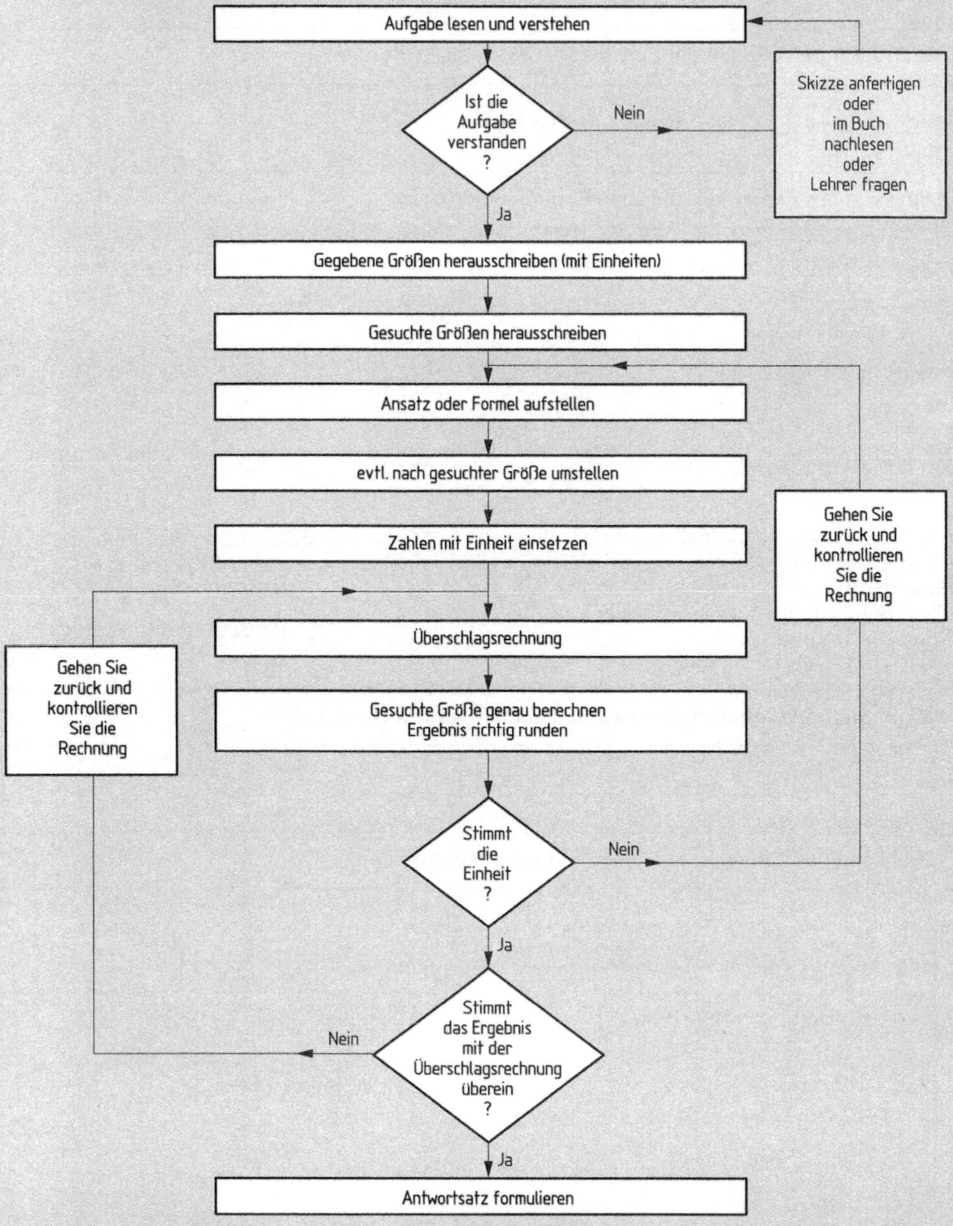

2 Grundrechenarten

2.1 Addition

Addieren heißt Zusammenzählen von Zahlen. Die einzelnen Zahlen heißen Summanden, das Ergebnis wird als Summe bezeichnet.

17 + 12 = 29

Summand Summand Summe

> Beim Addieren können die Summanden vertauscht werden.

Beispiel 10 + 5 + 8 = **23** genauso aber: 8 + 10 + 5 = **23**

> Man kann nur Zahlen mit gleichen Einheiten addieren.

Beispiele

5,658 kg	*Die Einheit der Summanden ist auch*
+ 9,259 kg	*die Einheit der Summe.*
14,917 kg	

7,56 m^2	*Verschiedene*
+ 2,26 m	*Einheiten!*
xxxxxxxxxx	

2.2 Subtraktion

Subtrahieren ist das Abziehen von Zahlen. Die Zahl, von der abgezogen wird, heißt Minuend, die Zahlen, die abgezogen werden, heißen Subtrahenden, das Ergebnis wird als Differenz bezeichnet.

5325,980	Minuend
– **48,171**	Subtrahend
– **2493,000**	Subtrahend
2784,809	Differenz

> Beim Subtrahieren dürfen die Zahlen nicht vertauscht werden.

Beispiel 58 – 20 – 13 = **25** aber: 13 – 58 – 20 = **– 63**

> Man kann nur Zahlen mit gleichen Einheiten subtrahieren.

Beispiele

8, 658 kg	*Die Einheit der Summanden ist auch*
– 2,259 kg	*die Einheit der Summe.*
6,399 kg	

7,56 m^2	*Verschiedene*
– 2,26 m	*Einheiten!*
xxxxxxxxxx	

Aufgaben zu Abschnitt 2.1

1. 153 + 24 + 1350 + 7 =
2. 5,7 kg + 3200 kg + 100,01 kg + 17,235 kg =
3. 25,30 DM + 743 DM + 3,41 DM + 1000,05 DM =
4. 300,04 l + 78,68 l + 3,7 l + 997,02 l + 3876,1 l =
5. 3 m + 28,7 m + 235 m + 77,03 m + 0,08 m =
6. 4728 cm + 3807 cm + 851 cm + 663 cm + 83 cm =
7. 0,5 m + 35,9 m + 870,3 m + 647,2 m + 6,7 m =
8. 206,54 kg + 85,60 kg + 122,53 kg + 9,12 kg =
9. 16,99 m^2 + 25,04 m^2 + 9,85 m^2 + 28,63 m^2 =
10. 2955,– DM + 834,90 DM + 306,72 DM + 90,61 DM =
11. 12 m + 6,07 m + 8,94 m + 37,25 m + 5,81 =
12. Sie haben 40,50 DM gespart. Zum Geburtstag bekommen Sie einen Hundertmarkschein. Im Fußballtoto gewinnen Sie 33,25 DM. Von Ihren Freund erhalten Sie 7,85 DM geliehenes Geld zurück. Wie viel DM haben sie nun?
13. Von einem Dekorationsstoff brauchen Sie 4,45 m für die Wand, 2,18 m für einen Schal und 7 m für eine Möbelverkleidung. Es bleiben noch 13,75 m übrig. Wie viel Dekorationsstoff waren es ursprünglich?
14. Sie fahren mit dem Meister zum Arbeitsplatz. Das Auto hat ein Leergewicht von 800 kg. Der Meister wiegt 77,5 kg, Sie selbst 61,25 kg. Außerdem haben Sie Werkzeug und Werkstoffe von zusammen 23,455 kg dabei. Wie hoch ist das Gesamtgewicht des Fahrzeugs?
15. Ein Raum wird mit Teppich ausgelegt. Sie brauchen 25,5 m^2. Hinzu kommen zwei Nischen von 1,225 m^2 und einem halben m^2, schließlich noch einen Erker mit genau 3 m^2. Wie viel m^2 Teppich brauchen Sie insgesamt?
16. Der Geschaftswagen ist zur Inspektion, der Meister bittet Sie, mit Ihrem Wagen gegen Bezahlung der gefahrenen km Fahrten zu unternehmen. Sie schreiben folgende km-Strecken auf: 14,7 km, 0,9 km, 22,3 km, 2,9 km und 116 km. Wie viel km sind Sie insgesamt für den Meister gefahren?

Aufgaben zu Abschnitt 2.2

17. 4867 – 217 – 33 – 1008 =
18. 2370,50 DM – 41 DM – 120,40 DM – 0,35 DM =
19. 4325,435 kg – 21,5 kg – 7 kg – 2144,003 kg =
20. 34,70 m – 13 m – 6,25 m – 3,2 m – 4 m =
21. 74,245 l – 1,25 l – 64 l – 3,275 l – 2,04 l =
22. 839 kg – 523,9 kg – 22,04 kg – 79,21 kg =
23. 1635,70 DM – 458,92 DM – 68,03 DM – 296 DM =
24. 60,00 m – 28,90 m – 3,52 m – 14,33 m – 13,25 m =
25. 19,50 l – 4,80 l – 5,17 l – 8,39 l =
26. 135,80 m^2 – 37,5 m^2 – 28,3 m^2 – 33,67 m^2 – 19,83 m^2 =
27. Vom Kontobestand 4597,32 DM lassen Sie zwei Rechnungen von 1786,09 DM und 43 DM abbuchen. Durch Barscheck holen Sie selbst 1525 DM ab. Wie viel DM bleiben auf dem Konto?
28. Von einem Dekorationsstoff haben Sie 26,5 m. Was bleibt, wenn Sie ein Stück von 7,45 m, ein zweites von 3,2 m und ein drittes von 11 m verbrauchen?
29. Insgesamt wurden 92,30 m Sockelleisten verlegt. Im Wohnzimmer 41,95 m, im Schlafzimmer 28,3 m. Wie viel wurden im Bad verlegt?
30. Ein rechteckiger Raum erhält einen Bodenbelag. Von den 36,5 m^2 Fläche fallen 1,20 m^2 durch den Ofen, 2 m^2 durch eine Blumenbank und ein halber Quadratmeter durch eine Säule weg. Wie viel m^2 verlegen Sie insgesamt?
31. Von einem flüssigen Kleber verbrauchen Sie am ersten Tag 2,55 kg, am zweiten Tag 4,7 kg, am dritten 8 kg. Wie viel können Sie am vierten Tag verbrauchen, wenn es ursprünglich 19,5 kg Kleber waren?
32. Verlegen von Teppichbodenfliesen. Das Wohnzimmer erfordert 26,32 m^2, der Flur 12,87 m^2, das Schlafzimmer 20,45 m^2. Wie viel m^2 Fliesen bleiben übrig, wenn insgesamt 70 m^2 geliefert wurden?
33. Der Meister erhält von einem Tapetenfachhändler folgende Rechnungen: 725,80 DM; 912,50 DM; 1298,30 DM. Er hat ein Guthaben von 1356,98 DM. Wie viel muss er überweisen?

2.3 Multiplikation

Multiplizieren heißt Malnehmen von Zahlen. Die Zahlen, die dabei multipliziert werden, heißen Faktoren, das Ergebnis heißt Produkt.

$$\underbrace{37}_{\text{Faktor}} \cdot \underbrace{23}_{\text{Faktor}} = \underbrace{851}_{\text{Produkt}}$$

> Beim Multiplizieren können die Faktoren vertauscht werden.

Beispiel $17 \cdot 19 = 323$ genauso aber $19 \cdot 17 = 323$

> Wird eine Zahl mit einer Größe multipliziert, so bleibt die Einheit erhalten.

Beispiel $5 \cdot 7{,}2 \text{ kg} = 36 \text{ kg}$

> Werden Größen miteinander multipliziert, so trägt das Ergebnis als Einheit der Produkte der Einzelheiten.

Beispiel $3{,}2 \text{ m} \cdot 4{,}8 \text{ m} \cdot 2{,}6 \text{ m} = 39{,}936 \text{ m}^3$ (Erklärung: $\text{m} \cdot \text{m} \cdot \text{m} = \text{m}^3$)

2.4 Division

Dividieren heißt Teilen von Zahlen. Die zu teilende Zahl (Dividend) wird durch den Teiler (Divisor) geteilt. Das Ergebnis ist der Quotient.

$$768 : 32 = 24$$
$$\text{Dividend} : \text{Divisor} = \text{Quotient}$$

> Beim Dividieren können die Faktoren nicht vertauscht werden.

Beispiel $28 : 7 = 4$ aber: $7 : 28 = 0{,}25$

> Wird eine Größe durch eine Zahl geteilt, bleibt die Einheit der Größe erhalten.

Beispiel $105{,}85 \text{ kg} : 7 = 15{,}12 \text{ kg}$

> Werden zwei gleiche Größen geteilt, hat das Ergebnis keine Einheit.

Beispiel $69 \text{ kg} : 23 \text{ kg} = 3$

> Werden unterschiedliche Einheiten geteilt, hat das Ergebnis als Einheit den Quotient der Einheiten von Dividend und Divisor.

Beispiel $38 \text{ kg} : 1{,}2 \text{ m}^3 = 31{,}67 \text{ kg/m}^3$

Aufgaben zu Abschnitt 2.3

1. 27 · 52 =
2. 62,7 · 33,8 DM =
3. 83,66 kg · 53,01 · 70,32 =
4. 168 m · 396 m =
5. 1264 · 21 cm =
6. 53 · 7,02749 =
7. 476,384 DM · 92 =
8. 0,006 kg · 0,0038 m^2 =
9. 3,09 · 0,06 =
10. 522,23 m · 2,45 m · 95 m =
11. 0,46 m · 2,89 m =
12. 70,3 cm · 6,22 =
13. 369 mm · 24 =
14. Eine Fußbodenleiste ist 4,50 m lang. Wie lang sind 12 Leisten?
15. Eine Rolle Velours-Teppichboden wiegt 134 kg. Wie schwer ist der Lieferwagen bei 3 Rollen beladen?
16. Ein Eimer Dispersionsfarbe kostet 23,84 DM. Wie viel kosten 9 Eimer?
17. Der Stundenlohn eines Raumausstatters beträgt 19,52 DM. Wie viel verdient er
    a) an einem Tag mit 8 Stunden?
    b) in einer Woche mit 40 Stunden?
    c) in einem Monat mit 168 Stunden?
18. Der Preis für Nadelvlies-Bodenbelag beträgt 13,00 DM pro m^2. Wie viel muss der Kunde für 37,6 m^2 bezahlen?
19. Ein Geselle hat von einer Teppichbodenrolle 6 Stücke zu je 4,85 m Länge abgeschnitten. Wie viel m muss er auf die Rechnung setzen?

Aufgaben zu Abschnitt 2.4

20. 58613 : 93 =
21. 537,3 : 85 =
22. 70,3 m^2 : 86,19 =
23. 75 DM : 15 =
20. 9,650 m : 35 m =
24. 18,41 l : 6,004 =
25. 35 kg : 0,0072 =
26. 6672,46 DM : 396,76 =
27. 10,03 m^2 : 45,7 =
28. 6835 kg : 69 m^3 =
29. 45,89 kg : 1,37 m^3 =
30. 16,73 kg : 25,7 m^2 =
31. 8492 g : 279 =
32. 3816,12 DM : 27 =
33. 46,03 m^2 : 17,45 m^2 =
34. Ein Flur im Hotel ist 32 m lang. Wie viel Fußbodenleisten zu 4,50 m Länge werden benötigt?
35. Eine Rolle Berber misst 88 m Länge.
    a) Wie viel Bahnen zu 4,60 m Länge können herausgeschnitten werden?
    b) Wie lange ist das Reststück?
36. Unser Raumausstattermeister bezahlt für seine Werkstatträume 4688,64 DM Miete im Monat. Alle Räume zusammen ergeben eine Grö- von 243 m^2. Wie viel muss er also pro m^2 bezahlen?
37. 88 l Dispersionsfarbe kosten 776,16 DM. Was kostet ein Liter?
38. Für eine Tapezierarbeit werden 420 g Kleister pro m^2 benötigt. Für wie viel m^2 reicht ein Päckchen mit 5000 g?
39. Eine Europarolle Tapete ist 10,05 m lang. Wie viele Rapporte der Höhe 42 cm passen auf diese Rolle?
40. Zwei Gesellen verdienen im Monat 3992 DM. Wie viel verdient jeder von ihnen?
41. Eine Rauhfaserrolle misst 33,00 m Länge. Wie viele Bahnen der Länge 2,62 m können herausgeschnitten werden.
42. 16 Rollen Tapete kosten 452,– DM. Wie viel kostet eine Rolle?
43. Eine Gesellin näht in 12 Stunden 18 Kissen. Wie viel schafft sie in einer Stunde?

2.5 Verbindung der Grundrechenarten

Beim Rechnen des Raumausstatters kommen oft die Grundrechenarten miteinander in einer Aufgabe vor. Um ein richtiges Ergebnis zu erhalten, muss man wissen, dass Multiplikation und Division (Punktrechnungen) vorrangig vor Addition und Subtraktion (Strichrechnungen) ausgeführt werden müssen.

> Punktrechnung geht vor Strichrechnung.

Beispiel Drei Raumaustatterinnen verlegen zusammen Auslegeware in einer Schule. Wie viel m^2 hat jede Raumaustatterin verlegt?

Velours	Schlinge	Nadelvlies
381 m^2	294 m^2	345 m^2

Aufgabe	$381\ m^2 : 3 + 294\ m^2 : 3 + 345\ m^2 : 3 =$
1. Punktrechnung	$\underbrace{381\ m^2 : 3} + \underbrace{294\ m^2 : 3} + \underbrace{345\ m^2 : 3} =$
2. Strichrechnung	$127\ m^2 + 98\ m^2 + 115\ m^2 =$ **340 m^2**

2.6 Klammerrechnen

Klammern haben in Rechnungen die Aufgabe, die Zahlen zu kennzeichnen, die vor allen anderen berechnet werden müssen. Sie bestimmen also die Reihenfolge der Rechnung.

> Klammern werden immer zuerst berechnet.

Beispiel

Aufgabe	$(12{,}4\ m + 8{,}6\ m) \cdot (3{,}8\ m + 7{,}1\ m) =$
1. Klammerrechnung	$\underbrace{(12{,}4\ m + 8{,}6\ m)} \cdot \underbrace{(3{,}8\ m + 7{,}1\ m)} =$
2. Multiplizieren	$21{,}0\ m \cdot 10{,}9\ m =$ **31,9 m**

> Sind verschieden Klammern in einer Rechnung vorhanden, so gilt: zuerst die runden Klammern, dann die eckigen Klammern, zuletzt die geschweiften Klammern.

Beispiel

Aufgabe	$\{8 \cdot [(14 - 7) \cdot 1{,}2 + 9] - [17 \cdot 4 - (36 - 24)]\} \,.\, 2 =$
1. Runde Klammern	$\{8 \cdot [\ 7 \cdot 1{,}2 + 9] - [17 \cdot 4 - 12\ ]\} \,.\, 2 =$
2. Punkt vor Strich	$\{8 \cdot [\ 8{,}4 + 9] - [\ 68 - 12\ ]\} \,.\, 2 =$
3. Eckige Klammern	$\{8 \cdot 17{,}4 - 56\ \} \,.\, 2 =$
4. Geschweifte Klammern	$83 \,.\, 2 =$
5. Punktrechnung	$83 \,.\, 2 =$ **166,4**

Aufgaben zu Abschnitt 2.5

1. $19 + 2 \cdot 5 =$
2. $12 : 4 + 7 =$
3. $12{,}80 + 4 \cdot 5{,}9 - 3 =$
4. $25{,}7 - 17 + 5 \cdot 3 =$
5. $33 : 9 + 7 : 9 =$
6. $25{,}5 \cdot 3 + 23{,}5 \cdot 2 - 70{,}5 : 3 =$
7. $1{,}42\ m \cdot 2 \cdot 2{,}262 + 2{,}45\ m \cdot 3 =$
8. $7{,}00\ m + 3{,}5\ m - 6{,}12\ m : 4 =$
9. $0{,}5 \cdot 3{,}14 \cdot 0{,}30\ m \cdot 0{,}30\ m - 0{,}5 \cdot 3{,}14 \cdot 0{,}15 \cdot 0{,}15 =$
10. $3{,}90\ m \cdot 4{,}60\ m + 3{,}50\ m \cdot 4{,}90\ m + 1{,}75\ m \cdot 1{,}38\ m =$
11. $80\ cm : 2 \cdot 13\ cm + 58\ cm : 2 \cdot 13\ cm - 42\ cm : 3 \cdot 13\ cm =$
12. $12 \cdot 4{,}23\ DM + 16 \cdot 7{,}41\ DM =$
13. $4 \cdot 26{,}25\ DM + 7 \cdot 15{,}37\ DM + 9 \cdot 44{,}98\ DM + 8 \cdot 2{,}65\ DM + 17 \cdot 8{,}00\ DM - 33{,}12\ DM.$
14. $1890\ g : 28 + 2682\ g : 33 - 548\ g : 17 =$
15. $26{,}89\ DM \cdot 7 + 8{,}44\ DM \cdot 3 + 19{,}69\ DM \cdot 5 =$
16. Ermitteln Sie die Lohnkosten:
    12 Meisterstunden zu 24,82 DM,
    28 Gesellenstunden zu 18,59 DM,
    4 Näherinnenstunden zu 14,65 DM.
17. Ermitteln Sie den Rechnungsbetrag :
    36 Rollen Rauhfaser (9,99 DM),
    8 Päckchen Kleister (4,33 DM),
    1 Satz Pinsel (9,15 DM),
    Spachtelmasse (12,00 DM),
    1 Japanspachtel (2,50 DM).
18. Ermitteln Sie den Rechnungsbetrag:
    Boden verlegen 245 m^2 (7,15 DM),
    Boden spachteln 245 m^2 (4,88 DM),
    Boden säubern pauschal 60,00 DM,
    Velours 245 m^2 (23,65 DM),
    Bodenkleber 3 Eimer (45,00 DM),
    Spachtelmasse 4 Eimer (19,30 DM).
19. Der neue Geselle hat in dieser Woche 42 Stunden gearbeitet. Er verdient 18,66 DM pro Stunde. Dazu kommen Sonderzulagen für vier Stunden von je 12,55 DM. Was hat er in dieser Woche insgesamt verdient ?

Aufgaben zu Abschnitt 2.6

20. $(26 + 7) \cdot 3 =$
21. $(28{,}6 - 5{,}8) \cdot 6 =$
22. $(18{,}963\ kg - 11{,}735\ kg) : 4 =$
23. $8 \cdot (13{,}99\ m^2 + 12{,}05\ m^2) =$
24. $(19{,}4\ m - 6{,}6\ m) \cdot (3{,}9\ m + 1{,}0\ m) =$
25. $4 \cdot (2{,}12\ m - 3{,}99\ m) =$
26. $(1{,}2 + 3{,}6) : (2{,}7 - 1{,}3) =$
27. $126{,}42\ m^2 - (12{,}30\ m^2 + 7\ m^2) =$
28. $225\ kg - (13\ kg + 11\ kg + 8\ kg) =$
29. $(24\ m + 45\ m) \cdot (9\ m + 17\ m) =$
30. $4 \cdot (4{,}20\ m + 5{,}80\ m) : 2 =$
31. $(4{,}05\ m + 3{,}88\ m + 1{,}70\ m + 2{,}88\ m + 1{,}00 m + 2{,}05\ m) \cdot 2{,}65\ m =$
32. $5{,}40\ m + 2{,}90\ m + (1{,}90\ m + 1{,}20\ m \cdot 2) \cdot 5{,}20\ m + 1{,}80\ m \cdot 1{,}60\ m =$
33. $7 \cdot (0{,}85\ m + 2 \cdot 0{,}15\ m) \cdot (1{,}68\ m + 0{,}94\ m) =$
34. $(2{,}25\ m + 3{,}65\ m + 2{,}12\ m) \cdot 2{,}42\ m + (1{,}99\ m + 8{,}17\ m + 4{,}63\ m) \cdot 2{,}65\ m =$
35. $6 \cdot 45\ m^2 + (4{,}77\ m \cdot 6{,}37\ m) : 3 + (6{,}12\ m \cdot 2{,}99\ m) \cdot 4 =$
36. $98\ m^2 - [3{,}95\ m^2 \cdot (3{,}30\ m^2 + 1{,}80\ m^2) + 2{,}00\ m^2 \cdot 3] \cdot 1{,}5 + (2{,}21\ m^2 + 1{,}17\ m^2) \cdot 3 =$
37. $5 \cdot [(70\ kg - 6 \cdot 5\ kg) \cdot 1{,}8 - 398\ kg : 24 + 3 \cdot 22\ kg] =$
38. Schreiben Sie die Ansätze mit Klammern

    a) Von der Wandfläche 289,66 m^2 sollen abgezogen werden: 5,22 m^2, 16,95 m^2, 23,83 m^2, 4,53 m^2. Wie groß ist die zu tapezierende Fläche?

    b) Von einer Rechnung über 1799,50 DM sind folgende Beträge bereits bezahlt: 377,30 DM, 600,00 DM und 158,42 DM. Wie hoch ist der Restbetrag?

2.7 Bruchrechnen

Ein Bruch ist ein Teil eines Ganzen. So ist $\frac{1}{2}$ die Hälfte von 1, nämlich 1:2. Der Bruchstrich hat also im Rechnen dieselbe Bedeutung wie der Doppelpunkt.

Kürzen oder erweitern lassen sich Brüche, indem man Zähler *und* Nenner durch die gleiche Zahl dividiert bzw. mit der gleichen Zahl multipliziert. Der Wert des Bruchs ändert sich dadurch nicht.

Beispiele $\frac{21}{28}$ gekürzt (geteilt) durch 7 $= \frac{21}{28}\frac{3}{4} = \mathbf{\frac{3}{4}}$

$\frac{2}{3}$ erweitert (multipliziert) mit 9 $= \mathbf{\frac{21}{28}}$

Addition von Brüchen. Jeder einzelne Bruch muss erst durch Erweiterung auf den gleichen Nenner (Hauptnenner oder kgV = kleinstes gemeinsames Vielfaches) gebracht werden. Das Ergebnis sind gleichnamige Brüche.

Beispiel $\frac{3}{4} + \frac{2}{7} = \frac{21}{28} + \frac{8}{28} = \frac{21+8}{28} = \mathbf{1\frac{1}{28}}$

Bei der Subtraktion von Brüchen ist ebenfalls Gleichnamigkeit Voraussetzung. Ganze Zahlen müssen dabei gegebenfalls in Brüche verwandelt werden.

> Addieren und subtrahieren kann man nur gleichnamige Brüche. Ungleichnamige Brüche müssen vorher durch Erweitern gleichnamig gemacht werden.

Beispiel $3\frac{3}{4} - \frac{1}{6} - \frac{5}{12} = \frac{15}{4} - \frac{1}{6} - \frac{5}{12} = \frac{45-2-5}{12} = \frac{38}{12} = \mathbf{3\frac{1}{6}}$

Für die Multiplikation von Brüchen gibt es eine einfache Regel: Zähler mal Zähler, Nenner mal Nenner. Auch ungleichmäßige Brüche kann man so ohne weiteres miteiander multiplizieren.

Beispiel $\frac{4}{7} \cdot \frac{1}{5} \cdot 1\frac{3}{4} = \frac{4 \cdot 1 \cdot 7}{7 \cdot 5 \cdot 4} = \frac{28}{140} = \mathbf{\frac{1}{5}}$

Man dividiert einen Bruch durch einen zweiten Bruch, indem man ihn mit dem Kehrwert des zweiten Bruches multipliziert. Auch dabei müssen ganze Zahlen vorher in Brüche verwandelt werden.

Beispiel $\frac{2}{3} : 2\frac{4}{5} = \frac{2}{3} \cdot \frac{5}{14}$ (Kehrwert) $= \frac{10}{42} = \mathbf{\frac{5}{21}}$

Aufgaben zum Kürzen und Erweitern von Brüchen

1. Kürzen Sie die folgenden Brüche:

a) $\frac{44}{88}$

b) $\frac{27}{33}$

c) $\frac{13}{36}$

d) $\frac{125}{625}$

e) $\frac{81}{135}$

f) $\frac{365}{730}$

2. Erweitern Sie die folgenden Brüche:

a) $\frac{9}{13}$ mit 7

b) $\frac{5}{7}$ mit 13

c) $\frac{3}{4}$ mit 17

d) $\frac{1}{6}$ mit 9

e) $\frac{35}{37}$ mit 6

f) $\frac{97}{99}$ mit 12

3. Erweitern Sie die Brüche so, dass der Nenner immer 120 gibt.

a) $\frac{1}{2}$

b) $\frac{3}{4}$

c) $\frac{3}{5}$

d) $\frac{5}{6}$

e) $\frac{3}{8}$

f) $\frac{3}{10}$

g) $\frac{14}{15}$

h) $\frac{23}{24}$

i) $\frac{19}{60}$

j) $\frac{17}{12}$

Aufgaben zur Addition und Subtraktion von Brüchen

4. $\frac{2}{3} + \frac{3}{4}$

5. $\frac{1}{2} - \frac{1}{3}$

6. $1\frac{2}{5} + 2\frac{3}{10} - 1\frac{3}{5}$

7. $2\frac{1}{4} - \frac{5}{8} + 3$

8. $4\frac{5}{6} + \frac{2}{3} - \frac{1}{8}$

9. $\frac{4}{9} + 3\frac{2}{3} - 1\frac{1}{6} - \frac{5}{18}$

10. Sie haben $18\frac{1}{2}$ m Dekorationsstoff und verbrauchen davon $2\frac{3}{4}$ m, $4\frac{4}{5}$ m und einen halben Meter. Wie viel Meter bleiben?

11. $\frac{3}{5} + \frac{7}{10} + \frac{9}{20}$

12. $1\frac{3}{9} - \frac{2}{3} + 6$

Aufgaben zur Multiplikation und Division von Brüchen

13. $\frac{1}{2} \cdot \frac{3}{4}$

14. $1\frac{2}{3} \cdot 2\frac{1}{6}$

15. $3\frac{4}{5} \cdot \frac{2}{7}$

16. $\frac{2}{3} : \frac{5}{6}$

17. $\frac{6}{7} \cdot \frac{3}{14} \cdot \frac{7}{14}$

18. $3\frac{1}{3} \cdot 4\frac{1}{4} \cdot 6$

19. $\frac{9}{13} : 1\frac{4}{7}$

20. $4\frac{1}{2} : 3\frac{2}{5}$

21. $2\frac{3}{4} \cdot 3\frac{1}{8} : \frac{5}{12}$

22. $\frac{5}{7} : 1\frac{3}{8} \cdot 3\frac{2}{7}$

23. $9\frac{4}{7} : \frac{12}{2}$

24. $\frac{3}{8} : \frac{6}{15}$

25. $3\frac{1}{8} \cdot 2\frac{2}{3} : 2\frac{3}{5}$

26. $5\frac{3}{4} \cdot 6\frac{2}{3} : 3\frac{1}{5}$

27. $4\frac{1}{7} \cdot 3\frac{3}{4} : 1\frac{2}{3}$

28. $12\frac{2}{3} \cdot \frac{4}{5} : 7\frac{1}{4}$

29. $2\frac{5}{8} : 6\frac{3}{4} \cdot 7\frac{1}{2}$

30. $9\frac{2}{3}\,m^2 : 2\frac{3}{4} \cdot 5$

2.8 Potenzieren

Eine Potenz ist die vereinfachte Schreibweise für die Multiplikation gleicher Faktoren.
Basis und Exponent zusammen werden als Potenz bezeichnet.

$$6^4 = 1296$$

Basis Exponent Potenzwert

(gelesen: sechs hoch vier)

Beispiel $6 \cdot 6 \cdot 6 \cdot 6 = 6^4 = \mathbf{1296}$

Der Exponent gibt an, wie oft die Basis mit sich selbst multipliziert wird.

Beispiele

$3^1 = \mathbf{3}$
$3^2 = 3 \cdot 3 = \mathbf{9}$
$3^3 = 3 \cdot 3 \cdot 3 = \mathbf{27}$
$3^4 = 3 \cdot 3 \cdot 3 \cdot 3 = \mathbf{81}$
$3^5 = 3 \cdot 3 \cdot 3 \cdot 3 \cdot 3 = \mathbf{243}$

$5^1 = \mathbf{5}$
$5^2 = 5 \cdot 5 = \mathbf{25}$
$5^3 = 5 \cdot 5 \cdot 5 = \mathbf{125}$
$5^4 = 5 \cdot 5 \cdot 5 \cdot 5 = \mathbf{625}$
$5^5 = 5 \cdot 5 \cdot 5 \cdot 5 \cdot 5 = \mathbf{3125}$

In Handwerksberufen hat sich die Sprechweise der Exponenten 2 und 3 folgendermaßen eingebürgert:
m^2 = Quadratmeter; cm^2 = Quadratzentimeter; m^3 = Kubikmeter usw.

2.9 Radizieren (Wurzel ziehen)

Das umgekehrte Verfahren des Potenzierens ist das Radizieren (Wurzel ziehen).
Die Quadratwurzel einer Zahl *x* ist also der Wurzelwert, der mit sich selbst multipliziert wieder die Zahl *x* ergibt.

$$\sqrt{9} = 3$$

Quadratwurzel Wurzelwert

Beispiel $\sqrt{9}$ (Radikant) = 3 (Wurzelwert), denn $3 \cdot 3 = 9$

In unserem Beruf haben wir es nur mit Quadratwurzeln ($\sqrt[2]{\ }$) zu tun. Dabei verzichtet man auf die Schreibung des Exponenten 2 und schreiben einfach $\sqrt{\ }$. Bei der 3., 4., 5. usw. Wurzel muss natürlich der Exponent geschrieben werden ($\sqrt{\ }$, aber $\sqrt[3]{\ }$, $\sqrt[4]{\ }$ usw.). Die Wurzelwerte können wir schriftlich berechnen oder aus Tabellen entnehmen.

Das Wurzelzeichen hat Klammerbedeutung. Deshalb müssen wir Berechnungen unter dem Wurzelzeichen *vor* dem Radizieren ausführen.

Beispiel $\sqrt{9 + 25} = \mathbf{\sqrt{34}}$

Bei Brüchen werden Zähler und Nenner getrennt radiziert.

Beispiel $\sqrt{\frac{9}{25}} = \frac{\sqrt{9}}{\sqrt{25}} = \mathbf{\frac{3}{5}}$

Aufgaben zum Potenzieren

Berechnen Sie die Prozentwerte.

1. 2^2
2. 2^3
3. 2^4
4. 2^5
5. 3^2
6. 3^3
7. 3^4
8. 3^5
9. 10^2
10. 10^3
11. 10^4
12. 10^5
13. 10^8
14. 6^2
15. 7^2
16. 8^2
17. 9^2
18. 12^2
19. 15^2
20. 20^2
21. $2{,}1^2$
22. $2{,}5^2$
23. $3{,}9^2$
24. $4{,}41^2$
25. $6{,}63^2$
26. $8{,}51^2$
27. $0{,}1^2$
28. $0{,}5^2$
29. $0{,}04^2$
30. $0{,}003^2$
31. $3 \cdot 6^2$
32. $5 \cdot 13{,}2^2 + 7$
33. $9^2 : 27 + 7 \cdot 3^2$

Berechnen Sie die Werte in Potenzen.

34. $2 \cdot 2 \cdot 2$
35. $3 \cdot 3 \cdot 3 \cdot 3$
36. $18 \cdot 18 \cdot 18 \cdot 18 \cdot 18 \cdot 18$
37. $0{,}5 \cdot 0{,}5 \cdot 0{,}5 \cdot 0{,}5$
38. $0{,}02 \cdot 0{,}02 \cdot 0{,}02$
39. m · m
40. m · m · m
41. dm · dm
42. cm · cm · cm
43. $a \cdot a \cdot a \cdot a \cdot a \cdot a$
44. mm · mm
45. mm · mm · mm
46. 1,17 dm · 117 dm · 117 dm
47. 0,5 m · 0,5 m

Aufgaben zum Radizieren (Wurzel ziehen)

Berechnen Sie die Quadratwurzeln.

48. $\sqrt{9}$
49. $\sqrt{16}$
50. $\sqrt{25}$
51. $\sqrt{36}$
52. $\sqrt{49}$
53. $\sqrt{64}$
54. $\sqrt{81}$
55. $\sqrt{100}$
56. $\sqrt{121}$
57. $\sqrt{144}$
58. $\sqrt{2025}$
59. $\sqrt{5625}$
60. $\sqrt{7396}$
61. $\sqrt{104976}$
62. $\sqrt{169744}$
63. $\sqrt{25 + 17 + 2101}$
64. $\sqrt{7309 - 252 - 1064}$
65. $\sqrt{20{,}736}$
66. $\sqrt{4290{,}25}$
67. $\sqrt{75 + 2112 + 949}$
68. $\sqrt{16 + 14 - 3}$

69. Ein quadratisches Zimmer hat die Fläche von 144 m^2. Wie lange ist die Wand.
70. Ein quadratisches Zimmer mit einer Türöffnung $b = 1{,}05$ m hat die Fläche von 81m^2. Wie viele laufende m Fußbodenleisten sind erforderlich?
71. Ein Schaumstoffwürfel hat ein Volumen von 91125 cm^3. Wie lange sind die Würfelkanten?

3 Einsatz des Taschenrechners

3.1 Der Aufbau des Taschenrechners

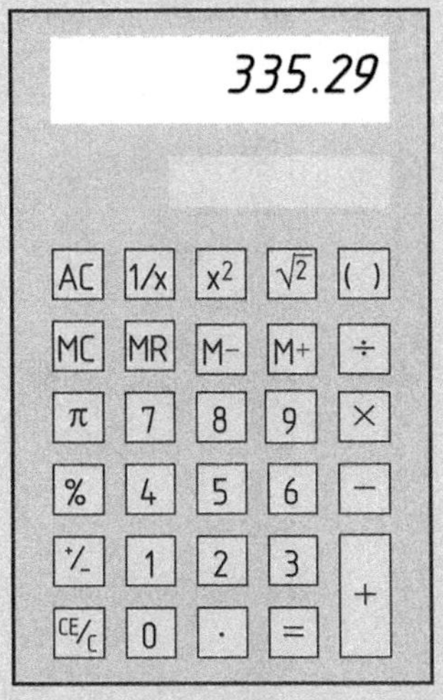

Der Taschenrechner ist ein Hilfsmittel, mit dem das Lösen von Aufgaben beschleunigt wird; die Ergebnisse werden genauer.

Man sollte sich rechtzeitig mit seiner Handhabung vertraut machen, um ihn sinnvoll einsetzen zu können. Doch ist seine Verwendung sinnlos, wenn man den Rechenweg nicht beherrscht.

Vor dem Lösen der Aufgabe sollte das Ergebnis ungefähr geschätzt werden (= Überschlagsrechnung). Dadurch wird vermieden, dass man „unmögliche Ergebnisse", die durch Vertippen entstanden sind, übernimmt.

Der Aufbau und die Handhabung sollen an einem einfachen Taschenrechner dargestellt werden.

Eingabetasten

[0] – [9]	Eingabe der Zahlen von 0 bis 9
[·]	Dezimalpunkt, Kommataste
[+/−]	Vorzeichenwechsel

Rechentasten

[+]	Addition, plus
[−]	Subtraktion, minus
[×]	Multiplikation, mal
[÷]	Division, geteilt

Ergebnistaste

[=]	Ergebnistaste

Löschtasten

[CE/C]	Korrekturtaste der letzten Eingabe, Gesamtlöschung

Funktionstasten

[x^2]	Quadrat
[$\sqrt{2}$]	Quadratwurzel
[1/x]	Kehrwert
[%]	Prozent
[π]	Konstante π (pi)
[( )]	Klammern

Speichertasten

[M+]	Addition zum Speicherinhalt
[M−]	Subtraktion vom Speicherinhalt
[MR]	Rückruf des Speicherinhalts
[MC]	Löschen des Speicherinhalts
[AC]	Ein/Aus Gesamtlöschung

3.2 Regeln und Aufgaben zum Taschenrechner

Eingabe von Zahlen	
Aufgabe: Die Zahl 1875,94 soll in den Taschenrechner eingegeben werden.	Bemerkung: Die Zahlen werden von links nach rechts eingetippt; statt dem Komma verwendet man den Dezimalpunkt. Es ist vorteilhaft, vor einer neuen Rechnung die Löschtaste zu betätigen.

Lösung

Eingabe	C	1	8	7	5	·	9	4
Anzeige	0	1	18	187	1875	1875	1875.9	1875.94

Aufgaben

Geben Sie folgende Zahlen in den Taschenrechner ein!

a) 37649, b) 91745,00, c) 775,3998, d) 14,000975, e) 63948,46, f) 0,00458

Eingabe von Zahlen	
Aufgabe: Die Zahl 0,84 soll eingegeben werden.	Bemerkung: Die Null vor dem Komma braucht nicht eingegeben zu werden. Man beginnt also mit dem Komma.

Lösung

Eingabe	C	·	8	4			
Anzeige	0	0	0.8	0.84			

Aufgaben

Geben Sie folgende Zahlen in den Taschenrechner ein!

a) 0,463, b) 0,78246, c) 0,2431, d) 0,8392, e) 0,69932, f) 0,112356

Eingabe von Zahlen	
Aufgabe: Die Zahl 50,300 soll eingegeben werden.	Bemerkung: Die Nullstellen, die rechts als letzte Stellen stehen, brauchen nicht mit eingegeben zu werden. 50,300 = 50,3

Lösung

Eingabe	C	5	0	·	3		
Anzeige	0	5	50	50	50.3		

Aufgaben

Geben Sie folgende Zahlen in den Taschenrechner ein!

a) 73,900, b) 5,980000, c) 897,00001, d) 372, 9570000, e) 0,0056000

Grundrechenarten	
Aufgabe: 17 + 0,5 – 9,30 =	Bemerkung: Eine Null vor dem Komma braucht nicht eingegeben zu werden. Die Nullstellen, die rechts als letzte Stellen stehen, brauchen nicht mit eingegeben zu werden.

Lösung							
Eingabe	C	17	+	,5	–	9,30	=
Anzeige	0	17	17	0.5	0.5	9.30	8.2

Aufgaben

a) 6754 + 98 + 34,98 + 0,003 + 5643,17 =

b) 3469 – 89 – 12,45 – 38,006 – 7,9 =

c) 785,9 + 511 – 576,98 – 85,03 + 12658 =,

d) 21,005 + 795,9000 – 316,670 =

Grundrechenarten	
Aufgabe: 38,75 – (–19,03) =	Bemerkung: Soll eine negative Zahl eingegeben werden, so **muss** nach Eingabe der Zahl die Vorzeichentaste gedrückt werden.

Lösung						
Eingabe	C	38,75	–	19,03	+	=
Anzeige	0	38.75	38.75	19.03	-19.03	54.78

Aufgaben

a) 48 – (–12) = b) 734 – (–153,900) = c) 94,949 – (–23,87) = d) 45,00 – (–33,900) =

Grundrechenarten	
Aufgabe: 19,8 : 4 · 3,28 =	Bemerkung: Werden mehrere Zahlen nacheinander gerechnet, so wird jeweils beim Tippen einer Rechnertaste das Zwischenergebnis angezeigt.

Lösung							
Eingabe	C	19,8	:	4	x	3,28	=
Anzeige	0	19.8	19.8	4	4.95	3.28	16.236

Aufgaben

a) 6734 · 568 · 34,9 =

b) 5,512 · 67,93 =

c) 2,05 · 17 · 0,05 =

d) 0,783 · 18,00 · 0,23 =

e) 67,987 · 568 =

f) 428,000 · 0,004 =

g) 8,75 : 3 =

h) 0,625 : 0,112 =

i) 24,22 : 11,88 =

j) 732,8 : 0,233 =

k) 235 : 24 : 9,14 =

l) 497 : 82,89 : 99 =

m) 46,8 · 4 : 12 =

n) 672,99 : 24,11 · 7 =

o) 24 · 24 - 24 : 9 =

p) 17 : 3,5 · 4,18 =

q) 1,76 · 1,76 : 3,14 =

r) 0,04 · 0,0056 : 16,80 =

Grundrechenarten	
Aufgabe: $\frac{34{,}7 \cdot 1{,}15}{9} =$	Bemerkung: Der Bruchstrich entspricht der Divisionstaste ÷

Lösung

Eingabe	C	34,7	x	1,15	÷	9	=
Anzeige	0	34.7	34.7	1.15	39.905	9	4.4338

Aufgaben

a) $\frac{12 \cdot 18}{9} =$ b) $\frac{19 - 12}{4} =$ c) $\frac{187 - 43 - 92}{3 + 2} =$

d) $\frac{9{,}75 \cdot 4{,}34 \cdot 3{,}9}{4} =$ e) $\frac{16{,}99 + 9{,}45 \cdot 3}{6 - 2} =$ f) $\frac{10{,}02 \cdot 4 + 9{,}41}{0{,}3 \cdot 7} =$

Grundrechenarten	
Aufgabe: 62,5 – 16,2 : 24 =	Bemerkung: *Achtung, falsches Ergebnis!* Der Taschenrechner rechnet nach der Reihenfolge der Eingabe. Es gilt aber Punkt vor Strich!

Lösung

Eingabe	C	62,5	–	16,2	÷	24	=
Anzeige	0	62.5	62.5	16.2	46.3	24	1.929

Aufgaben

a) 34 : 9 + 7 =
b) 52,99 + 78,01 · 6,2 =
c) 3,02 : 7 + 2,5 + 2,5
d) 0,88 · 4 + 17 =
e) 99 : 13 + 7 · 12 =
f) 23,06 : 8,04 + 7,21 : 8,04 =
g) 7093 : 243 + 8975 : 642 =
h) 1952 · 0,06 – 1958 · 0,03 =

Klammerrechnungen	
Aufgabe: (62,5 – 16,2) : 24 =	Bemerkung: Klammern müssen zuerst gerechnet werden. Dazu wird die Klammertaste verwendet.

Lösung

Eingabe	C	( )	62,5	–	16,2	( )	÷	24	=
Anzeige	0	0	62.5	62.5	16.2	16.2	4.3	24	1.9291

Aufgaben

a) 32 : (4 + 8) =
b) (42,99 + 22,01) · 6,9 =
c) 3,28 : (2 + 4,5 + 3,7) =
d) 4,88 · (4 + 19) =
e) 88 : (13 + 7) · 12 =
f) 33,06 : (8,04 + 4,21) : 8,04 =
g) (7093 : 273 + 9875) : 642 =
h) 5652 · (0,06 – 1758 · 0,66) =

Klammerrechnen	
Aufgabe: (0,95 + 1,12) · (8,5 – 6,2) =	Bemerkung: Mehrere Klammern hintereinanser sind möglich.

Lösung

Eingabe	C	( )	0,95	+	1,12	( )	x	( )	8,5	–	6,2	( )	=
Anzeige	0	0	0.95		1.12				8.8		6.2		

Aufgaben

a) (18 + 24) · (54 – 23) =
b) (44 + 39) · (90 + 16) =
c) (74 – 52) · (67 + 12) =
d) (5,14 – 2,95) · (18,40 · 5 + 6,99) =
e) (3,89 + 6,92) · (8,12 – 5,14) : 7 =
f) (44,12 – 15,60) : (22,7 – 18,6) =
g) (6,34 · 3 · 17,5) · (11,85 + 7 · 16,3) =
h) (73,90 + 35,17) · (0,99 · 685 – 21) =

Prozentrechnen	
Aufgabe: Berechne 3% von 620,– DM =	Bemerkung:

Lösung

Eingabe	C	3	÷	620	%
Anzeige	0	3	3	620	18.6

Aufgaben

a) 4 % von 180,70 DM.
b) 8 % von 945,33 DM.
c) 14 % von 100,– DM.
d) 15 % von 2196,45 DM.
e) 16 % von 1940,75 DM.
f) 33 % von 212,25 DM.

Prozentrechnen	
Aufgabe: $\frac{2}{3} = ?\ \%$	Bemerkung:

Lösung

Eingabe	C	2	÷	3	%
Anzeige	0	2	2	3	66.66666

Aufgaben

a) $\frac{2}{3} =$ b) $\frac{1}{4} =$ c) $\frac{1}{5} =$ d) $\frac{1}{6} =$

e) $\frac{2}{5} =$ f) $\frac{3}{7} =$ g) $\frac{12}{3} =$ h) $\frac{24}{8} =$

Prozentrechnen	
Aufgabe: 36,– DM Preisnachlass bei 240,– DM Kaufpreis, wie viel % sind das?	Bemerkung:

Lösung

Eingabe	C	36	÷	240	%
Anzeige	0	36	36	240	15.

Aufgaben

a) 17,67 DM Preisnachlass bei 179,74 DM, wie viel % sind das?
b) 26,89 DM Preisnachlass bei 295,02 DM, wie viel % sind das?
c) 144,20 DM Preisnachlass bei 2695,99 DM, wie viel % sind das?
d) 0,40 DM Preisnachlass bei 47,50 DM, wie viel % sind das?

Prozentrechnen	
Aufgabe: 3200,– DM zuzüglich 16% MwSt =	Bemerkung:

Lösung

Eingabe	C	3200	+	16	%	=
Anzeige	0	3200	3200	16	512	3712

Aufgaben

a) 4900,– DM zuzüglich 7% MwSt =
b) 1806,50 DM zuzüglich 16% MwSt =
c) 1866,20 DM zuzüglich 16% MwSt =
d) 89,75 DM zuzüglich 7% MwSt =
e) 8945,00 DM zuzüglich 16% MwSt =
f) 17923,60 DM zuzüglich 16% MwSt =

Prozentrechnen	
Aufgabe: 800,– DM abzüglich 3% Skonto =	Bemerkung:

Lösung

Eingabe	C	800	–	3	%
Anzeige	0	800	800	3	776.

Aufgaben

a) 934,– DM abzüglich 3% Skonto =
b) 1248,88 DM abzüglich 3% Skonto =
c) 2964,42 DM abzüglich 5% Skonto =
d) 29,60 DM abzüglich 3% Skonto =
e) 12962,00 DM abzüglich 2% Skonto =
f) 14252,80 DM abzüglich 4% Skonto =

Quadrieren	
Aufgabe: $2{,}5^2 =$	Bemerkung: Die Verwendung der Quadrattaste x^2 ist der verkürzte Rechenweg von 2,5 x 2,5.

Lösung

Eingabe	C	2,5	x^2	=			
Anzeige	0	2.5	2.5	6.25			

Aufgaben

a) 2^2
b) 3^2
c) 4^2
d) 5^2
e) $4{,}3^2$
f) $5{,}7^2$
g) $8{,}9^2$
h) $3{,}2^2$
i) $3{,}99^2$
j) $2{,}12^2$
k) $9{,}99^2$
l) $12{,}66^2$

Wurzel ziehen (Quadratwurzel)	
Aufgabe: $\sqrt{121}$	Bemerkung: Mit Hilfe der Taste $\sqrt{}$ wird die Quadratwurzel aus der zuvor eingegebenen Zahl gezogen.

Lösung

Eingabe	C	121	$\sqrt{}$				
Anzeige	0	121	11				

Aufgaben

a) $\sqrt{9}$
b) $\sqrt{64}$
c) $\sqrt{2025}$
d) $\sqrt{16}$
e) $\sqrt{81}$
f) $\sqrt{5625}$
g) $\sqrt{25}$
h) $\sqrt{100}$
i) $\sqrt{7396}$

Wurzel ziehen (Quadratwurzel)	
Aufgabe: Der Durchmesser *d* eines Kreises ist aus der Fläche $A = 5627{,}3\ \text{mm}^2$ zu berechnen.	Bemerkung: Die Formelumstellung ergibt $d = \sqrt{\frac{4 \cdot 5627{,}3\ \text{mm}^2}{\pi}}$

Lösung

Eingabe	C	4	x	5627,3	÷	π	=	$\sqrt{}$
Anzeige	0	4	4	5627.3	22509.2	3.1415	7164.90	84.645

Aufgaben

a) Der Durchmesser *d* eines Kreises ist aus der Fläche $A = 7824{,}00\ \text{cm}^2$ zu berechnen.

b) Der Durchmesser *d* eines Kreises ist aus der Fläche $A = 512^2$ zu berechnen.

Rechnen mit der Konstanten π	
Aufgabe: $15{,}3 \cdot 15{,}3 \cdot \pi =$	Bemerkung: π entspricht der Konstanten 3,141592654. Die Verwendung der Taste π entspricht der also Eingabe dieser langen Zahl.

Lösung

Eingabe	C	15,3	x	15,3	x	π	=
Anzeige	0	15.3	15.3	15.3	234.09	3.14	735.4154

Aufgaben

a) $22{,}9\ \text{cm} \cdot 22{,}9\ \text{cm} \cdot \pi =$

b) $45{,}72\ \text{cm} \cdot 45{,}72\ \text{cm} \cdot \pi =$

c) $89{,}02\ \text{mm} \cdot 09{,}02\ \text{mm} \cdot \pi =$

d) $0{,}36\ \text{m} \cdot 0{,}36\ \text{m} \cdot \pi =$

e) $1{,}89\ \text{m} \cdot 1{,}89\ \text{m} \cdot \pi =$

f) $2{,}25\ \text{m} \cdot 2{,}25\ \text{m} \cdot \pi =$

Kehrwerttaste	
Aufgabe: $\frac{1}{7+5} =$	Bemerkung: Mit der Kehrwerttaste 1/x lassen sich Brüche leicht berechnen, bei denen im Zähler eine 1 steht. Das Setzen von Klammern wird dadurch vermieden.

Lösung

Eingabe	C	7	÷	5	=	1/x
Anzeige	0	7	7	5	12	0.08333

Aufgaben

a) $\frac{1}{3+4} =$

b) $\frac{1}{2+9+4} =$

c) $\frac{1}{3+8-2} =$

d) $\frac{1}{5 \cdot 6} =$

e) $\frac{1}{2{,}6 \cdot 7{,}8 + 4} =$

f) $\frac{1}{8 - 4{,}9 \cdot 0{,}8} =$

Rechnen mit dem Speicher M+ und M–	
Aufgabe: Wie viel m2 Fußbodenbelag benötigt man für einen Raum mit folgenden Teiflächen: $A_1 = 4{,}2$ m x 3,12 m $A_2 = 4{,}2$ m x 4,5 m $A_3 = 0{,}45$ m x 0,25 m (*abziehen!*)	Bemerkung: Statt den Klammertasten kann man auch den Speicher verwenden. Der Speicher eignet sich zum Abspeichern von Zwischenergebnissen, mit denen dann weitergerechnet werden kann.

Lösung

Eingabe	C	4,2	x	3,12	M+	4,2	x	4,5	M+	,45	x	,25	M–	MR
Anzeige	0	4.2		3.12	13.1	4.2		4.5	18.9	.45		.25	0.11	31.89

4 Gleichungen und Formeln

Die Zusammenhänge von Größen werden meist durch Gleichungen und Formeln zum Ausdruck gebracht.

Vergleicht man den Aufbau einer Gleichung mit dem Aufbau einer Balkenwaage, so erkennt man drei Teile: die linke Seite, das Gleichheitszeichen und die rechte Seite.

Das Gleichgewicht ist nur dann gegeben, wenn beide Seiten gleich schwer sind, d.h. wenn sie den „gleichen Wert" haben.

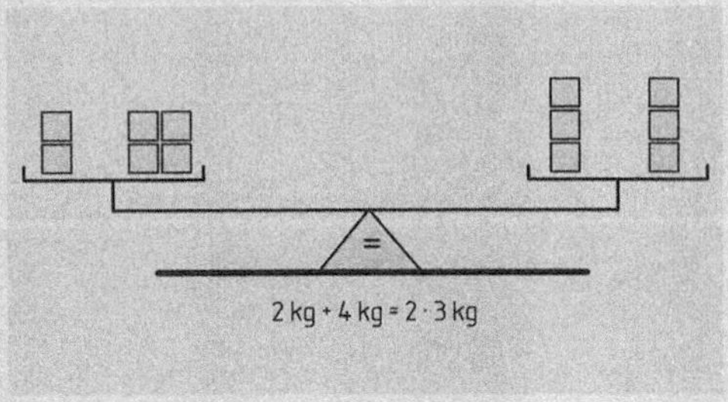

Es müssen also auch die Größen auf beiden Seiten gleich sein.

4.1 Umstellen von Gleichungen und Formeln

Eine Gleichung behält ihren Wert, wenn man beim Umstellen auf beiden Seiten die gleiche Rechenoperation durchführt.
Beide Seiten einer Gleichung können vertauscht werden.

Ideal wäre es, wenn beim Umstellen die gesuchte Größe mit positivem Vorzeichen auf der linken Seite alleine steht.

Beispiel Umstellen der Formel $A = \frac{l \cdot b}{2}$ nach l.

$$A = \frac{l \cdot b}{2}$$
Die Gleichung ist im Gleichgewicht.

$$A \cdot 2 = \frac{l \cdot b}{2} \cdot 2$$
Um rechts den Nenner kürzen zu können, werden beide Seiten mit 2 multipliziert.

$$A \cdot 2 = l \cdot b$$
Gekürzte Gleichung.

$$\frac{A \cdot 2}{b} = \frac{l \cdot b}{b}$$
Jede Seite wird durch b dividiert. Jetzt kann rechts wieder gekürzt werden.

$$\frac{A \cdot 2}{b} = l$$
Gekürzte Gleichung.

$$l = \frac{A \cdot 2}{b}$$
Die Seiten werden getauscht. Die gesuchte Größe steht links allein.

Eine Zahl wird auf einer Seite beseitigt, indem sie mit umgekehrtem Rechenzeichen auf die andere Seite gebracht wird.
Aus **+** wird **–** aus **–** wird **+** aus **·** wird **:** aus **:** wird **·**.

Aufgaben zu Abschnitt 4.1

1. Berechnen Sie die Lösungswerte für x

a) $x + 11 = 19$
b) $3 + x = 7$
c) $x - 8 = 21$
d) $13 - x = 48$
e) $0{,}33 = x - 1$
f) $6x = 48$
g) $x + 8{,}1 = 17{,}6$
h) $14{,}3 + x = 18{,}2$
i) $x - 29 = 81$
j) $81{,}2 - x = 37{,}9$
k) $9x = 63$
l) $112 = 11x$
m) $0{,}48x + 7 = 55$
n) $2x - 7 = 79$
o) $43{,}2 = 24x$
p) $13 + 7x = 69$
q) $153{,}92 = x - 11{,}57$
r) $12x = 144$
s) $88 = 5{,}5x$
t) $253{,}12 = 11{,}3x$
u) $\frac{x}{6} = 2$
v) $\frac{x}{4} = 7$
w) $1{,}2 = \frac{x}{3}$
x) $7{,}2 = \frac{x}{6{,}8}$
y) $\frac{42}{0{,}5x} = 6$

2. Berechnen Sie die Lösungswerte für x

a) $x - 5\ \mathrm{m}^2 = 6\ \mathrm{m}^2$
b) $x + 8\ \mathrm{m}^2 = 14\ \mathrm{m}^2$
c) $x - 9\ \mathrm{cm} = 17\ \mathrm{cm}$
d) $x + 4\ \mathrm{cm} = 33\ \mathrm{cm}$
e) $23\ \mathrm{m}^3 - x = 8\ \mathrm{m}^3$
f) $17\ \mathrm{m}^3 + x = 24\ \mathrm{m}^3$
g) $12x - 20\ \mathrm{kg} = 40\ \mathrm{kg}$
h) $3x + 9\ \mathrm{kg} = 18\ \mathrm{kg}$
i) $7\ \mathrm{l} - 2x = 15\ \mathrm{l}$
j) $18\ \mathrm{l} - 18x = 18\ \mathrm{l}$
k) $0{,}76\ \mathrm{m} - 3{,}52x = 2{,}18\ \mathrm{m}$
l) $0{,}14\ \mathrm{m}^2 + 17{,}2x = 1{,}12\ \mathrm{m}^2$
m) $x - 4\ \mathrm{m}^3 = 3\ \mathrm{m}^3$
n) $x + 12\ \mathrm{l} = 18{,}3\ \mathrm{l}$
o) $25x + 4{,}7\ \mathrm{cm} = 54{,}7\ \mathrm{cm}$
p) $18\ \mathrm{kg} = x + 6\ \mathrm{kg}$
q) $\frac{x-4}{3} = 12$
r) $\frac{30}{6x} + 3 = 7$
s) $18 = \frac{98}{x}$
t) $\frac{x^2 - 5}{4} = 181$

3. Stellen Sie um

a) $A = l \cdot b$ nach l
b) $U = (l + b) \cdot 2$ nach l
c) $U = (l + b) \cdot 2$ nach b
h) $A = \frac{l_1 \cdot b_2}{2}$ nach l_1
e) $A = \overline{l \cdot b}$ nach b
f) $A = \frac{l_1 \cdot b_2}{2}$ nach l_1
g) $A = \frac{l_1 \cdot b_2}{2}$ nach l_2
h) $A = \frac{l_1 \cdot b_2}{2} \cdot b$ nach l_1
i) $A = \frac{l_1 \cdot b_2}{2} \cdot b$ nach l_2
j) $A = \frac{l_1 \cdot b_2}{2} \cdot b$ nach b
k) $M = U \cdot h$ nach U
l) $M = U \cdot h$ nach h
m) $V = A_G \cdot h$ nach A_G
n) $V = A_G \cdot h$ nach h
o) $V = l \cdot b \cdot h$ nach l
p) $V = l \cdot b \cdot h$ nach b
q) $V = l \cdot b \cdot h$ nach h
r) $V = d \cdot \pi \cdot h$ nach d
s) $V = d \cdot \pi \cdot h$ nach h
t) $V = \frac{d \cdot d \cdot \pi \cdot h}{2}$ nach d
u) $V = \frac{d \cdot d \cdot \pi \cdot h}{2}$ nach h
v) $O = (l_1 + l_2 + l_3) \cdot h + l_1 \cdot b$ nach h
w) $O = (l_1 + l_2 + l_3) \cdot h + l_1 \cdot b$ nach b
x) $O = (l_1 + l_2 + l_3) \cdot h + l_1 \cdot b$ nach l_2

4.2 Textgleichungen

Die Gleichungen in Form eines Zahlenansatzes ist beim Fachrechenen für Raumausstatter nur eine Möglichkeit. Nicht selten haben wir die Aufgabenstellung in Form einer Textaufgabe vor uns und müssen daraus die Gleichung entwickeln.

Beispiel Der Raum **4.1** soll mit Linoleum ausgelegt werden.

Berechnen Sie die Fußbodenfläche in m².

Für den Lösungsansatz teilen wir die Fläche des Raumes so auf, dass einzelne Flächen entstehen, die wir berechnen können. Die Ergebnisse der Einzelfächen werden dann addiert.

Es ist also notwendig, eine Formel aufzustellen, bei der auf der linken Seite die gesuchte Größe A (= Fläche) und auf der rechten Seite der Lösungsansatz steht.

$A = A_1 + A_2 + A_3 = (l_1 \cdot b_1) + (l_2 \cdot b_2) + (l_3 \cdot b_3)$

$A = (6{,}10\ \text{m} \cdot 2{,}50\ \text{m}) + (4{,}20\ \text{m} \cdot 1{,}30\ \text{m}) + (1{,}90\ \text{m} \cdot 1{,}80)$

$A = 15{,}25\ \text{m}^2 + 5{,}46\ \text{m}^2 + 3{,}42\ \text{m}^2 = \mathbf{24{,}13\ m^2}$

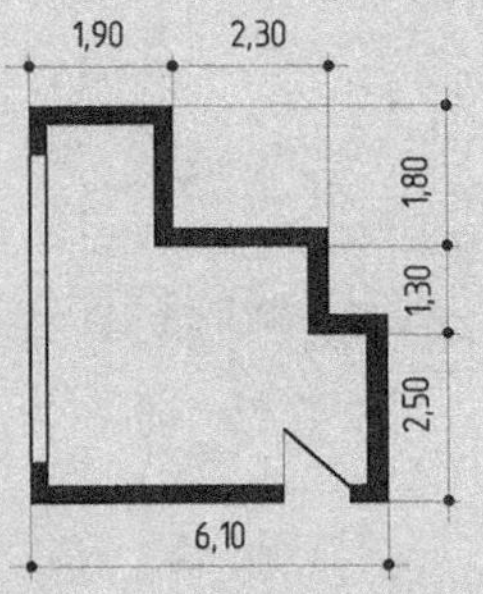

4.1

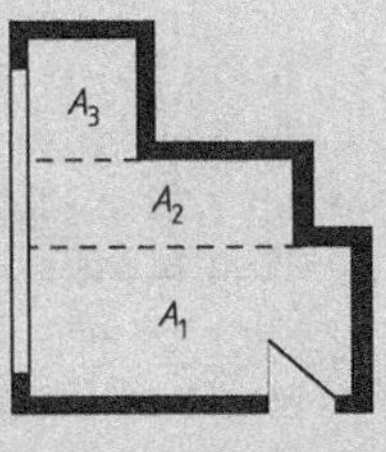

4.2

> **Aus Textaufgaben muss die Gleichung so aufgestellt werden, dass die gesuchte Größe auf der linken Seite steht. Auf der rechten Seite steht der Lösungssatz.**
>
> **Es dürfen bei verwendeten Größen nur gleiche Einheiten angewendet werden (also nicht z.B. m und cm gleichzeitig anwenden).**

4.3 Die Probe bei Gleichungen

Gerade bei komplexeren Gleichungen ist es notwendig, die Rechnung und die korrekte Verwendung der Einheiten zu überprüfen. Dazu setzt man die Lösung der Rechnung an Stelle der gesuchten Größe in die Gleichung ein.

Beispiel $A = (l_1 \cdot b_1) + (l_2 \cdot b_2) + (l_3 \cdot b_3)$

$24{,}13\ \text{m}^2 = (6{,}10\ \text{m} \cdot 2{,}50\ \text{m}) + (4{,}20\ \text{m} \cdot 1{,}30\ \text{m}) + (1{,}90\ \text{m} \cdot 1{,}80)$

$24{,}13\ \text{m}^2 = 15{,}25\ \text{m}^2 + 5{,}46\ \text{m}^2 + 3{,}42\ \text{m}^2$

$\mathbf{24{,}13\ m^2 = 24{,}13\ m^2}$

Stimmt die Gleichung jetzt, so war die ursprüngliche Rechnung ebenfalls richtig!

Aufgaben zu Abschnitt 4.2

1. Ein Hocker hat eine quadratische Sitzfläche Die Seitenlänge beträgt 48 cm.
   a) Wie groß ist der Umfang?
   b) Wie groß ist die Sitzfläche?

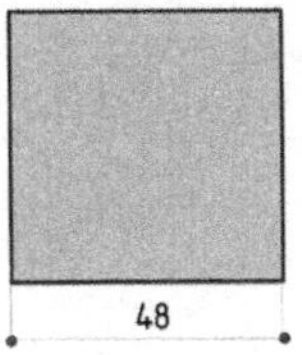

4.3

2. Ein Raumausstatter bekommt im Monat 2879,57 DM brutto ausgezahlt. Von seinem Bruttolohn werden 205,60 DM Lohnsteuer, 12,44 DM Kirchensteuer und 368,48 DM Sozialversicherungsbeiträge abgezogen.
   a) Was verdient er netto?
   b) Wie hoch ist sein Stundenlohn bei 168 Arbeitsstunden pro Monat?
3. Eine Sitzbank soll gepolstert werden. Die Zarge ist 1,85 m lang und 87 cm breit. In der Länge sollen 8, in der Breite 18 Gurte genagelt werden. In welchem Abstand werden die Gurte jeweils genagelt?
4. Ein Kunde holt die bestellte Ware ab: 8 Tapetenrollen zu 12,30 DM, 3 Päckchen Kleister zu 4,25 DM, 1 Lammfellrolle zu 14,– DM 2 Rollen Abklebepapier zu 8,90 DM und ein Ringpinsel zu 2,85 DM.
   Was hat der Kunde zu bezahlen?
5. Ein Raum hat die Breite 7,25 m und die Länge 12,50 m.
   a) Wie groß ist sein Umfang?
   b) Wie groß ist seine Fläche?
6. Ein Schaumstoffpolster hat die Länge 60 cm, die Breite 45 cm und die Höhe 12 cm.
   Berechnen Sie
   a) die Oberfläche,
   b) das Volumen.
7. Zwei rechteckige Wände sollen tapeziert werden. Eine Wand misst 4,87 m Länge, die andere misst 5,12 m Länge. Beide Wände sind 2,42 m hoch.
   a) Berechnen Sie die Fläche beider Wände,
   b) Berechnen Sie den Umfang beider Wände,
   c) wie viel lfd. m Tapetenborte werden als Abschluss für beide Wände benötigt?

Aufgaben zu Abschnitt 4.3

8. Überprüfe folgende Gleichungen!
   a) $x = 14 - 9$ (Ergebnis: 5)
   b) $x = 18 + 5$ (Ergebnis: 23)
   c) $4 \cdot x = 28$ (Ergebnis: 7)
   d) $x + 18 - 7 = 45$ (Ergebnis: 34)
   e) $3 \cdot (x - 4) + 5 = 17$ (Ergebnis: 8)
   f) $(4x - 10) \cdot 2 = 12$ (Ergebnis: 4)
   g) $\frac{x-2}{4} - 5 = 1$ (Ergebnis: 26)
   h) $\frac{x}{4} = 7$ (Ergebnis: 28)
   i) $A = \frac{3{,}25\text{ m} \cdot 5{,}68\text{ m}}{2}$ (Ergebnis: 9,23 m²)
   j) $A = \frac{2 \cdot 4{,}80\text{ m} \cdot 1{,}20\text{ m}}{3}$ (Ergebnis: 6,72 m²)
   k) $U = \frac{1{,}40\text{ m} \cdot 1{,}20\text{ m} \cdot \pi}{4}$ (Ergebnis: 1,32 m²)
9. Stimmt das Ergebnis?
   a) $0{,}82\text{ m} - 3{,}45x = 3{,}21x - 19{,}16\text{ m}$
   (*Ergebnis*: $x = 3{,}00$ m)
   b) $x - 4{,}6\text{ kg} = 2{,}9\text{ kg}$
   (*Ergebnis*: $x = 7{,}5$ kg)
   c) $5\,(3x - 18\text{ m}^2) = 4\,(2x - 12\text{ m}^2)$
   (*Ergebnis*: $x = 6\text{ m}^2$)
   d) $-6x + 10\text{ cm} = -16x + 40\text{ cm}$
   (*Ergebnis*: $x = 3$ cm)
   e) $\frac{45}{9x} + 8 = 13$ (Ergebnis: $x = 3$)
   f) $\frac{28\text{ kg}}{x} = 2\,(13{,}8\text{ kg} - 6{,}8\text{ kg})$ (*Ergebnis*: $x = 2$)

5 Verhältnis, Dreisatz und Mischung

5.1 Verhältnis

Man vergleicht zwei Zahlen, Strecken oder dergleichen miteinander, indem man sie zueinander ins Verhältnis setzt.

Beispiel Eine Strecke von 10 cm soll im Verhältnis 2 : 3 geteilt werden (**5**.1).

Die Verhältniszahlen werden addiert (3 + 2 = 5), und die Strecke wird durch das Ergebnis geteilt. Damit steht die Größe eines Teils fest (10 cm : 5 = 2 cm). Nun kann man das Verhältnis mit genauen Zahlen angeben: 2 · 2 cm = 4 cm und 3 · 2 = 6 cm.

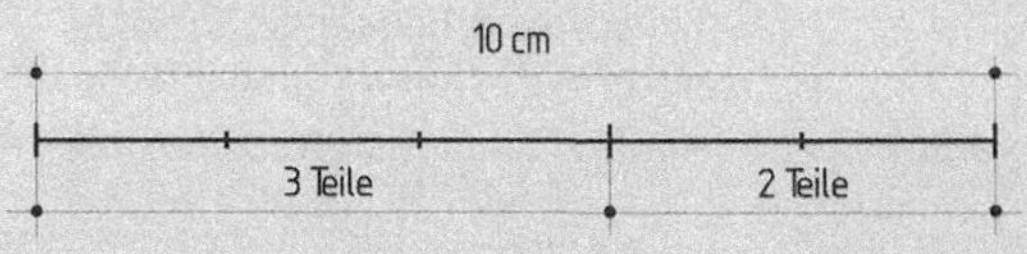

5.1 Streckenteilung 2 : 3

Daraus ergibt sich

Außenglieder
↓ ↓
2 : 3 = 4 : 6
↑ ↑
Innenglieder

Kontrolle: Die Multiplikation der Innenglieder muss denselben Wert ergeben wie die Multiplikation der Außenglieder.

3 · 4 (Innenglieder) = **12** 2 · 6 (Außenglieder) = **12**

5.2 Dreisatz

Der Dreisatz ist eines der wichtigsten und häufigsten Rechenverfahren im Berufsleben. Jeder Raumausstatter muss ihn sicher beherrschen.

Beim einfachen Dreisatz wird aus einem Behauptungssatz ein Folgerungssatz aufgestellt und im Schlusssatz die Lösung gegeben. Die gesuchten Angaben stehen dabei stets am Ende.

Beispiele a) 2 Raumausstatter brauchen zur Herstellung von 5 Hockern 16 Arbeitsstunden. Wie viel Stunden brauchen 4 Raumaustatter?

Behauptungssatz 2 Raumaustatter für 5 Hocker = 16 Std.

Folgerungssatz 1 Raumaustatter für 5 Hocker = 2 · 16 Std.

Schlusssatz 4 Raumausstatter für 5 Hocker = $\frac{2 \cdot 16}{4}$ = **8 Stunden**

Kontrollüberlegung: 4 Raumausstatter brauchen weniger Zeit als 2.

b) In 12 Arbeitsstunden stellen 6 Raumaustatter 8 Sessel her. Wie lange brauchen 2 Raumausstatter dafür?

Behauptungssatz 6 Raumaustatter 8 Sessel in 12 Stunden

Folgerungssatz 1 Raumaustatter 8 Sessel in 12 · 6 Stunden

Schlusssatz 2 Raumausstatter 8 Sessel in = $\frac{12 \cdot 6}{2}$ = **36 Stunden**

Kontrollüberlegung: Weniger Raumaustatter brauchen mehr Zeit für die gleiche Arbeit.

Aufgaben zu Abschnitt 5.1

1. Teilen Sie die Strecke von 18 cm im Verhältnis 4 : 5.
2. Eine Bodenfläche von 24 m^2 soll mit zwei Farben Teppichware im Verhältnis 1 : 5 ausgelegt werden. Wie viel m^2 sind von jeder Farbe zu verlegen?
3. 4 kg Polsterfüllstoff soll im Verhältnis 3 : 7 gemischt werden. Wie viel kg müssen Sie von jeder Sorte verwenden?
4. Eine Strecke von 120 cm soll im Verhältnis 5:7 geteilt werden. Wie lang sind beide Abschnitte?
5. Beim Tapezieren einer Wand soll das Verhältnis von Wand zu Fries = 5:2 sein. Wie groß ist die Friesfläche, wenn die gesamte Wand 13,5 m^2 hat?
6. Das Verhältnis Raumhöhe zu Schienenlänge bei einer Dekoration soll 6:4 sein. Wie lang ist die Schiene, wenn die Raumhöhe 2,70 m beträgt?
7. Bei einem Sitzmöbel soll das Verhältnis Sitzhöhe zu Sitztiefe 3:4 betragen. Wie groß ist die Sitzhöhe, wenn die Sitztiefe 62 cm misst?
8. Das Verhältnis des Meisterlohns zum Gesellenlohn ist 8 : 5. Was bekommt der Meister, wenn der Geselle einen Stundenlohn von 11,50 DM hat?
9. Die Mischung für ein Sitzkissen mit Federfüllung in der Reihenfolge Daunen, Halbdaunen, Federn soll 6:4:3 betragen. Wie viel Halbdaunen müssen Sie verwenden, wenn die gesamte Mischung 2,6 kg wiegt?
10. Der Arbeitsanteil von Polstern zu Dekoration beträgt in einem Raumausstatterbetrieb 9 : 11. Wie viel von 1000 Arbeitsstunden entfallen dann aufs Polstern?
11. Teilen Sie die Strecke von 25,35 m im Verhältnis 2 : 3.
12. Drücken Sie die Größenverhältnisse in den kleinsten Zahlen aus:
    a) 125 : 175, b) 65 : 105, c) 72 : 120, d) 10 : 12,5.
13. Bei einem Auftrag verhalten sich die Lohn- und die Materialkosten wie 3,2 : 1,8. Die Auftragssumme beträgt 822,90 DM. Wie viel DM entfallen auf Lohn und Material?

Aufgaben zu Abschnitt 5.2

14. 26 kg eines Polsterfüllstoffs kosten 210,– DM. Wie teuer sind 98 kg?
15. 6 Raumausstatter brauchen für eine Bodenverlegung 4 Stunden. Wie viel Stunden brauchen 8 Arbeiter?
16. Ein Geselle erhält bei einer wöchentlichen Arbeitszeit von 40 Stunden 325,– DM Bruttolohn. Wie hoch ist sein Lohn, wenn er sich für 4 Stunden beurlauben lässt?
17. Ein Dekorationsauftrag kann von 8 Raumausstattern in 12 Tagen ausgeführt werden. Wie viel Raumausstatter sind nötig, wenn nur 8 Tage zur Verfügung stehen?
18. Zur Herstellung von 5 Sesseln braucht man 48 m Jutegurt. Wie viel sind für 12 Sessel erforderlich?
18. Um eine Couchgarnitur fertigzustellen, arbeiten 4 Gesellen 6 Tage je 8 Arbeitsstunden. Wie viel Arbeitsstunden brauchen 3 Gesellen dazu?
19. 35 l Verdünner kosten 29,– DM. Wie teuer sind 20 l?
20. Für eine Tapezierarbeit brauchen 2 Raumausstatter $4^1/_2$ Std. Wie viel Stunden brauchen 3 Raumausstatter für die gleiche Arbeit?
21. Zwei Näherinnen schaffen eine Dekoration in 2 1/4 Std. Wie lange brauchen 3 Näherinnen für diese Arbeit?
22. Wie lange müssen 6 Raumausstatter arbeiten, wenn das Auslegen des Bodens einer Turnhalle von 4 Raumausstattern in 15 Std. und 15 Min. geschafft wird.
23. Ein 24 m^2 großer Bodenbelag wiegt 62,5 kg. Wie schwer ist ein Bodenbelag von 33,5 m^2 Größe?
23. Fur einen Wandbelag von 72,50 m^2 Fläche werden 16,200 kg Kleber gebraucht. Wie viel Kleber braucht man unter gleichen Bedingungen für eine Wandfläche von 89,30 m^2?
24. 12 Rollen Tapete kosten 438,60 DM. Wie viele Rollen bekommt man für 950,30 DM?

Beim doppelten Dreisatz verändern sich zwei der bekannten drei Größen. Die Lösung finden deshalb schrittweise nach dem einfachen Dreisatz. Zunächst wird eine Größe verändert, dann die andere.

Beispiel 8 Gesellen stellen in 84 Arbeitsstunden 16 Sessel her. Wie lange brauchen bei gleicher Leistung 6 Gesellen für 20 Sessel?

1. Schritt	die Gesellen
Behauptungssatz	8 Gesellen brauchen für 16 Sessel 84 Stunden
Folgerungssatz	1 Geselle braucht für 16 Sessel 8 · 84 Stunden
Schlusssatz	6 Gesellen brauchen für 16 Sessel $\frac{8 \cdot 84}{6}$ = **112 Stunden**
Kontrollüberlegung	6 Geselle brauchen länger als 8.
2. Schritt	die Sessel
Behauptungssatz	für 16 Sessel brauchen 6 Sessel 6 Gesellen 112 Stunden
Folgerungssatz	für 1 Sessel brauchen 6 Gesellen $\frac{112}{16}$ Stunden
Schlusssatz	für 20 Sessel brauchen 6 Gesellen $\frac{112 \cdot 20}{16}$ = **140 Stunden**
Kontrollüberlegung	20 Sessel dauern länger als 16.

Beim zusammengesetzten Dreisatz sind mehr als drei Größen gegeben. Bei veränderten Werten lösen wir ihn ebenfalls Schritt für Schritt nach dem einfachen Dreisatz.

Beispiel 3 Gesellen arbeiten 4 Tage je 8 Stunden an einer sechsteiligen Sesselgarnitur. In wie viel Tagen stellen 4 Gesellen eine achtteilige Garnitur her, wenn sie täglich 9 Stunden arbeiten?

1. Schritt	die Gesellen
Behauptungssatz	3 Gesellen brauchen für 6 Teile bei 8 Stunden 4 Tage
Folgerungssatz	1 Geselle braucht für 6 Teile bei 8 Stunden 4 · 3 Tage
Schlusssatz	4 Gesellen brauchen für 6 Teile bei 8 Stunden $\frac{4 \cdot 3}{4}$ = **3 Tage**
Kontrollüberlegung	4 Gesellen brauchen weniger Zeit als 3.
2. Schritt	die Sesselteile
Behauptungssatz	für 6 Teile brauchen 4 Gesellen bei 8 Stunden 3 Tage
Folgerungssatz	für 1 Teil brauchen 4 Gesellen bei 8 Stunden $\frac{3}{6}$ Tage
Schlusssatz	für 8 Teile brauchen 4 Gesellen bei 8 Stunden $\frac{3 \cdot 8}{6}$ = **4 Tage**
Kontrollüberlegung	8 Teile dauern länger als 6.
1. Schritt	die Arbeitsstunden
Behauptungssatz	bei 8 Stunden schaffen 4 Geselle 8 Teile in 4 Tagen
Folgerungssatz	bei 1 Stunde schaffen 4 Gesellen 8 Teile in 4 · 8 Tagen
Schlusssatz	bei 9 Stunden schaffen 4 Geselle 8 Teile in $\frac{4 \cdot 8}{9} = 3\frac{5}{9}$ **Tagen**
Kontrollüberlegung	Mehr Stunden = weniger Tage.

Aufgaben zum doppelten Dreisatz

1. Drei Raumausstatter schaffen in 15 Stunden 225 m^2 PVC-Belag. Wie lange brauchen 5 Gesellen für 180 m^2?
2. In 8 Stunden tapezieren drei Gesellen zusammen 65 m^2 Wandfläche. Wie viel schaffen zwei in 5 Stunden?
3. In 12 Arbeitsstunden beziehen fünf Raumausstatter 6 Sessel. Wie lange brauchen bei gleicher Leistung zwei Gesellen, um 16 Sessel zu beziehen?
4. In 12 Tagen stellen acht Gesellen 15 Sessel fertig. Wie viel Gesellen müssten arbeiten, um in 16 Tagen 45 dieser Sessel herzustellen?
5. Bei 40 Wochenstunden brauchen 6 Arbeiter drei Wochen für einen Auftrag. In welcher Zeit sind 8 Arbeiter damit fertig, wenn sie 36 Stunden in der Woche arbeiten?
6. Aus 15 kg Baumwolle kann man 65 lfd. m Cretonne von 1,20 m Breite herstellen. Wie lang kann der Stoff sein, wenn er 180 cm breit gewebt wird und 12,43 kg Baumwolle zur Verfügung stehen?
7. Zwei Raumausstatter verlegen in zwei Tagen zu je 8 Stunden Arbeitszeit 135 m^2 Teppichbelag. Wie lange brauchen 3 Gesellen für 90 m^2?
8. Eine Wandfläche von 90 m^2 wird von 3 Raumausstattern in 5 Stunden tapeziert. Wie lange brauchen 4 Raumausstatter für 240 m^2?
9. Fünf Arbeiter führen einen Arbeitsauftrag bei einer Arbeitszeit von 40 Std. je Woche in zwei Wochen aus. Um wie viel früher sind 8 Arbeiter mit der gleichen Arbeit fertig, wenn sie jeweils 42 Std. in der Woche arbeiten?
10. Um zwei gleich große Dekorationen aufzumachen, brauchen drei Gesellen $5^1/_2$ Std. Wie lange brauchen 2 Gesellen für sechs Dekorationen gleicher Größe?
11. Acht Raumausstatter verdienen in 14 Arbeitstagen 21731,72 DM. Wie viel verdienen sechs Raumausstatter in 12 Tagen?
12. Nach 21 Arbeitstagen hatten 7 Raumausstatter 24519,60 DM verdient. Wie viel kostet es den Betrieb, wenn er für 23 Arbeitstage noch zwei zusätzliche Gesellen einstellt?

Aufgaben zum zusammengesetzten Dreisatz

13. Acht Raumausstatter stellen in 9 Tagen 16 Sessel her. Wie viel Raumausstatter müssten an dem Auftrag arbeiten, wenn in 15 Tagen 30 dieser Sessel hergestellt werden sollen?
14. Vier Gesellen schaffen einen Auftrag in 9 Tagen bei 8 Std. Arbeitszeit. Wie lange brauchen 3 Gesellen für den selben Auftrag bei einer Std. Mehrarbeit täglich?
15. Zum Tapezieren eines Zimmers braucht man 5 Rollen Makulatur, die 20 m lang und 50 cm breit sind. Wie viel Rollen eines anderen Fabrikats mit den Maßen 50 m lang und 56 cm breit braucht man für das gleiche Zimmer?
16. 28 Arbeiter können einen Auftrag in 32 Tagen fertigstellen. Wie viel Arbeiter müssen noch eingestellt werden, wenn die gleiche Arbeit schon nach 28 Tagen fertig sein soll?
17. Acht Raumausstatter fertigen bei 8stündiger Arbeitszeit in 11 Tagen 24 Garnituren an. Wie viel Raumausstatter müsste der Betrieb zusätzlich daran beschäftigen, wenn aus Termingründen (wichtiger Kunde!) 30 Garnituren in 10 Tagen angefertigt werden müssen?
18. 12 Arbeiter verdienen in 9 Tagen einen Gesamtlohn von 20 278,– DM. Wie viel verdienen 15 Arbeiter in 13 Tagen bei gleichem Lohn?
19. Um 7,5 m Teppicheinfassnaht von Hand herzustellen, braucht ein Raumausstatter 17 Stunden. Wie lange brauchen 3 Raumausstatter für eine Strecke von 23,5 m?
20. Eine Rolle Kantendraht von 50 m Länge wiegt 3,755 kg. Wie schwer hat ein Geselle zu tragen, wenn er zu dieser Rolle noch 3 andere des gleichen Materials, aber von 75 m Länge bringt?
21. Zwei Gesellen kleben 4 Rollen Kettfadentapete von 80 cm Breite und 25 m Länge in 12 Stunden. Welche Zeit brauchen 4 Gesellen für 6 Rollen der Maße 1,00 m Breite und 30 m Länge?
22. In einem Dreifamilienhaus tapezieren 4 Raumausstatter in 4 Tagen bei achtstündiger Arbeit 1080,00 m^2. Wie viel tapezieren 3 Raumausstatter in 8 Tagen bei neunstündiger Arbeitszeit im gleichen Haus?

5.3 Mischungen

Fast alle textilen Stoffe in unserem Beruf können aus Mischungen unterschiedlicher Rohstoffe bestehen. Manchmal mischt man, um die Qualität zu verbessern. Meist wird durch Mischungen ein günstiger Preis angestrebt. Jedenfalls müssen wir das Mischungsverhältnis berechnen können.

Beispiel Der Kilopreis einer Mischung Polsterstoff soll 6,40 DM betragen. Die Einzelsorten kosten 3,20 DM und 12,– DM je kg. Wie ist das Mischungsverhältnis?

1. Sorte	3,20 DM je kg/Unterschied zur Mischung = 3,20 DM	560
Mischung	6,40 DM je kg	
2. Sorte	12,– DM je kg/Unterschied zur Mischung = 5,60 DM	320
	= 56 : 32 = **7 : 4**	

Probe

7 · 3,20 DM	= 22,40 DM
4 · 12,– DM	= 48,– DM
11 Anteile	= 70,40 DM
1 Anteil 70,40 DM : 11	= **6,40 DM**

Schwieriger ist das Mischungsrechnen mit drei Einzelsorten. Dabei stellt man die gleiche Reihenfolge auf, bezieht jedoch die Unterschiedsbeträge plus oder minus auf den Mischungspreis. Zwei Unterschiedsbeträge werden jeweils zusammengefasst und dem dritten Sortenpreis doppelt gegenübergestellt.

Beispiel Der Mischungspreis eines Garns beträgt 7,20 DM je kg, die Einzelsorten kosten je kg 10,80 DM, 3,60 DM und 6,30 DM. Berechnen Sie die beiden Mischungsverhältnisse.

1. Lösung

1. Sorte	3,60 DM je kg/Unterschied = – 3,60 DM	360
2. Sorte	6,30 DM je kg/Unterschied = – 0,90 DM	360
Mischung	7,20 DM je kg	
3. Sorte	10,80 DM je kg/Unterschied = + 3,60 DM	450

Mischungsverhältnis 36 : 36 : 45 = **4 : 4 : 5**

Probe

4 · 3,60 DM	= 14,40 DM
4 · 6,30 DM	= 25,20 DM
5 · 10,80 DM	= 54,– DM
13 Anteile	= 93,60 DM
1 Anteil 93,60 DM : 13	= **7,20 DM**

2. Lösung

1. Sorte	3,60 DM je kg/Unterschied = – 3,60 DM	2,70 DM
2. Sorte	6,30 DM je kg/Unterschied = – 0,90 DM	
Mischung	7,20 DM je kg	3,60 DM
3. Sorte	10,80 DM je kg/Unterschied = + 3,60 DM	3,60 DM

Mischungsverhältnis 27 : 36 : 36 = **3 : 4 : 4**

Probe

3 · 3,60 DM	= 10,80 DM
4 · 6,30 DM	= 25,20 DM
4 · 10,80 DM	= 43,20 DM
11 Anteile	= 79,20 DM
1 Anteil 79,20 DM : 11	= **7,20 DM**

Bei der 1. Lösung ergeben sich 93,60 DM für den Hersteller, bei der 2. Lösung nur 79,20 DM. Er wird daher die 2. Lösung zu Grunde legen, um den Mischungspreis von 7,20 DM zu erzielen.

Aufgaben zu Abschnitt 5.3

Berechnen Sie jeweils das Mischungsverhältnis und kontrollieren Sie das Ergebnis durch Probe.

1. Mischungspreis je kg Kleber 9,– DM aus den Einzelsorten 5,40 DM und 12,60 DM je kg.
2. Mischungspreis je kg Kleber 13,– DM aus den Einzelsorten 6,80 DM und 14,10 DM je kg.
3. Mischungspreis je kg Kleber 12,25 DM aus den Einzelsorten 6,77 DM und 11,53 DM je kg.
4. Mischungspreis 17,10 DM/kg aus Sorte A zu 16,55 DM/kg und Sorte B zu 19,12 DM/kg.
5. Mischungspreis 25,45 DM/kg aus Sorte A zu 18,93 DM/kg und Sorte B zu 32,19 DM/kg.
6. Mischungspreis 37,06 DM/kg aus Sorte A zu 25,50 DM/kg und Sorte B zu DM/kg.
7. Einzelsorten eines Polsterfüllstoffs zu 3,50 DM und 7,50 DM je kg sollen einen Mischungspreis von 4,50 DM je kg erbringen.
8. Einzelsorten eines Polsterfüllstoffs zu 4,20 DM DM und 8,10 DM je kg sollen einen Mischungpreis von 5,32 DM je kg erbringen.
9. Mischungspreis 12,– DM je kg, Einzelsorte 5,40 DM und 18,– DM je kg.
10. Mischungspreis 13,50 DM je kg, Einzelsorten 5,90 DM und 22,30 DM je kg.
11. Mischungspreis 16,– DM je kg, Einzelsorten 4,– DM und 19,– DM je kg.
12. Zwei Polsterfüllungen sollen so gemischt werden, dass die Mischung einen Kilopreis von 9,40 DM ergibt. Die eine Sorte kostet 5,80 DM die andere 14,20 DM je kg. Wie ist das Mischungsverhältnis?
13. Zwei Polsterfüllungen sollen so gemischt werden, dass die Mischung einen Kilopreis von 11,20 DM ergibt. Die eine Sorte kostet 7,12 DM, die andere 18,44 DM je kg. Wie ist das Mischungsverhältnis?
14. Aus den Spinnfasersorten A zu 35,– DM je kg und B zu 15,– DM je kg soll eine Mischung zum Kilopreis von 22,50 DM hergestellt werden.
15. Aus den Spinnfasersorten C zu 29,– DM je kg und D zu 17,– DM je kg soll eine Mischung zum Kilopreis von 24,– DM hergestellt werden.
16. Drei Sorten Schaumstoff-Flocken von 5,40 DM, 12,60 DM und 7,20 DM je kg sollen zu einer Mischung mit Kilopreis von 9,– DM gemischt werden.
17. Eine Schaumstoffflocken-Mischung soll 12,26 DM kosten. Zur Verfügung stehen Sorte A zu 7,00 DM/kg, Sorte B zu 11,43 DM/kg und Sorte C zu 15,69 DM/kg. Wie lautet das Mischungsverhältnis?
18. Mischungspreis 8,– DM je kg. Dazu drei Sorten 3,50 DM, 7,50 DM und 9,50 DM Kilopreis. Wie lauten die beiden möglichen Mischungsverhältnisse?
19. Aus den Sorten 25,– DM, 25,– DM und 90,– DM je kg soll eine Mischung zum Kilopreis von 45,– DM hergestellt werden. Geben Sie beide Mischungsverhältnisse an.
20. Feder und Daunen sollen so gemischt werden dass sie einen Kilopreis von 60,– DM ergeben. Drei Sorten stehen zur Verfügung: a = 35,– DM b = 40,– DM, c = 95,– DM je kg.
21. Eine Feder-Daunen-Mischung hat 36,40 DM Kilopreis. Sie wurde gemischt aus den Sorten a = 32,80 DM, b = 34,60 DM und c = 60,40 DM. Berechnen Sie beide möglichen Mischungsverhältnisse.
22. Zwei Rosshaarqualitäten sind zu einem Mischungspreis von 29,30 DM zu verarbeiten. Sorte A kostet 24,40 DM/kg, Sorte B kostet 36,70 DM/kg. In welchem Verhältnis müssen die beiden Rosshaarsorten gemischt werden?
23. Rinderschweifhaar zu 21,10 DM/kg und Rosshaar zu 33,25 DM/kg sollen zu Füllstoff gemischt werden. In welchem Verhältnis müssen die beiden Sorten gemischt werden, um einen Mischungspreis von 26,60 DM/kg zu erreichen?
24. Polsterwatte der Sorte A kostet 4,35 DM/kg, Polsterwatte der Sorte B kostet 11,50 DM/kg. In welchem Verhältnis müssen die beiden Sorten gemischt werden, um einen Mischungspreis von 8,70 DM/kg zu erreichen?
25. Aus Sorte A = 28,90 DM/kg, B = 32,26 DM/kg und C = 45,00 DM/kg soll eine Mischung zum Kilopreis von 38,35 DM hergestellt werden. Wie lauten die Mischungsverhältnisse?

6 Prozente und Zinsen

6.1 Prozentrechnen

Die Bezeichnung „pro centum“ ist lateinisch und bedeutet „vom hundert“. 1% ist also 1 von 100. Dieser Satz enthält alle drei für das Prozentrechnen wichtigen Angaben: den Prozentsatz *p* (1%), den Grundwert *g* (100) und den Prozentwert *w*.

Der Grundwert *g* ist das Ganze, also 100%, er ist immer benannt (z.B. cm, kg, l).

Der Prozentwert *w* ist Teil des Ganzen, des Grundwerts. Folglich hat *w* die gleiche Benennung wie *g*.

Der Prozentwert *p* gibt den Teil des Prozentwerts vom Grundwert an, ausgedrückt in %.

Wenn zwei dieser Werte bekannt sind, lässt sich der dritte Wert berechnen. Dazu verwendet man die folgenden Formeln:

Formeln	Formelzeichen	Einheiten
Prozentrechnung 15 DM sind 3% von 500 DM ↓ ↓ ↓ **Prozentwert *w*** **Prozentsatz *p*** **Grundwert *g*** $w = \frac{g \cdot p}{100\%}$ $p = \frac{w \cdot 100\%}{g}$ $g = \frac{w \cdot 100\%}{p}$	*w* = Prozentwert *p* = Prozentsatz *g* = Grundwert	z.B. DM % z.B. DM

Beispiele a) Sie haben 4% Bearbeitungsgebühr = 12 DM zu zahlen. Wie hoch ist der Grundwert *g*?

$$g = \frac{w \cdot 100\%}{p} \qquad g = \frac{12,\text{– DM} \cdot 100\%}{4\%} \qquad g = \mathbf{300,\text{– DM}}$$

b) Wie viel sind 3% von 64 cm?

$$w = \frac{g \cdot p}{100\%} \qquad w = \frac{64\text{ cm} \cdot 3\%}{100\%} \qquad w = \mathbf{1,92\text{ cm}}$$

c) Der Lohn eines Gesellen beträgt 460,00 DM brutto? An Sozialabgaben werden 64,40 DM einbehalten. Wie viel Prozent sind das?

$$p = \frac{w \cdot 100\%}{g} \qquad p = \frac{64,40\text{ DM} \cdot 100\%}{460,\text{– DM}} \qquad p = \mathbf{14\%}$$

Aufgaben zu Abschnitt 6.1

1. Wie viel DM von 280,– DM sind

   a) $1\frac{1}{2}$ %, b) $2\frac{1}{4}$ %, c) $3\frac{2}{3}$ %, d) $5\frac{3}{8}$ %

   e) $12\frac{3}{4}$ %, f) 15,5%, g) 20%, h) 45%.

2. Berechnen Sie den Grundwert *g*

   a) $15\frac{1}{2}$ % = 19,22 DM

   b) 12% = 67,51 DM

   c) $18\frac{1}{4}$ % = 180,94 DM

   d) 14,38 DM = 6,26 %
   e) 0,75 DM = 0,4 %
   f) 0,63 DM = 0,06 %.

3. Berechnen Sie, um wie viel Prozent der Wert angestiegen ist
   a) von 25,50 auf 28,93 DM
   b) von 18,04 DM auf 22,76 DM
   c) von 1894,39 DM auf 2006,22 DM
   d) von 603,80 DM auf 667,10 DM.

4. Ein Geselle verdient wöchentlich 420,– DM. Davon werden ihm 6% Krankenversicherung bezahlt. Wie viel DM sind das?

5. Zu einer Gesellenprüfung haben sich 25 Kanditaten angemeldet. 96% bestehen die Prüfung. Wie viel Kanditaten sind durchgefallen?

6. Auf den Rechnungsbetrag von 3417,26 DM erhalten Sie bei Barzahlung 3% Skonto. Was müssen Sie wirklich bezahlen?

7. Bei einem Jahreseinkommen von 18600,– DM entfallen 14% auf Lohnsteuer. Wie hoch ist der Steuerbetrag?

8. Ein angestellter Meister hat ein Monatsgehalt von 3130,– DM. Davon werden 601,– DM Sozialabgaben und Steuern einbehalten. Wie viel Prozent sind das?

9. Ein Betrieb mit Jahresumsatz von 183500,– DM hat 19900,– DM Kosten. Das entspricht wie viel Prozent?

10. Von 28 Schülern einer Berufsschulklasse fehlen 6. Wie viel Prozent sind anwesend?

11. Auf einer Rechnung ist ein Skontobetrag von 46,29 DM = 3% Skonto vermerkt. Wie hoch ist der Rechnungsbetrag?

12. Ein Raumausstatterbetrieb schließt mit einer Wachgesellschaft einen Vertrag. Dafür muss jährlich 4,3 % der Versicherungssumme bezahlt werden. Der Betrieb zahlt monatlich 107,50 DM. Wie hoch ist die Versicherungsumme?

13. Ein Geselle zahlt monatlich 351,– DM Lohnsteuer, nämlich 18 % seines Bruttolohns. Wie hoch ist sein Bruttolohn?

14. Ein Geselle zahlt monatlich 423,– DM Lohnsteuer, das sind 19 % seines Bruttolohnes. Wie hoch ist sein Bruttolohn?

15. Bei der Inventur stellt der Meister fest, dass von 212 vorbereiteten Tapetenrollen 17 deutliche Farbabweichungen haben. Wie viel % müssen an den Großhändler zurückgegeben werden?

16. Ein Stundenlohn von 18,55 DM wird um ? % auf 20,12 DM erhöht.

17. Ein Stundenlohn von 18,55 DM wird um ? % auf 22,53 DM erhöht.

18. Wegen eines Fehlers beim Bodenlegen gewährt der Meister einen Nachlass von 15%. Der Kunde ist zufrieden und bezahlt nun 480,– DM. Was hätte er zahlen müssen, wenn der Verlegefehler nicht aufgetreten wäre?
    Welchen Schaden muss der Meister hinnehmen?

19. Beim Kunden werden 278 m^2 Wandfläche tapeziert. Doch alle verbrauchten Tapeten weisen 326 m^2 auf
    a) Wie groß ist der Verschnitt in m^2?
    b) Wie groß ist der Verschnitt in %?

20. Ein Geselle arbeitet in einem Monat 21 Tage mit jeweils 8 Stunden. Sein Stundenlohn beträgt 18,30 DM. An Steuern und Sozialabgaben werden ihm 925,95 DM einbehalten. Wie viel Prozent vom Bruttolohn sind das?

21. Für eine sehr gute Leistung erhält der Lehrling eine Prämie von 75,– DM, das sind 18 % seines Monatslohnes. Was verdient er im Monat?

22. Der Preis einer Auslegware wurde von 28,95 DM pro m^2 auf 34,70 DM pro m^2 erhöht. Wie viel Prozent sind das?

23. Für Arbeiten an einem Feiertag erhält der Geselle 175 % Zuschlag. Sein Stundenlohn beträgt 19,10 DM. Wie viel verdient er pro Stunde an diesem Feiertag?

24. Der Preis einer Ware wurde von 67,98 DM auf 45,73 DM gesenkt. Wie viel Prozent sind das ?

6.2 Prozentrechnen mit Faktoren

Im Raumausstatterhandwerk ist eine kürzere Möglichkeit des Prozentrechnens üblich: das Rechnen mit Faktoren. Dabei wird der Grundwert mit einem Faktor multipliziert, der Faktor enthält den Prozentsatz.

496,30 DM · **1,15** = 570,75 DM
Faktor

Beispiel Zu dem Warenpreis von 460,– DM kommen noch 15% Mehrwertsteuer dazu. Wie hoch ist der Rechnungsbetrag?
460,00 DM · 1,15 = **529,00 DM**

Erklärung

		Beispiel
Zahl	= Zahl · Faktor 1,00	20,– DM · 1,00 = 20,– DM
Zahl + 5 %	= Zahl · Faktor 1,05 (Zuschlag)	20,– DM · 1,05 = 21,– DM
Zahl + 15 %	= Zahl · Faktor 1,15 (Zuschlag)	20,– DM · 1,15 = 23,– DM
Zahl + 30 %	= Zahl · Faktor 1,30 (Zuschlag)	20,– DM · 1,30 = 26,– DM
Zahl + 100 %	= Zahl · Faktor 2,00 (Zuschlag)	20,– DM · 2,00 = 40,– DM
Zahl – 15 %	= Zahl · Faktor 0,85 (Abzug)	20,– DM · 0,85 = 17,– DM
Zahl – 30 %	= Zahl · Faktor 0,70 (Abzug)	20,– DM · 0,70 = 14,– DM

Ist der Faktor größer als 1,0, so errechnen wir einen Zuschlag.
Ist der Faktor kleiner als 1,0, so errechnen wir einen Abzug.

Das Rechnen mit Faktoren hat mehrere Vorteile:

- man muss keine Formeln kennen wie beim Prozentrechnen,
- die Rechnung ist wesentlich kürzer als beim Prozentrechnen oder beim Dreisatz und
- beim Prozentrechnen müssen wir zuerst den Prozentwert ausrechnen und dann zum Grundwert addieren (ergibt Zuschlag) oder subtrahieren (ergibt Abzug). Beim Rechnen mit Faktoren wird das Ergebnis gleich angezeigt.

Beispiel Ein Raumaustatter verdient im Monat 2873,00 DM brutto. Davon muss er noch 28% Steuern und Sozialabgaben abziehen. Was verdient er netto?
2873,00DM · 0,72 = **2068,56 DM** (Faktor: 1,00 – 0,28 = 0,72)

Aufgaben zu Abschnitt 6.2

1. Berechnen Sie mit Faktoren
   a) 16 % von 178,33 DM
   b) 28 % von 49,92 DM
   c) 70 % von 1068,29 DM
   d) 6,8 % von 23,74 DM
   e) 5,33 % von 247,25 DM
2. Berechnen Sie
   a) einen Zuschlag von 30 % auf 184,06 DM
   b) einen Zuschlag von 25,5 % auf 862,18 DM
   c) einen Zuschlag von 117,85 % auf 350,50 DM
   d) einen Zuschlag von 156 % auf 220,75 DM
   e) einen Zuschlag von 89,3 % auf 312,60 DM
3. Berechnen Sie
   a) einen Abzug von 25 % auf 126,70 DM
   b) einen Abzug von 5 % auf 200,20 DM
   c) einen Abzug von 10,7 % auf 690,45 DM
   d) einen Abzug von 45 % auf 1472,55 DM
   e) einen Abzug von 0,3 % auf 80,79 DM
4. Zu dem Warenpreis von 322,– DM kommen 16 % Mehrwertsteuer dazu. Wie hoch ist der Rechnungsbetrag?
5. Zu dem Warenpreis von 855,90 DM kommen 16 % Mehrwertsteuer dazu. Wie hoch ist der Rechnungsbetrag?
6. Ein Gummigurt misst 88 cm Länge. Durch die Spannung beim Gurten verlängert er sich um 30 %. Wie lang ist er dann?
7. Ein Gummigurt misst 112 cm Länge. Durch die Spannung beim Gurten verlängert er sich um 48 %. Wie lang ist er dann?
8. Beim Tapezieren eines Großraumbüros errechnet der Meister eine Tapetenfläche von 692 m^2. Aus seiner Erfahrung rechnet er aber mit einem Verschnitt von 18%. Wie viel Tapete muss bestellt werden?
9. Die Nachkalkulation hat ergeben, dass die angegebenen 18% Verschnitt niemals ausreichen werden. Es müssen statt dessen 22% Verschnitt angenommen werden. Wie viel Tapete muss jetzt bestellt werden?
10. Unser Betrieb konnte im vergangenen Jahr seinen Umsatz um 7% steigern. Letztes Jahr betrug der Umsatz 195 000,– DM. Wie viel ist er in diesem Jahr?
11. Der Konkurrenzbetrieb hatte im vergangenen Jahr einen Umsatz von 233 960 DM. In diesem Jahr steigerte er seinen Umsatz um 4,9%. Wie hoch war also sein Umsatz in diesem Jahr?
12. Ein Geselle verdient pro Stunde 19,68 DM. Durch den neuen Tarifvertrag erhöht sich sein Stundenlohn um 2,70 %.
    a) Wie viel verdient er jetzt pro Stunde?
    b) Wie viel verdient er im Monat mehr, wenn mann von einem Monat mit 160 Arbeitsstunden ausgeht?
13. Beim Meister erhöht sich der Stundenlohn von von 23,18 DM auch um 2,70%. Was verdient er nun?
14. Der Rechnungsbetrag eines Kunden ist 684,75 DM. Der Kunde hat bereits 80 % davon bezahlt Wie viel DM sind das?
15. Wenn von 1894,– DM erst 25 % angezahlt sind, was muss der Kunde beim Abschluss noch bezahlen?
16. Der Meister konnte günstig einen großen Posten an Fußbodenleisten einkaufen. 480 lfd. m. Beim genaueren Prüfen der Ware ergibt sich jedoch ein Ausschuss von 24%. Wie viel lfd. m sind das?
17. Nach einer Preissenkung von 6,4 % kostet das neue Firmenauto nur 45970,– DM. Wie teuer war das Auto vorher?
18. Ein Rechnungsbetrag von 2775,50 DM enthält 16 % Mehrwertsteuer. Wie viel Mehrwertsteuer fällt an?
19. Ein Raumausstattergeselle muss 17 % seines Einkommens für die Miete und weitere 3 % für die Abzahlung eines Kredites aufbringen. Steuern und Sozialabgaben belasten ihn mit weiteren 33 % seines Einkommens. Was bleibt ihm monatlich, wenn er brutto 3842,56 DM verdient?
20. Die Materialkosten für einen Auftrag belaufen sich auf 465,46 DM. Dazu kommt ein Gemeinkostenzuschlag von 174 %. Wie viel wird jetzt für die Materialien berechnet?
21. Die Lohnkosten für einen Auftrag belaufen sich auf 227,60 DM. Dazu kommt ein Gemeinkostenzuschlag von 135 %. Wie viel wird jetzt für die Löhne berechnet?
22. Die Rechnung des Kunden lautet 1847,44 DM. Der Kunde wünscht Ratenzahlung: 1. Rate 25%, 2. Rate 50 %, 3. Rate Rest. Wie viel bezahlt der Kunde bei jeder Rate?
23. Im Rechnungsbetrag von 857,50 DM sind 16% Mehrwertsteuer enthalten. Was kostete die Ware ursprünglich?

6.3 Zinsrechnen

Zinsen sind die Vergütung für geliehenes Geld. Die Zinsrechnung ist eine besondere Anwendung des Prozentrechnens. Dabei kommt als Größe die Zeit hinzu. Hier gilt die Regel, dass das Jahr zu 360 Tagen und der Monat zu 30 Tagen gerechnet wird.

Wir haben es also mit vier Größen zu tun: Kapital *k*, Zinssatz *p*, Zinsen *z* und Zeit *t*. Jede der vier Größen können wir berechnen, wenn uns die anderen der drei Größen bekannt sind. Dazu werwenden wir folgende Formeln:

Formeln				Formelzeichen	Einheiten
Zinsrechnen					
***z* in DM =**	***p* in % =**	***k* in DM =**	***t* in Zeit =**		
Jahre					
$\frac{k \cdot p \cdot \text{Jahre}}{100\%}$	$\frac{z \cdot 100\%}{k \cdot \text{Jahre}}$	$\frac{z \cdot 100\%}{p \cdot \text{Jahre}}$	$\frac{z \cdot 100\%}{k \cdot p}$	z = Zinsen k = Kapital p = Zinsfuß t = Zeit	DM DM % Jahre, Monate, Tage
Monate					
$\frac{k \cdot p \cdot \text{Monate}}{100\% \cdot 12}$	$\frac{z \cdot 100\% \cdot 12}{k \cdot \text{Monate}}$	$\frac{z \cdot 100\% \cdot 12}{p \cdot \text{Monate}}$	$\frac{z \cdot 100\% \cdot 12}{k \cdot p}$		
Tage					
$\frac{k \cdot p \cdot \text{Tage}}{100\% \cdot 360}$	$\frac{z \cdot 100\% \cdot 360}{k \cdot \text{Tage}}$	$\frac{z \cdot 100\% \cdot 360}{p \cdot \text{Tage}}$	$\frac{z \cdot 100\% \cdot 360}{k \cdot p}$		

Beispiele a) Wie viele Zinsen bringen 500,00 DM Kapital in der Zeit von 3 Jahren bei einem Zinssatz von 5%.

$z = \frac{k \cdot p \cdot \text{Jahre}}{100\%}$ $z = \frac{500,\text{– DM} \cdot 5\% \cdot 3}{100\%}$ $z =$ **75,– DM**

b) Wie hoch ist der Zinssatz, wenn man für einen Kredit von 1500,– DM in 33 Tagen 112,– DM bezahlen muss?

$p = \frac{z \cdot 100\% \cdot 360}{k \cdot \text{Tage}}$ $p = \frac{88,\text{– DM} \cdot 100\% \cdot 360}{15000,\text{– DM} \cdot 33}$ $p =$ **6,4%**

c) Welches Kapital bringt bei 6% Zinssatz in 2 Jahren 300,– DM Zinsen?

$k = \frac{z \cdot 100\%}{p \cdot \text{Jahre}}$ $k = \frac{300,\text{– DM} \cdot 100\%}{6\% \cdot 2}$ $k =$ **2500,– DM**

d) In welcher Zeit bringen 5000,– DM bei einem Zinssatz von 5% 160,– DM Zinsen?.

$t = \frac{z \cdot 100\%}{k \cdot p}$ $t = \frac{160,\text{– DM} \cdot 100\%}{5000,\text{– DM} \cdot 5\%}$ $t =$ **0,64**

Da das Jahr mit 360 Tagen gerechnet wird:

0,64 · 360 = **230,4 Tage**

Aufgaben zu Abschnitt 6.3

1. Berechnen Sie die Zinsen *z*
   a) 650,– DM zu 4% in 3 Jahren
   b) 280,66 DM zu 3% in 2,5 Jahren
   c) 1094,20 DM zu 6,5% in 9 Monaten
   d) 40,78 DM zu 5% in 18 Monaten
   e) 924,– DM zu 3,8% in 289 Tagen
   f) 842,50 DM zu 4,2% in 1Jahr und 4 Monaten.
2. Berechnen Sie den Zinssatz *p*
   a) 2800,– DM brachten in 2,5 Jahren 320,– DM Zinsen
   b) 1290,– DM brachten in 14 Monaten 45,– DM Zinsen
   c) 458,90 DM brachten in 256 Tagen 18,72 DM Zinsen
   d) 750,– DM brachten in 1 Jahre und 4 Monaten 29,56 DM Zinsen
   e) 1062,65 DM brachten in 2 Jahren, 7 Monaten und 15 Tagen 96,21 DM Zinsen
   f) 4800,– DM brachten in 20 Tagen 25,33 DM Zinsen.
3. Berechnen Sie das Kapital *k*
   a) 4 Monate bei 12,5% Zins = 16,42 DM
   b) 175 Tage bei 3,8% Zins = 106,– DM
   c) 1 Jahr und 6 Monate bei 4,5% Zins = 49,– DM
   d) 8 Monate und 22 Tage bei 3% Zins = 27,05 DM
   e) 2 Jahre und 342 Tage bei 5,2% Zins = 82,86 DM
   f) 14 Tage bei 9,75% Zins = 41,72 DM
4. Berechnen Sie die Zeit *t*
   a) 470,– DM zu 5,5% brachten 15,20 DM Zinsen
   b) 1463,– DM zu 5% brachten 51,32 DM Zinsen
   c) 3296,– DM zu 7% brachten 60,45 DM Zinsen
   d) 45500,– DM zu 6,5% brachten 4890,14 DM Zinsen
   e) 296,60,– DM zu 3,5% brachten 12,73 DM Zinsen
5. Wie viel Zinsen bringen 800,– DM in 6 Jahren bei einem Zinssatz von 3,5 %?
6. Wie viel Zinsen bringen 1622,– DM in 4 Jahren bei einem Zinssatz von 4,5 %?
7. Sie legen 3600,– DM 45 Tage lang zu 3 1/3% an. Wie viel Zinsen bekommen Sie?
8. Sie legen 3600,– DM 60 Tage lang zu 3,8 % an Wie viel Zinsen bekommen Sie?
9. Berechnen Sie die Zinsen, die 1800,– DM in 3 Monaten zu 4,5 % bringen.
10. Berechnen Sie die Zinsen, die 4798,45 DM in 4 Monaten zu 5,3 % bringen.
11. Die Bank verzinst ihre Spareinlagen von 5600,– DM mit einem Zinssatz von 7,5 %. Wie viele Zinsen bekommen Sie innerhalb 15 Monaten?
12. Eine andere Bank verzinst ihre Spareinlagen von 3850,– DM mit einem Zinssatz von 6,9%. Wie viel Zinsen bekommen Sie innerhalb 18 Monaten?
13. Berechnen Sie das Kapital, das in 3 Monaten bei 4,5 % Zinssatz 161,10 DM Zinsen erbringt.
14. Welches Kapital ergibt in drei Jahren bei 6 % 84,60 DM Zinsen?
15. Welches Kapital ergibt in 15 Monaten bei 5,5% 70,– DM Zinsen?
16. Ein Kredit in Höhe von 12000,– DM wird nach 12 Monaten mit 13300,– DM zurückgezahlt. Mit welchem Zinssatz wurde der Kredit verzinst?
17. Für eine Hypothek in Höhe von 10000,– DM werden monatlich 45,– DM Zinsen gezahlt. Zu welchem Zinssatz wurde die Hypothek gewährt?
18. Wie hoch war der Zinssatz, wenn 4400,– DM in 200 Tagen 220,– DM Zinsen kosten?
19. Rechnen Sie: Zu welchem Zinssatz bringen 2500,– DM in vier Jahren 620,– DM Zinsen?
20. Zu welchem Zinssatz bringen 4800,– DM in 3,5 Jahren 800,– DM Zinsen?
21. Ihr Kapital von 380,– DM bringt im Jahr 13,30 DM Zinsen. Zu welchem Zinssatz haben Sie es angelegt?
22. 4,8 % erbringen im Jahr 981,60 DM Zinsen. Wie hoch ist das Kapital?
23. 5,3 % erbringen im Jahr 1219,– DM Zinsen. Wie hoch ist das Kapital?
24. Wie hoch war ein Kredit der Bank, wenn bei einem Zinssatz von 7,8% in 75 Tagen 82,40 DM Zinsen gezahlt wurden?
25. Der Geselle überzieht sein Konto um 35 Tage und zahlt bei einem Zinssatz von 12% 325,44 DM Zinsen. Mit welchem Betrag wurde das Konto überzogen?
26. Wie lange waren 8000,– DM ausgeliehen, wenn sie bei einem Zinssatz von 4 % insgesamt 480,– DM Zinsen erbrachten?
27. Wie lange hatte ein Raumausstattermeister 8500,– DM Kapital ausgeliehen, wenn er bei 4,5 % insgesamt 8959,– DM zurückzahlen muss?

6.4 Rabatt und Skonto

Rabatt ist ein Preissnachlass auf den Verkaufspreis, der üblicherweise beim Einkauf größerer Mengen (Mengenrabatt) gewährt wird.

Skonto ist eine Anreizprämie für den Kunden, die Rechnung sofort (bar) oder gleich nach Erhalt zu bezahlen. Üblich sind hier 2 bis 3%.
Sowohl Rabatt als auch Skonto können als Prozentrechnung oder mit Faktoren gerechnet werden.

Beispiele a) Unser Meister erhölt auf eine größere Lieferung von 1877,– DM 4% Rabatt. Wie teuer ist also die Ware?

$$w = \frac{g \cdot p}{100\%}$$

$$w = \frac{1877{,}00 \text{ DM} \cdot 4\%}{100\%}$$

$w = 75{,}08$ DM

1877,00 DM – 75,08 DM = **1801,92 DM**

b) Bei Barzahlung der Rechnung von 112,80 DM erhält der Kunde 2% Skonto. Was bezahlt er also?

112,80 · 0,98 = **109,76 DM** (Faktor: 1,00 – 0,02 = 0,98)

6.5 Gewinn- und Verlustrechnung

Die Gewinn- und Verlustrechnung, die im Wirtschaftsleben häufig vorkommt, ist eine angewandte Prozentrechnung. Der Einkaufswert entspricht dabei dem Grundwert, also 100%. Wenn ein Kaufmann eine Ware mit 10% Gewinn verkauft, erzielt er 10% mehr als den Einkaufspreis (100% Einkaufspreis + 10% Gewinn = 110% Verkaufspreis). In diesem Fall handelt es sich also um einen *vermehrten Grundwert.* Verkauft man eine Ware dagegen mit 10% Verlust, erzielt man 10% weniger als den Einkaufspreis (100% Einkaufspreis – 10% Verlust = 90% Verkaufspreis). Dies ist ein *verminderter Grundwert.*

> Gewinn ergibt einen vermehrten, Verlust ergibt einen verminderten Grundwert.

Beispiele **a) Gewinn.** Eine Ware wird für 300,– DM mit 12% Gewinn verkauft. Wie hoch war der Einkaufspreis?

Einkaufspreis 100% + Gewinn 12% = Verkaufspreis 112%

112% = 300,– DM

1% = 300,– DM : 112

$$100\% = \frac{300 \text{ DM} \cdot 100}{112} = \mathbf{267{,}86\ DM}$$

b) Verlust. Ein Teppich wird für 510,40 DM mit 16% Verlust verkauft. Wie hoch war der Einkaufspreis?

Einkaufspreis 100% – Verlust 16% = Verkaufspreis 84%

84% = 510,40 DM

1% = 510,40 DM : 84

$$100\% = \frac{510{,}40 \text{ DM} \cdot 100}{84} = \mathbf{607{,}62\ DM}$$

Aufgaben zu Abschnitt 6.4

1. Ein Betrieb kauft 200 Päckchen Tapetenkleister ein. Der Lieferant gewährt bei Abnahme die ser Menge 4% Mengenrabatt. Durch den Mengenrabatt ergibt sich ein Rechnungsbetrag von 551,– DM. Wie viel DM hat der Betrieb durch den Rabatt gespart?
2. Bei Abnahme von 70 Rollen Korktapete erhält der Meister einen Mengenrabatt von 4%. Ursprünglich würde jede Rolle 18,25 DM kosten?
   a) Was kostet die Rolle jetzt?
   b) Was kosten alle Rollen jetzt?
   c) Wie viel DM beträgt der Unterschied aller Rollen mit und ohne Mengenrabatt?
3. Der Kunde möchte seine Rechnung bar bezahlen. Der Meister sagt, dann bekomme er auch 3% Skonto.
   Wie viel bezahlt der Kunde, wenn ohne Skonto 3856,70 DM zu bezahlen sind. Wie viel DM beträgt das Skonto?
4. Berechnen Sie den Verkaufspreis
   a) 512,27 DM bei 5% Rabatt
   b) 27,90 DM bei 6% Rabatt
   c) 187,20 DM bei 5,5% Rabatt
   d) 45,– DM bei 4% Rabatt
5. Berechnen Sie den Barzahlungspreis
   a) 789,45 DM bei 3% Skonto
   b) 2996,– bei 2,3% Skonto
   c) 23,89 DM bei 3,5% Skonto
   d) 438,99 DM bei 4% Skonto
6. Wenn der Kunde alle 17 Restrollen einer Velourstapete kauft, gewährt der Meister ihm einen Nachlass von 15%. Ursprünglich kostete die Rolle 19,50 DM. Was kosten alle Rollen jetzt?
7. Die Rechnung des Kunden beträgt 937,30 DM. Hier sind schon 3 % Skonto abgezogen. Was kostete die Ware ursprünglich?

Aufgaben zu Abschnitt 6.5

8. Der Meister verkauft eine Couchgarnitur mit 12,5% Gewinn für 3420,– DM. Wie hoch war der Einkaufspreis?
9. Ein Raumausstatter verkauft einen Teppich für 360,– DM und hat dabei einen Verlust von 4%. Für wie viel DM hat er ihn eingekauft?
10. Ein Hocker wird mit 12,5% Gewinn fur 267,60 DM verkauft. Berechnen Sie den Einkaufspreis.
11. Wie teuer wurde eine Ware eingekauft, die beim Verkaufspreis von 3853,45 DM 14,5% Verlust brachte?
12. Ein Ballen Dekorationsstoff wird für 596,– DM eingekauft und komplett für 685,40 DM verkauft. Wie viel Prozent Gewinn hat er gebracht?
13. Vor Jahren hat der Meister einen Posten Tapete für 360,50 DM gekauft und nun für 316,– DM verkauft. Wie hoch ist der Verlust in %.
14. Sie kaufen einen Ballen Marquisette und zahlen 839,– DM dafür. Beim Verkauf erzielen Sie 21,5% Gewinn. Welchen Preis hat der Kunde bezahlt?
15. Für eine Partie Flexfliesen wurden 1250,– DM bezahlt. Wegen Platzmangel verkauft der Meister sie rasch weiter und hat dabei 8,8% Verlust. Wie viel DM hat er bekommen?
16. Eine Dekoration wird mit 18,2% Gewinn für 4674,80 DM verkauft. Berechnen Sie den Einkaufspreis.
17. Der Meister verkauft eine Ware für 127,40 DM und hat dabei 14,5% Verlust. Wie viel hat er selbst für die Ware bezahlt?
18. Ein Teppich wird mit 15% Gewinn verkauft. Der Gewinn beträgt 71,25 DM. Wie hoch waren Einkaufs- und Verkaufspreis?
19. Einen Posten Tapeten kann der Meister nur noch mit 18% Verlust verkaufen. Der Verlust beträgt 117,90 DM. Berechnen Sie den Einkaufs- und Verkaufspreis.
20. Wie hoch war der Einkaufspreis eines Hockers, den Sie mit 17,5% Gewinn (= 51,10 DM) verkaufen konnten?
21. Wie hoch war der Einkaufspreis, wenn eine Ledercouch mit 6% Verlust zu 4630,– DM verkauft wurde?
22. Ein Restposten Seidentapete konnte für 722,10 DM erstanden und für 845,33 DM wieder verkauft werden. Wie viel % Gewinn entstand?
23. Eine Ledergarnitur konnte statt für 4890,– DM nur für 4120,– DM verkauft werden. Wie groß war der Verlust und DM und %?

7 Längen

7.1 Längeneinheiten

Länge bezeichnet eine Ausdehnung (Dimension), also die Entfernung zwischen dem Anfang und dem Ende einer Strecke (**7**.1). Die Basiseinheit der Längenberechnung ist das Meter (m).

7.1

Durch Verwendung der dezimalen Vorsilben werden die Längeneinheiten abgeleitet:

Dezimeter (dm): $1\ \text{dm} = \frac{1}{10}\ \text{m} = 10\ \text{cm} \quad \Rightarrow \quad 1\ \text{m} = 10\ \text{dm}$

Zentimeter (cm): $1\ \text{cm} = \frac{1}{10}\ \text{dm} = \frac{1}{100}\ \text{m} \quad \Rightarrow \quad 1\ \text{m} = 100\ \text{cm}$

Millimeter (mm): $1\ \text{mm} = \frac{1}{10}\ \text{cm} = \frac{1}{100}\ \text{dm} = \frac{1}{1000}\ \text{m} \quad \Rightarrow \quad 1\ \text{m} = 1000\ \text{mm}$

Die Umrechnungszahl bei Längeneinheiten ist 10. Es gibt also folgende Abhängigkeiten:

Beim Umrechnen in die nächst kleinere Längeneinheit wird der Wert **mit 10 multipliziert.**

1 m →	10 dm →	100 cm →	1000 mm
	1 dm →	10 cm →	100 mm
		1 cm →	10 mm

Beim Umrechnen in die nächst größere Längeneinheit wird der Wert **durch 10 dividiert.**

0,001 m ←	0,01 dm ←	0,1 cm ←	1 mm
0,01 m ←	0,1 dm ←	1 cm	
0,1 m ←	1 dm		

Beispiele a) Eine Wand misst 4,88 m. Wie viel cm sind das?

4,88 m · 10 ⇒ 48,8 dm (*1. Schritt:* von Meter nach Dezimeter)
48,8 dm · 10 ⇒ **488 cm** (*2. Schritt:* von Dezimeter nach Zentimeter)

b) Ein Zimmer ist laut Zeichnung 2640 mm hoch. Wie viel Meter sind das?

2640 mm : 10 ⇒ 264,0 cm (*1. Schritt:* von Millimeter nach Zentimeter)
264,0 cm : 10 ⇒ 26,40 dm (*2. Schritt:* von Zentimeter nach Dezimeter)
26,40 dm : 10 ⇒ **2,640 m** (*3. Schritt:* von Dezimeter nach Meter)

Englische Längenmaße. Viele Maße in der Raumausstattung haben ihren Ursprung im englischen Maßsystem, z.B. die Bezeichnung Zoll bei Kammzwecken und Nägeln.

1 inch (*sprich intsch*) in = Zoll = 2,54 cm
12 inch = 1 foot (*sprich fuht*) f = Fuß = 30,48 cm (12 · 2,54 cm)
3 foot = 1 yard (*sprich jard*) y = Yard = 91,44 cm (3 · 30,48 cm)

Beispiel Geben Sie die Kammzweckbezeichnung $\frac{3}{8}$ Zoll in mm an.

$$\frac{3 \cdot 2{,}54\ \text{cm}}{8} = \frac{7{,}62\ \text{cm}}{8} = 0{,}9525\ \text{cm} = \mathbf{9{,}53\ mm}$$

Aufgaben zu Abschnitt 7.1

1. Rechnen Sie folgende Längenmaße um:

a) 65 cm =	m	m) 1,12 m =	cm
b) 87 cm =	m	n) 8,24 m =	cm
c) 34,9 cm =	m	o) 9,56 m =	cm
d) 29,74 cm =	m	p) 17,03 m =	cm
e) 17 cm =	dm	q) 0,80 m =	cm
f) 56 cm =	dm	r) 0,72 m =	dm
g) 12,7 cm =	dm	s) 2,27 m =	dm
h) 39,74 cm =	dm	t) 3,96 m =	dm
i) 89 cm =	mm	u) 1,010 m =	mm
j) 53 cm =	mm	v) 3,928 m =	mm
k) 94,9 cm =	mm	w) 0,85 m =	mm
l) 38,71 cm =	mm	x) 45 mm =	m

2. Eine Halle ist 25 600 mm lang. Rechnen Sie das Maß in Meter um.
3. Eine Fläche hat die Außenmaße 3 cm x 5 dm. Wie lauten die Maße in mm?
4. Wie breit ist ein Dekorationsstoff in mm, wenn er mit 1,25 m angeboten wird?
5. Ein Raum wird mit Wandbelag ausgestattet. Eine Wand ist 5,25 m lang, die zweite 255 cm, die dritte 3050 mm, die letzte 22 dm. Wie lang ist die zu belegende Fläche in m?
6. Zwei Truhen sollen bezogen werden. Eine misst 2200 mm x 1,45 m x 60 cm, die andere 2,80 m x 900 mm x 0,55 m. Geben Sie die Maße einheitlich in cm an.
7. Ein Raum hat vier Fenster mit einer Gesamtlänge von 8,25 m. Fenster a ist 320 cm lang, Fenster b 14,5 dm, Fenster c 800 mm. Wie viel cm lang ist Fenster d?
8. Zum Beziehen von zwei Sesseln und vier Stühlen stehen 6,5 m Bezugsstoff zur Verfügung. Für einen Sessel braucht man 1800 mm. Wie viel Bezugsstoff bleibt dann für jeden Stuhl (in cm)?
9. Ihr Schulweg ist 520 000 cm weit. 300 m davon gehen Sie zur Bushaltestelle, 3520 km fahren Sie. Wie viel m müssen Sie dann noch zur Schule zurücklegen?
10. Ergänzen Sie in der folgender Tabelle die fehlenden Werte.

	mm	cm	dm	m
a)		28,9 cm		
b)			7,4 dm	
c)	372 mm			
d)				4,50 m
e)		93,8 cm		
f)	61 mm			
g)			16,39 dm	
h)				0,74 m
i)		149 cm		
j)			0,827 dm	
k)	1956 mm			
l)				1,79 m

11. Geben Sie die Maße der Zeichnungen in mm, cm, dm und m an.

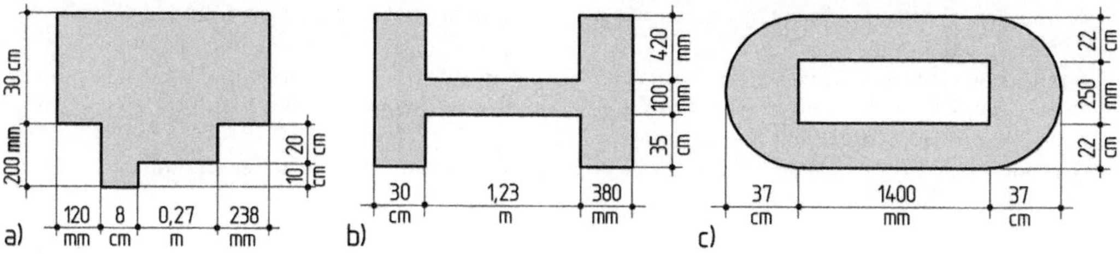

7.2

Aufgaben zu Englische Längenmaße

12. Berechnen Sie die Kammzwecken $\frac{6}{8}$ Zoll und $\frac{5}{8}$ Zoll in mm.
13. Wie viel cm sind 6 Zoll?
14. Wie viel Meter sind $2\frac{1}{2}$ Yard?
15. Rechnen Sie 1 *y* 2 *f* in cm um.
16. Ein Raum ist 6,5 *y* lang und $9\frac{3}{4}$ *f* breit. Wie lauten die Maße in m?
17. Subtrahieren Sie 3 inch von 10 cm und geben Sie die Differenz in mm an.
18. 3 *f* + 0,35 m – $10\frac{1}{2}$ in = ? cm.
19. 3 Zoll – 55 mm + $\frac{1}{2}$ Fuß = ? cm.

7.2 Winkel und Winkelmaße

Ein Winkel ergibt sich, wenn man einen Schenkel um einen festen Punkt herum dreht (**7**.2). Die Bezeichnung der Winkelgrößen geht vom Vollkreis aus, der in 360 gleiche Winkel eingeteilt wird (**7**.3).

Die Winkelmaße werden in Grad (°) angegeben, ein Grad (°) besteht aus 60 Minuten ('), eine Minute wiederum aus 60 Sekunden ('') (**7**.4).

Für die Benennung der Winkel verwendet man kleine griechische Buchstaben, z.B. α, β, γ, δ...

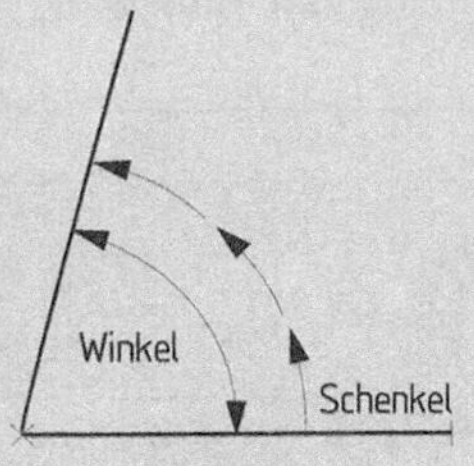

7.3 Winkel

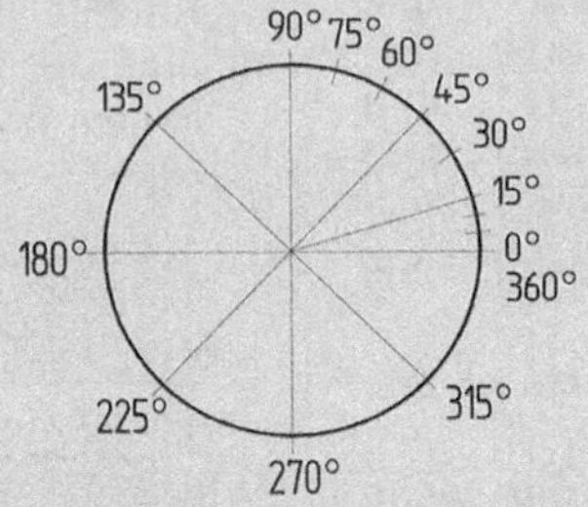

7.4 Winkeleinteilung

Einheit	Zeichen	Umrechnung
Grad	°	1° = 60'
Minute	'	1' = 60''
Sekunde	''	–

7.5 Einheiten der Winkel

In der Technik und im Handwerk wird heute überwiegend die Schreibweise als Dezimalzahlen angewendet:

Beispiel Wie groß ist der Winkel 2° 51'40'' in Dezimalschreibweise?

$2° = 2°$

$51' = \frac{51°}{60} = 0{,}85°$

$40'' = \frac{40°}{60 \cdot 60} = 0{,}011°$

$\Rightarrow 2°51'40'' = 2{,}861°$

Schneiden sich zwei Linien nicht, dann sind sie **parallel** zueinander, also immer im gleichen Abstand (**7**.6).

Schneiden sich zwei Geraden, so ergeben sich vier Winkel. Nebenliegende Winkel ergeben zusammen 180°, z.B. α und β (**Nebenwinkel**); gegenüber liegende Winkel sind immer gleich groß, z.B. α und γ (**Scheitelwinkel) (7**.7).

Schneiden sich drei Geraden zu einem Dreieck, so ist die Summe der **Innenwinkel** immer 180° $\Rightarrow \alpha + \beta + \gamma = 180°$ (**7**.8).

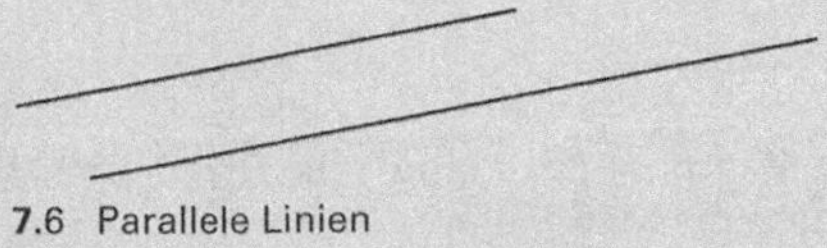

7.6 Parallele Linien

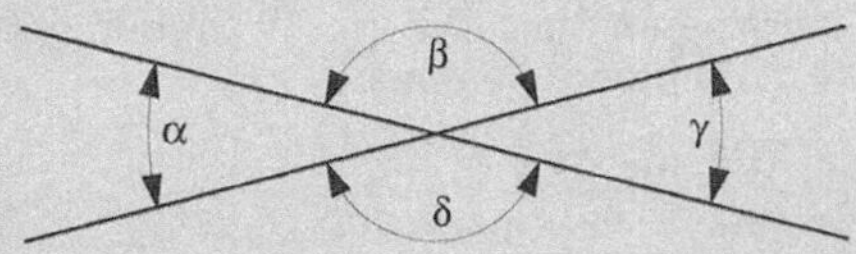

7.7 Scheitelwinkel

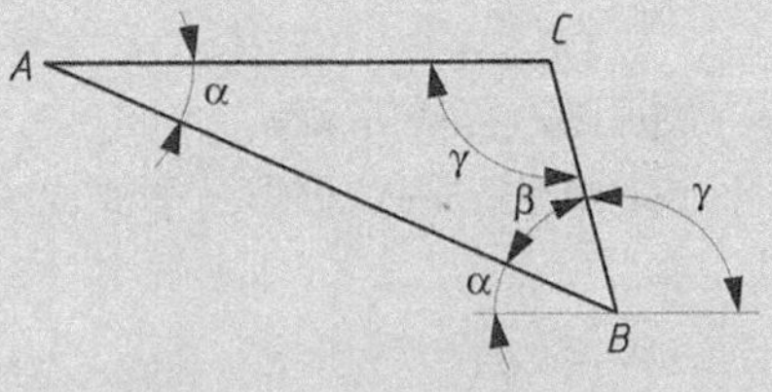

7.8 Innenwinkel

Aufgaben zu Abschnitt 7.2

1. Berechnen Sie die Nebenwinkel
   a) $\alpha = 45°14'$
   b) $\alpha = 68°30'$
   c) $\alpha = 114°18'27''$
   d) $\alpha = 132°46'12''$
   e) $\beta = 92{,}8°$
   f) $\beta = 29{,}57°$
   g) $\beta = 159{,}62°$
   h) $\beta = 125{,}954°$

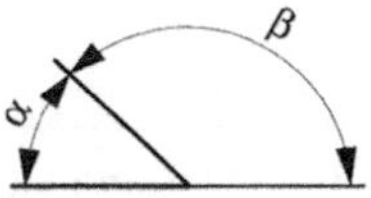

7.9

2. Berechnen Sie

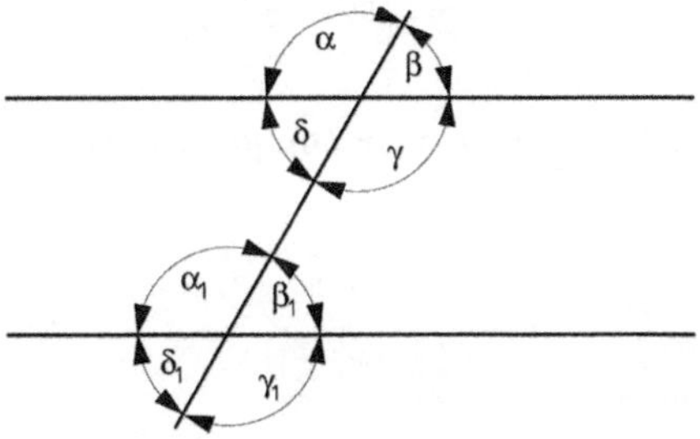

7.10

   a) β, wenn $\alpha = 34°16'$
   b) γ, wenn $\delta = 114°17'23''$
   c) α_1, wenn $\alpha = 57{,}92°$
   d) δ_1, wenn $\beta = 39{,}248°$
   e) α, wenn $\beta_1 = 26{,}417°$
   f) δ, wenn $\gamma_1 = 145°46'12''$
   g) β_1, wenn $\alpha = 174{,}02°$
   h) γ_1, wenn $\beta = 40°36'48''$

3. Berechnen Sie die fehlenden Werte.

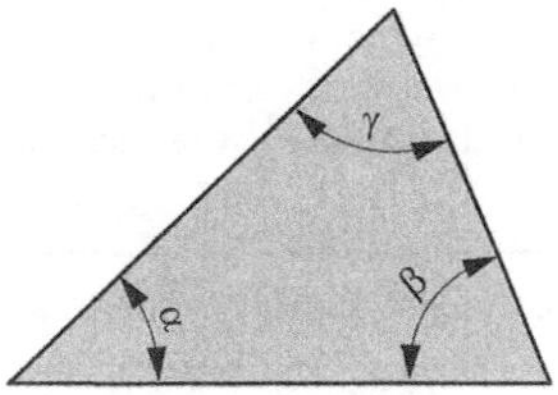

7.11

   a) $\alpha = 36°39'$, $\beta = 92°10'$
   b) $\alpha = 68{,}92°$, $\gamma = 17{,}09°$
   c) $\beta = 123{,}7°$, $\gamma = 45°$
   d) $\gamma = 165°2'30''$, $\alpha = 2°27'4''$
   e) $\beta = 90{,}00°$, $\alpha = 35{,}00°$
   f) $\gamma = 1°$, $\beta = 159{,}5°$

4. Wie viel Grad, Minuten und Sekunden fehlen zum Vollwinkel, wenn 296°52'48'' gegeben sind?

5. Zwei parallele Geraden werden von einer Geraden im Winkel $\alpha = 36{,}38°$ geschnitten.
   a) Benennen Sie alle Winkel,
   b) Berechnen Sie die Winkelgröße aller vor handenen Winkel.

6. Ergänzen Sie die Winkelangabe von 12°38' zu einem rechten Winkel.

7. Bezeichnen Sie bei den Flächen **7**.12 jeweils die parallele Linien.

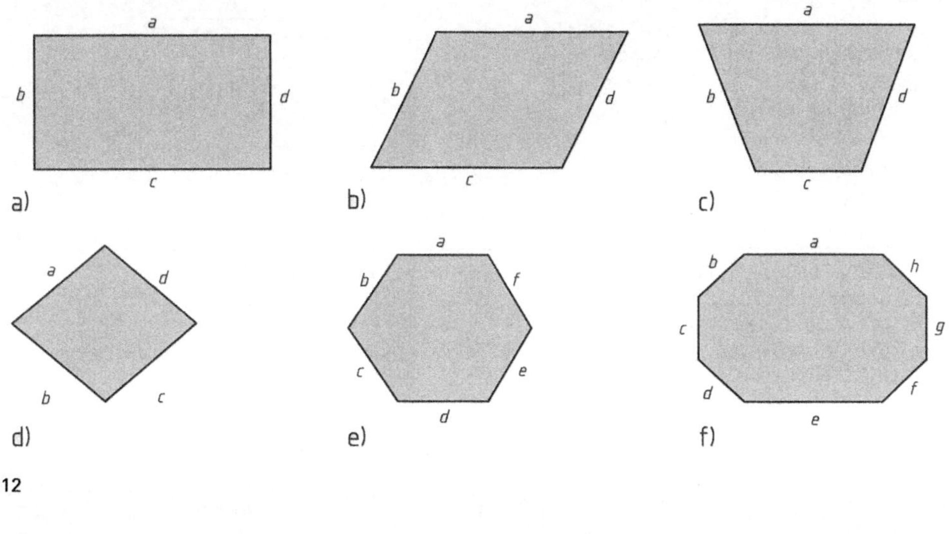

7.12

7.3 Längenberechnungen

Das Messen von Längen und Flächen ist eine wichtige Aufgabe des Raumausstatters. So sind die gemessenen Größen ein wesentlicher Teil aller Rechnungen des Raumausstatters. Es kommt aber gerade hier oft vor, dass die Einheiten gemischt innerhalb einer Rechnung auftreten. Der erste Schritt bei der Längenberechnung lautet also immer:

> Vor der Rechenoperation müssen alle Einheiten in der Rechnung gleich sein.

Beispiel 365 mm + 70,5 cm + 0,892 m = ? ⇒ 36,5 **cm** + 70,5 **cm** + 89,2 **cm** = 196,2 **cm**

> Für das Rechnen mit Längen gelten uneingeschränkt alle Regeln der Grundrechenarten und der Klammerrechnungen.

Beispiele

Addition:
2,65 dm + 7,92 dm + 3,04 dm = **13,61 dm**

Multiplikation:
2 · 0,89 m = **1,78 m**

Verbindung der Grundrechenarten:
75,9 cm − 34,2 cm + 17,0 cm · 3 = **92,7 cm**

Subtraktion:
18,9 m − 4,73 m − 5,12 m = **9,05 m**

Division:
469 mm : 18 = **26,06 mm**

Klammerrechnen:
(45 mm · 22) − (18 mm · 3) = **936 mm**

> Treten Längenberechnungen in Form von Gleichungen auf, so werden auch diese gelöst, indem man dieselben Rechenoperatoren auf beiden Seiten der Gleichung vornimmt.

In nebenstehender Zeichnung (**7**.13) fehlt ein Maß, das man benötigt, um den Umfang der Fläche berechnen zu können.

Es wird also eine Gleichung aufgestellt, in die das fehlende Maß mit x eingesetzt wird.

$2{,}60 + x = 4{,}10 \Rightarrow x = 4{,}10\text{ m} - 2{,}60\text{ m}$

$\Rightarrow x = 1{,}50\text{ m}$

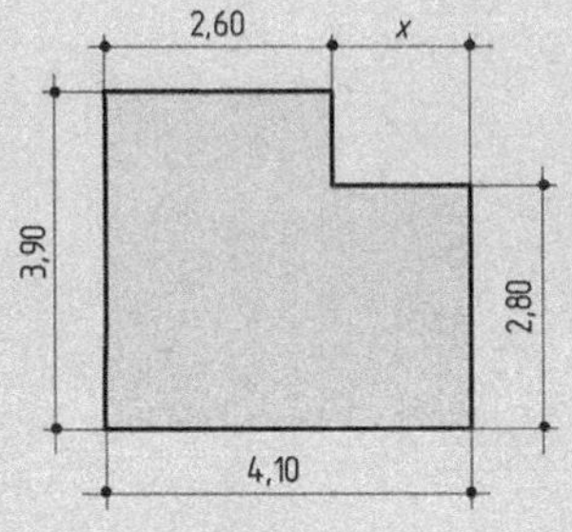

7.13

> Werden Längen in Formeln eingesetzt, dann immer mit ihrer Einheit.

Beispiel Für einen quadratischen Hocker sollen die Abstände für fünf Gurte ermittelt werden. Die Zargenlänge ist 48 cm.

$$\text{Teilung} = \frac{\text{Gesamtlänge}}{\text{Gurtzahl} + 1} \Rightarrow \text{Teilung} = \frac{48\text{ cm}}{5 + 1} \Rightarrow \text{Teilung} = \frac{48\text{ cm}}{6} \Rightarrow \textbf{Teilung = 8 cm}$$

Aufgaben zu Abschnitt 7.3

1. Wandeln Sie nachstehenden Längen in die geforderte Einheit um, und berechnen Sie das Ergebnis.

a) 17 cm + 89 mm + 0,21 m =	cm	g) 9,22 m – 62 dm – 1466 mm =	mm
b) 34,9 dm + 83,91 mm – 0,13 m =	m	h) 3892 mm + 289 mm – 2,62 m =	dm
c) 45,9 dm – 1,13 m + 855 mm =	m	i) 28 dm – 1,44 m + 17 mm =	dm
d) 19,64 mm + 23 dm – 0,83 m =	dm	j) 298 cm + 0,93 m – 783 mm =	cm
e) 67 mm + 0,15 m – 1,1 dm =	m	k) 9203 cm – 17,9 dm – 1005 mm =	m
f) 4890 mm – 1,94 m + 33 dm =	m	l) 83,0 cm + 0,05 m + 19,44 dm =	m

2. Berechnen Sie das Ergebnis. Achten Sie dabei auf die Einheiten!

a) 12,9 cm · 6 =	g) 70,05 cm : 9,3 + 16,4 mm =	cm
b) 9,93 m : 14 =	h) 440 cm + 1,9 m · 2 =	m
c) 3478 mm : 28 + 156 mm =	i) (30,6 cm · 7) + (14 mm – 7 mm) =	m
d) 4,92 m · 8,5 – 0,67 m =	j) (29 dm + 56 cm) : 6,22 =	mm
e) 16,2 m + 4,7 m · 9 – 3,07 m =	k) 14 · (43 cm + 0,73 m) =	dm
f) 37 cm : 5 + 44 cm : 7 =	l) 1,15 · (0,05 m + 22 mm) =	cm

3. Berechnen Sie die fehlenden Maße in Bild **7.14**.

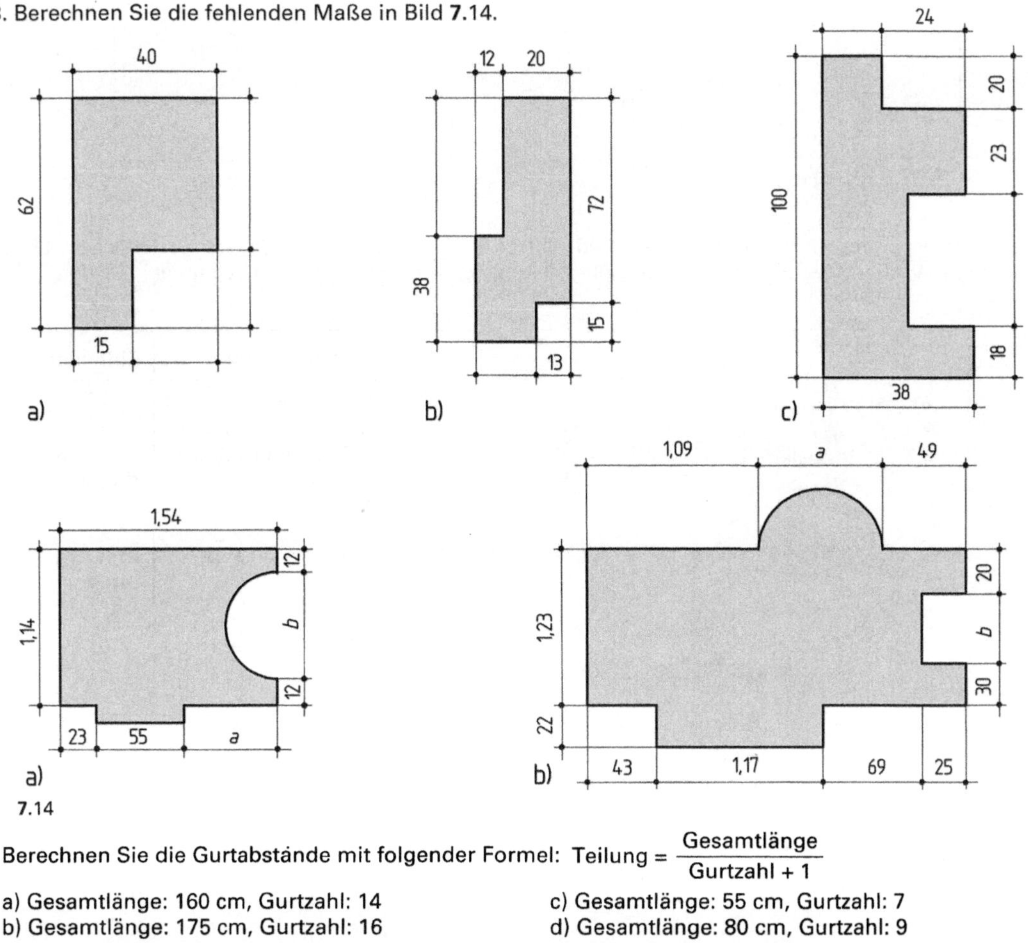

7.14

4. Berechnen Sie die Gurtabstände mit folgender Formel: $\text{Teilung} = \frac{\text{Gesamtlänge}}{\text{Gurtzahl} + 1}$

a) Gesamtlänge: 160 cm, Gurtzahl: 14	c) Gesamtlänge: 55 cm, Gurtzahl: 7
b) Gesamtlänge: 175 cm, Gurtzahl: 16	d) Gesamtlänge: 80 cm, Gurtzahl: 9

7.4 Maßstäbe

Technische Zeichnungen können wir in der Regel nicht in den Originalgrößen anfertigen, sondern müssen sie verkleinern. Umgekehrt wird man kleinste Teile in Zeichnungen vergrößern. Das Vergrößerungsmaß bzw. das Verkleinerungsmaß wird durch den Maßstab ausgedrückt.

Maßstab 1 : *x* = Verkleinerung (7.15)

Maßstab 1 : 5 bedeutet, dass 1 cm in der Zeichnung in Wirklichkeit 5 cm entspricht. Alle Maße dieser Zeichnung entsprechen also nur 1/5 der wahren Größe. Um Objekte im Maßstab 1 : 5 zu zeichnen, müssen wir also alle wirklichen Maße durch 5 dividieren.

Maßstab *x* : 1 = Vergrößerung (7.16)

Maßstab 5 : 1 bedeutet dagegen, dass 5 cm in der Zeichnung nur 1 cm in Wirklichkeit entsprechen. Alle Maße der Zeichnung sind also 5-mal größer als die wahren Maße. Um Objekte im Maßstab 5 : 1 zu zeichnen, müssen wir demnach alle wirklichen Maße mit 5 multiplizieren.

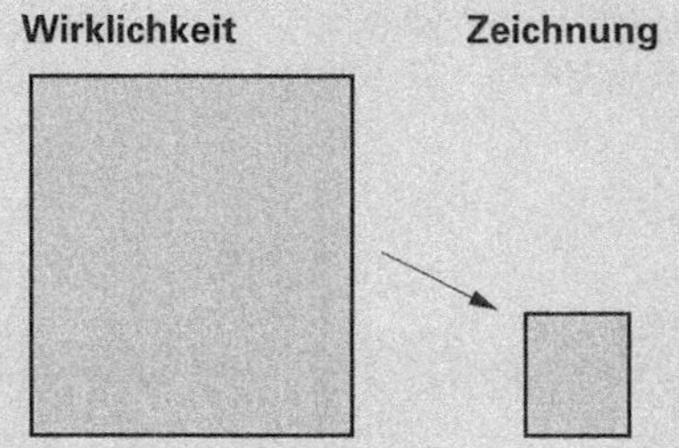

7.15 Maßstabsverkleinerung

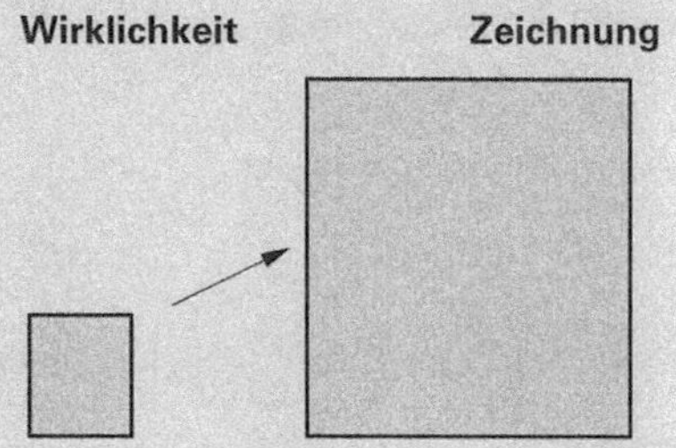

7.16 Maßstabsvergrößerung

Umrechnungen. Im Maßstabsrechnen gibt es drei Größen: Zeichnungslänge, wirkliche Länge und Verhältniszahl. Sind zwei Größen bekannt, können wir die dritte berechnen:

Formeln	Formelzeichen	Einheiten
Maßstab		
$\text{Zeichnungslänge} = \frac{\text{wirkliche Länge}}{\text{Verhältniszahl}}$	Zeichnungslänge	mm, cm, dm, m
$\text{wirkliche Länge} = \text{Zeichnungslänge} \cdot \text{Verhältniszahl}$	wirkliche Länge	mm, cm, dm, m
$\text{Verhältniszahl} = \frac{\text{wirkliche Länge}}{\text{Zeichnungslänge}}$	Verhältniszahl	–

Beispiel Eine Strecke von 6,50 m soll im Maßstab 1 : 20 gezeichnet (also verkleinert) werden. Wie groß ist die Zeichnungslänge?

$$\text{Zeichnungslänge} = \frac{\text{wirkliche Länge}}{\text{Verhältniszahl}} = \frac{6{,}50\ \text{m}}{20} = \mathbf{0{,}325\ m} \Rightarrow 32{,}5\ \text{cm}$$

Aufgaben zu Abschnitt 7.4

1. Bestimmen Sie die Zeichenlänge.

	wirkliche Länge	M 1 : 10	M 1 : 20	M 1 : 50	M 1 : 100	M 5 : 1
a)	0,60 m	?	?	?	?	?
b)	2,25 m	?	?	?	?	?
c)	5,50 m	?	?	?	?	?
d)	10,25 m	?	?	?	?	?
e)	3,3 dm	?	?	?	?	?
f)	56,02 dm	?	?	?	?	?
g)	1800 cm	?	?	?	?	?
h)	584,3 cm	?	?	?	?	?
i)	89,4 dm	?	?	?	?	?
j)	9,76 m	?	?	?	?	?
k)	2050 mm	?	?	?	?	?
l)	50 mm	?	?	?	?	?
m)	1,62 m	?	?	?	?	?
n)	0,12 m	?	?	?	?	?
o)	740 cm	?	?	?	?	?
p)	1,02 m	?	?	?	?	?
q)	267 mm	?	?	?	?	?

2. Eine Strecke von 80 cm soll im M 1 : 5 gezeichnet werden. Wie lang ist ihr Zeichenmaß?
3. Geben Sie die Maße einer Fläche von 70 cm x 35 cm im Maßstab 1 : 2 an.
4. Zeichnen Sie eine Raumfläche von 4,50 m x 2,85 m im Maßstab 1 : 50.
5. In einer Zeichnung ist die Dekoration 14,8 cm x 22,7 cm groß. Die Zeichnung hat den Maßstab 1 : 20. Wie groß ist die Dekoration in Wirklichkeit?
6. Der Durchmesser eines synthetischen Fadens beträgt 0,3 mm. Wie groß ist er im Maßstab 20 : 1 zu zeichnen?
7. Ein Raum von 4,50 m x 3,75 m mit einer Höhe von 2,55 m soll im Maßstab 1 : 25 perspektivisch gezeichnet werden. Berechnen Sie die Zeichenmaße.
8. Ein Sitzelement ist 48 cm hoch, 60 cm breit und 54 cm tief. Welche Maße müssen Sie zeichnen, wenn der Maßstab 1 : 12 ist?
9. Ein Werkstück mit den Maßen 144 cm x 96 cm x 24 cm ist maßstäblich zu zeichnen. Wie groß muss es gezeichnet werden
   a) im M 1 : 4, b) im M 1 : 3, c) im M 1 : 8?
10. Ein Landkartenmaßstab ist mit 1 : 50 000 angegeben. Wie viel km entspricht 1 cm der Karte?
11. In welchen Maßstäben sind die wirklichen Längen gezeichnet, wenn aus der Zeichnung gemessen wurde:

wirkliche Länge	Zeichnungslänge
a) 5,885 m	11,8 cm
b) 74 cm	3,7 cm
c) 29,50 m	5,9 cm
d) 0,56 m	56 mm
e) 3,14 m	6,28 dm
f) 42 m	4,2 cm
g) 7,30 m	7,3 cm

12. Die Wandöffnung einer Tür von 1,10 m Breite und 2,07 m Höhe soll im Maßstab 1 : 50 gezeichnet werden. Mit wie viel cm sind die Maße zu zeichnen.

7.5 Goldener Schnitt

Vor fast 300 Jahren entdeckten die Griechen, dass eine bestimmte Streckenteilung dem menschlichen Auge besonders angenehm ist. Bringt man diese beiden Streckenteile zu einer Fläche zusammen, entsteht ein gefällig aussehendes Rechteck. Diese „Regel des Schönen" nennt man den Goldenen Schnitt.

Die Dekorationsarbeiten verlangen vom Raumausstatter, gefällige, ästhetische (= schöne) Maßverhältnisse zu bestimmen. Hierbei hilft ihm der Goldene Schnitt.

Konstruktion

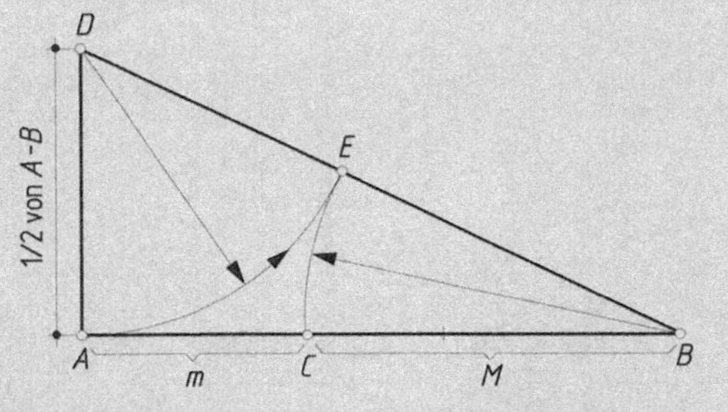

7.17

Konstruktionsschritte

- Die Hälfte der Strecke $\overline{AB}$ wird senkrecht am Punkt A aufgetragenen (1/2 von $\overline{AB} = \overline{AD}$).
- Der Punkt D wird mit dem Punkt B verbunden und ergibt $\overline{BD}$.
- Die Strecke $\overline{AD}$ wird mit dem Zirkel auf die Strecke $\overline{BD}$ übertragen und ergibt den Punkt E.
- Die Strecke $\overline{BE}$ wird mit dem Zirkel auf die Strecke $\overline{AB}$ übertragen und ergibt den Punkt C.
- Die Strecke $\overline{AB}$ ist bei C nach dem Goldenen Schnitt geteilt.

Eine Strecke $\overline{AB}$ ist nach dem Goldenen Schnitt geteilt, wenn sich die kleinere Strecke $\overline{AC}$ zur größeren Strecke $\overline{CB}$ verhält wie die größere Strecke $\overline{CB}$ zur ganzen Strecke $\overline{AB}$.

Die größere Strecke heißt Major, die kleinere Strecke heißt Minor.

$$\overline{AC} : \overline{CB} = \overline{CB} : \overline{AB}$$

Berechnung

Der Goldene Schnitt lässt sich annähernd durch die Verhältnisse 2 : 3 oder 3 : 5 oder 5 : 8 oder 8 : 13 ausdrücken und danach berechnen.

Beispiel Die Fläche **7.18** soll nach dem Goldenen Schnitt zusammen gesetzt werden. Die lange Seite (Major) ist 1,84 m lang. Wie lang ist die kurze Seite (Minor)? Rechnen Sie mit dem Verhältnis 5 : 8.

Major = 8 Teile ⇒ 8 Teile = 1,84 m
⇒ 1 Teil = 1,84 m : 8
⇒ 1 Teil = 0,23 m

Minor = 5 Teile ⇒ 5 Teile = 0,23 m · 5
⇒ 5 Teile = **1,15 m**

Die Fläche ist also 1,84 x 1,15 m groß.

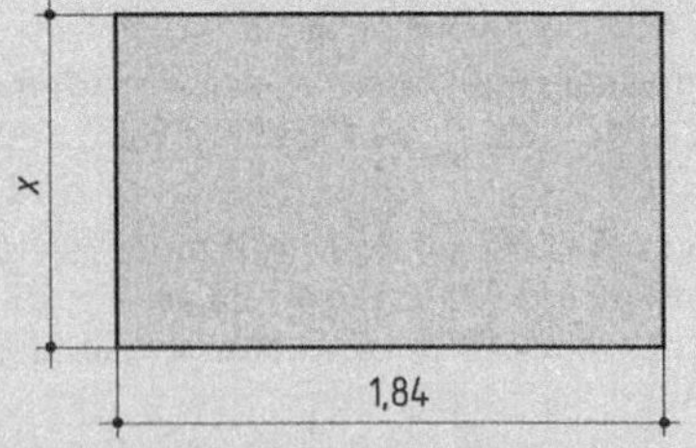

7.18

Aufgaben zu Abschnitt 7.5

1. Eine Strecke von 125 cm soll im Verhältnis des Goldenen Schnittes geteilt werden. Berechnen Sie die folgenden Verhältnisse. Was stellen Sie fest?
   a) 3 : 5 e) 21 : 34
   b) 5 : 8 f) 34 : 55
   c) 8 : 13 g) 55 : 89
   d) 13 : 21 h) 89 : 144
2. Teilen Sie ein DIN A4-Blatt sowohl in der Länge als auch in der Breite nach dem Goldenen Schnitt. Welche Formate haben die vier Rechtecke?
3. Berechnen Sie jeweils den unbekannten Wert x.
   a) $x : 14 = 7 : 4$ e) $6 : x = 1 : 8$
   b) $x : 100 = 3 : 5$ f) $1 : x = 2 : 15$
   c) $3{,}7 : 18{,}5 = x : 5$ g) $5 : 16 = 3{,}5 : x$
   d) $4 : 5 = 12 : x$ h) $3 : 8 = x : 12$
4. Ein Schaufensterplakat mit den Maßen 12 cm x 18 cm soll vergrößert werden. Berechnen Sie:
   a) die Breite, für die Höhe von 26 cm
   b) die Breite, für die Höhe von 56 cm
   c) die Höhe, für eine Breite von 1 m
   d) die Höhe, für eine Breite von 1,2 m
5. Eine Fläche soll nach dem Goldenen Schnitt zusammengesetzt werden. Die lange Seite ist
   a) 1,25 m lang
   b) 1,67 m lang
   c) 0,89 m lang.
   Wie lang ist die kurze Seite. Rechnen Sie mit einem Verhältnis von 8 : 13.
6. Teilen Sie die Strecken 90 mm und 110 mm mit Hilfe der beschriebenen Zeichenkonstuktion im Goldenen Schnitt. Wie lange sind die Teilstücke (Messung)?
7. Eine Dekoration ist 2,60 m (Minor) hoch. Wie breit muss sie sein, wenn sie dem Goldenen Schnitt entsprechen soll?
8. Die Gelenkteilung des normal gewachsenen Menschen ist nahezu im Goldenen Schnitt. Kontrollieren Sie es an Ihrem Arm.
9. Eine Fototapete soll in einem Raum besonders ästhetisch wirken. Sie kann aus räumlichen Gründen nur 1,30 m breit sein (Minorseite). Wie hoch müssen Sie tapezieren, um dem Goldenen Schnitt gerecht zu werden?
10. Ein Bodenbelag erhält eine Intarsienarbeit, die in der Fläche dem Goldenen Schnitt entspricht. Die längste Seite soll 4,60 m sein. Wie lang ist die Minorseite zu schneiden?
11. Eine Dekoration ist 1,70 m breit (Majorseite). Wie hoch muss sie sein, um den Werten des Goldenen Schnitts zu entsprechen?
12. Die Liegefläche einer Couch ist 1,92 m lang. Wie breit muss sie sein, um im Goldenen Schnitt zu erscheinen?
13. Ein Blumenstore an einem Blumenfenster soll nach den Gesetzmäßigkeiten des Goldenen Schnitts gefertigt sein. Die Dekoration ist 1,80 m (Major) breit. Wie hoch muss sie sein?
14. An einer Kojenwand wird Echtkork tapeziert und mit einem Fries umgeben. Die Wand ist 1,50 m breit, der Fries soll je 15 cm betragen. Wie hoch muss Kork tapeziert werden, um einen ästhetischen (schönen) Eindruck zu erzeugen?
15. Eine Wand soll durch vier Pannaux getrennt werden (**7**.19). Die Aufteilung ergibt, dass jedes Panneau 1,65 m breit sein wird. Wie hoch müssen die einzelnen Panneaux sein, damit sie den Proportionen des Goldenen Schnitts entsprechen?

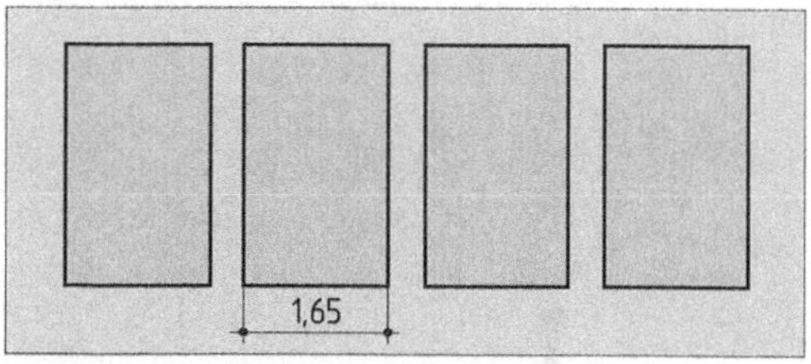

7.19

16. Ein dreiteiliger Paravent (**7**.20) soll mit Stoff bezogen werden. Jedes Teil hat die Höhe von 1,78 m. Wie breit müssen die einzelnen Teile des Paravents sein, damit sie den Proportionen des Goldenen Schnitts entsprechen?

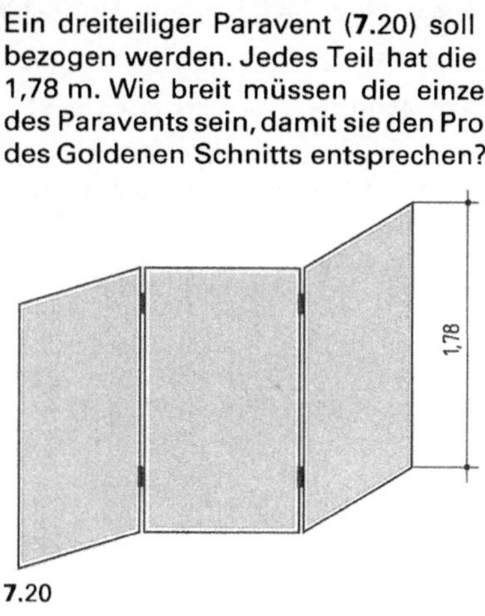

7.20

8 Flächen

8.1 Flächeneinheiten

Fläche bezeichnet zwei Ausdehnungen (Dimensionen): **Länge und Breite** (8.1).

Wir können bei Flächen zum einen den Umfang berechnen, also die Länge um die Fläche herum; hier ist die Basiseinheit der Meter (m). Zum anderen berechnen wir den Flächeninhalt; die Basiseinheit der Flächenberechnung ist der Quadratmeter (m^2).

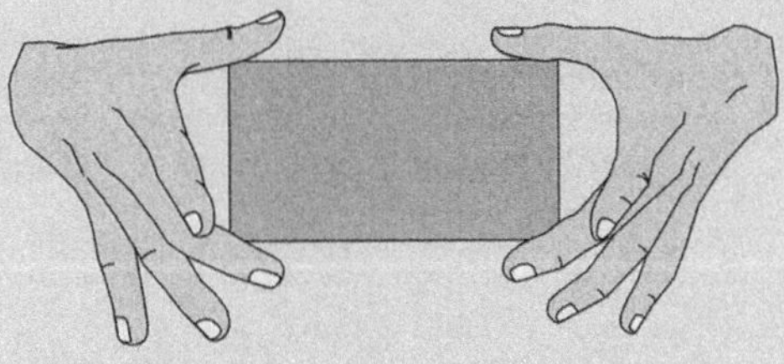

8.1

Durch die Verwendung der dezimalen Vorsilben werden die Flächeneinheiten abgeleitet: Quadratdezimeter (dm^2), Quadratzentimeter (cm^2) und Quadratmillimeter (mm^2).

Die Umrechnungszahl bei Flächeneinheiten ist 100. Es gibt also folgende Abhängigkeiten:

Beim Umrechnen in die nächstkleinere Flächeneinheit wird der Wert **mit 100 multipliziert**.

$1\ cm^2 \rightarrow 100\ dm^2 \rightarrow 10000\ cm^2 \rightarrow 1000000\ mm^2$

$1\ dm^2 \rightarrow 100\ cm^2 \rightarrow 10000\ mm^2$

$1\ cm^2 \rightarrow 100\ mm^2$

Beim Umrechnen in die nächstgrößere Flächeneinheit wird der Wert **durch 100 dividiert**.

$0{,}000001\ cm^2 \leftarrow 0{,}0001\ dm^2 \leftarrow 0{,}01\ cm^2 \leftarrow 1\ mm^2$

$0{,}0001\ cm^2 \leftarrow 0{,}01\ dm^2 \leftarrow 1\ cm^2$

$0{,}01\ cm^2 \leftarrow 1\ dm^2$

Beispiele a) Eine Fläche misst 56 dm^2. Wie viel cm^2 sind das?

$56\ dm^2 \cdot 100 \Rightarrow$ **5600 cm^2**

b) Eine Fläche von 3 800 000 mm^2 soll in m^2 angegeben werden.

$3\,800\,000\ mm^2 : 100 \Rightarrow 38\,000\ cm^2$ (Quadratmillimeter nach Quadratzentimeter)

$38\,000\ cm^2 : 100 \Rightarrow 380\ dm^2$ (Quadratzentimeter nach Quadratdezimeter)

$380\ dm^2 : 100 \Rightarrow$ **3,8 m^2** (Quadratdezimeter nach Quadratmeter)

Englisches Maß. In der Lederverarbeitung finden wir heute noch den englischen Quadratfuß (f^2). 1 f^2 ist 30,48 cm x 30,48 cm^2 = 929,0304 cm^2. Dieser Wert wird in der Praxis auf cm^2 gerundet. Daraus ergeben sich folgende Umrechnungswerte:

$1 m^2 = 1075\ f^2$ in der Praxis geschrieben $10\underline{3}\ f^2$

$1\ f^2 = 9{,}30\ dm^2$

Die Schreibweise $10\underline{3}$ zeigt uns einen Besonderheit. In der Praxis wird der Quadratfuß nämlich nur in Viertel abgegeben. Beim Schreiben lässt man den Nenner weg – als 10^3 statt 10¾. Zwischenwerte werden auf- bzw. abgerundet.

Beispiel 7,30 f^2 schreibt man $7\underline{1}\ f^2$.

Aufgaben zu Flächeneinheiten

1. Rechnen Sie folgende Flächenmaße um:

a) 23 cm^2 =	m^2	m) 1,44 m^2 =	cm^2
b) 63 cm^2 =	m^2	n) 6,92 m^2 =	cm^2
c) 24,7 cm^2 =	m^2	o) 12,96 m^2 =	cm^2
d) 22,74 cm^2 =	m^2	p) 24,05 m^2 =	cm^2
e) 48 cm^2 =	dm^2	q) 0,72 m^2 =	cm^2
f) 98 cm^2 =	dm^2	r) 1,72 m^2 =	dm^2
g) 11,8 cm^2 =	dm^2	s) 1,89 m^2 =	dm^2
h) 93,62 cm^2 =	dm^2	t) 3,96 m^2 =	dm^2
i) 72 cm^2 =	mm^2	u) 1,028 m^2 =	mm^2
j) 49 cm^2 =	mm^2	v) 7,302 m^2 =	mm^2
k) 77,2 cm^2 =	mm^2	w) 0,82 m^2 =	mm^2
l) 38,33 cm^2 =	mm^2	x) 48 mm^2 =	m^2

2. Ergänzen Sie die fehlenden Werte in folgender Tabelle

	mm^2	cm^2	dm^2	m^2
a)	8930000			
b)		340		
c)				0,88
d)			13,3	
e)				1,56
f)		390,7		
g	2956000			
h)			25,94	
i)				2,25
j)	275000			
k)		9260		
l)			703	
m)				0,846
n)		89,03		

3. Der Meister hat 128 m^2 Wandfläche tapeziert. Drücken Sie das Maß in dm^2 und in cm^2 aus.

4. Eine Couch hat 18429 cm^2 Liegefläche. Rechnen Sie sie in m^2 um.

5. Zwei Zimmer sind mit Teppichen zu verlegen Der Raum ist 3,35 m x 45 dm groß, der andere 525 cm x 3 m. Wie groß ist die Fläche insgesamt in m^2.

6. Eine Restrolle Tapete hat die Maße 10,05 x 0,53 m, eine zweite 88,45 dm x 53 cm, eine dritte 4,25 m x 530 mm. Wie groß sind die drei Flächen zusammen (in m^2)?

7. Drei Fenster erhalten neue Gardinen. Fenster a in den Maßen 2,20 m x 1,80 m, Fenster b 4,5 m^2, Fenster c 36000 cm^2. Wie groß sind die Gardinenflächen zusammen in m^2?

8. Ein Fußboden erhält PVC-Belag. Der Raum setzt sich aus drei Raumteilen zusammen: 3,4 m x 227 cm, 6,35 m^2 und 2,2 m x 3,4 m. Wie groß ist die Gesamtfläche in dm^2?

9. Von einem Polsterstoff 37000 mm x 1200 mm verwenden Sie drei Stoffstücke in den Maßen 4,5 m x 0,60 m, 27 dm x 6 dm, 21 000 mm x 1200 mm. Wie viel m^2 Polsterstoff bleiben Ihlhnen als Rest?

10. Berechnen Sie die Gesamtfläche
    a) 24,4 dm^2 + 55,55 cm^2 + 1,06 m^2 = ? m^2
    b) 60020 mm^2 + 475 cm^2 – 0,63 m^2 = ? dm^2
    c) 4,82 m^2 – 56 dm^2 + 29 480 mm^2 = ? cm^2
    d) 25 m^2 – 964 cm^2 – 200 400 mm^2 = ? mm^2
    e) 89,56 dm^2 + 24,50 m^2 – 4830 mm^2 = ? cm^2

11. Aus einem Linoleumbelag der Größe 2,00 m x 3,50 m werden Stücke für Intarsienarbeiten herausgeschnitten: 1 200 000 mm^2, 96 dm^2, 4800 cm^2. Wie groß ist das Reststück des Belags?

Aufgaben zum Englischen Maß

12. Ein Leder ist mit $9^{\underline{2}}f^2$ ausgezeichnet. Wie viel m^2 sind das?

13. Eine Rindlederhälfte hat 2,8 m^2 Fläche. Geben Sie den Wert in f^2 an.

14. Ein Ziegenfell hat $6^{\underline{3}}f^2$. Rechnen Sie die Fläche in dm^2 um.

15. Zum Beziehen eines Sitzes brauchen Sie 8^1f^2 Leder. Wie viel cm^2 sind das?

16. Der Meister kauft zwei Lederhäute zu $9^{\underline{3}}f^2$ und $5^{\underline{2}}f^2$. Wie viel m^2 Leder hat er insgesamt gekauft?

17. Zum Beziehen eines Sessels brauchen Sie vier Rinderlederhälften. Ausgezeichnet sind sie mit 2,3m^2, 180 dm^2, 1,7 m^2 und 21 000 cm. Rechnen Sie den gesamten Bedarf f^2 um.

8.2 Viereckige Flächen

Die meisten vom Raumausstatter zu bearbeitenden Flächen wie Wände, Fußböden und Decken sind Vierecke. Dabei treten aber unterschiedliche Formen auf, die aber alle vier Seiten, also vier Ecken haben. Die Summe der Innenwinkel ist immer 360°.

Das Rechteck

Beschreibung: Die gegenüberliegenden Seiten sind gleich lang und parallel. Alle Winkel sind rechtwinklig (90°).

Benennung/Bild	Formeln	Formelzeichen	Einheiten
Rechteck 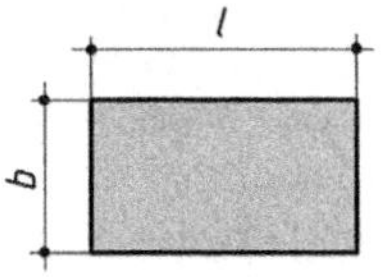	$a = l \cdot b$ $\quad U = 2 \cdot (l + b)$ $l = \frac{A}{b}$ $\quad l = \frac{U}{2} - b$ $b = \frac{A}{l}$ $\quad b = \frac{U}{2} - l$	A = Fläche l = Länge b = Breite U = Umfang	mm^2, cm^2, dm^2, m^2 mm, cm, dm, m mm, cm, dm, m mm, cm, dm, m

Beispiel Ein rechteckiger Raum mit den Maßen 6,35 x 4,75 m soll einen Bodenbelag erhalten. Berechnen Sie die Fläche und den Umfang.

$A = l \cdot b$

$A = 6{,}25 \text{ m} \cdot 4{,}75 \text{ m}$

$A = \mathbf{29{,}69\ m^2}$

$U = 2 \cdot (l + b)$

$U = 2 \cdot (6{,}25 \text{ m} + 4{,}75 \text{ m})$

$U = \mathbf{22{,}00\ m}$

Das Quadrat

Beschreibung: Das Quadrat ist eine Sonderform des Rechtecks: alle Seiten sind gleich lang, die gegenüberliegenden Seiten sind parallel. Alle Winkel sind rechtwinklig (90°).

Benennung/Bild	Formeln	Formelzeichen	Einheiten
Quadrat 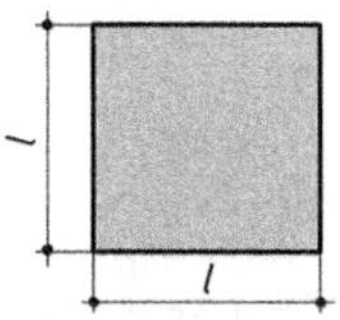	$A = l \cdot l$ $\quad l = \sqrt{A}$ $U = 4 \cdot l$ $\quad l = \frac{U}{4}$	A = Fläche l = Länge U = Umfang	mm^2, cm^2, dm^2, m^2 mm, cm, dm, m mm, cm, dm, m

Beispiel Ein Hocker hat eine quadratische Sitzfläche mit der Seitenlänge 45 cm. Berechnen Sie die Fläche und den Umfang.

$A = l \cdot l$

$A = 0{,}45 \text{ m} \cdot 0{,}45 \text{ m}$

$A = \mathbf{0{,}20\ m^2}$

$U = 4 \cdot l$

$U = 4 \cdot 0{,}45 \text{ m}$

$U = \mathbf{1{,}80\ m}$

Aufgaben zum Rechteck

1. Berechnen Sie Fläche und Umfang folgender Rechtecke.

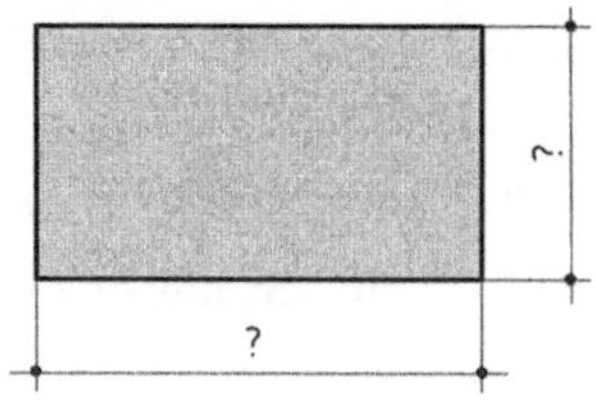

8.2

	Länge l	Breite b	Fläche A	Umfang U
a)	44 cm	37 cm		
b)	0,88 m	0,46 m		
c)		1,24 m	3,06 m^2	
d)	2,69 m			7,25 m
e)		39 cm		17 dm
f)	228 cm		3,83 m^2	

2. Für einen rechteckigen Raum werden 18,27 m Auslegeware gebraucht. Eine Seite des Raums ist 4,20 m lang. Berechnen Sie die andere Seitenlänge und die Sockellänge in lfd. m bei eieiner Türbreite von 80 cm.
3. Eine Wand soll mit einem umlaufenden Fries von 20 cm Breite tapeziert werden. Die Wand ist 2,70 m hoch und 3,80 m breit. Wie viel m^2 Fries und wie viel m^2 Tapete insgesamt sind zu kleben?
4. Ein rechteckiger Raum hat die Maße 4,25 m x 2,76 m. Wie viel m^2 Bodenfläche sind das?
5. Ein rechteckiges Zimmer mit den Maßen 4,25 x 3,95 m soll einen Bodenbelag erhalten. Wie viel m^2 Bodenbelag und wie viel lfd. dm Sockelleiste (Tür = 1 m) werden bereitgestellt?
6. Ein Hocker soll einen neuen Bezug erhalten. wie viel m^2 Bezugsstoff brauchen Sie, wenn die Sitzfläche 45 cm x 45 cm und die Polsterhöhe 23 cm betragen (Nahtzugabe jeweils 1 cm)?
7. Eine Schabracke 3,20 m x 0,25 m soll mit Borte besetzt werden. Die Borte soll 2 cm von der Kante angenäht werden. Wie viel m Borte braucht man?

Aufgaben zu Quadrat

8. Berechnen Sie Fläche und Umfang folgender Quadrate

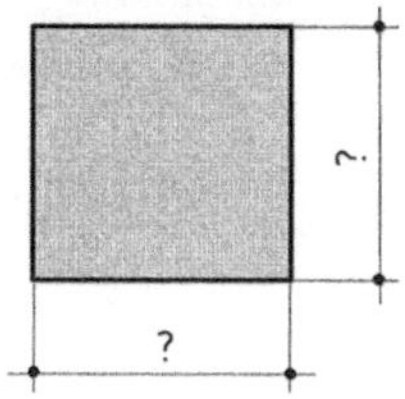

8.3

	Länge l	Fläche A	Umfang U
a)	12 cm		
b)			208 cm
c)			144 cm
d)		60 dm^2	
e)	0,95 m		
f)	1,06 m		

9. Ein Hocker hat eine quadratische Sitzfläche. Die Seite ist 48 cm lang. Wie viel m^2 Bezugsstoff braucht man, wenn auf allen vier Seiten 1 cm Nahtzugabe hinzugerechnet wird?
10. Um ein quadratisches Sitzkissen (a = 43 cm) soll Möbelkordel genäht werden. Wie viel m sind erforderlich?
11. Ein quadratischer Stoffabschnitt mit der Fläche A = 2,74 m^2 soll an allen Seiten umkettelt werden. Wie viel m Kettnaht sind zu nähen?
12. Der Umfang eines quadratischen Polsters beträgt 2,88 m.
    a) Wie groß ist die Seitenlänge?
    b) Wie groß ist die Sitzfläche?
13. Ein quadratisches Speisezimmer (l = 3,65 m) soll mit Velours belegt werden.
    a) Wie groß ist die zu belegende Flache?
    b) Wie viel lfd. m Fußbodenleisten braucht man, wenn in dem Raum zwei Türen mit je 1,05 m Breite vorhanden sind?

Das Parallelogramm

Beschreibung: Die gegenüberliegenden Seiten sind gleich lang und parallel. Die gegenüberliegenden Winkel sind gleich, aber nicht mehr rechtwinklig.

Benennung/Bild	Formeln	Formelzeichen	Einheiten
Parallelogramm 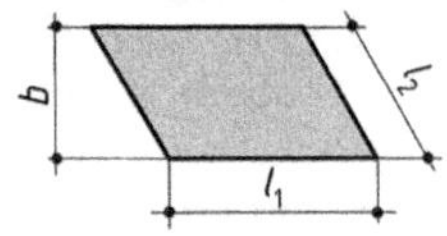 	$A = l_1 \cdot b$ $l_1 = \frac{A}{b}$ $\quad b = \frac{A}{l_1}$ $U = 2 \cdot (l_1 + l_2)$ $l_1 = \frac{U}{2} - l_2$ $\quad l_2 = \frac{U}{2} - l_2$	A = Fläche l_1 = Länge l_2 = schräge Seitenlänge b = Breite U = Umfang	mm^2, cm^2, dm^2, m^2 mm, cm, dm, m mm, cm, dm, m mm, cm, dm, m mm, cm, dm, m

Beispiel Eine Intarsienarbeit hat die Form eines Parallelogramms mit den Maßen l_2 = 1,50 m; b = 1,12 m; l_1 = 1,23 m. Berechnen Sie die Fläche und den Umfang.

$A = l_2 \cdot b$
A = 1,50 m · 1,12 m
A = **1,68 m²**

$U = 2 \cdot (l_1 + l_2)$
U = 2 · (1,23 m + 1,50 m)
U = **5,46 m**

Das Trapez

Beschreibung: Zwei gegenüberliegende Seiten sind parallel (= l_1 und l_2).

Benennung/Bild	Formeln	Formelzeichen	Einheiten
Trapez 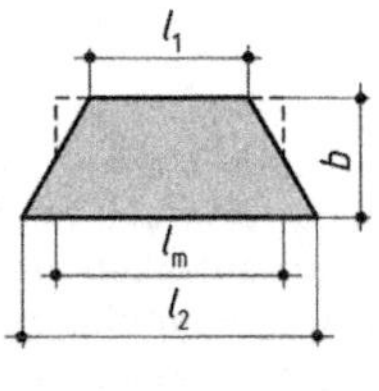 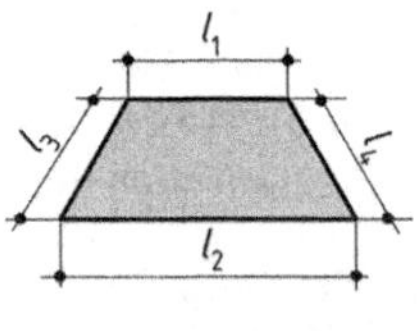 	$A = \frac{l_1 + l_2}{2} \cdot b$ $l_1 = \frac{2 \cdot A}{b} - l_2$ $l_2 = \frac{2 \cdot A}{b} - l_1$ $b = \frac{2 \cdot A}{l_1 + l_2}$ $\quad l_m = \frac{l_1 + l_2}{2}$ $U = l_1 + l_2 + l_3 + l_4$ $l_1 = U - (l_2 + l_3 + l_4)$ $l_2 = U - (l_1 + l_3 + l_4)$ $l_3 = U - (l_1 + l_2 + l_4)$ $l_4 = U - (l_1 + l_2 + l_3)$	A = Fläche l_1 = kleine Länge l_2 = große Länge l_3 = Seitenlänge l_4 = Seitenlänge l_m = mittl. Länge b = Breite U = Umfang	mm^2, cm^2, dm^2, m^2 mm, cm, dm, m mm, cm, dm, m mm, cm, dm, m mm, cm, dm, m mm, cm, dm, m mm, cm, dm, m mm, cm, dm, m

Beispiel Ein trapezförmiger Stuhl hat die Maße l_1 = 36 cm; l_2 = 41 cm; b = 49 cm und $l_3 = l_4$ = 53 cm. Berechnen Sie die Fläche und den Umfang.

$A = \frac{l_1 + l_2}{2} \cdot b \Rightarrow A = \frac{0{,}36\ \text{m} + 0{,}41\ \text{m}}{2} \cdot 0{,}49\ \text{m}$
A = **0,19 m²**

$U = l_1 + l_2 + l_3 + l_4$
U = 0,36 m + 0,41 m + 0,53 m + 0,53 m
U = **1,83 m**

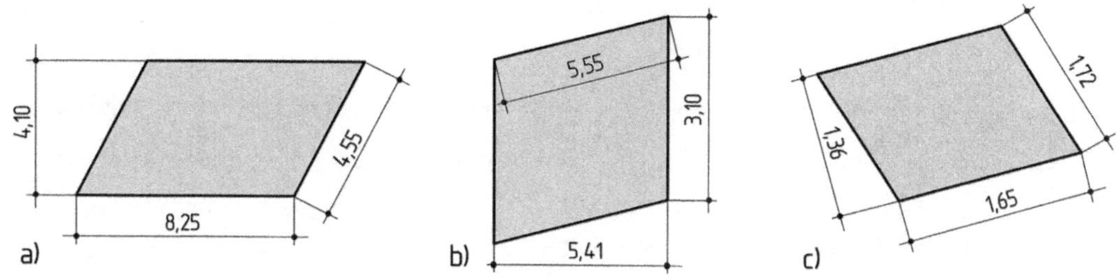

8.4

15. In einer großen Wohnanlage werden 14 schräglaufende Treppenhauswände (**8.5**) mit einer abwaschbaren Tapete bekleidet.
    a) Wie viel m² schrägzulaufende Wandfläche sind zu bekleiden?
    b) Wie viel m² erhalten wir, wenn auch die beiden anschließenden Wandflächen mit tapeziert werden?
16. Berechnen Sie von folgenden Trapezen (**8.6**) die Flächen und den Umfang.

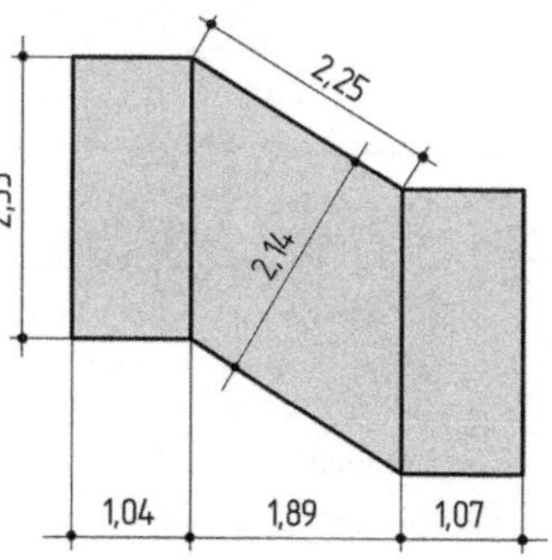

8.5

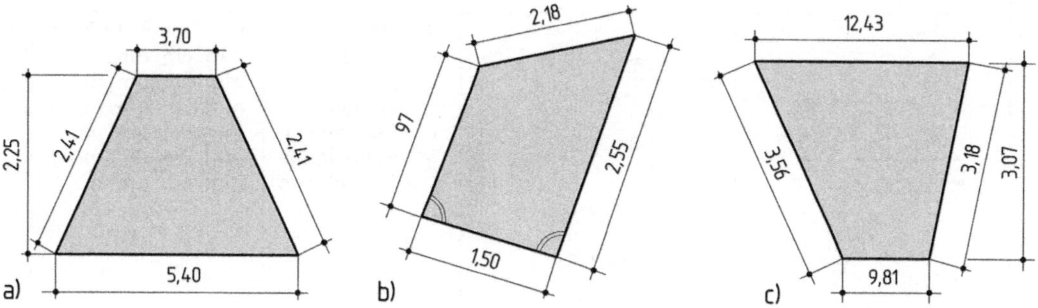

8.6

Aufgaben zum Trapez

17. Ein trapezförmiger Stuhlsitz wird bezogen. Die Maße lauten mit Zugabe: vordere Kante 43 cm, hintere Kante 38 cm, Sitztiefe 47 cm. Berechnen Sie den Stoffbedarf in dm².
18. Der trapezförmige Zuschnitt einer Raffgardine hat die Länge von 11,50 m. Die vordere Seite misst 4,20 m, die hintere 2,50 m. Wie viel m² Gardinen werden gebraucht?
19. Eine Intarsienarbeit in Trapezform aus Echtholztapete an der Wand hat die Maße l_2 = 2,10 m; l_1 = 1,50 m und b = 1,70 m. Wie viel m² Echtholztapete müssen geklebt werden?
20. Zwei Wände im Dachgeschoss haben Trapezform: l_1 = 3,86 m, l_2 = 6,89 m, b = 2,88 m. Wie viel m² Wandfläche mussen insgesamt tapeziert werden?

8.3 Dreieckige Flächen

Dreiecke sind von drei Seiten begrenzt, sie haben also drei Ecken, deren Winkelsumme immer 180° beträgt. Wir unterscheiden verschiedene Formen:

a) Einteilung der Dreiecke nach der Winkelgröße

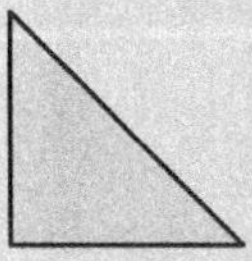

rechtwinklig (**8**.7) ein Winkel = 90°

8.7

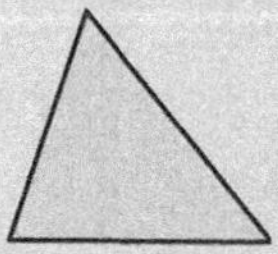

spitzwinklig (**8**.8) ein Winkel < 90°

8.8

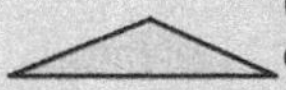

stumpfwinklig (**8**.9) ein Winkel > 90°

8.9

b) Einteilung der Dreiecke nach der Seitenlänge

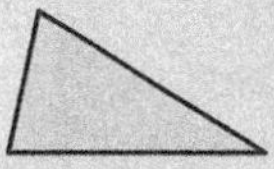

ungleichseitig (**8**.10) alle Seiten sind ungleich lang

8.10

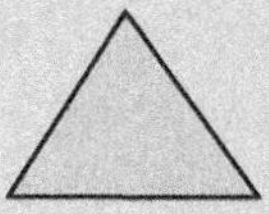

gleichseitig (**8**.11) alle Seiten sind gleich lang

8.11

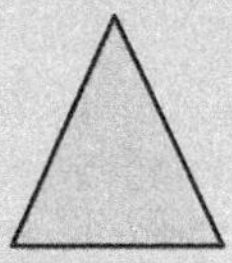

gleichschenklig (**8**.12) zwei Seiten sind gleich lang

8.12

> Zur Berechnung ist wichtig, dass die Breite immer rechtwinklig zur Länge *l* steht.

Das Dreieck

Beschreibung: Drei Seiten, drei Ecken.

Benennung/Bild	Formeln	Formelzeichen	Einheiten
Dreieck 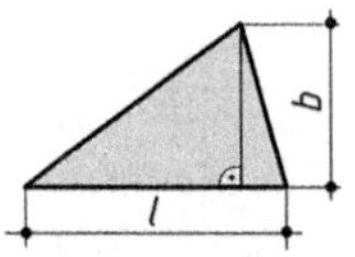 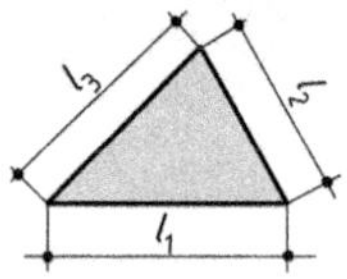	$A = \frac{l \cdot b}{2}$ $l = \frac{2 \cdot A}{b}$ $b = \frac{2 \cdot A}{l}$ $U = l_1 + l_2 + l_3$ $l_1 = U - (l_2 + l_3)$ $l_2 = U - (l_1 + l_3)$ $l_3 = U - (l_1 + l_2)$	A = Fläche l = Länge b = Breite U = Umfang l_1 = Seitenlänge l_2 = Seitenlänge l_3 = Seitenlänge	mm^2, cm^2, dm^2, m^2 mm, cm, dm, m mm, cm, dm, m mm, cm, dm, m mm, cm, dm, m mm, cm, dm, m mm, cm, dm, m

Beispiel Die Giebelseite einer Dachwohnung soll tapeziert werden. Sie hat die Maße $l = 2{,}90$ m; $b = 1{,}70$ m; $l_2 = 2{,}77$ m; $l_3 = 1{,}80$ m. Berechnen Sie die Fläche und den Umfang.

$A = \frac{l \cdot b}{2} \Rightarrow A = \frac{2{,}90\ \text{m} + 1{,}70\ \text{m}}{2}$

$A = \mathbf{2{,}47\ m^2}$

$U = l_1 + l_2 + l_3$

$U = 2{,}90\ \text{m} + 2{,}77\ \text{m} + 1{,}80\ \text{m}$

$U = \mathbf{7{,}47\ m}$

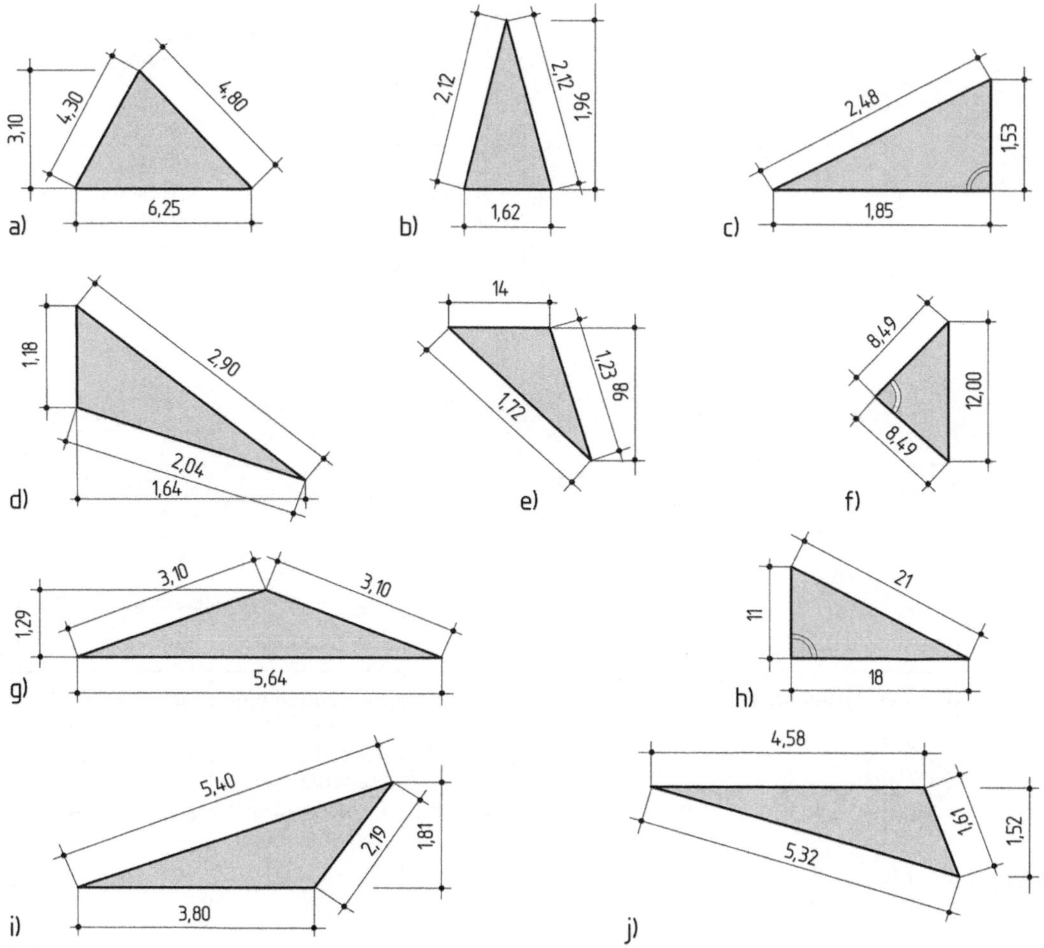

8.13

2. Berechnen Sie die Fläche eines Dreiecks mit $a = 2{,}5$ m und $h = 0{,}60$ m.
3. Der Zuschnitt eines Faltenzipfels hat die Form eines Dreiecks. Maße: $a = 25{,}0$ cm, $h = 44$ cm. Berechnen Sie die Fläche.
4. Berechnen Sie den Umfang eines gleichseitigen Dreiecks mit $a = 4{,}3$ cm.
5. Die Hohe eines Dreiecks beträgt 6,5 cm, seine Fläche 16,9 cm^2. Wie lang ist die Seite a?
6. Die Maße eines Dreiecks betragen $a = 5{,}20$ m, $h = 40$ dm. Berechnen Sie den Flächeninhalt in m^2.
7. Ein Dreieck hat eine Fläche von 94,5 cm^2. Die Grundlinie a ist 18 cm lang. Berechnen Sie die Höhe des Dreiecks.
8. Wie groß ist die Fläche eines Dreiecks, dessen Grundlinie 9 cm und dessen Höhe auf der Grundlinie 7,5 cm betragen?

8.4 Satz des Pythagoras

In unserem Beruf müssen bei Bodenbelagsarbeiten häufig die Diagonale eines Raumes oder einer Fliese angeben oder einen rechten Winkel anreißen. Dabei hilft der Lehrsatz, den der griechische Mathematiker *Pythagoras* vor rund 2500 Jahren aufgestellt hat. Er lautet:

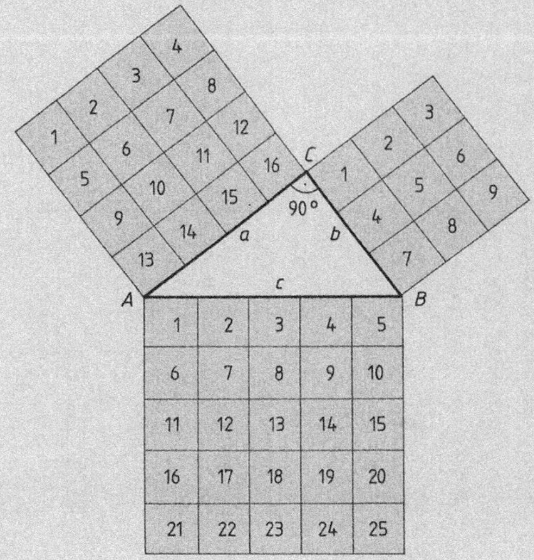

8.14 Satz des Pythagoras

> In einem rechtwinkligen Dreieck ist die Summe der Kathetenquadrate gleich dem Hypotenusenquadrat:
> $a^2 + b^2 = c^2$.

Sehen wir uns dazu das rechtwinklige Dreieck 4.15 an. Es hat die Seitenlängen $a = 3$ cm, $b = 4$ cm, $c = 5$ cm, *a* und *b* sind Schenkel des rechten Winkels, die Katheten.

Gegenüber dem rechten Winkel liegt die längste Seite, die Hypotenuse *c*. Zeichnen wir die Quadrate über den Seiten, ergeben sich:

$$a^2 = 3\text{ cm} \cdot 3\text{ cm} = 9\text{ cm}^2$$
$$+\ b^2 = 4\text{ cm} \cdot 4\text{ cm} = \underline{16\text{ cm}^2}$$
$$25\text{ cm}^2$$
$$c^2 = 5\text{ cm} \cdot 5\text{ cm} = 25\text{ cm}^2$$

Benennung/Bild	Formeln		Formelzeichen	Einheiten
Satz des Pythagoras 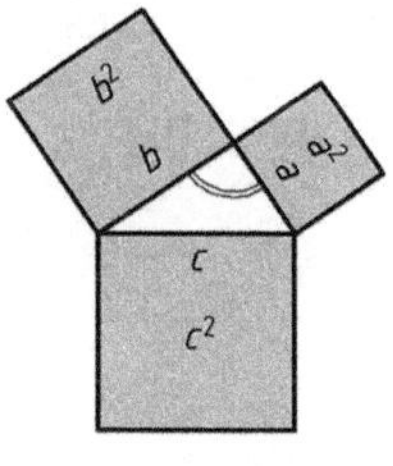	$c^2 = a^2 + b^2$	$c = \sqrt{a^2 + b^2}$	c = Hypothenuse (längste Seite)	mm, cm, dm, m
	$a^2 = c^2 - b^2$	$a = \sqrt{c^2 - b^2}$	a = Kathete (Seitenlänge)	mm, cm, dm, m
	$b^2 = c^2 - a^2$	$b = \sqrt{c^2 - a^2}$	b = Kathete (Seitenlänge)	mm, cm, dm, m

Aus dem Lehrsatz schließen wir:

> Verhalten sich die Seiten eines Dreiecks im Verhältnis 3 : 4 : 5 oder einem Vielfachen davon, so ist das Dreieck rechtwinklig.

Aufgaben zu Abschnitt 8.4

1. Berechnen Sie die fehlenden Längen in Bild **8**.15.

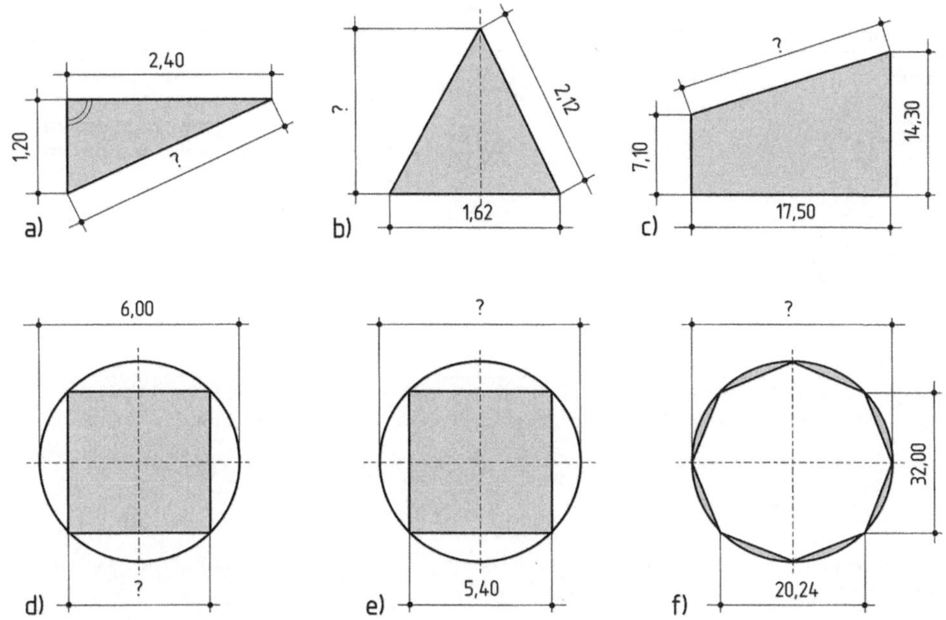

8.15

2. Ein quadratischer Raum ist 4,5 m lang. Wie groß ist seine Diagonale?
3. Ein 2,60 m langer rechteckiger Raum hat eine Diagonale von 8,10 m. Wie breit ist er?
4. Ein Raum ist quadratisch. Seine Diagonale messen Sie mit 9 m. Wie groß sind Länge und Breite des Raums?
5. Ein rechteckiges Wohnzimmer ist 3,20 m breit und hat eine 5,50 m lange Diagonale. Wie lange ist der Raum?
6. Berechnen Sie die Diagonale eines rechteckigen Kinderzimmers, das 3,20 m x 3,00 m groß breit ist.
7. Bei der Gesellenprüfung wird in einer Koge eine Velours-Teppichware im Spannverfahren angebracht. Die Koge hat die Maße 2,50 m x 1,45 m. Wie lang ist die Konfektionsnaht, wenn sie in der Diagonalen angebracht wird?
8. Zu einem rechtwinkligen Raum mit den Maßen 4,20 m x 3,55 m soll die Diagonale berechnet net werden.
9. Wie groß ist die Diagonale eines rechteckigen Arbeitszimmers von 4,80 m Länge und 3,80 m Breite?
10. Berechnen Sie die Diagonale einer 50er Teppichfliese.
11. Die Diagonale eines Rechtecks ist 18 m lang, die Breite 12 m. Wie lang ist das Rechteck?
12. Berechnen Sie die Diagonale von 40er und 25er PVC-Fliesen.
13. In einem gleichschenkligen rechtwinkligen Dreieck ist die längste Seite 19 cm. Wie lang sind die beiden anderen Seiten?
14. Die Lange eines Rechtecks beträgt 15 cm. Seine Diagonale ist 24 cm lang. Wie breit ist das Rechteck?

8.5 Runde Flächen

Der Kreis

Beschreibung: Eine Kreislinie im gleichen Abstand (Radius *r*) zum Kreismittelpunkt *M*.

Benennung/Bild	Formeln	Formelzeichen	Einheiten
Kreis 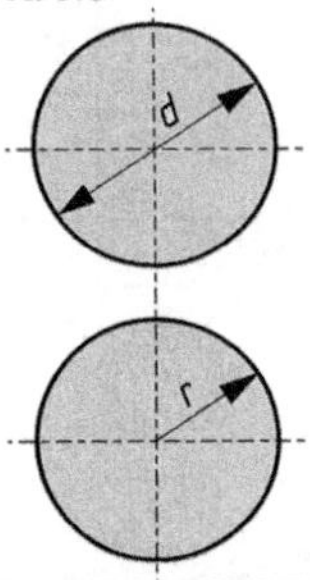	$A = \frac{d \cdot d \cdot \pi}{4}$ $A = r \cdot r \cdot \pi$ $d = \sqrt{\frac{4 \cdot A}{\pi}}$ $r = \sqrt{\frac{A}{\pi}}$ $U = d \cdot \pi$ $U = 2 \cdot r \cdot \pi$ $d = \frac{U}{\pi}$ $r = \frac{U}{2 \cdot \pi}$ $d = 2 \cdot r$ $d = \frac{d}{2}$	*A* = Fläche *U* = Umfang *r* = Radius *d* = Durchmesser *p* = 3,14	mm², cm², dm², m² mm, cm, dm, m mm, cm, dm, m mm, cm, dm, m

Beispiel Berechnen Sie Fläche und Umfang einer Intarsienarbeit mit dem Durchmesser $d = 1{,}25$ m.

$A = \frac{d \cdot d \cdot \pi}{4} \Rightarrow A = \frac{2{,}25\text{ m} \cdot 1{,}25\text{ m} \cdot \pi}{4}$

$A = \mathbf{1{,}23\ m^2}$

$U = d \cdot \pi$

$U = 1{,}25\text{ m} \cdot \pi$

$U = \mathbf{3{,}93\ m}$

Der Halbkreis wird berechnet, indem man zuerst den ganzen Kreis ausrechnet und dann durch 2 dividiert.

Der Viertelkreis wird berechnet, indem man zuerst den ganzen Kreis ausrechnet und dann durch 4 dividiert.

Der Kreisabschnitt

Beschreibung: Teil eins Kreises, der von einer Sehne und dem dazu gehörigen Kreisbogen begrenzt wird.

Benennung/Bild	Formeln	Formelzeichen	Einheiten
Kreisabschnitt 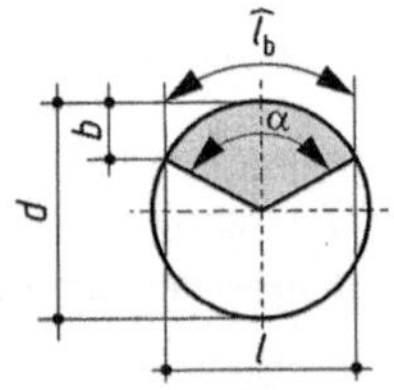	$A \approx \frac{2}{3} \cdot l \cdot b$ $U = l + \widehat{l}_B$ $\widehat{l}_B = \frac{d \cdot \pi \cdot \alpha}{360°}$	*A* = Fläche *U* = Umfang *d* = Durchmesser π = 3,14 *l* = Sehnenlänge $\widehat{l}_B$ = Sehnenlänge *b* = Breite *a* = Mittelpunkts-winkel	mm², cm², dm², m² mm, cm, dm, m mm, cm, dm, m mm, cm, dm m mm, cm, dm, m mm, cm, dm, m Grad °

Beispiel Berechnen Sie Fläche und Umfang eines Kreisabdchnittes mit den Maßen $l = 2{,}62$ m; $b = 0{,}94$ m und $l_b = 3{,}12$ m.

$A \approx \frac{2}{3} \cdot l \cdot b \Rightarrow A \approx \frac{2}{3} \cdot 2{,}62\text{ m} \cdot 0{,}49\text{ m}$

$A \approx \mathbf{1{,}64\ m^2}$

$U = l + l_B$

$U = 2{,}62\text{ m} + 3{,}12\text{ m}$

$U = \mathbf{5{,}74\ m}$

Aufgaben zum Kreis

1. Berechnen Sie Fläche und Umfang der Kreise in nebenstehender Tabelle (**8**.16).

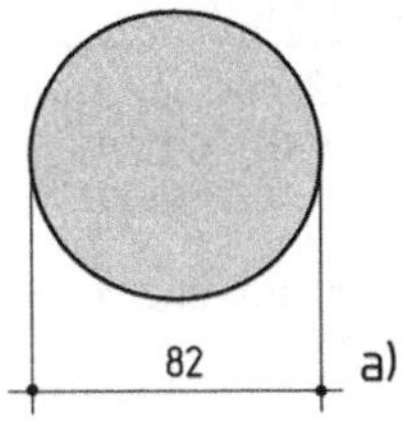

8.16

	Radius r	Durch- messer d	Fläche A	Umfang U
b)	14 cm			
c)	0,73 m			
d)		1,12 m		
e)				5,18 m
f)			4,22 m²	
g)		7,88 dm		

2. Berechnen Sie Umfang und Fläche eines kreisförmigen Platzes (r = 5 m).
3. Aus einem Dekorationsstoff von 3 m Länge und 1,20 m Breite werden 24 Kreise mit einem Durchmesser von 35 cm herausgeschnitten. Berechnen Sie den Verschnitt in dm².
4. Berechnen Sie den Kreisausschnitt, der als Zuschnitt für einen Säulenabschluss für die Schaufensterdekoration aus Leder angefertigt wird. r = 25 cm; a = 50
5. Ein rechteckiger Raum soll mit PVC-Belag ausgelegt werden. Mitten im Raum steht eine 65 cm dicke Säule. Die Raummaße betragen 3,95 m x 6,85 m. Wie viel m² sind mit PVC- Belag zu versehen?
6. Ein runder Barhockersitz ∅ = 32 cm soll bezogen werden. Wie viel m² Bezugsstoff sind nötig, wenn rund herum 6 cm Zugabe erforderlich sind? Eine Kordel soll außen herumgelegt werden. Wie viel m braucht man?

Augaben zum Kreisabschnitt

7. Berechnen Sie die Fläche und den Umfang der in Bild **8**.17 dargestellten Kreisabschnitte.
8. Der Kreisabschnitt eines Kreises hat eine Länge von 2,62 m und eine Breite von 0,94 m. Berechnen Sie die Fläche.
9. Für eine Holztreppe werden 14 Stufenauflagen aus Nadelfilz angefertigt, die alle die Form eines Kreisabschnittes haben: l=67 cm, b=21 cm. Wie viel Fläche wird insgesamt benötigt?
10. Berechnen Sie die Fläche und den Umfang des Kreisabschnittes mit l = 1,60 m, b = 0,28 m, l_B = 1,73 m.

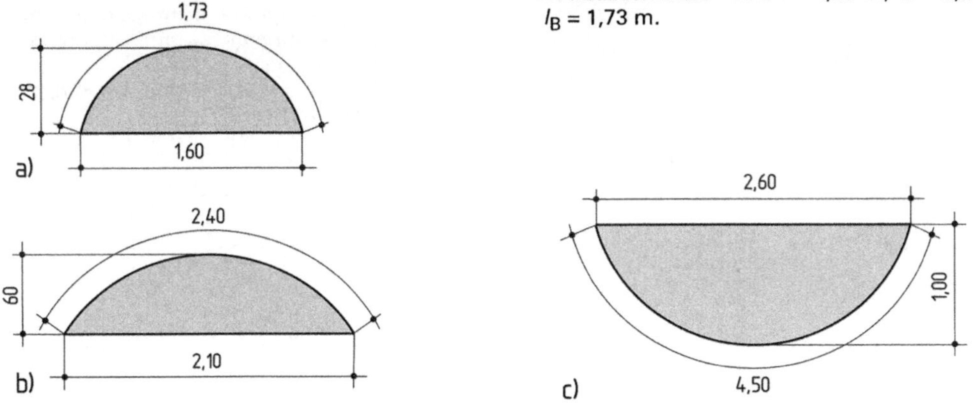

8.17

Der Kreisausschnitt

Beschreibung: Teil der Kreisfläche, der wie ein Kuchenstück von zwei Radien und dem dazu gehörigen Kreisbogen begrenzt ist (Sektor).

Benennung/Bild	Formeln	Formelzeichen	Einheiten
Kreisausschnitt 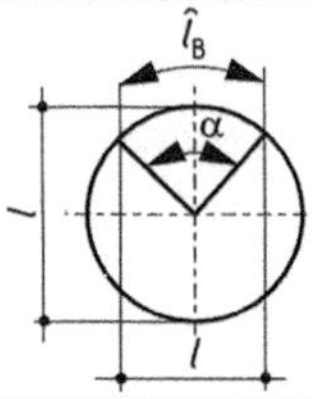 	$A = \frac{\hat{l}_B \cdot d}{4}$ $U = d + \hat{l}_B$ $\hat{l}_B = \frac{d \cdot \pi \cdot \alpha}{360°}$	A = Fläche U = Umfang d = Durchmesser π = 3,14 $\hat{l}_B$ = Bogenlänge α = Mittelpunkt-winkel	mm^2, cm^2, dm^2, m^2 mm, cm, dm, m mm, cm, dm, m mm, cm, dm, m in ° Grad

Beispiel Berechnen Sie die Fläche und den Umfang eines Kreisausschnittes mit den Maßen $d = 3{,}44$ m; $\alpha = 53°$.

$\hat{l}_B = \frac{d \cdot \pi \cdot \alpha}{4} \Rightarrow \hat{l}_B = \frac{3{,}44\ \text{m} \cdot \pi \cdot 53°}{4}$

$\hat{l}_B = \mathbf{1{,}59\ m}$

$U = d + \hat{l}_B$

$U = 3{,}44\ \text{m} + 1{,}59\ \text{m}$

$U = \mathbf{5{,}03\ m}$

$A = \frac{\hat{l}_B \cdot d}{360°} \Rightarrow \hat{l}_B = \frac{1{,}59\ \text{m} \cdot 3{,}44\ \text{m}}{360°}$

$A = \mathbf{1{,}37\ m^2}$

Der Kreisring

Beschreibung: Zwei Kreise um denselben Mittelpunkt *M* mit unterschiedlichen Durchmessern.

Benennung/Bild	Formeln	Formelzeichen	Einheiten
Kreisring 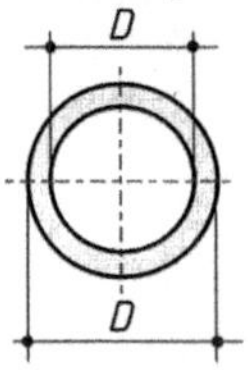 	$A = \frac{(D \cdot D \cdot \pi) - (d \cdot d \cdot \pi)}{4}$ $U_i = d \cdot \pi$ $U_a = d \cdot \pi$	A = Fläche U_i = Umfang U_a = Umfang d = kleiner Durchmesser D = großer Durchmesser π = 3,14	mm^2, cm^2, dm^2, m^2 mm, cm, dm, m mm, cm, dm, m mm, cm, dm, m mm, cm, dm, m

Beispiel Um ein kreisförmiges Podest soll ein Bodenbelag gelegt werden, dessen Fläche die Form eines Kreisrings hat. $D = 6{,}20$ m: $d = 3{,}10$ m. Berechnen Sie die Fläche und den Umfang.

$A = \frac{(D \cdot D \cdot \pi) \cdot (d \cdot d \cdot \pi)}{4}$

$A = \frac{(6{,}20\ \text{m} \cdot 6{,}20\ \text{m} \cdot \pi) \cdot (3{,}10\ \text{m} \cdot 3{,}10\ \text{m} \cdot \pi)}{4}$

$A = \mathbf{22{,}64\ m^2}$

$U_i = d \cdot \pi$

$U_i = 3{,}15\ \text{m} \cdot \pi$

$U_i = \mathbf{9{,}78\ m}$

$U_a = d \cdot \pi$

$U_a = 6{,}20\ \text{m} \cdot \pi$

$U_a = \mathbf{19{,}48m}$

Aufgaben zum Kreisausschnitt

11. Berechnen Sie Fläche und Umfang folgender Kreisausschnitte (**8**.18).

12. Ein Kreisausschnitt im Eingangsbereich eines Treppenhauses soll mit Velours belegt werden. Der Durchmesser ist 1,78 m, die gemessene Bogenlänge beträgt 1,52. Berechnen Sie Umfang und Fläche.

13. Eine Intarsie hat die Form eines Kreisausschnittes. Berechnen Sie die Fläche und die Bogenlänge, wenn $\alpha = 40°$ und $r = 0{,}85$ m. Wie groß ist der Umfang?

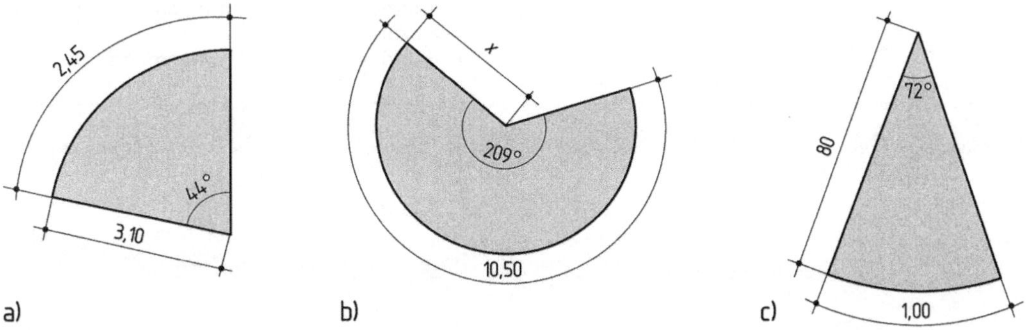

8.18

Aufgaben zum Kreisring

14. Berechnen Sie Fläche und Umfang dieser Kreisringe (**8**.19).

15. Bei einem Kreisring ist der Durchmesser des inneren Kreises 23 cm, der Durchmesser des äußeren Kreises 78 cm. Berechnen Sie die Fläche, den inneren und den äußeren Umfang.

16. Die kreisförmige Tanzfläche eines Lokals erhält einen andersfarbigen Randstreifen aus PVC-Bodenbelag. Die Tanzfläche hat einen Durchmesser von 12 m. Der Kreisring soll 1,20 m breit sein. Berechnen Sie die erforderliche Fläche.

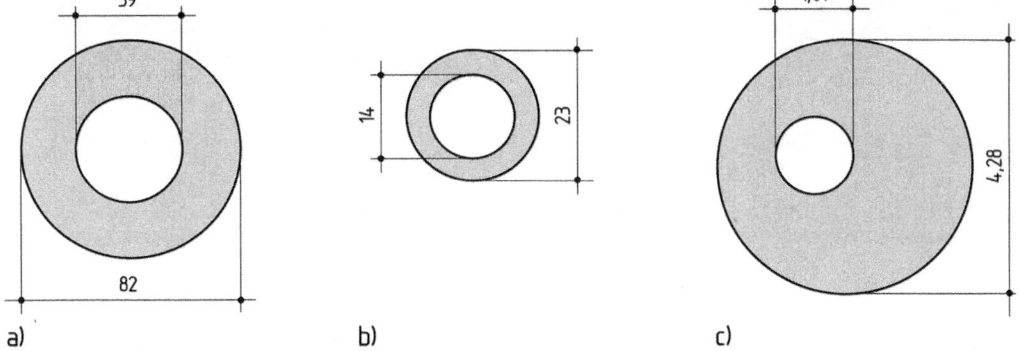

8.19

Die Ellipse

Beschreibung: Die Punkte an der Ellipse sind von ihrem Mittelpunkt unterschiedlich weit entfernt, sie sieht aus wie ein „zusammengedrückter Kreis". Sie hat zwei Achsen: eine große Achse *D* und eine kleine Achse *d*.

Benennung/Bild	Formeln	Formelzeichen	Einheiten
Ellipse 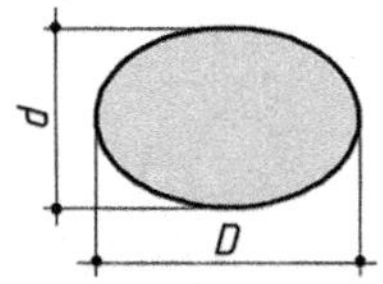	$A = \frac{D \cdot d \cdot \pi}{4}$ $U \approx \frac{(D \cdot d \cdot \pi)}{2}$	A = Fläche U = Umfang d = kleiner Durchmesser D = großer Durchmesser $\pi = 3{,}14$	mm², cm², dm², m² mm, cm, dm, m mm, cm, dm, m mm, cm, dm, m

Beispiel Berechnen Sie die Fläche und den Umfang einer Intarsie in Form einer Ellipse mit den Maßen $D = 12$ m und $d = 8$ m.

$$A = \frac{D \cdot D \cdot \pi}{4} \qquad U \approx \frac{(D \cdot d) \cdot \pi}{2}$$

$$A = \frac{12{,}00\text{ m} \cdot 8{,}00\text{ m} \cdot \pi}{4} \qquad U \approx \frac{12{,}00\text{ m} + 8{,}00\text{ m} \cdot \pi}{4}$$

$A = \mathbf{75{,}40\ m^2}$ $\qquad U \approx \mathbf{31{,}42\ m}$

Ellipsenkonstruktionen. Es gibt mehrere Möglichkeiten, ein Ellipse zu konstruieren. Für den Raumausstatter haben sich zwei Möglichkeiten als besonders geeignet herausgestellt:

a) die werkstattgerechte Art mit Hilfe der Kordel und zwei Nägeln,

b) die Konstruktion mit dem Zirkel.

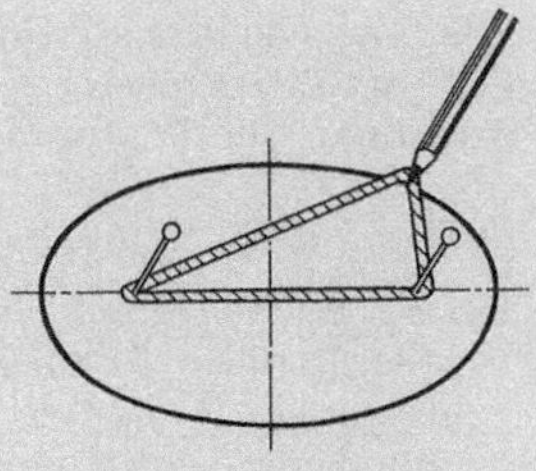

8.20 Ellipsenkonstruktion mit Kordel

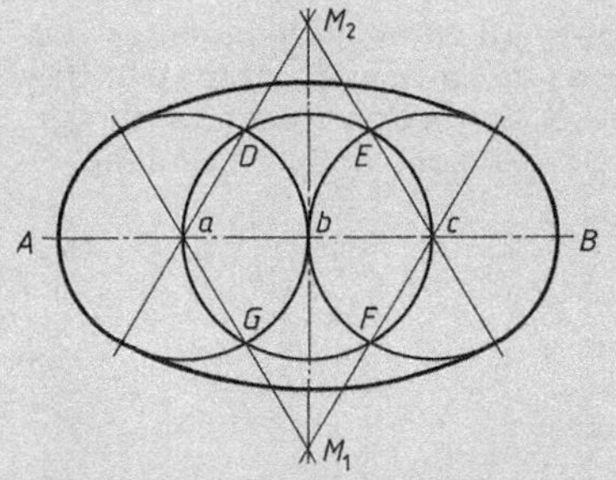

8.21 Ellipsenkonstruktion mit Zirkel

zu 8.20: Zwei Nägel werden im gewünschten Abstand eingeschlagen und eine verknotete Kordel darüber gegeben. Mit einem Bleistift zeichnet man nun die Ellipse, indem darauf geachtet wird, dass die Kordel stets straff ist.

zu 8.21: Hierbei ist das Maß von *D* gegeben ($\overline{AB}$). Diese Strecke wird in 4 Teile geteilt; das ergibt die Punkte *a, b, c*: Den Zirkel steckem wir in *b* ein und schlagen mit dem Radius *bc* einen Kreis um *b*, ebenso um *a* und um *c*. Die Schnittpunkte der Kreise bezeichnen wir als *D, E, F, G*. Nun verbinden wir *a* und *G* über *G* hinaus und *c* mit *F* über *F* hinaus und erhalten M_1. Spiegelbildlich zur anderen Seite ergibt es M_2. In M_1 und M_2 wird der Zirkel eingestochen und der Restellipsenbogen nachgezogen.

Aufgaben zur Ellipse

17. Berechnen Sie Fläche und Umfang folgender Ellipsen (**8**.22).

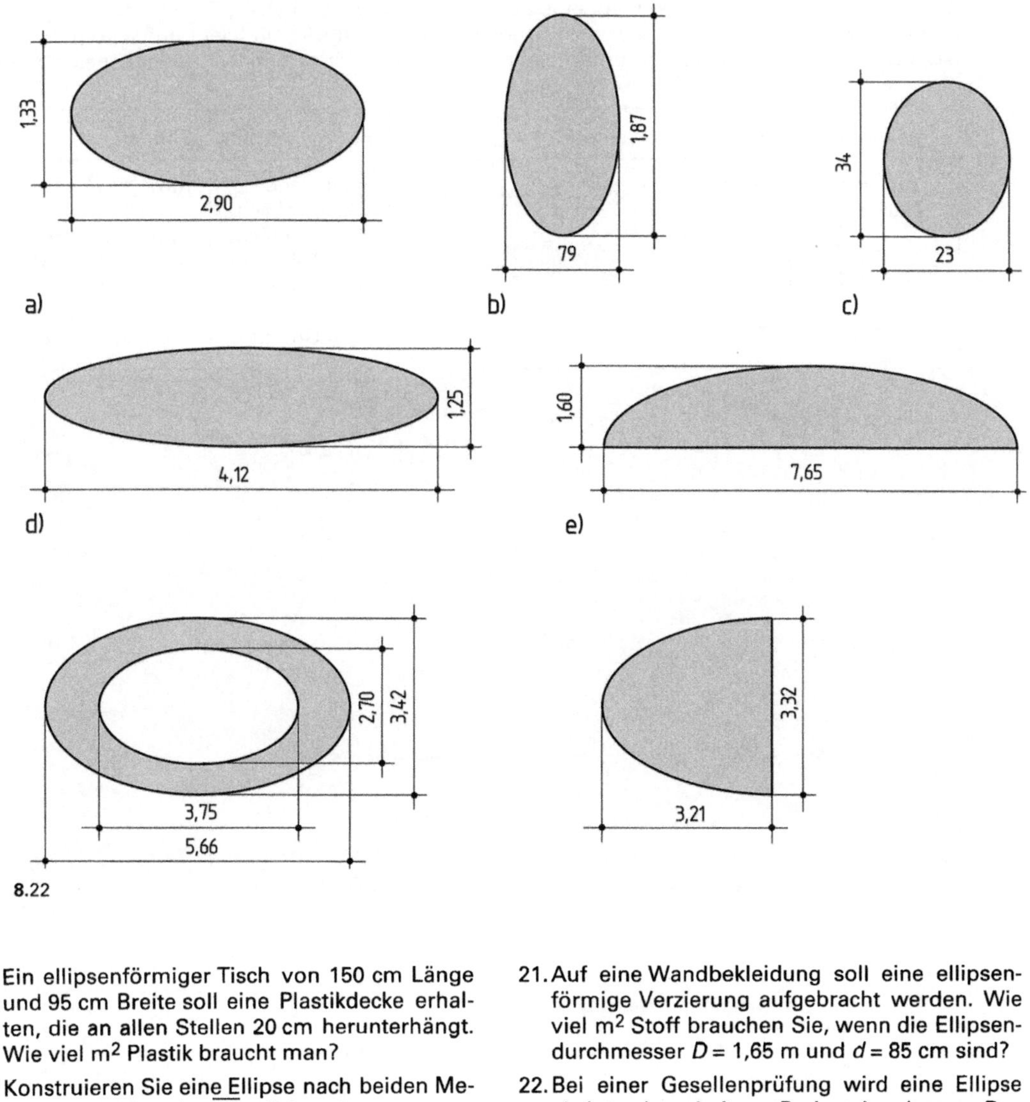

8.22

18. Ein ellipsenförmiger Tisch von 150 cm Länge und 95 cm Breite soll eine Plastikdecke erhalten, die an allen Stellen 20 cm herunterhängt. Wie viel m² Plastik braucht man?

19. Konstruieren Sie eine Ellipse nach beiden Methoden. Die Strecke $\overline{AB}$ soll 9 cm betragen.

20. Um eine ellipsenförmige Wandverzierung soll eine Kordel befestigt werden. Wie viele m Kordel brauchen Sie, wenn $D = 1{,}20$ m und $d = 80$ cm sind?

21. Auf eine Wandbekleidung soll eine ellipsenförmige Verzierung aufgebracht werden. Wie viel m² Stoff brauchen Sie, wenn die Ellipsendurchmesser $D = 1{,}65$ m und $d = 85$ cm sind?

22. Bei einer Gesellenprüfung wird eine Ellipse als Intarsienarbeit am Boden eingelassen. Der Teppich wird verspannt. Wie viel m Konfektionsnaht sind anzufertigen, wenn $D = 2{,}40$ m und $d = 1{,}80$ m betragen?

8.6 Zusammengesetzte Flächen

Außer Dreiecken und Vierecken gibt es Fünf-, Sechs- und Mehrecke – also Vielecke. Einige Räume haben kreisförmige oder trapezförmige Erker, rechteckige Festsäle schließen mit einem Kriesausschnitt, Rundtürme können eine quadratische Vorhalle haben. Für vielförmige Flächen gibt es keine Formeln und die Formeln für regelmäßige Vielecke sind sehr aufwendig. Deshalb ist es leichter, wenn wir komplizierte Flächen in einfach zu berechnende Einzelflächen zerlegen.

Benennung/Bild	Formeln	Formelzeichen	Einheiten
Zusammengesetzte Flächen 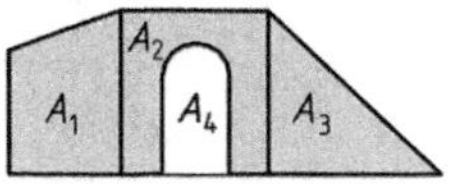	$A = A_1 + A_2 + A_3 - A_4$ U = Summe aller Seitenlängen	A = Fläche (Gesamtfläche) A_1 = Teilfläche A_2 = Teilfläche A_3 = Teilfläche A_4 = Teilfläche U = Umfang	mm^2, cm^2, dm^2, m^2 mm^2, cm^2, dm^2, m^2 mm^2, cm^2, dm^2, m^2 mm^2, cm^2, dm^2, m^2 mm^2, cm^2, dm^2, m^2 mm, cm, dm, m

Beispiel Wie groß ist die Fläche dieses Raumes (**8**.23)?

Berechnen Sie auch den Umfang dieses Raumes.

Lösung Wir teilen den komplizierten Grundriss in Flächen ein, die wir berechnen können. Wir benennen diese Flächen mit A_1 (Dreieck), A_2 (Rechteck) und A_3 (Kreisabschnitt). Jetzt wird jede Fläche berechnet, dann werden alle Teilflächen addiert.

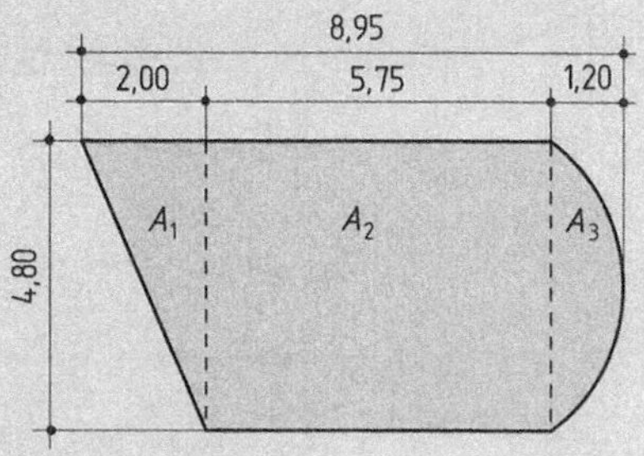

8.23

$$A = A_1 + A_2 + A_3$$

$$A_1 = \frac{l \cdot b}{2} \Rightarrow A_1 = \frac{4{,}80\ m \cdot 2{,}00\ m}{2} \Rightarrow A_1 = 4{,}80\ m^2$$

$$A_2 = l \cdot b \Rightarrow A_2 = 5{,}75\ m \cdot 4{,}80\ m \Rightarrow A_2 = 27{,}60\ m^2$$

$$A_3 = \frac{2}{3} \cdot l \cdot b \Rightarrow A_3 = \frac{2}{3} \cdot 4{,}80\ m \cdot 1{,}20\ m \Rightarrow A_3 = 6{,}72\ m^2$$

$$A = 4{,}80\ m^2 + 27{,}60\ m^2 + 6{,}72\ m^2 \Rightarrow \mathbf{A = 39{,}12\ m^2}$$

Zur Berechnung des Umfangs müssen alle Außenkanten des Raumes addiert werden (nicht die der Teilflächen!), **8**.24).

$U = l_1 + l_2 + l_B + l_3$

$U = 5{,}17\ m + 7{,}75\ m + 5{,}34\ m + 5{,}75\ m$

$U = \mathbf{24{,}01\ m}$

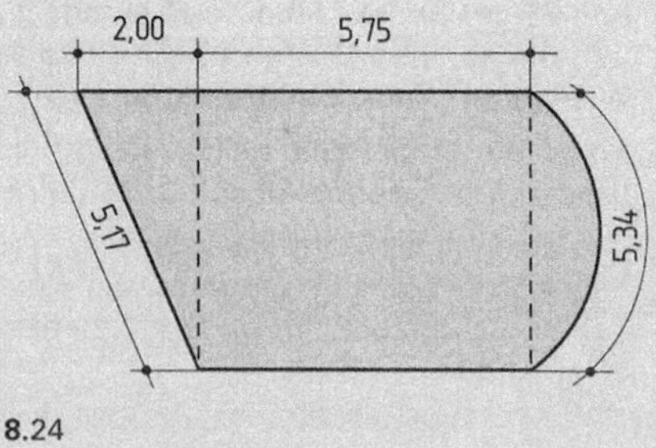

8.24

Aufgaben zu Abschnitt 8.6

1. Berechnen Sie Fläche und Umfang dieser zusammengesetzten Flächen (**8.**25).

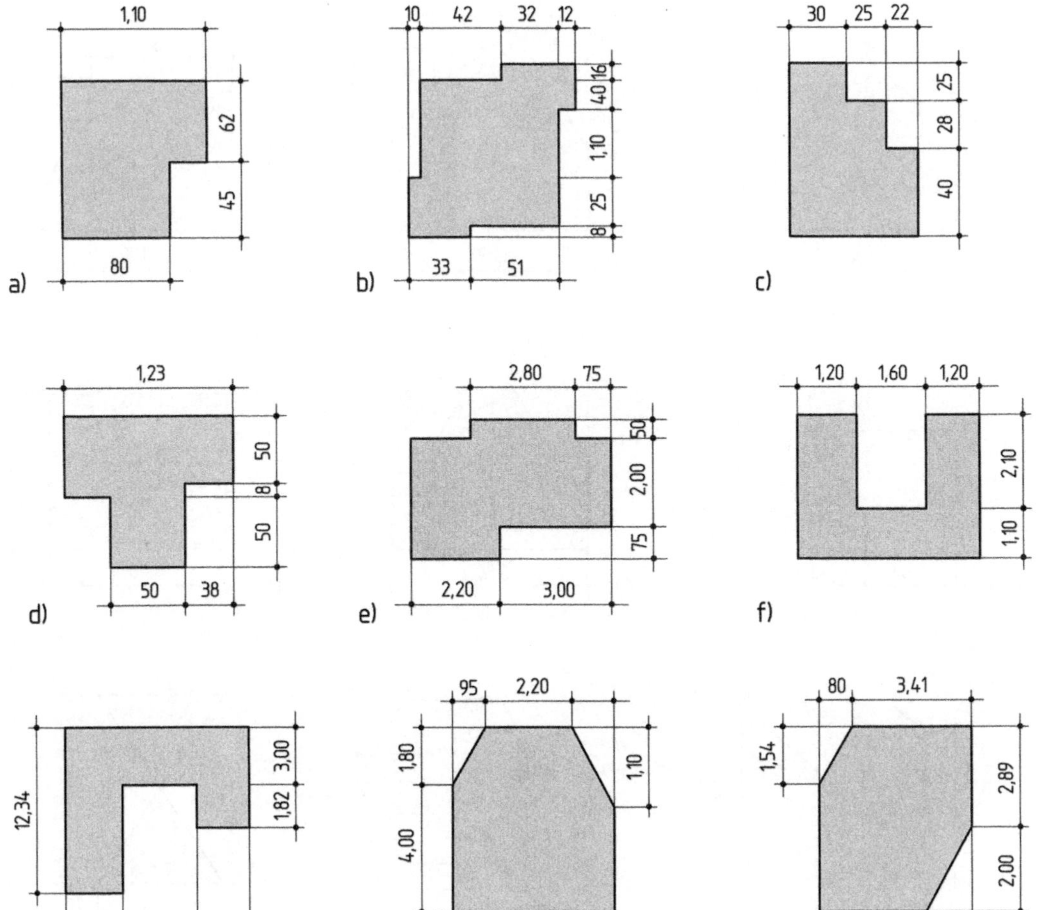

2. Ein rechteckiger Raum von 3,94 m x 5,26 m hat einen halbrunden Erker mit $r = 1,45$ m. Berechnen Sie die Bodenfläche.
3. Ein Raum besteht aus einem Rechteck (4,80 m x 6,20 m), an deren kurzen Seiten sich jeweils ein Halbkreis anschließt. Berechnen Sie die Bodenfläche und den Umfang.
4. Die Schalterhalle einer Bank soll mit Teppichboden ausgelegt werden. Sie hat die Form eines Trapezes ($a = 13,70$ m, $c = 12,80$ m, $h = 18,30$ m). Es sind zwei runde Säulen auszuschneiden: $r = 27$ cm für die eine, $d = 42$ cm für die andere. Wie viel m^2 Bodenbelag werden verarbeitet?

Aufgaben, Fortsetzung

5. Berechnen Sie Fläche und Umfang folgender zusammengesetzter Flächen (**8**.26).

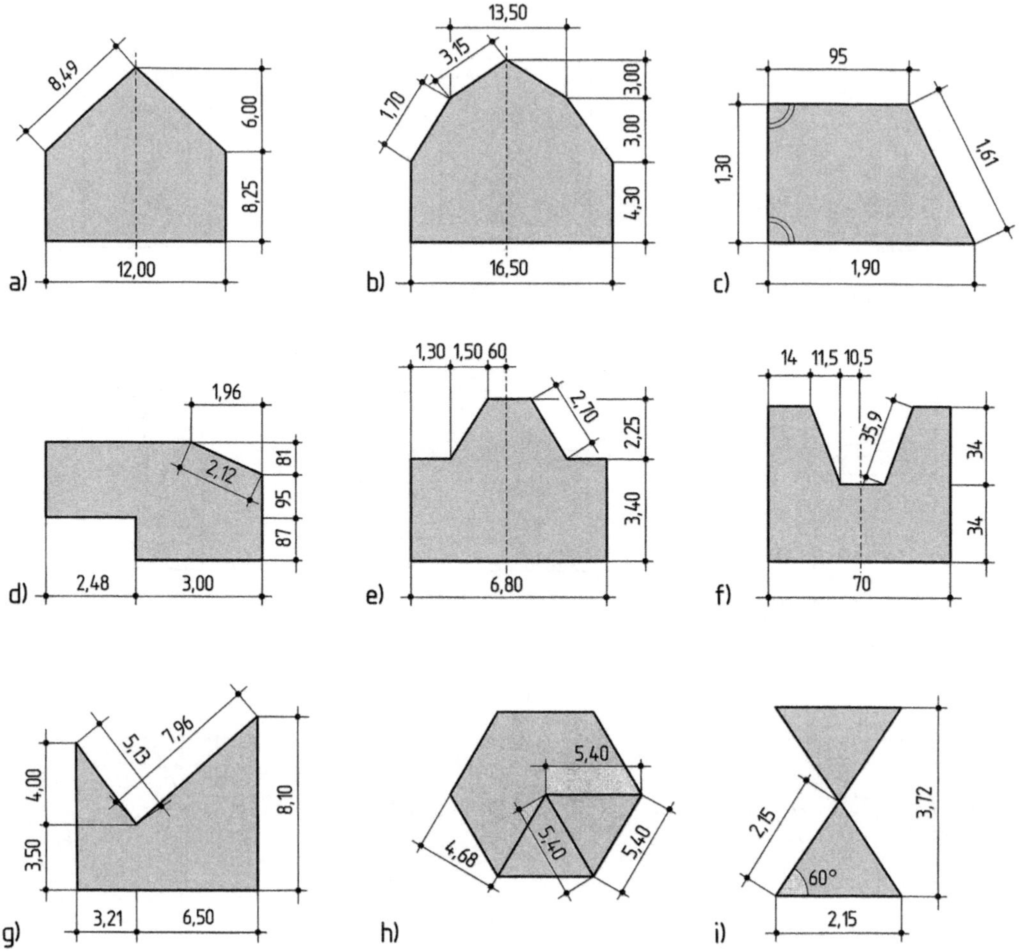

6. Eine Sitzgelegenheit aus Schaumstoff soll mit Folie bezogen werden. Berechnen Sie den Folienbedarf in m^2. Für die Nähte werden jeweils 1 cm hinzugerechnet, und jedes Teil wird wird einzeln zugeschnitten. Maße des Quaders $a = 32$ cm, $b = 44$ cm, $c = 47$ cm.

7. Ein Bühnenvorhang von 27,50 m Länge und 6,20 m Höhe erhält in der Mitte als Symbol eine ellipsenförmige andersfarbige Einlage mit den Maßen $D = 8{,}35$ m, $d = 3{,}90$ m. Wie viel m^2 Stoff sind von jeder Farbe erforderlich?

Aufgaben, Fortsetzung

8. Berechnen Sie Fläche und Umfang folgender zusammengesetzter Flächen (**8**.27).

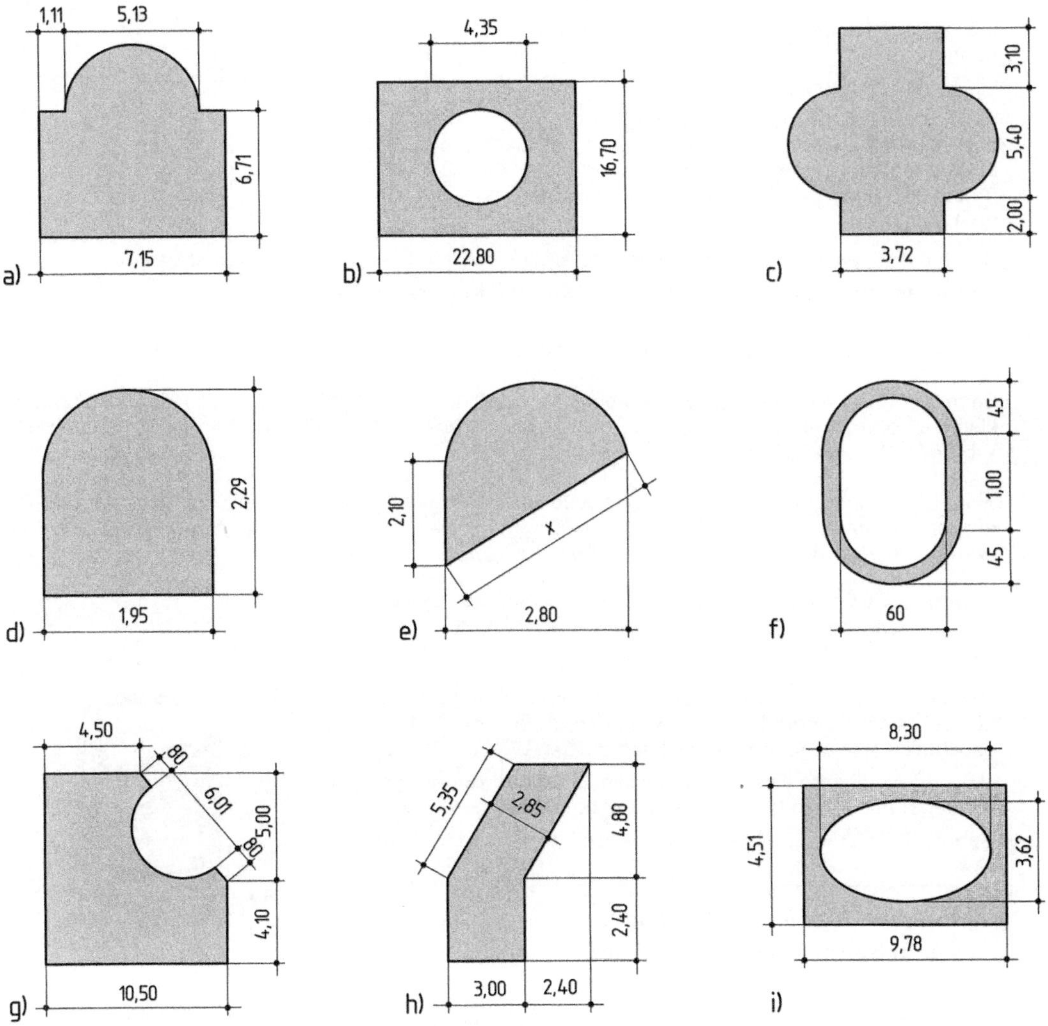

8.27

9. Eine Fußbodenfläche aus einem Halbkreis über einem Rechteck hat einen Flächeninhalt von 16,48 m^2. Berechnen Sie die Maße von Rechteck und Halbkreis, die im Verhältnis 1:1 stehen.

10. Eine Couchrolle von 90 cm Länge und 22 cm Durchmesser soll mit Drell bezogen werden. Wie viel m^2 Drell brauchen Sie, wenn für die Nahtzugabe 1 cm berechnet wird und beide Seiten (Kreise) extra zugeschnitten werden?

9 Körper

9.1 Körpereinheiten

Der Begriff Körper bezeichnet drei Ausdehnungen:

Länge, Breite und Höhe (**9**.1).

Wir können bei Körpern die Kantenlänge mit der Einheit Meter (m), die Oberfläche mit der Einheit Quadratmeter (m^2) und das Volumen (Rauminhalt) mit der Basiseinheit Kubikmeter (m^3) berechnen.

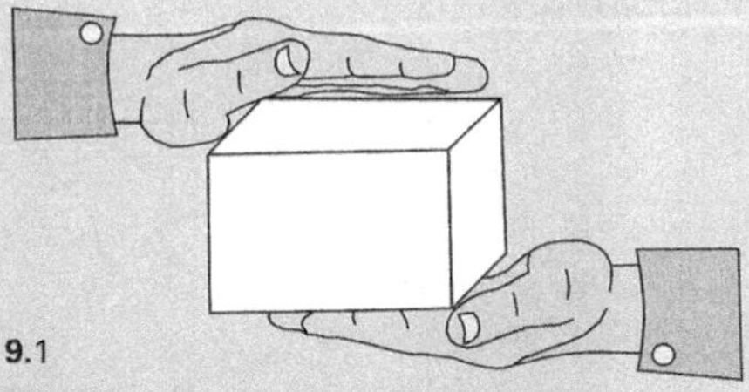

9.1

Durch die Verwendung der dezimalen Vorsilben werden die Längeneinheiten abgeleitet: Kubikdezimeter (dm^3), Kubikzentimeter (cm^3) und Kubikmillimeter (mm^3).

Die Umrechnungszahl bei Volumeneinheiten ist 1000. Es gibt also folgende Abhängigkeiten:

Beim Umrechnen in die nächstkleinere Volumeneinheit wird der Wert **mit 1000 multipliziert**.

$1\ cm^3$	→	$1000\ dm^3$	→	$1000000\ cm^3$	→	$1000000000\ mm^3$
		$1\ dm^3$	→	$1000\ cm^3$	→	$10000000\ mm^3$
				$1\ cm^3$	→	$1000\ mm^3$

Beim Umrechnen in die nächstgrößere Volumeneinheit wird der Wert **durch 1000 dividiert**.

$0{,}000000001\ cm^3$	←	$0{,}000001\ dm^3$	←	$0{,}001\ cm^3$	←	$1\ mm^3$
$0{,}000001\ cm^3$	←	$0{,}001\ dm^3$	←	$1\ cm^3$		
$0{,}0001\ cm^3$	←	$1\ dm^3$				

Beispiel Ein Gefäß hat $38{,}79\ dm^3$ Volumen (Rauminhalt).Wie viel cm^3 sind das?
$38{,}79\ dm^3 \cdot 1000 \Rightarrow$ **38 790 cm³**

Im Raumausstatterhandwerk kommen Volumenberechnungen nicht nur bei festen Materialien (z.B. Schaumstoffen) oder Pulvern (z.B. Tapetenkleistern), sondern auch bei flüssigen Werkstoffen (**9**.2) vor.

Flüssige Werkstoffe (Dispersionsfarben, Lacke, Verdünnungen, etc.) werden nur in Litern (l) angeboten und berechnet.

Gebräuchlich sind die Volumeneinheiten Liter (l) und Milliliter (ml).

9.2

1 l entspricht dem Volumen 1 dm³.
1 ml entspricht dem Volumen 1 cm³.

Beim Umrechnen von Liter in Millimeter wird mit 1000 multipliziert.
Beim Umrechnen von Millimeter nach Liter wird mit 1000 dividiert.

1 l	→	1000 ml
0,001 l	←	1 ml

Beispiel Ein Eimer Dispersionsfarbe enthält 12,25 l. Wie viel ml sind das?
$12{,}25\ l \cdot 1000 \Rightarrow$ **12 250 ml**

Aufgaben zu Abschnitt 9.1

1. Rechnen Sie folgende Körpermaße um:

a) 524 cm^3 =	m^3	m) 1,29 m^3 =	cm^3
b) 927 cm^3 =	m^3	n) 7,023 m^3 =	cm^3
c) 79,71 cm^3 =	m^3	o) 14,81 m^3 =	cm^3
d) 948,2 cm^3 =	m^3	p) 0,893 m^3 =	cm^3
e) 437 cm^3 =	dm^3	q) 0,76 m^3 =	cm^3
f) 701 cm^3 =	dm^3	r) 0,29 m^3 =	dm^3
g) 21,5 cm^3 =	dm^3	s) 0,49 m^3 =	dm^3
h) 91,62 cm^3 =	dm^3	t) 1,25 m^3 =	dm^3
i) 8,4 cm^3 =	mm^3	u) 3,039 m^3 =	mm^3
j) 45,9 cm^3 =	mm^3	v) 0,826 m^3 =	mm^3
k) 62,3 cm^3 =	mm^3	w) 0,86 m^3 =	mm^3
l) 28,77 cm^3 =	mm^3	x)1837 mm^3 =	m^3

2. Ergänzen Sie die fehlenden Werte in folgender Tabelle

	mm^3	cm^3	dm^3	m^3
a)				0,684
b)	39660000			
c)		4690		
d)			127,96	
e)	34369,8			
f)		840,022		
g)				2,953
h)	61156,8			
i)			7,002	
j)		450,365		
k)				12,884
l)		36,001		
m)	9192000			
n)			42,902	

3. Rechnen Sie 35,7 cm^3 in Kubikmeter und in mm^3 um.

4. Eine Werkstatt enthält 49,3 m^3 Luft. Wie viel dm^3 sind das?

5. Geben Sie den Inhalt eines Eimers von 12 dm^3 in Kubikmillimeter an.

6. Wie viel cm^3 sind 0,0369 m^3?

7. Ein Eimer hat 84 cm^3 Volumen, ein zweiter nur nur 23 000 Kubikmillimeter. Wie viel dm^3 sind das zusammen?

8. Ein Klebereimer von 96 cm^3 Volumen ist zu drei Viertel gefüllt. Wie groß ist das Volumen des gefüllten Eimerteils?

9. Rechnen Sie in Liter (l) um:

	mm^3		dm^3
a)	392	k)	0,781
b)	8901	l)	1,005
c)	493	m)	2,955
d)	1948	n)	0,992
e)	4482	o)	4,022

	cm^3		m^3
f)	23,2	p)	1,000
g)	289,4	q)	2,934
h)	311,9	r)	0,001
i)	69,92	s)	0,044
j)	849,55	t)	0,689

10. Rechnen Sie von Litern (l) um in:

	l	mm^3	cm^3	dm^3	m^3
a)	2,25				
b)	1,94				
c)	0,58				
d)	0,922				
e)	14,93				
f)	28,001				
g)	20,92				
h)	1,035				

11. Eine Lieferfirma bietet folgende Verpackungsgroßen an: 5 Kästen zu je 375 ml, 46 Kästen zu je 0,750 l, 26 Kästen zu je 250 ml. Wie viel Liter umfasst das ganze Angebot?

12. Berechnen Sie die Gesamtgröße von 18 Packungen zu je 500 cm^3, 6 Packungen zu je 1,050 dm^3 und 12 Packungen zu je 0,00250 m^3.

9.2 Begriffe der Körperberechnung

Die Körper sind daran zu erkennen, dass sie durch ihre umhüllenden Flächen einen Raum begrenzen. Wir unterteilen die vielen Arten von Körpern in vier Gruppen (**9**.3 bis **9**.6)

Prismen

9.3

spitze Körper

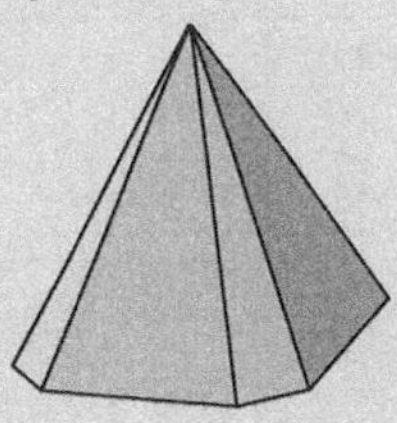

9.4

stumpfe Körper

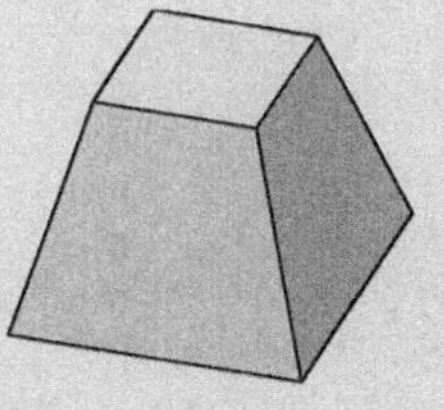

9.5

Kugeln

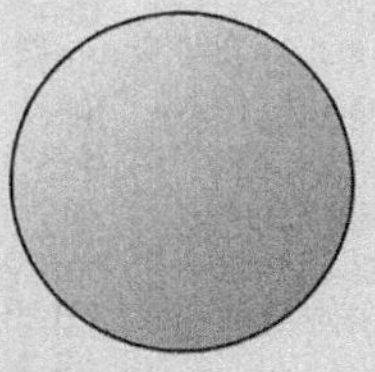

9.6

Zusammengesetzte Körper

Aus den Körpern **9**.1 bis **9**.6 können wiederum neue Körper gebildet werden, indem man sie kombiniert. Diese Körper bezeichnen wir als zusammengesetzte Körper (**9**.7).

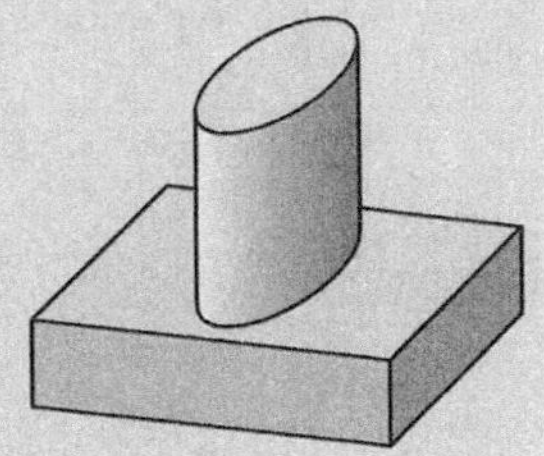

9.7

Volumen

Den Inhalt, den ein Körper durch seine ihn umhüllenden Flächen einschließt, nennt man *Volumen* (Rauminhalt, **9**.8).

9.8

Oberfläche

Die *Oberfläche* eines Körpers bezeichnet die Summe aller ihn umgebenden Flächen (**9**.9).

9.9

Mantelfläche

Die *Mantelfläche* bezeichnet die Summe aller Seitenflächen. Es fehlen die Grund- und Deckfläche (**9**.10).

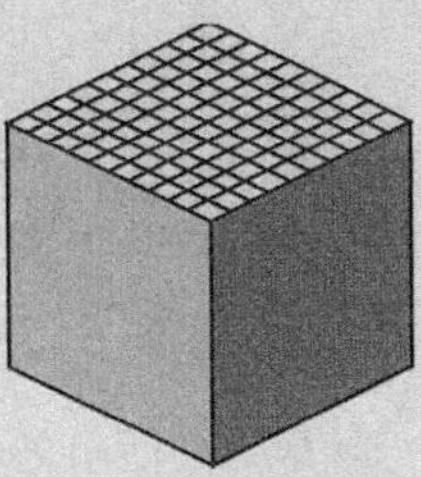

9.10

Abwicklung

Werden die umhüllenden Flächen eines Körpers so aufgeklappt, dass sie an einem Stück bleiben, dann bezeichnet man diese Fläche als *Abwicklung* (**9**.11). Eine Abwicklung ist ein wichtiges Hilfsmittel zur Berechnung von Räumen.

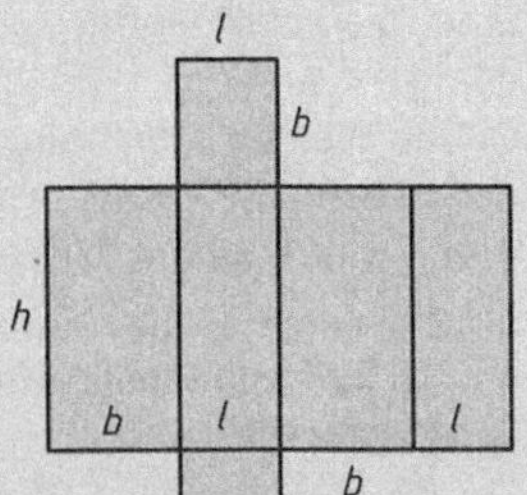

9.11

Beispiele für Abwicklungen

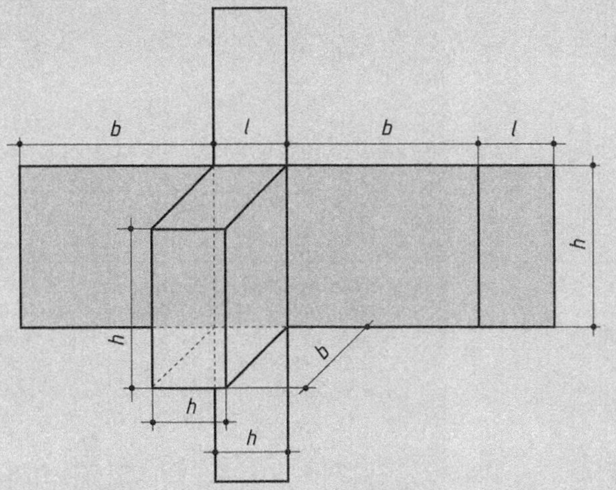

9.12 Quader

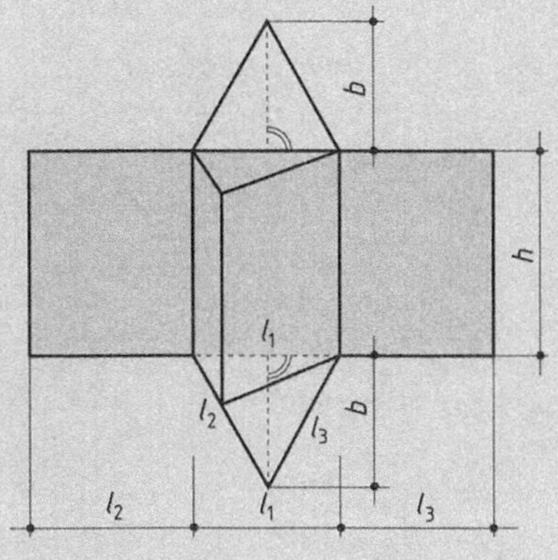

9.13 Dreiecksäule

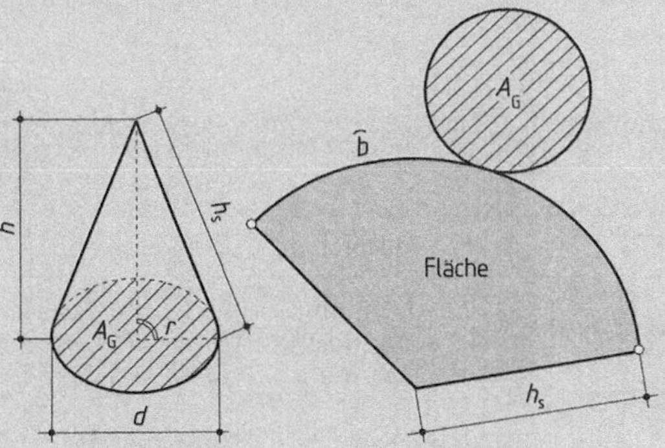

9.14 Kegel

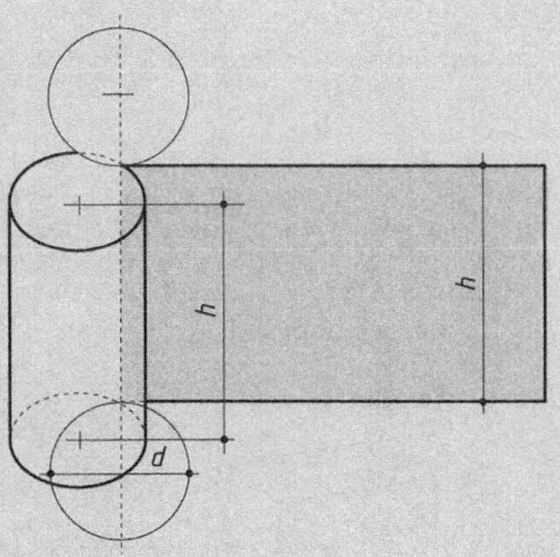

9.15 Zylinder

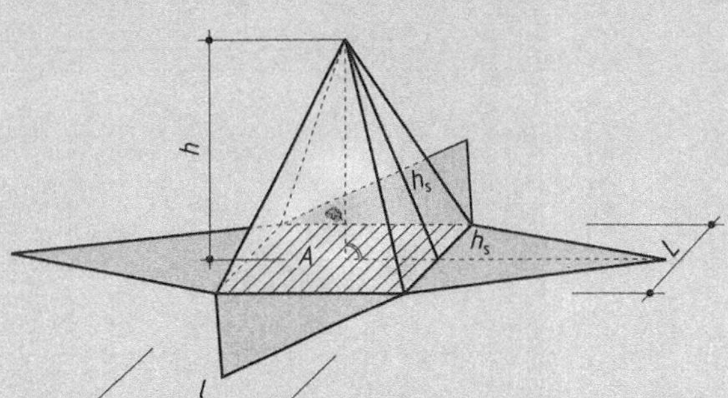

9.16 Pyramide mit quadratischer Grundfläche

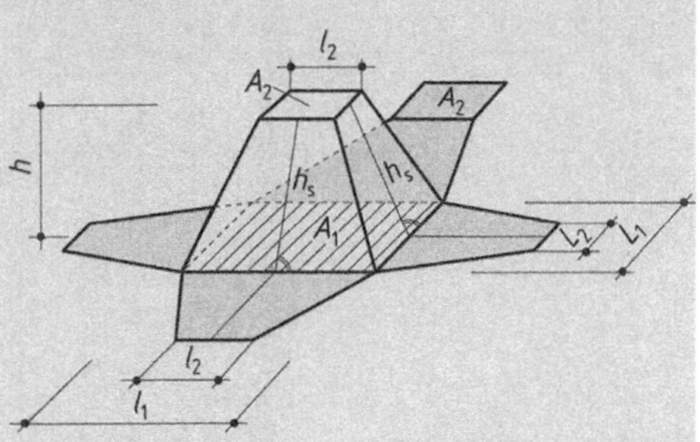

9.17 Pyramidenstumpf mit quadratischer Grundfläche

9.3 Gerade Körper

Im Raumausstatterhandwerk haben wir es in der Mehrzahl mit geraden Körpern zu tun, z.B. bei Polstern und Schaumstoffplatten.

Gerade Körper – allgemein

Beschreibung: Die Mantelflächen stehen senkrecht auf der Grundfläche; Grund- und Deckfläche sind gleich groß und parallel.

Für **alle** geraden Körper gelten folgende Formeln:

Benennung/Bild	Formeln	Formelzeichen	Einheiten
Gerade Körper – allgemein 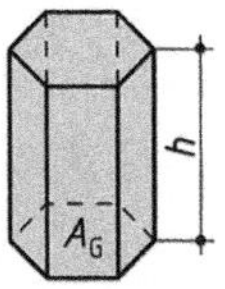	$M = U \cdot h$ $O = A_G \cdot 2 + M$ $V = A_G \cdot h$	M = Mantelfläche O = Oberfläche V = Volumen A_G = Grundfläche U = Umfang h = Höhe	mm^2, cm^2, dm^2, m^2 mm^2, cm^2, dm^2, m^2 mm^3, cm^3, dm^3, m^3 mm^2, cm^2, dm^2, m^2 mm, cm, dm, m mm, cm, dm, m

Bestimmte Körper haben charakteristische Formen. Dafür können vereinfachte Formeln angewandt werden:

Der Quader

Beschreibung: Die sechs Seitenflächen sind Rechtecke. Die gegenüberliegenden Rechtecke sind parallel. Alle Winkel sind rechtwinklig (90°).

Benennung/Bild	Formeln	Formelzeichen	Einheiten
Quader 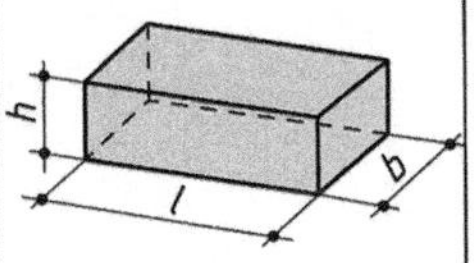	$M = 2 \cdot l \cdot h + 2 \cdot b \cdot h$ $O = 2 \cdot l \cdot b + 2 \cdot l \cdot h + 2 \cdot b \cdot h$ $V = l \cdot b \cdot h$	M = Mantelfläche O = Oberfläche V = Volumen l = Länge b = Breite h = Höhe	mm^2, cm^2, dm^2, m^2 mm^2, cm^2, dm^2, m^2 mm^3, cm^3, dm^3, m^3 mm, cm, dm, m mm, cm, dm, m mm, cm, dm, m

Beispiel Ein Polster mit den Maßen $l = 1{,}25$ m; $b = 0{,}75$ m und $h = 0{,}60$ m hat einen Bezugsstoff erhalten. Berechnen Sie Volumen, Mantelfläche und Oberfläche.

$V = l \cdot b \cdot h \Rightarrow V = 1{,}25\text{ m} \cdot 0{,}75\text{ m} \cdot 0{,}60\text{ m} \Rightarrow \mathbf{V = 0{,}563\ m^3}$

$M = 2 \cdot l \cdot h + 2 \cdot b \cdot h \Rightarrow M = 2 \cdot 1{,}25\text{ m} \cdot 0{,}60\text{ m} + 2 \cdot 0{,}75\text{ m} \cdot 0{,}60\text{ m} \Rightarrow \mathbf{M = 2{,}40\ m^2}$

$O = 2 \cdot l \cdot b + 2 \cdot l \cdot h + 2 \cdot b \cdot h \Rightarrow$

$O = 2 \cdot 1{,}25\text{ m} \cdot 0{,}75\text{ m} + 2 \cdot 1{,}25\text{ m} \cdot 0{,}60\text{ m} + 2 \cdot 0{,}75\text{ m} \cdot 0{,}60\text{ m} \Rightarrow \mathbf{O = 4{,}28\ m}$

Aufgaben zu gerade Körper – allgemein

1. Berechnen Sie von diesen geraden Körpern (**9**.18) jeweils zuerst die Grundfläche, dann das Volumen, die Mantelfläche und die Oberfläche.

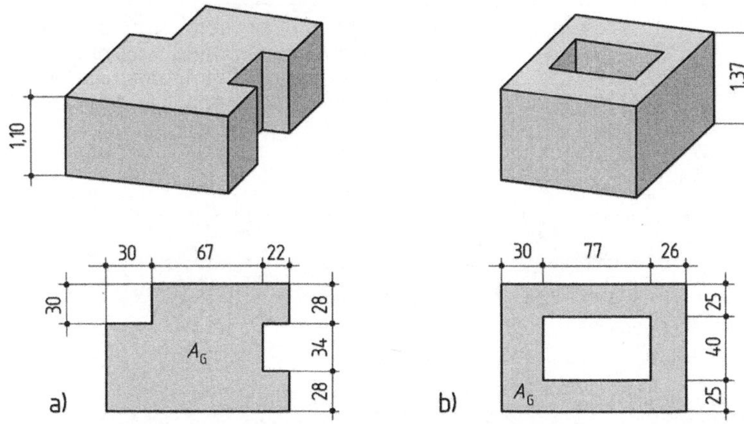

9.18

2. Berechnen Sie von folgende Quadern (**9**.19) Volumen, Mantelfläche und Oberfläche.

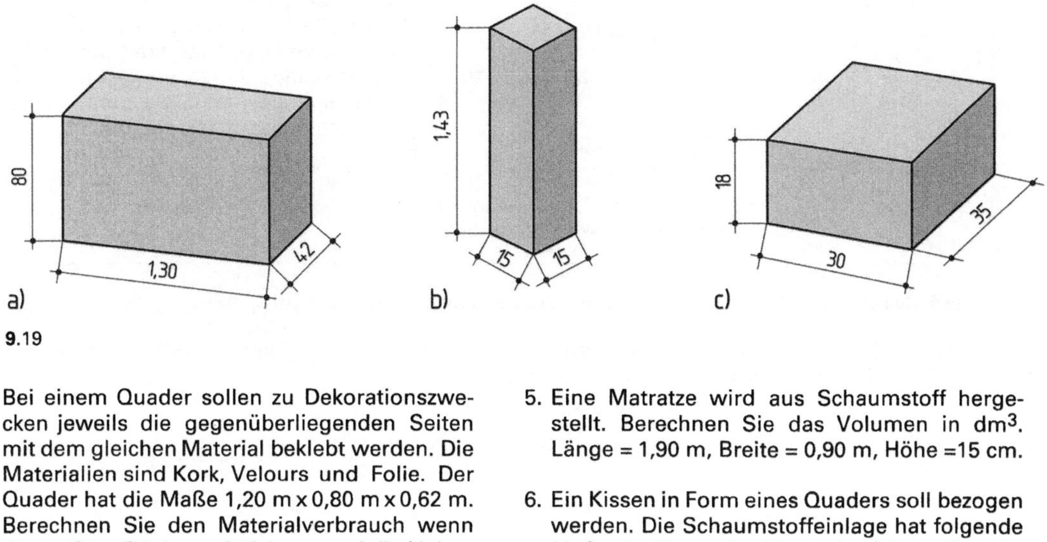

9.19

3. Bei einem Quader sollen zu Dekorationszwecken jeweils die gegenüberliegenden Seiten mit dem gleichen Material beklebt werden. Die Materialien sind Kork, Velours und Folie. Der Quader hat die Maße 1,20 m x 0,80 m x 0,62 m. Berechnen Sie den Materialverbrauch wenn die größten Flächen mit Velours und die kleinsten mit Kork bezogen werden.
4. Eine Sitzgruppe besteht aus quaderförmigen Schaumstoffteilen mit den Maßen l = 1,85 m, b = 0,73 m, h = 0,46 m. Berechnen Sie das Volumen, Mantel- und Oberfläche des Quaders.
5. Eine Matratze wird aus Schaumstoff hergestellt. Berechnen Sie das Volumen in dm³. Länge = 1,90 m, Breite = 0,90 m, Höhe =15 cm.
6. Ein Kissen in Form eines Quaders soll bezogen werden. Die Schaumstoffeinlage hat folgende Maße: l = 68 cm, b = 61 cm, h = 24 cm. Berechnen Sie das Volumen und die Oberfläche des Kissens.
7. Eine Lederhautoberfläche beträgt 3,865 m². Wie viel Quader mit den Maßen 40 cm x 40 cm x 25 cm können damit bezogen werden?

Der Würfel

Beschreibung: Der Würfel ist eine Sonderform des Quaders. Die sechs Seitenflächen sind Quadrate. Die gegenüberliegenden Quadrate sind parallel. Alle Winkel sind rechtwinklig (90°).

Benennung/Bild	Formeln	Formelzeichen	Einheiten
Würfel 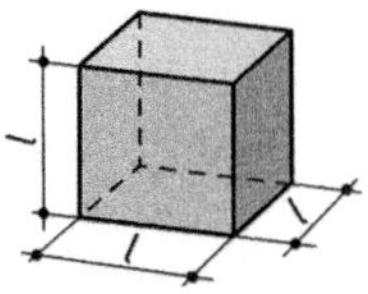	$M = 4 \cdot l \cdot l$ $O = 6 \cdot l \cdot l$ $V = l \cdot l \cdot l$	M = Mantelfläche O = Oberfläche V = Volumen l = Länge	mm^2, cm^2, dm^2, m^2 mm^2, cm^2, dm^2, m^2 mm^3, cm^3, dm^3, m^3 mm, cm, dm, m

Beispiel Berechnen Sie Volumen, Mantelfläche und Oberfläche eines Schaumstoffblocks mit $l = 23$ cm.

$V = l \cdot l \cdot l \Rightarrow V = 23\text{ cm} \cdot 23\text{ cm} \cdot 23\text{ cm} \Rightarrow \mathbf{V = 12167\text{ cm}^3}$

$M = 4 \cdot l \cdot l \Rightarrow M = 4 \cdot 23\text{ cm} \cdot 23\text{ cm} \Rightarrow \mathbf{M = 2116\text{ cm}^2}$

$O = 6 \cdot l \cdot l \Rightarrow O = 6 \cdot 23\text{ cm} \cdot 23\text{ cm} \Rightarrow \mathbf{O = 3174\text{ cm}^2}$

Die Dreiecksäule

Beschreibung: Grund- und Deckfläche sind Dreiecke, die Seitenflächen sind Rechtecke.

Benennung/Bild	Formeln	Formelzeichen	Einheiten
Dreiecksäule 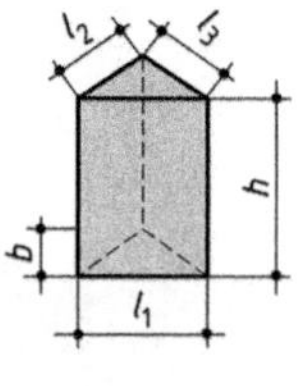	$M = (l_1 + l_2 + l_3) \cdot h$ $O = (l_1 + l_2 + l_3) \cdot h + l_1 \cdot b$ $V = \frac{l_1 \cdot b}{2} \cdot h$ b steht rechtwinklig auf l_1	M = Mantelfläche O = Oberfläche V = Volumen l_1 = Seitenlänge l_2 = Seitenlänge l_3 = Seitenlänge b = Breite h = Höhe	mm^2, cm^2, dm^2, m^2 mm^2, cm^2, dm^2, m^2 mm^3, cm^3, dm^3, m^3 mm, cm, dm m mm, cm, dm m mm, cm, dm, m mm, cm, dm, m mm, cm, dm, m

Bitte beachten Sie: Diese Formeln setzen voraus, dass *b* senkrecht auf l_1 steht.

Beispiel Ein keilförmiges Polster für die Dekoration eines Messestandes soll bezogen werden. Berechnen Sie Volumen, Mantelfläche und Oberfläche.
$l_1 = 2{,}00$ m; $l_2 = 2{,}25$ m; $l_3 = 1{,}35$ m; $b = 1{,}34$ m; $h = 2{,}25$ m.

$V = \frac{l_1 \cdot b}{2} \cdot h \Rightarrow V = \frac{2{,}00\text{ m} \cdot 1{,}34\text{ m}}{2} \cdot 2{,}25\text{ m} \Rightarrow \mathbf{V = 3{,}015\text{ m}^3}$

$M = (l_1 \cdot l_2 \cdot l_3) \cdot h \Rightarrow M = (2{,}00\text{ m} + 2{,}25\text{ m} + 1{,}35\text{ m}) \cdot 2{,}25\text{ m} \Rightarrow \mathbf{M = 12{,}60\text{ m}^2}$

$O = (l_1 \cdot l_2 \cdot l_3) \cdot h + l_1 \cdot b \Rightarrow$

$O = (2{,}00\text{ m} + 2{,}25\text{ m} + 1{,}35\text{ m}) \cdot 2{,}25\text{ m} + 2{,}00\text{ m} \cdot 2{,}25\text{ m} \Rightarrow \mathbf{O = 17{,}10\text{ m}^2}$

Aufgaben zum Würfel

8. Berechnen Sie von folgenden Würfeln (**9**.20), Volumen, Mantelfläche und Oberfläche.

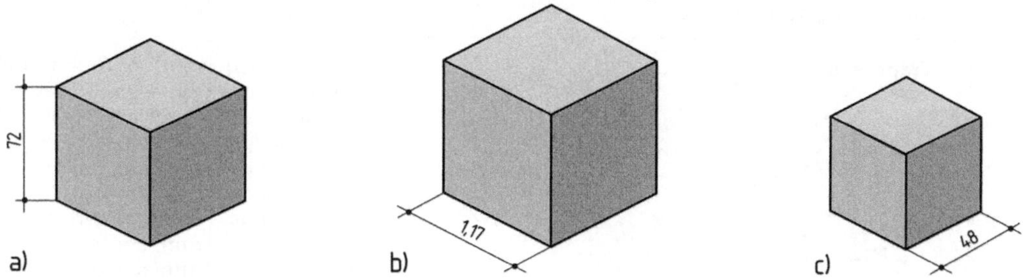

9.20

9. Ein würfelförmiges Sitzelement ist 45 cm lang Berechnen Sie das Volumen in dm^3.

10. Das Volumen eines Würfels beträgt 148 877 cm^3. Eine Fläche des Würfels hat 2809 cm^2. Berechnen Sie die Kantenlänge.

11. Ein Raum ist 5,20 m lang, 3,20 m breit und 2,10 m hoch. Ein zweiter, quadratischer Raum hat die gleiche Höhe und eine Fläche von 20,25 m^2. Welches Volumen haben beide Räume zusammen?

12. Wie groß ist eine Kantenlänge eines würfelförmigen Hockers, wenn seine Oberfläche 10584 cm^2 beträgt?

Aufgaben zur Dreiecksäule

13. Berechnen Sie von folgenden Dreieckssäulen (**9**.21) Volumen, Mantelfläche und Oberfläche.

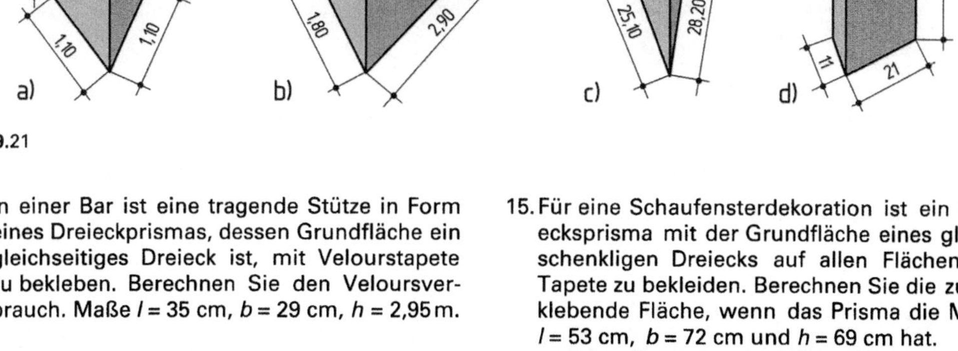

9.21

14. In einer Bar ist eine tragende Stütze in Form eines Dreieckprismas, dessen Grundfläche ein gleichseitiges Dreieck ist, mit Velourstapete zu bekleben. Berechnen Sie den Veloursverbrauch. Maße $l = 35$ cm, $b = 29$ cm, $h = 2{,}95$ m.

15. Für eine Schaufensterdekoration ist ein Dreiecksprisma mit der Grundfläche eines gleichschenkligen Dreiecks auf allen Flächen mit Tapete zu bekleiden. Berechnen Sie die zu beklebende Fläche, wenn das Prisma die Maße $l = 53$ cm, $b = 72$ cm und $h = 69$ cm hat.

Die Trapezsäule

Beschreibung: Grund- und Deckfläche sind Trapeze, die Seitenflächen sind Rechtecke.

Benennung/Bild	Formeln	Formelzeichen	Einheiten
Trapezsäule 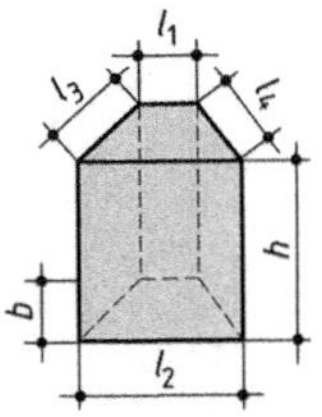	$M = (l_1 + l_2 + l_3 + l_4) \cdot h$ $O = (l_1+l_2+l_3+l_4) \cdot h + \frac{l_1 + l_2}{2} \cdot b \cdot 2$ $V = \frac{l_1 + l_2}{2} \cdot b \cdot h$ l_1 parallel zu l_2	M = Mantelfläche O = Oberfläche V = Volumen l_1 = Seitenlänge l_2 = Seitenlänge l_3 = Seitenlänge l_4 = Seitenlänge b = Breite l = Länge h = Höhe	mm^2, cm^2, dm^2, m^2 mm^2, cm^2, dm^2, m^2 mm^3, cm^3, dm^3, m^3 mm, cm, dm, m mm, cm, dm, m mm, cm, dm, m mm, cm, dm, m mm, cm, dm, m mm, cm, dm, m mm, cm, dm, m

Beispiel Berechnen Sie Volumen, Mantel- und Oberfläche einer Trapezsäule mit $l_1 = 0{,}40$ m; $l_2 = 0{,}26$ m; $l_3 = 0{,}54$ m; $l_4 = 55{,}8$ cm; $h = 72$ cm.

$$V = \frac{l_1 + l_2}{2} \cdot b \cdot h \Rightarrow V = \frac{0{,}40\text{ m} + 0{,}26\text{ m}}{2} \cdot 0{,}54\text{ m} \cdot 0{,}72\text{ m} \Rightarrow \mathbf{V = 0{,}128\ m^3}$$

$$M = (l_1 + l_2 + l_3 + l_4) \cdot h \Rightarrow M = (0{,}40\text{ m} + 0{,}26\text{ m} + 0{,}54\text{ m} + 0{,}558\text{ m}) \cdot 0{,}72\text{ m} \Rightarrow \mathbf{M = 1{,}27\ m^2}$$

$$O = (l_1 + l_2 + l_3 + l_4) \cdot h + \frac{l_1 + l_2}{2} \cdot b \cdot 2 \Rightarrow$$

$$O = (0{,}40\text{ m} + 0{,}26\text{ m} + 0{,}54\text{ m} + 0{,}558\text{ m}) \cdot 0{,}72\text{ m} + \frac{0{,}40\text{ m} + 0{,}26\text{ m}}{2} \cdot 0{,}54\text{ m} \cdot 2 \Rightarrow \mathbf{O = 1{,}44\ m^2}$$

Die Zylinder

Beschreibung: Grund- und Deckfläche sind Kreise, die eine Seitenfläche ist ein Rechteck.

Benennung/Bild	Formeln	Formelzeichen	Einheiten
Zylinder 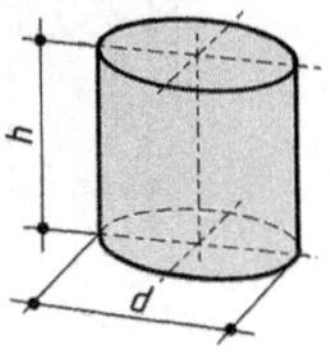	$M = d \cdot \pi \cdot h$ $O = \frac{d \cdot d \cdot \pi}{2} \cdot d \cdot \pi \cdot h$ $V = \frac{d \cdot d \cdot \pi \cdot h}{4}$	M = Mantelfläche O = Oberfläche V = Volumen d = Durchmesser h = Höhe $\pi = 3{,}14$	mm^2, cm^2, dm^2, m^2 mm^2, cm^2, dm^2, m^2 mm^3, cm^3, dm^3, m^3 mm, cm, dm, m mm, cm, dm, m –

Beispiel Berechnen Sie Volumen, Mantel- und Oberfläche eines Zylinders mit $d = 0{,}40$ m und $h = 0{,}56$ m.

$$V = \frac{d \cdot d \cdot \pi \cdot h}{4} \Rightarrow V = \frac{0{,}40\text{ m} \cdot 0{,}40 \cdot \pi \cdot 0{,}56\text{ m}}{4} \Rightarrow \mathbf{V = 0{,}070\ m^3}$$

$$M = d \cdot \pi \cdot h \Rightarrow M = 0{,}40\text{ m} \cdot \pi \cdot 0{,}56\text{ m} \Rightarrow \mathbf{M = 0{,}70\ m^2}$$

$$O = \frac{d \cdot d \cdot \pi}{2} + d \cdot \pi \cdot h \Rightarrow O = \frac{0{,}40\text{ m} \cdot 0{,}40\text{ m} \cdot \pi}{2} + 0{,}40 \cdot \pi \cdot 0{,}56\text{ m} \Rightarrow \mathbf{O = 0{,}96\ m^2}$$

Aufgaben zur Trapezsäule

16. Berechnen Sie von folgenden Trapezsäulen (**9**.22) Volumen, Mantelfläche und Oberfläche.

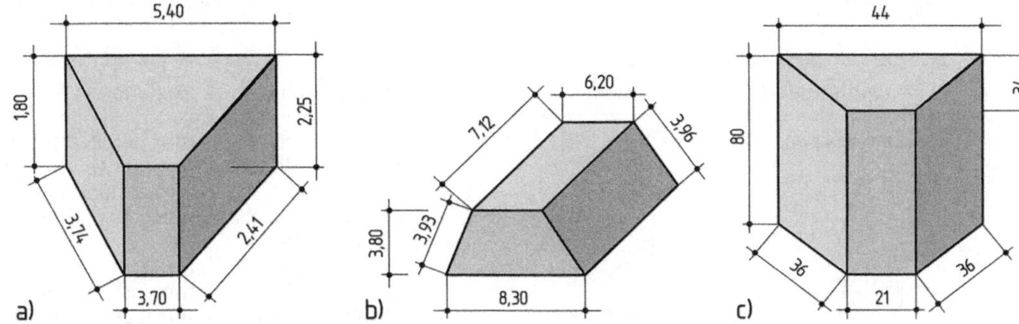

9.22

9.22

17. Für eine Polstergarnitur werden trapezförmige Rückkissen aus Schaumstoff verwendet. Berechnen Sie das Volumen und die Oberfläche dieser Kisseneinlage:

a) l_1 = 40 cm, l_2 = 26 cm, l_3 = 54 cm, l_4 = 55,8 cm, b = 54 cm, h = 70 cm
b) l_1 = 37 cm, l_2 = 51 cm, l_3 = 45 cm, l_4 = 47 cm, b = 45 cm, h = 68 cm
c) l_1 = 52 cm, l_2 = 36 cm, l_3 = 32 cm, l_4 = 32,5 cm, b = 33,2 cm, h = 80 cm

Aufgaben zum Zylinder

18. Berechnen Sie von folgenden Zylindern (**9**.23) Volumen, Mantelfläche und Oberfläche.

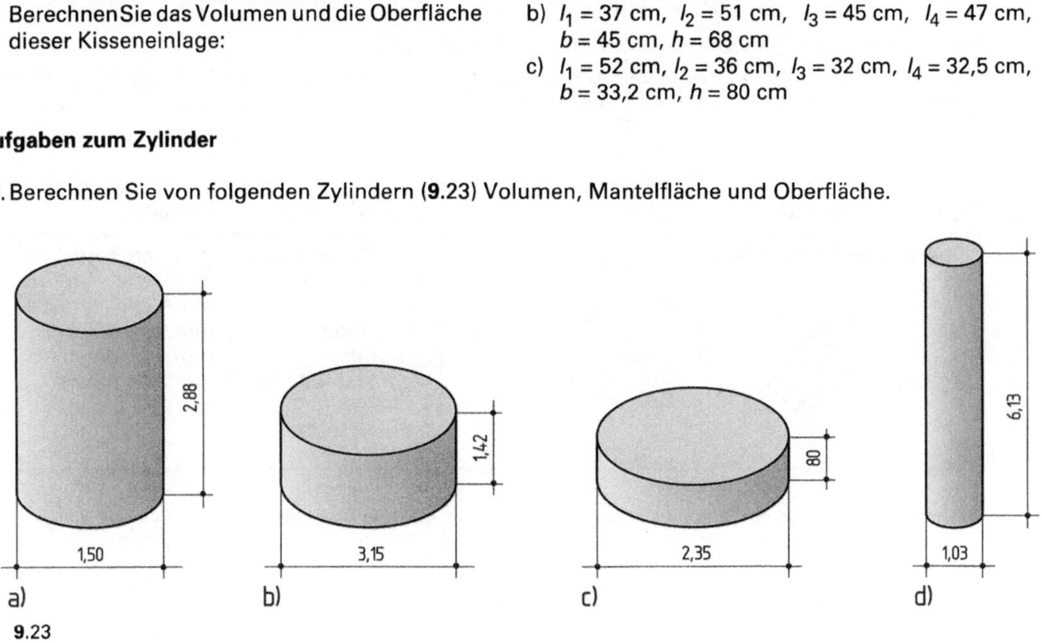

9.23

19. Berechnen Sie V, M und O eines Zylinders, der die Maße r = 21 cm und h = 123 cm hat.

20. Eine zylinderförmige Couchrolle (d = 22 cm, h = 90 cm) soll mit Stoff bezogen werden. Wie viel m² Stoff brauchen Sie, wenn für die Naht jeweils 1 cm zugegeben wird?

21. Eine Säule mit einem Durchmesser von 65 cm und einer Höhe von 3,10 m wird mit Velourstapete beklebt. Wie viel m² Tapete sind erforderlich?

22. Berechnen Sie Volumen und Oberfläche einer Schaumstoffnackenrolle in Zylinderform, die die Maße d = 12 cm und h = 43 cm hat.

9.4 Spitze Körper

Spitze Körper, bei denen die Spitze rechtwinklig über dem Mittelpunkt der Grundfläche liegt, werden als *gleichmäßige spitze Körper* bezeichnet. Bei ihnen haben die Seitenflächen alle die gleiche Form.

Benennung/Bild	Formeln	Formelzeichen	Einheiten
spitze Körper 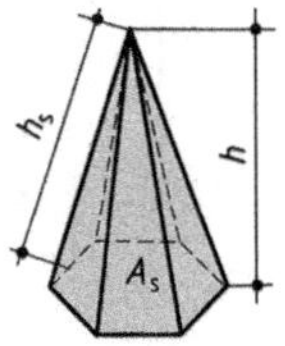	$V = \frac{A_G \cdot h}{3}$ $M = \frac{U \cdot h_s}{2}$ $O = A_G + M$	V = Volumen A_G = Grundfläche h = Höhe M = Mantelfläche U = Umfang der Grundfläche h_s = Mantelhöhe O = Oberfläche	mm^3, cm^3, dm^3, m^3 mm^2, cm^2, dm^2, m^2 mm, cm, dm, m mm^2, cm^2, dm^2, m^2 mm, cm, dm, m mm, cm, dm, m mm^2, cm^2, dm^2, m^2

Für charakteristische spitze Körper ergeben sich feste Formeln. Im Raumausstatterhandwerk wird nahezu ausnahmslos mit folgenden spitzen Körpern gerechnet:

Die gleichmäßige Pyramide mit quadratischer Grundfläche

Beschreibung: Die Grundfläche ist ein Quadrat, die vier Seitenfläche sind Dreiecke. Die Seitenflächen laufen von der Grundfläche geradlinig in eine Spitze, die senkrecht über dem Mittelpunkt der Grundfläche liegt.

Benennung/Bild	Formeln	Formelzeichen	Einheiten
quadratische Pyramide 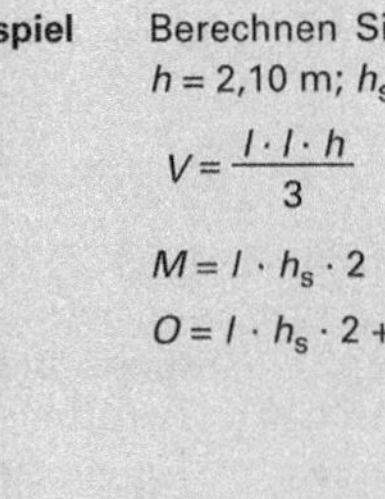	$M = l \cdot h_s \cdot 2$ $O = l \cdot h_s \cdot 2 + l \cdot l$ $V = \frac{l \cdot l \cdot h}{3}$	M = Mantelfläche O = Oberfläche V = Volumen l = Länge h = Höhe h_s = Mantelhöhe	mm^2, cm^2, dm^2, m^2 mm^2, cm^2, dm^2, m^2 mm^3, cm^3, dm^3, m^3 mm, cm, dm m mm, cm, dm, m mm, cm, dm, m

Beispiel Berechnen Sie Volumen, Mantel- und Oberfläche einer quadratischer Pyramide mit $l = 1{,}70$ m; $h = 2{,}10$ m; $h_s = 2{,}27$ m.

$$V = \frac{l \cdot l \cdot h}{3} \Rightarrow V = \frac{1{,}70\text{ m} \cdot 1{,}70\text{ m} \cdot 2{,}10\text{ m}}{2} \Rightarrow \mathbf{V = 2{,}023\ m^3}$$

$$M = l \cdot h_s \cdot 2 \Rightarrow M = 1{,}70\text{ m} \cdot 2{,}27\text{ m} \cdot 2 \Rightarrow \mathbf{M = 7{,}72\ m^2}$$

$$O = l \cdot h_s \cdot 2 + l \cdot l \Rightarrow O = 1{,}70\text{ m} \cdot 2{,}27\text{ m} \cdot 2 + 1{,}70\text{ m} \cdot 1{,}70\text{ m} \Rightarrow \mathbf{O = 10{,}61\ m^2}$$

Aufgaben zu Abschnitt 9.4

1. Berechnen Sie von folgenden spitzen Körpern (**9**.24) jeweils die Grundfläche, dann das Volumen, die Mantelfläche und die Oberfläche.

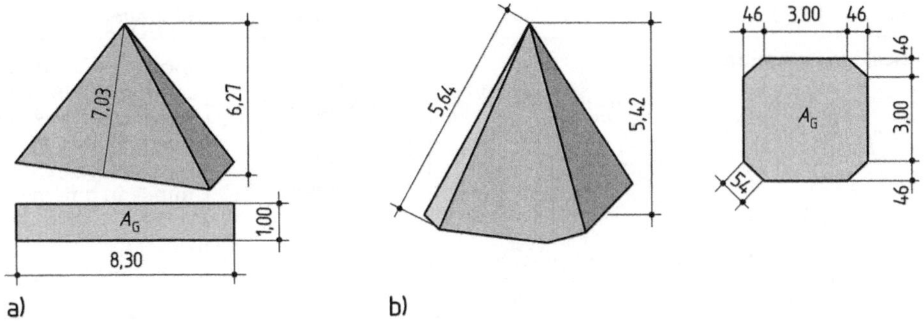

9.24

2. Berechnen Sie das Volumen einer Pyramide mit der Grundfläche eines gleichseitigen Fünfecks. l = 28 cm, b = 21 cm, h = 68 cm.

3. Berechnen Sie das Volumen einer Pyramide mit rechteckiger Grundfläche. l = 35 cm, b = 4,5 cm, h = 8,5 cm.

Aufgaben zur gleichmäßigen Pyramide mit quadratischer Grundfläche

4. Berechnen Sie von folgenden Pyramiden mit quadratischer Grundfläche (**9**.25) das Volumen, die Mantelfläche und die Oberfläche.

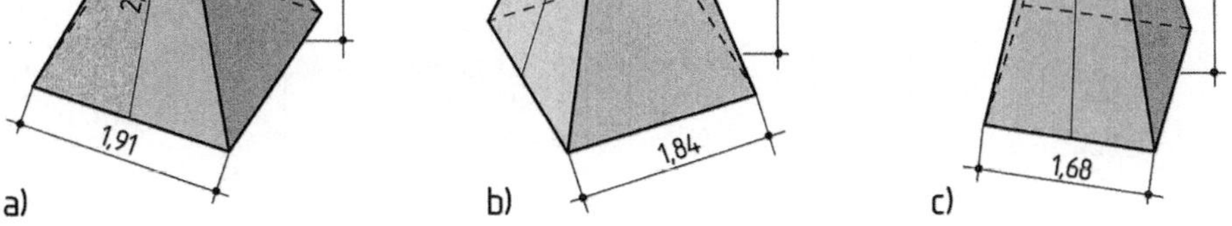

9.25

5. Von einer Pyramide mit quadratischer Grundfläche sind l = 17 cm und die Mantelfläche = 952 cm^2 bekannt. Berechnen Sie das Volumen.

6. Im Kundenauftrag soll ein Raumausstatter ein Kinderzelt in der Form einer Pyramide mit quadratischer Grundfläche anfertigen. Berechnen Sie den Zeltstoffverbrauch (einschl. Boden). l = 1,20 m, h = 1,60 m, h_s = 1,71 m.

7. Für einen Messestand soll eine Pyramide von quadratischer Grundfläche mit Velourstapete beklebt werden. Berechnen Sie den Tapetenbedarf.
l = 104 cm, h = 1,72 m, h_s = 1,80 m.

8. Berechnen Sie Volumen und Mantelfläche einer Pyramide mit quadratischer Grundfläche. l = 45 cm, h = 75 cm, h_s = 78,3 cm.

Die gleichmäßige Paramide mit dreieckiger, gleichseitiger Grundfläche

Beschreibung: Grundfläche und Seitenflächen sind Dreiecke. Die Seitenflächen laufen von der Grundfläche geradlinig in eine Spitze, die senkrecht über dem Mittelpunkt der Grundfläche liegt.

Benennung/Bild	Formeln	Formelzeichen	Einheiten
dreieckige Pyramide 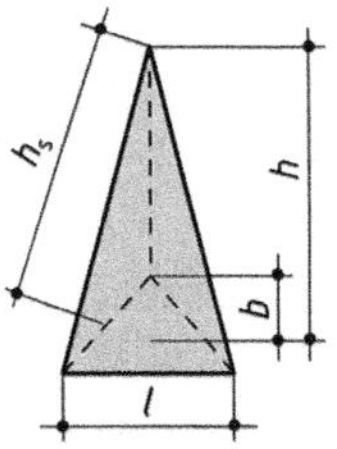	$V = \frac{l \cdot b \cdot h}{6}$ $b = 0{,}866 \cdot l$ $M = \frac{l \cdot 3 \cdot h_s}{2}$ $O = \frac{l \cdot b}{2} = \frac{l \cdot 3 \cdot h_s}{2}$	M = Mantelfläche O = Oberfläche V = Volumen b = Breite h = Höhe h_s = Mantelhöhe	mm^2, cm^2, dm^2, m^2 mm^2, cm^2, dm^2, m^2 mm^3, cm^3, dm^3, m^3 mm, cm, dm, m mm, cm, dm, m mm, cm, dm, m

Beispiel Berechnen Sie Volumen, Mantelfläche und Oberfläche einer Pyramide mit dreieckiger, gleichseitiger Grundfläche: $l = 30$ cm; $h = 50$ cm; $h_s = 55$ cm.

$$V = \frac{l \cdot b \cdot h}{6} \Rightarrow V = \frac{30\ cm \cdot 25\ cm \cdot 50\ cm}{6} \Rightarrow \mathbf{V = 6250\ cm^3}$$

$$M = \frac{l \cdot 3 \cdot h_s}{6} \Rightarrow M = \frac{30\ cm \cdot 3 \cdot 55\ cm}{2} \Rightarrow \mathbf{M = 2475\ cm^2}$$

$$V = \frac{l \cdot b}{2} + \frac{l \cdot 3 \cdot h_s}{2} \Rightarrow O = \frac{30\ cm \cdot 25\ cm}{2} + \frac{30\ cm \cdot 3 \cdot 55\ cm}{2} \Rightarrow \mathbf{O = 3225\ cm^2}$$

Der Kegel

Beschreibung: Die Grundfläche ist ein Kreis, die eine Seitenfläche ist ein Kreisausschnitt. Die Seitfläche läuft von der Grundfläche geradlinig in eine Spitze, die senkrecht über dem Kreismittelpunkt der Grundfläche liegt.

Benennung/Bild	Formeln	Formelzeichen	Einheiten
Kegel 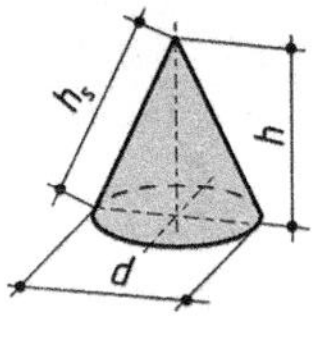	$M = \frac{d \cdot \pi \cdot h_s}{2}$ $O = \frac{d \cdot \pi \cdot h_s}{2} + \frac{d \cdot d \cdot \pi}{4}$ $V = \frac{d \cdot d \cdot \pi \cdot h}{12}$	M = Mantelfläche O = Oberfläche V = Volumen d = Durchmesser h_s = Mantelhöhe h = Höhe $p = 3,14$	mm^2, cm^2, dm^2, m^2 mm^2, cm^2, dm^2, m^2 mm^2, cm^2, dm^2, m^2 mm, cm, dm, m mm, cm, dm, m mm, cm, dm, m –

Beispiel Berechnen Sie Volumen, Mantelfläche und Oberfläche eines Kegels mit $d = 30$ cm; $h = 51,5$ cm; $h_s = 54$ cm.

$$V = \frac{d \cdot d \cdot \pi \cdot h}{12} \Rightarrow V = \frac{0{,}30\ m \cdot 0{,}30\ m \cdot \pi \cdot 0{,}515\ m}{12} \Rightarrow \mathbf{V = 0{,}012\ cm^2}$$

$$M = \frac{d \cdot \pi \cdot h_s}{2} \Rightarrow O = \frac{0{,}30\ m \cdot \pi \cdot 0{,}54\ m}{2} \Rightarrow \mathbf{M = 0{,}25\ cm^2}$$

$$O = \frac{d \cdot \pi \cdot h_s}{12} + \frac{d \cdot \pi \cdot h_s}{12} \Rightarrow O = \frac{0{,}30\ m \cdot \pi \cdot 0{,}54\ m}{2} + \frac{0{,}30 \cdot 0{,}30 \cdot \pi}{4} \Rightarrow \mathbf{O = 33\ cm^2}$$

Aufgaben zur gleichmäßigen Pyramide mit dreieckiger, gleichseitiger Grundfläche

9. Berechnen Sie von folgenden Dreieckspyramiden (**9**.26) Volumen, Mantelfläche und Oberfläche.

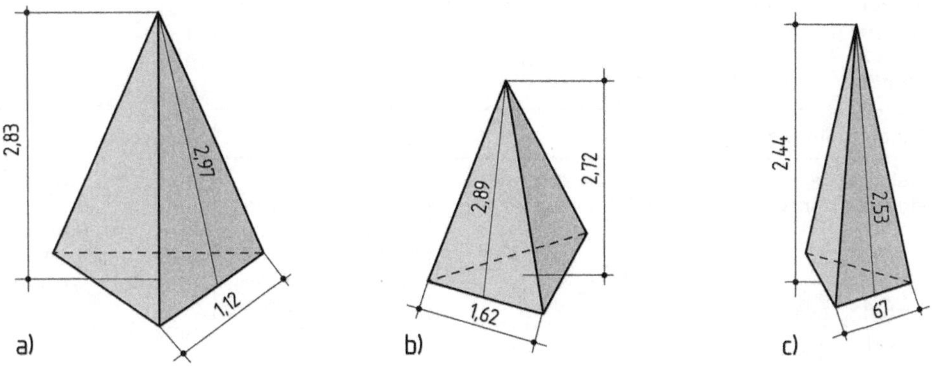

9.26

10. Berechnen Sie das Volumen und die Mantelfläche einer Pyramide mit der Grundfläche eines gleichseitigen Dreiecks.

$l = 75{,}4$ cm, $h = 95{,}2$ cm, $b = 84{,}3$ cm, $h_s = 99{,}3$ cm.

Aufgaben zum Kegel

9. Berechnen Sie von folgenden Kegeln (**9**.27) Volumen, Mantelfläche und Oberfläche.

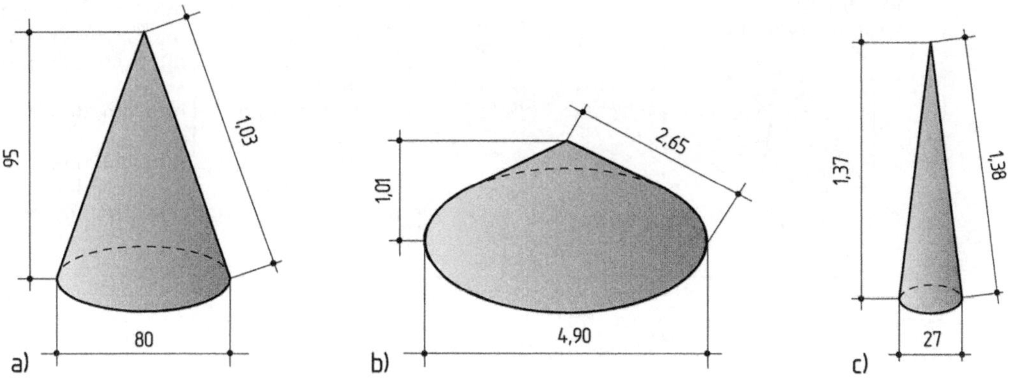

9.27

12. Für eine Schaufensterdekoration soll ein Kegel $r = 21{,}6$ cm, $h = 58{,}3$ cm aus Schaumstoff geschnitten werden. Berechnen Sie das Volumen.

13. Ein Kegel hat das Volumen 7,4 m^3 und die Körperhöhe $h = 0{,}43$ m. Berechnen Sie den Grundflächendurchmesser.

14. Als Kinderspielzeug soll ein Raumausstatter einen Kegel aus Schaumstoff schneiden und mit Stoff beziehen. Berechnen Sie das Volumen des Kegels und den Stoffbedarf (Nahtzugabe 1 cm). Maße: $d = 3{,}60$ dm, $h = 55$ cm (Seitenhohe nach Pythagoras).

9.5 Stumpfe Körper

Stumpfe Körper, bei denen die Mittelpunkte von Grundfläche und Deckfläche senkrecht übereinander liegen, werden als *gleichmäßig stumpfe Körper* bezeichnet. Bei Ihnen haben die Seitenflächen alle die gleiche Form.

Gleichmäßig stumpfe Körper – allgemein

Benennung/Bild	Formeln	Formelzeichen	Einheiten
gleichmäßig stumpfe Körper 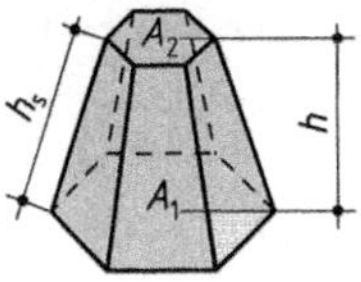	$V = \frac{A_1 + A_2}{2} \cdot h$ $M = \frac{U_1 + U_2}{2} \cdot h_s$ $O = M + A_1 + A_2$	V = Volumen A_1 = Grundfläche A_2 = Deckfläche h = Höhe M = Mantelfläche U_1 = Umfang der Grundfläche U_2 = Umfang der Deckfläche h_s = Mantelhöhe O = Oberfläche	mm^3, cm^3, dm^3, m^3 mm^2, cm^2, dm^2, m^2 mm^2, cm^2, dm^2, m^2 mm, cm, dm, m mm^2, cm^2, dm^2, m^2 mm, cm, dm, m mm, cm, dm, m mm, cm, dm, m mm^2, cm^2, dm^2, m^2

Der gleichmäßige Pyramidenstumpf mit quadratischer Grundfläche

Beschreibung: Grundfläche und Deckfläche sind Quadrate, die vier Seitenflächen sind Parallelogramme. Die Mittelpunkte von Grundfläche und Deckfläche liegen senkrecht übereinander.

Benennung/Bild	Formeln	Formelzeichen	Einheiten
gleichmäßiger Pyramidenstumpf 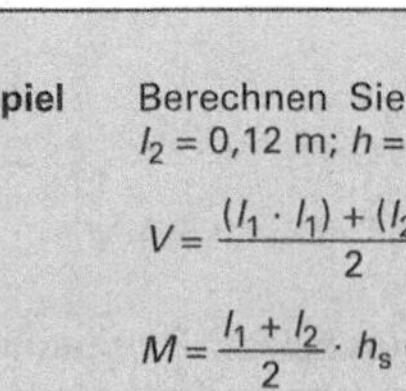	$M = \frac{l_1 + l_2}{2} \cdot h_s \cdot 4$ $O = \frac{l_1 + l_2}{2} \cdot h_s \cdot 4 + (l_1 \cdot l_1) + l_2 \cdot l_2)$ $V = \frac{(l_1 \cdot l_2) + (l_1 \cdot l_2)}{2} \cdot h$	M = Mantelfläche O = Oberfläche V = Volumen l_1 = untere Seitenlänge l_2 = obere Seitenlänge h_s = Mantelhöhe h = Höhe	mm^2, cm^2, dm^2, m^2 mm^2, cm^2, dm^2, m^2 mm^3, cm^3, dm^3, m^3 mm, cm, dm, m mm, cm, dm, m mm, cm, dm, m mm, cm, dm, m

Beispiel Berechnen Sie Volumen, Mantelfläche und Oberfläche eines Pyramidenstumpfes $l_1 = 0{,}24$ m; $l_2 = 0{,}12$ m; $h = 0{,}36$ m; $h_s = 0{,}375$ m.

$$V = \frac{(l_1 \cdot l_1) + (l_2 \cdot l_2)}{2} \cdot h \Rightarrow V = \frac{(0{,}24\text{ m} \cdot 0{,}24\text{ m}) + (0{,}12\text{ m} \cdot 0{,}12\text{ m})}{2} \cdot 0{,}36\text{ m} \Rightarrow \mathbf{V = 0{,}013\ m^3}$$

$$M = \frac{l_1 + l_2}{2} \cdot h_s \cdot 4 \Rightarrow M = \frac{0{,}24\text{ m} + 0{,}12\text{ m}}{2} \cdot 0{,}275\text{ m} \cdot 4 \Rightarrow \mathbf{M = 0{,}27\ m^2}$$

$$O = \frac{l_1 + l_2}{2} \cdot h_s \cdot 4 + (l_1 \cdot l_1) + (l_2 \cdot l_2) \Rightarrow$$

$$O = \frac{0{,}24\text{ m} + 0{,}12\text{ m}}{2} \cdot 0{,}375\text{ m} \cdot 4 + (0{,}24\text{ m} \cdot 0{,}24\text{ m}) + (0{,}12\text{ m} \cdot 0{,}12\text{ m}) \Rightarrow \mathbf{O = 0{,}342\ m^2}$$

Aufgaben zum gleichmäßig stumpfen Körper – allgemein

1. Berechnen Sie von folgenden stumpfen Körpern (**9.**28) jeweils zuerst die Grundfläche, dann das Volumen, die Mantelfläche und die Oberfläche.

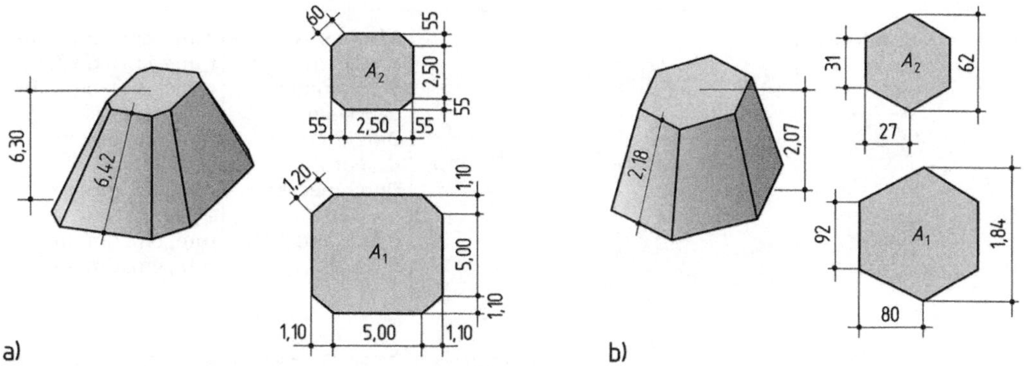

9.28

Aufgaben zum Pyramidenstumpf mit quadratischer Grundfläche

2. Berechnen Sie von folgenden Pyramiden (**9.**29) Volumen, Mantelfläche und Oberfläche.

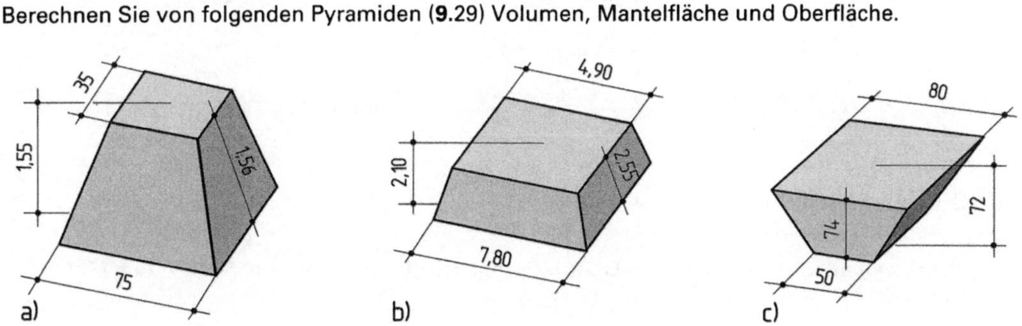

9.29

3. Ein moderner Hocker mit quadratischer Grund- und Sitzfläche hat die Form eines Pyramidenstumpfs. Maße: $l_1 = 53$ cm, $l_2 = 42$ cm, $h = 40$ cm, $h_s = 42$ cm. Berechnen Sie a) das Volumen, b) den Stoffverbrauch in m^2, wenn die gesamte Oberfläche bezogen werden soll (ohne Nahtzugabe).

4. Wie viel Volumen hat ein Behälter in der Form eines Pyramidenstumpfs mit rechteckiger Grundfläche $l_1 = 28$ cm, $l_2 = 32{,}4$ cm, $h = 24{,}6$ cm? Die kleine Grundfläche entspricht genau 1/2 der großen.

5. Ein Raumausstatter soll für einen Zauberkünstler eine Zauberkiste in der Form eines Pyramidenstumpfes mit quadratischer Grundfläche rund herum mit Somvyl bekleben. Berechnen Sie den Somvylbedarf. Maße der Zauberkiste: $l_1 = 74{,}2$ cm, $l_2 = 28$ cm, $h_s = 109$ cm.

6. Wie viel Volumen hat ein Behälter für Lederabfälle mit den quadratischen Grund- und Deckenflächen von $l_1 = 42$ cm bzw. $l_2 = 56$ cm und einer Höhe von 78 cm?

Der gleichmäßige Kegelstumpf

Beschreibung: Grund- und Deckfläche sind Kreise, deren Mittelpunkte senkrecht übereinander liegen; die eine Seitenfläche ist ein Teil eines Kreisringes.

Ben./Bild	Formeln	Formelzeichen	Einheiten
Kegelstumpf 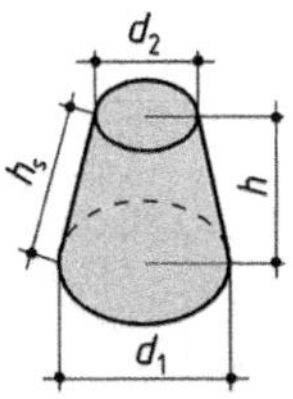	$M = \frac{d_1 + d_2}{2} \cdot \pi \cdot h_s$ $O = \frac{(d_1^2 + d_2^2) \cdot \pi}{4} + \frac{d_1 + d_2}{2} \cdot \pi \cdot h_s$ $V \approx \frac{d_1 + d_1}{2} \cdot h$	M = Mantelfläche O = Oberfläche V = Volumen d_1 = kleiner Durchmesser d_2 = großer Durchmesser $\pi = 3,14$ h_s = Mantelhöhe h = Höhe	mm², cm², dm², m² mm², cm², dm², m² mm³, cm³, dm³, m³ mm, cm, dm, m mm, cm, dm, m – mm, cm, dm, m mm, cm, dm, m

Beispiel Berechnen Sie Volumen, Mantelfläche und Oberfläche eines Kegelstumpfes mit d_1 = 75 cm; d_2 = 55 cm; h = 28 cm; h_s = 30 cm.

$$V = \frac{d_1 + d_2}{6} \cdot h \quad \Rightarrow V = \frac{0{,}75\text{ m} + 0{,}55\text{ m}}{2} \cdot 0{,}28\text{ m} \quad \Rightarrow \mathbf{V = 0{,}182\ m^3}$$

$$M = \frac{d_1 + d_2}{6} \cdot \pi \cdot h_s \quad \Rightarrow M = \frac{0{,}75\text{ m} + 0{,}55\text{ m}}{2} \cdot \pi \cdot 0{,}30\text{ m} \quad \Rightarrow \mathbf{M = 0{,}61\ m^2}$$

$$O = \frac{(d_1^2 + d_2^2) \cdot \pi}{4} + \frac{d_1 + d_2}{2} \cdot \pi \cdot h_s \Rightarrow$$

$$O = \frac{(0{,}75^2\text{m}^2 + 0{,}55^2\text{m}^2) \cdot \pi}{4} + \frac{0{,}75\text{ m} + 0{,}30\text{ m}}{2} \cdot \pi \cdot 0{,}30\text{ m} \Rightarrow \mathbf{O = 1{,}29\ m^2}$$

9.6 Die Kugel

Beschreibung: Jeder Punkt auf der Oberfläche hat den gleichen Abstand (Radius) zum Mittelpunkt. Die Kugel hat keine Mantelfläche.

Benennung/Bild	Formeln	Formelzeichen	Einheiten
Kugel 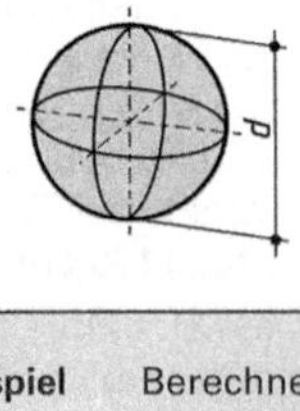	$M = d \cdot d \cdot \pi$ $V = \frac{d \cdot d \cdot d \cdot \pi}{6}$	O = Oberfläche V = Volumen d = Durchmesser $\pi = 3,14$	mm², cm², dm², m² mm³, cm³, dm³, m³ mm, cm, dm, m

Beispiel Berechnen Sie das Volumen und die Oberfläche einer Kugel mit d = 1,30 m.

$$V = \frac{d \cdot d \cdot d \cdot \pi}{6} \quad \Rightarrow V = \frac{1{,}30\text{ m} \cdot 1{,}30\text{ m} \cdot 1{,}30\text{ m} \cdot \pi}{6} \quad \Rightarrow \mathbf{V = 1{,}150\ m^3}$$

$$O = d \cdot d \cdot \pi \quad \Rightarrow O = 1{,}30\text{ m} \cdot 1{,}30\text{ m} \cdot \pi \quad \Rightarrow \mathbf{O = 5{,}309\ m^2}$$

Aufgaben zum gleichmäßigen Kegelstumpf

7. Berechnen Sie von folgenden Kegelstümpfen (**9**.30) Volumen, Mantelfläche und Oberfläche.

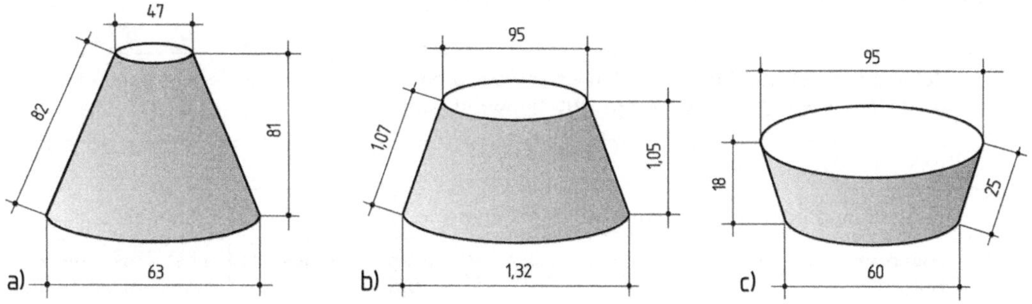

9.30

8. Wie groß ist das Volumen eines Kegelstumpfs mit $r_1 = 25$ cm, $r_2 = 19$ cm, $h = 17{,}5$ cm?
9. Berechnen Sie den Lederbedarf für einen Würfelbecher, der 10 cm hoch ist, einen Boden von $d = 6$ cm und eine Öffnung von 8 cm hat. Mantelhöhe $h_s = 11$ cm.
10. Ein Lampenschirm in der Form eines Kegelstumpfs wird mit Seide bezogen. Berechnen Sie den Stoffverbrauch, wenn die Grundfläche $r = 28{,}4$ cm beträgt und die kleine Grundfläche 1/3 der großen Grundfläche ist. Die Seitenhöhe ist 39,2 cm.

Aufgaben zu Abschnitt 9.6

1. Berechnen Sie von folgenden Kugeln (**9**.31) Volumen und Oberfläche.

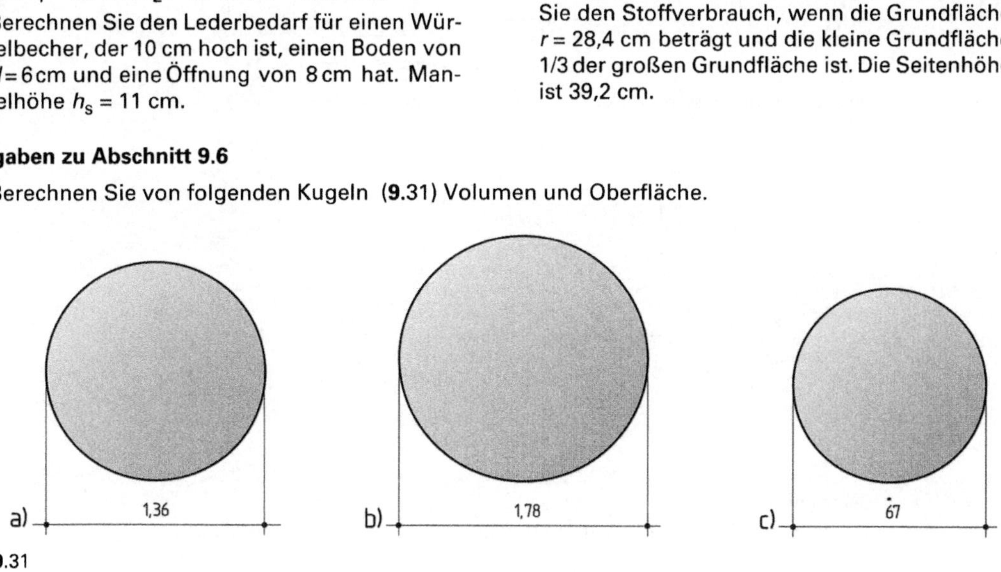

9.31

2. Eine Deckenlampe weist die Form eines kugelförmigen Glaskörpers mit dem Durchmesser von 19 cm auf. Berechnen Sie das Volumen und die Oberfläche des Glaskörpers.
3. Wie groß sind Volumen und Oberfläche eines Globus mit $d = 38$ cm?
4. An einem Treppengeländer befindet sich eine Zierkugel aus Messing. Sie hat eine Oberfläche von 318 cm^2. Berechnen Sie den Kugelhalbmesser.
5. Berechnen Sie den Lederbedarf für einen Ball (ohne Berücksichtigung der Nahtzugabe) mit $d = 22{,}4$ cm.
6. Aus einem großen Wasserball, der einen Durchmesser von 86 cm hat, wird 1/3 der Luft abgelassen. Um wie viel cm hat sich sein Durchmesser verringert?
7. Berechnen Sie das Volumen und die Oberfläche (einschließlich Grundfläche) einer Halbkugel bei einem Durchmesser von 46 cm.

9.7 Zusammengesetzte Körper

Wie es zusammengesetzte Flächen gibt, so gibt es auch zusammengesetzte Körper. Zur Berechnung dieser komplizierten Körper gibt es allerdings keine Formeln.

Zusammengesetzte Körper werden in einfach zu berechnende Körper zerlegt und einzeln berechnet. Die Ergebnisse werden anschließend addiert.

Benennung/Bild	Formel/-umstellung	Formelzeichen	Einheiten
zusammengesetzte Körper 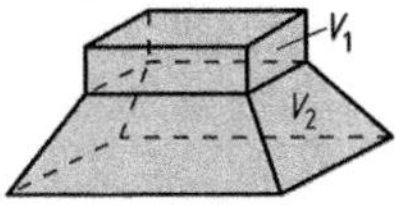	$V_{ges} = V_1 + V_2 + V_3 ...$ $O_{ges} = A_1 + A_2 + A_3 ...$	V_{ges} = Volumen gesamt V_1 = Volumen 1 V_2 = Volumen 2 ... O = Oberfläche gesamt A_1 = Fläche 1 A_2 = Fläche 2 ...	mm^3, cm^3, dm^3, m^3 mm^3, cm^3, dm^3, m^3 mm^3, cm^3, dm^3, m^3 mm^2, cm^2, dm^2, m^2 mm^2, cm^2, dm^2, m^2 mm^2, cm^2, dm^2, m^2

Beispiel Berechnen Sie das Volumen und die Oberfläche dieses Körpers (**9**.32).

Lösung Der Körper wird in seine Teilkörper zerlegt und einzeln berechnet.

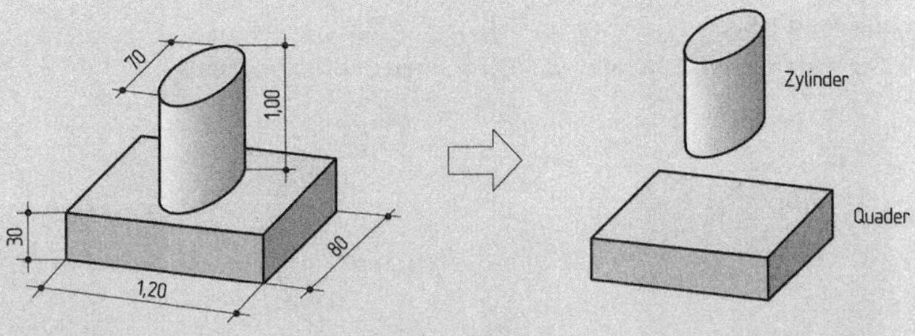

9.32

Berechnung des Volumens

$V_1 = l \cdot b \cdot h \Rightarrow V_1 = 1{,}20 \text{ m} \cdot 0{,}80 \text{ m} \cdot 0{,}30 \text{ m} \Rightarrow \mathbf{V_1 = 0{,}288 \text{ m}^3}$

$V_2 = \frac{d \cdot d \cdot \pi \cdot h}{4} \Rightarrow V_2 = \frac{0{,}70 \text{ m} \cdot 0{,}70 \text{ m} \cdot \pi \cdot 1{,}00 \text{ m}}{4} \Rightarrow \mathbf{V_2 = 0{,}385 \text{ m}^3}$

$V_{ges} = V_1 + V_1 \Rightarrow V_{ges} = 0{,}288 \text{ m}^3 + 0{,}288 \text{ m}^3 \Rightarrow \mathbf{V_{ges} = 0{,}673 \text{ m}^3}$

Berechnung der Oberfläche

$M_1 = 2 \cdot l \cdot h + 2 \cdot b \cdot h \Rightarrow M_1 = 2 \cdot 1{,}20 \text{ m} \cdot 0{,}30 \text{ m} + 2 \cdot 0{,}80 \text{ m} \cdot 0{,}30 \text{ m} \Rightarrow \mathbf{M_1 = 1{,}20 \text{ m}^2}$

$M_2 = d \cdot \pi \cdot h \Rightarrow M_2 = 0{,}70 \text{ m} \cdot \pi \cdot 1{,}00 \text{ m} \Rightarrow \mathbf{M_2 = 0{,}55 \text{ m}^2}$

$A_{G/D} = 2 \cdot l \cdot b \Rightarrow A_{G/D} = 2 \cdot 1{,}20 \text{ m} \cdot 0{,}80 \text{ m} \Rightarrow \mathbf{A_{G/D} = 1{,}92 \text{ m}^2}$

$O = M_1 + M_2 + A_{G/D} \Rightarrow O = 2 \cdot 1{,}20^2 \text{ m} + 0{,}55^2 \text{ m} + 1{,}92^2 \text{ m} \Rightarrow \mathbf{O = 3{,}67 \text{ m}^2}$

($A_{G/D}$ ist die Summe der Grundfläche und Deckflächen des Körpers.)

Aufgaben zu Abschnitt 9.7

1\. bis 7. Berechnen Sie von folgenden zusammengesetzten Körpern (**9**.33 bis **9**.39) das Volumen und die Oberfläche.

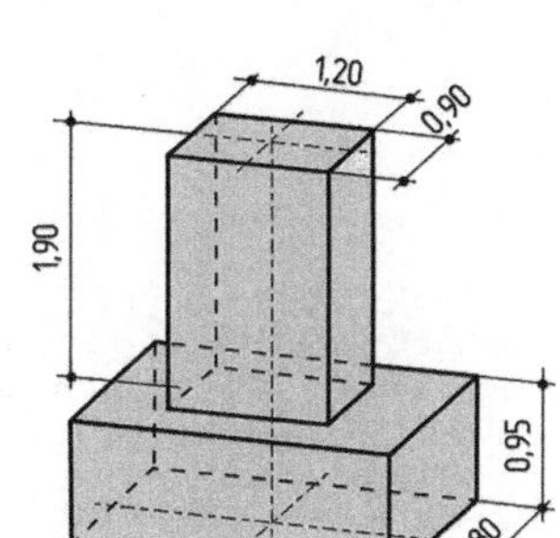

9.33

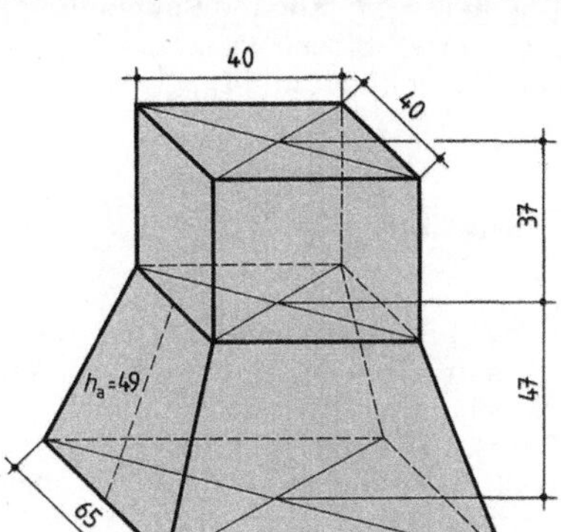

9.34

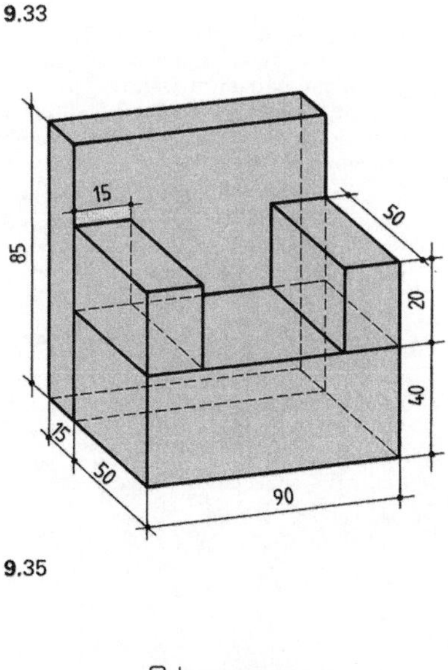

9.35

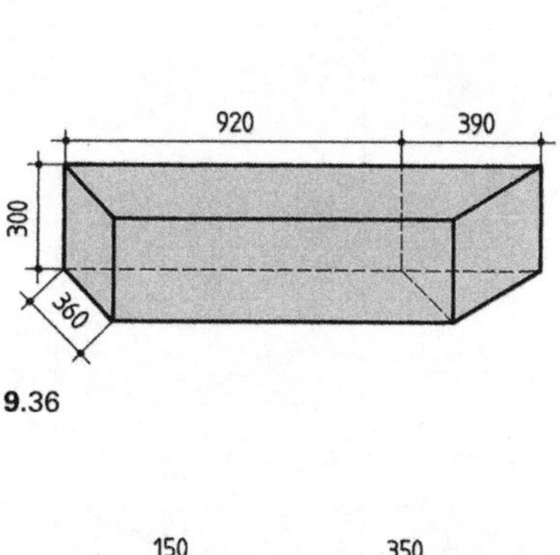

9.36

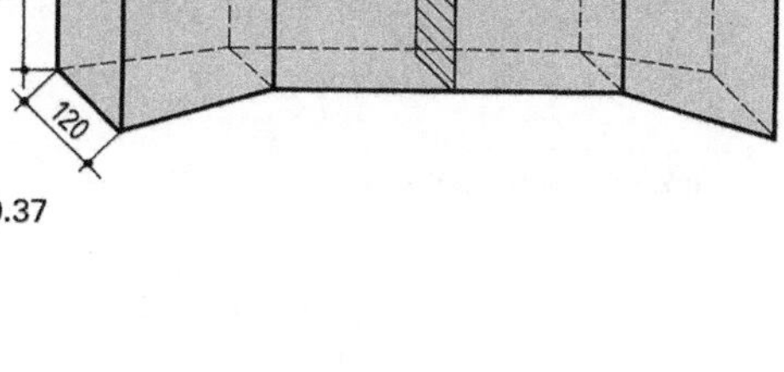

9.37

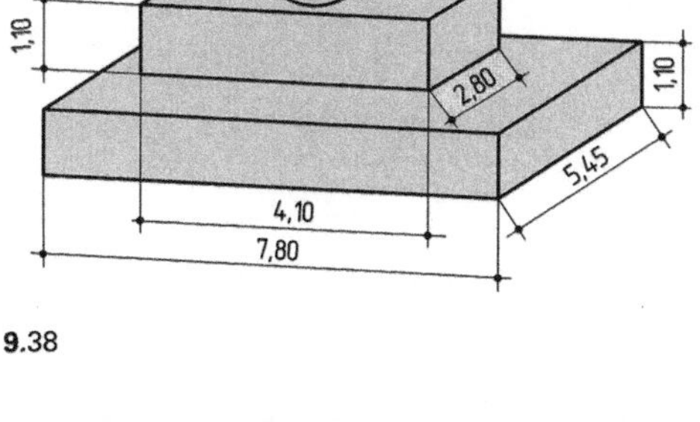

9.38

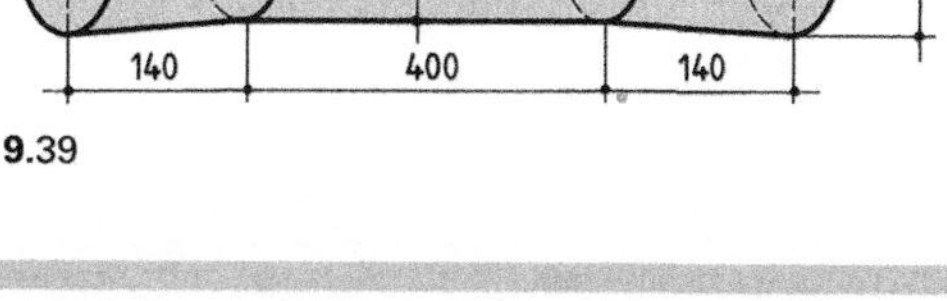

9.39

10 Grafische Darstellungen

Um Zusammenhänge zwischen abhängigen Größen sichtbar zu machen, wählt man eine grafische Darstellung. Auch eine Berechnung kann oft durch ein Diagramm ersetzt werden, aus den sich die Werte ablesen lassen. Wir unterscheiden drei Arten von grafischen Darstellungen: Tabellen, Schaubilder und Diagramme.

10.1 Tabellen

Hier sind die Größen einander zugeordnet und in Form einer Tabelle aufgeführt. Der Vorteil der Darstellung von Größen in Tabellen liegt darin, dass wir uns Berechnungen sparen können, weil die gesuchten Ergebnisse ablesbar sind.

Tabelle **10**.1 Ermittlung des Tapetenbedarfs in Normalrollen (0,53 x 10,15 m), Ausschnitt

Raumumfang in m	Höhe der Wandflächen in m 2,25 bis 2,44		2,81 bis 3,20	3,21 bis 4,00
10	5		6	8 bis 9
11	6		7	9 bis 10
12	6		7 bis 8	10 bis 11
13	6		8	11 bis 12
14	6		9	12 bis 13
15	7		9	12 bis 13
16	8		10	13 bis 14
17	8		10 bis 11	14 bis 15
18	8	10	11	14 bis 15
19	9		11 bis 12	14 bis 15
20	9		11 bis 12	15 bis 16

Im Raumausstatterhandwerk werden Tabellen zur Ermittlung des Werkstoffbedarfs heran gezogen. Diesen Tabellen kann man grob den Werkstoffbedarf entnehmen.

Beispiel Wie viel Rollen Tapeten benötigen wir bei einem gemessenen Raumumfang von 18 m und einer Raumhöhe von 2,64 m?

Wir lesen in der linken Spalte den Raumumfang in m ab; dadurch können wir eine Zeile markieren. Dann lesen wir die Wandflächenhöhe in der entsprechenden Höhenspalte ab; dadurch können wir eine Spalte markieren.

Der Schnittpunkt dieser markierten Zeile und Spalte ergibt den gesuchten Wert der Rollenzahl.

Ergebnis **Wir benötigen 10 Rollen.**

10.2 Schaubilder

In Schaubildern werden Größen anschaulich dargestellt. Dabei ist es nicht entscheidend, dass die genaue zahlenmäßige (quantitatice) Abhängigkeit dargestellt wird, sondern die größenmäßige (qualitative) Abhängigkeit zueinander. Schaubilder sollen selbsterklärend sein, eine zusätzliche Erklärung ist jedoch üblich (**10**.2).

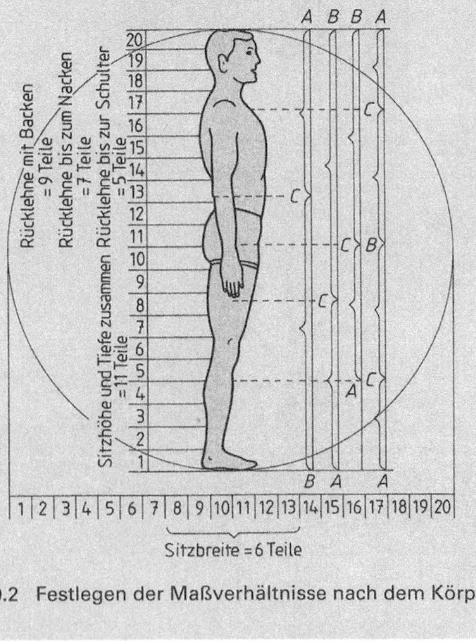

10.2 Festlegen der Maßverhältnisse nach dem Körper

Aufgaben zu Abschnitt 10.1

1. Berechnen Sie den Tapetenbedarf für die Tapezierung eines Raumes mit folgenden Maßen (Fenster und Türen werden nicht berücksichtigt:
   a) l = 4,80 m; b = 3,90 m; h = 2,30 m
   b) l = 7,12 m; b = 4,95 m; h = 2,38 m
   c) l = 8,25 m; b = 7,50 m; h = 2,51 m
   d) l = 6,75 m; b = 5,00 m; h = 3,04 m
   e) l = 4,80 m; b = 4,60 m; h = 3,20 m
   f) l = 5,33 m; b = 4,82 m; h = 2,52 m
   g) l = 6,00 m; b = 5,59 m; h = 2,80 m
   h) l = 12,44 m; b = 2,25 m; h = 2,82 m
   i) l = 16,39 m; b = 16,39 m; h = 3,45 m
   j) l = 2,25 m; b = 1,39 m; h = 2,54 m

Raumumfang in m	Höhe der Wandflächen in m		
	2,25 bis 2,44	2,45 bis 2,80	2,81 bis 3,20
15	7	8	9
17	8	9	10 bis 11
19	9	10	11 bis 12
21	9	10	11 bis 12
23	10	11	13 bis 14
25	12	13	15 bis 16
27	12	14	16 bis 17
29	13	15	17 bis 19
31	14	16	18 bis 20
33	15	17	20 bis 21

2. Für ein größeres Objekt werden Vorhanggarnituren bestellt. Dabei werden folgende Stücke gebraucht:
   4 x 120 cm Länge, Farbe 26
   7 x 140 cm Länge, Farbe 26
   3 x 160 cm Länge, Farbe 22
   12 x 200 cm Länge, Farbe 14
   2 x 220 cm Länge, Farbe 34
   8 x 260 cm Länge, Farbe 14
   1 x 260 cm Länge, Farbe 22
   5 x 180 cm Länge, Farbe 26
   5 x 340 cm Länge, Farbe 34
   1 x 340 cm Länge, Farbe 14
   2 x 340 cm Länge, Farbe 22
   Berechnen Sie den Bestellwert.

Länge in cm	Farbe in DM			
	14	22	26	34
120 cm	619,–	631,–	703,–	726,–
140 cm	645,–	657,–	729,–	764,–
160 cm	682,–	694,–	766,–	816,–
180 cm	708,–	720,–	792,–	854,–
200 cm	735,–	747,–	819,–	891,–
220 cm	771,–	783,–	855,–	943,–
240 cm	854,–	866,–	938,–	1049,–
260 cm	880,–	092,–	964,–	1087,–
280 cm	917,–	929,–	1001,–	1139,–
300 cm	943,–	955,–	1027,–	1177,–
320 cm	970,–	982,–	1054,–	1214,–
340 cm	1006,–	1018,–	1090,–	1266,–

3. Ein Raumausstatterbetrieb hat sich spezialisiert auf Polstermöbelfertigung mit Leder als Bezugsmaterial. Er bekommt vom Hersteller ein verlockendes Angebot.
   So bestellt er:
   40 m² Polster-Velours,
   56 m² Polsterleder Natur,
   112 m² Hochglanz-Polsterleder und
   114 m² Anilin-Nappa.
   Wie hoch ist die Rechnung?

Artikelbezeichnung	Preis bis 50 m² in DM	Preis 51 bis 100 m² in DM
Bristol-Nappa	47,–	43,–
Rind-Nubuk	59,–	56,–
Polster-Velours	39,–	36,–
Polsterleder Natur	89,–	84,–
Anilin-Nappa	98,–	93,–
Futura-Nappa	109,–	103,–
Hochglanz-Leder	92,–	87,–

Aufgaben zu Abschnitt 10.2

1. Für einen Kunden wurde ein Polstersessel auf seine Körpermaße angefertigt. Teilt man seine Körperhöhe durch 20, so erhalten wir den Faktor 8,9. Dieser Faktor entspricht einem Teil aus Bild **10.2**.
   a) Berechnen Sie die Sitzbreite, die Sitzhöhe (5 Teile), die Höhe der Rückenlehne bis zum Nacken, die Höhe der Rückenlehne bis zur Schulter und die Höhe der Armlehne (7,5 Teile).
   b) Wie verandern sich die Maße für einen Polstersessel, der auf die Körpergröße eines anderen Kunden angefertigt ist? Der Faktor ist nun 8,1.

10.3 Diagramme

Am übersichtlichsten lassen sich Zahlen und Verhältnisse mit Hilfe von Diagrammen darstellen. Wir unterscheiden verschiedene Arten von Diagrammen (**10**.3 bis **10**.6).

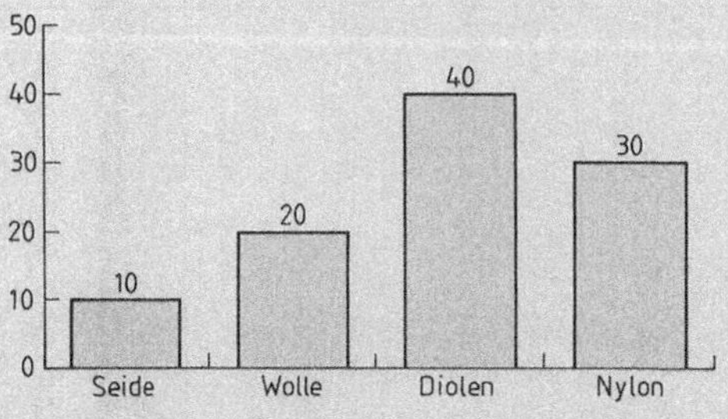

10.3 Säulendiagramm

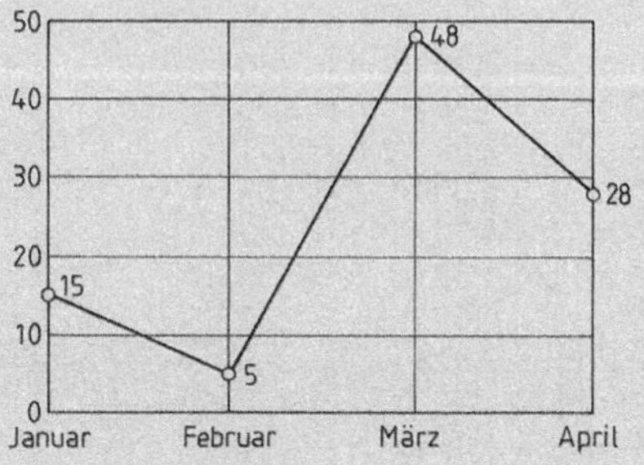

10.4 Liniendiagramm

Das Säulendiagramm vergleicht Teilmengen miteinander oder zeigt Schwankungen über einen bestimmten Zeitraum.

Die Säulen sind gleich breit, die jeweiligen Höhen entsprechen dem Zahlenwert der angegebenen Größe.

Das Liniendiagramm veranschaulicht die Schwankungen von Daten über einen Zeitraum, weniger den Umfang der Änderung.

Die Zahlenwerte werden in ein Koordinatensystem eingetragen und durch Linien miteinander verbunden.

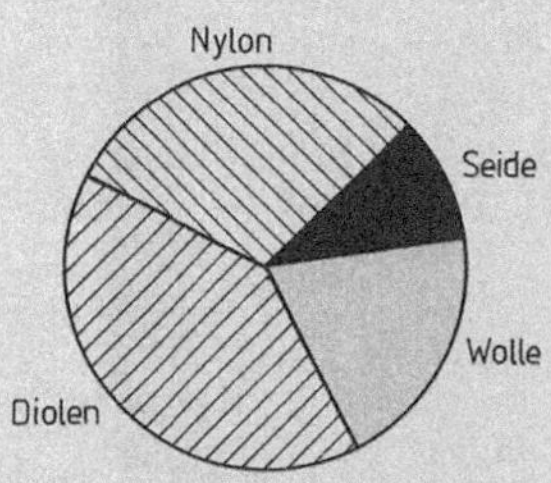

10.5 Kreisdiagramm

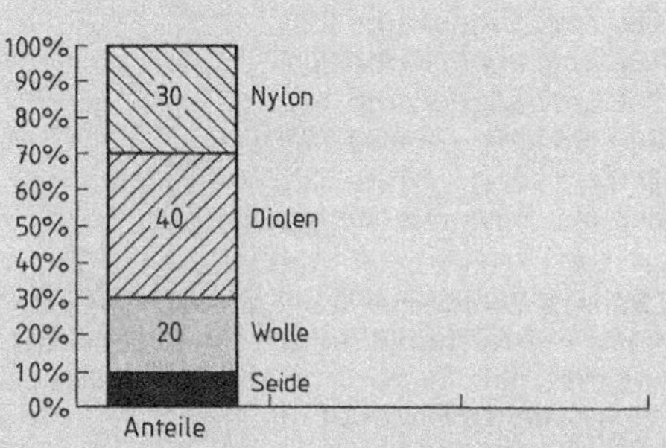

10.6 Blockdiagramm

Das Kreisdiagramm stellt das Verhältnis der Teilmengen zum Ganzen dar. Es eignet sich zum Hervorheben eines Elements.

Der ganze Kreis, also 100%, entsprechen 360°. Somit gilt: 1% entspricht 3,6°. Wir multiplizieren die jeweiligen Prozentwerte mit dem Faktor 3,6, um auf den gesuchten Kreissektor zu kommen.

Das Blockdiagramm stellt ebenso das Verhältnis der Teilmengen zum Ganzen dar. Es ist leichter zu erstellen als das Kreisdiagramm.

Die ganze Säule entspricht 100%. Die Säule wird in einem günstigen Maßstab geteilt (z.B. in 10%-Schritten) und die Prozentwerte können abgetragen werden.

Aufgaben zu Abschnitt 10.3

1. Bei einer Wahl hatten die Parteien A = 47 %, B = 23 %, C = 19,5 % und D = 10,5 % der Stimmen bekommen. Stellen Sie das Ergebnis grafisch dar (2 Möglichkeiten).
2. Ein Dekorationsstoff ist aus Mischgewebe hergestellt worden, bestehend aus Baumwolle = 43 %, Wolle = 40 %, Viskose = 15 % und Metallfäden = 2 %. Erstellen Sie ein Säulendiagramm, ein Kreisdiagramm und ein Blockdiagramm. Vergleichen Sie die Ergebnisse. Welches Diagramm ist am günstigsten?
3. Der Chef eines Raumausstatterbetriebs hat berechnet, dass sein Geschäft zu 32 % Polsterarbeiten, zu 28% Bodenbelagsarbeiten, zu 28% Dekorationsarbeiten und zu 12 % Tapezierarbeiten erstellt. Fertigen Sie dafür ein Kreisdiagramm und ein Säulendiagramm an.
4. Ein Geselle hat einen Bruttomonatsverdienst von 2600,– DM. Davon hat er 15 % Lohnsteuer, 5,7 % Krankenversicherung und 2,1 % Arbeitslosenversicherung zu zahlen. Machen Sie das in einem Kreisdiagramm sichtbar.
5. In einem Raumausstatterbetrieb sind 2 Meister, 12 Gesellen, 8 Lehrlinge, 2 Hilfsarbeiter, 3 Näherinnen und ein Praktikant beschäftigt. Stellen Sie das in einem Blockdiagramm dar.
6. Die 24 Stunden eines Tages werden von einem Gesellen folgendermaßen ausgefüllt: 8 Stunden Arbeit, 5 Stunden Fernsehen, 7,5 Stunden Schlaf, 2 Stunden Sport und 1,5 Stunden für Mahlzeiten. Machen Sie das in einem Kreisdiagramm sichtbar.
7. Eine Untersuchung für die Verwendung von Tuftig-Teppichboden im Wohnbereich ergab folgendes Ergebnis:
   12,0 Mio. m^2 Saxony-Velours,
   52,0 Mio. m^2 uni/melliert
   15,0 Mio. m^2 Velours bedruckt
   16,0 Mio. m^2 COC.
   Stellen Sie das Ergebnis als Säulendiagramm und als Blockdiagramm dar.
8. Dieselbe Untersuchung brachte auch folgende Zahlen für Schlingenwaren: 28,9 % bedruckte Schlinge, 14,2 % Scroll, 7,4 % Berber. Der Rest entfällt auf glatte Schlingenware. Stellen Sie diesen Zusammenhang als Säulendiagramm und als Kreisdiagramm dar.
9. Eine Umfrage in Raumausstatterbetrieben stellte folgende Frage: Welches Arbeitsplatz-Merkmal ist Ihnen am Arbeitsplatz am wichtig sten?" Dabei kam folgendes zutage:
   Frauen:
   - Verhältnis zu Kollegen: 21 %
   - möglichst selbständig arbeiten: 17 %
   - vereinbar mit Familie/Hobby: 18 %
   - interessante Tätigkeit: 23 %
   - sicher Arbeitsplatz: 27 %
   - Gehalt/Verdienst: 30 %

   Männer:
   - Verhältnis zu Kollegen: 14 %
   - möglichst selbständig arbeiten : 17 %
   - vereinbar mit Familie/Hobby: 16 %
   - interessante Tätigkeit: 25 %
   - sicherer Arbeitsplatz: 33 %
   - Gehalt und Verdienst: 33 %

   Stellen Sie das Ergebnis grafisch dar. Diskutieren Sie in der Klasse über diese Umfrage.
10. Stellen Sie die Gehälter eines Gesellen in einem Liniendiagramm dar:
    1991: 1945,– DM, 1992: 1989,20 DM,
    1993: 2052,17 DM, 1994: 2109,– DM,
    1995: 2114,70 DM, 1996: 2177,– DM.
11. Für einen Möbelbezugsstoff werden folgende Angaben gemacht: 35% Baumwolle, 25% Seide, 30% Viskose, 10% Polyacryl. Stellen Sie Materialangaben dar.
12. Ein Dekorationsstoff besteht aus 65% Polyester, 23% Baumwolle und 12% Viskose. Stellen Sie diesen Zusammenhang grafisch dar.
13. Der Umsatz in einem Raumausstatterbetrieb hatte folgende Größenordnung:
    a) Januar 22400,– DM, Februar 24500,– DM, März 17000,– DM
    b) April 28600,– DM, Mai 35900,– DM, Juni 32200,– DM
    c) Juli 26000,– DM, August 15500 DM, September 19400,– DM
    d) Oktober 24800,– DM, November 30100,– DM
    Stellen Sie die Entwicklung der Umsätze pro Quartal in Liniendiagrammen dar (Maßstab: 1 cm ≙ 5000,– DM, 1 Monat ≙ 1 cm.
14. Ein Geselle verdient 2481,80 DM im Monat. Davon bezahlt er 167,94 DM Krankenversicherung, 230,92 DM Rentenversicherung und 53,10 DM Arbeitslosenversicherung. Rechnen Sie die Beträge in Prozenten um und stellen Sie den Zusammenhang grafisch dar.
15. Ein Raumausstatterbetrieb hat 460 m^2 Bodenfläche 250 m^2, Lager 80 m^2, Werkstatt 70 m^2, Büro 45 m^2, Aufenthaltsraum 25 m^2. Stellen Sie die Aufteilung grafisch so dar, dass man die Raumverhältnisse gut vergleichen kann.

11 Werkstoffe

11.1 Masse, Dichte, Gewichtskraft

Masse. Ein Fußball bleibt ruhig auf dem Elfmeterpunkt liegen, bis ihn ein Spieler kraftvoll aufs Tor schießt. Und der Torwart muss viel Kraft aufwenden, um den Ball zu halten. An diesem Beispiel erkennen wir ein physikalisches Gesetz: Ein Körper verharrt im Zustand der Ruhe oder gleichförmigen Bewegung, wenn nicht eine Kraft auf ihn wirkt. Dieses Beharrungsvermögen eines Körpers heißt Masse m. Es hängt von der Menge (Volumen V) des Körpers und seiner Stoffart. Einheit der Masse ist das kg.

Dichte. Der Vergleich von 1 kg Kapok mit 1 kg Blei zeigt, dass sich die Stoffe trotz gleicher Masse erheblich unterscheiden. Sie haben eine verschiedene Dichte. Die Dichte ρ (rho) eines Körpers erhalten wir, wenn wir seine Masse durch sein Volumen teilen. Einheit der Dichte ist das kg/dm³.

> Masse ist die Eigenschaft eines Körpers, sich Veränderungen seines Bewegungszustands zu widersetzen. Ihre Einheit ist das kg.
>
> Die Dichte eines Körpers ergibt sich aus seiner Masse geteilt durch sein Volumen. Einheit ist das kg/dm³. Die Formel lautet:
>
> $$\textbf{Dichte} = \frac{\textbf{Masse}}{\textbf{Volumen}} \qquad \rho = \frac{m}{V}$$

Beispiel Ein Behälter für Neoprenlösungsmittel hat ein Volumen von 12 dm³. Wie viel kg Lösungsmittel (Dichte = 0,65) sind in dem Behälter, wenn er vollgefüllt ist?

Durch Umstellen der Formel $\rho = \frac{m}{V}$ erhalten wir $m = \rho \cdot V$ und setzen ein
$m = 0{,}65 \cdot 12 = \mathbf{7{,}8\ kg}$.

Gewichtskraft (Eigenlast). Jeder Körper wird von der Erde angezogen – er fällt zu Boden, und zwar in Richtung zum Erdmittelpunkt hin. Die Kraft, mit der er angezogen wird, heißt Eigenlast oder Gewichtskraft G. Ihre Einheit ist das Newton (N, sprich: njutn).

11.2 Schaumgummi und Schaumstoff

Härtegrad und Raumgewicht. Schaumgummi wird in drei Härtegraden geliefert: weich, mittel, hart. Diese Herstellerangaben lassen sich nur im direkten Vergleich unterscheiden. Dagegen können wir beim Schaumstoff kontrollieren, weil hier das Raumgewicht (RG) in kg je m³ angegeben wird. RG 35 bedeutet also, dass ein Schaumstoffwürfel von 1 dm³ 35 g wiegt (oder ein Würfel von 1 m³ 35 kg).

> Schaumgummi → Härtegrad vom Hersteller bestimmt
> Schaumstoff → Raumgewicht je dm³ in g angegeben
> Stauchhärte → Druck in Kilopond, der notwendig ist, um den Schaumstoff um 40% zusammenzudrücken (DIN 53577).

Beispiel Ein rechteckiges Stück Schaumstoff 20 cm x 30 cm ist 4 cm dick und wiegt 84 g. Berechnen Sie das Raumgewicht.

20 cm · 30 cm · 4 cm = 2400 cm³ = 2,4 dm³

84 g : 2,4 = **RG 35**

Aufgaben zu Abschnitt 11.1

1. Ein Klebereimer wiegt 9,7 kg. Welche Dichte hat der Kleber, wenn das Volumen des Eimers 7,5 dm^3 beträgt?
2. Wie schwer ist ein Holzwürfel (Dichte 0,8) mit einer Kantenlänge von 8,3 cm?
3. Vergleichen Sie die Masse eines Quaders mit den Maßen $a = 17$ cm, $b = 19$ cm, $c = 12$ cm, hergestellt a) aus Holz ($\rho = 0{,}7$), b) aus Glas ($\rho = 2{,}5$), c) aus Kupfer ($\rho = 8{,}9$), d) aus Gold ($\rho = 19{,}3$).
4. Berechnen Sie das Gewicht der Luft in einem Raum von 4,83 m x 5,32 m x 2,83 m. Luftdichte = 0,00129.
5. Berechnen Sie fehlenden Werte

	Masse	Dichte	Volumen
a)	24,3 kg	7,5	?
b)	21,3 kg	?	35,8 dm^3
c)	?	0,7	18,76 dm^3
d)	2,5 t	19,3	?
e)	75 g	?	14,7 cm^3

6. Ein Liter Emaillack kostet 18,– DM ($p = 1{,}45$). Berechnen Sie den kg-Preis.

Aufgaben zu Abschnitt 11.2

1. Ein Schaumstoff-Sitzkissen hat die Maße 42 cm x 35 cm x 5 cm. Welches Raumgewicht hat der Schaumstoff, wenn das Kissen 330,75 g wiegt?
2. Ein Kissen aus Schaumstoff RG 28 misst 45 cm x 51 cm x 6 cm. Wie schwer ist es?
3. Eine zylindrische Couchrolle (∅ 20 cm, Länge 0,90 m) soll aus Schaumstoff RG 30 hergestellt werden. Wie schwer wird die Rolle?
4. Aus einem 4 cm dicken Schaumstoff RG 45 wird ein trapezförmiges Stuhlkissen zugeschnitten ($a = 46$ cm, $c = 38$ cm, $h = 52$ cm). Berechnen Sie das Gewicht.
5. Wie schwer ist eine Platte von 5 cm Dicke und den Maßen 2 m x 1 m aus Schaumstoff RG 62?
6. Ein Schaumstoffwürfel mit einer Kantenlänge von 55 cm wird als Hocker benutzt. Gefertigt wird er aus 50er Schaumstoff. Berechnen Sie sein Gewicht.
7. Ein Hocker (55 cm hoch, 45 cm breit, 45 cm tief) wird in der Höhe je zur Hälfte aus Schaumstoff RG 62 und RG 35 hergestellt. Wie schwer ist das ganze Hockerelement?
8. Ein Schaumstoffquader $a = 42$ cm, $b = 53$ cm, $c = 23$ cm darf nur 1075 g wiegen. Aus welchem Raumgewicht muss er hergestellt werden?
9. Ein Schaumstoff-Sitzelement wird aus RG 45 gefertigt. Das Element ist aus einem Stück und hat 60 cm Sitzbreite. Wie schwer ist es ohne Holz- und Metallstützen (**11.1**)?

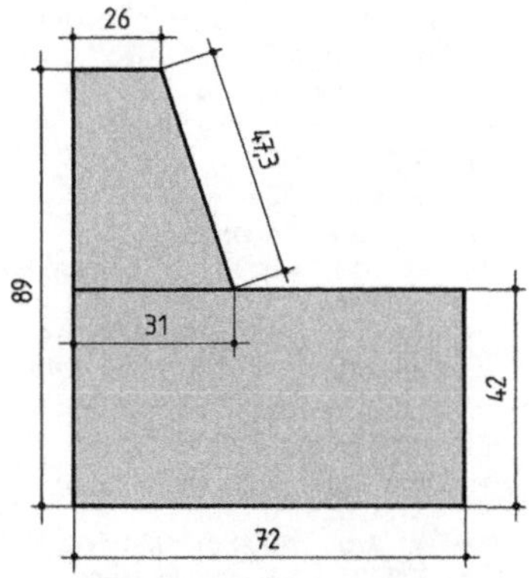

11.1 Schaumstoff-Sitzelement (Schnitt), Maße in cm

10. Eine einteilige Schaumstoffmatratze mit den Maßen 1,90 m x 0,90 m x 12 cm wiegt 8,618 kg Berechnen Sie das Raumgewicht des Schaumstoffs.
11. Eine einteilige Schaumstoffmatratze von 2 m x 1 m x 0,20 m erhält einen Schaumstoffkern aus RG 60 von 1,80 m x 0,80 m x 0,10 m. Berechnen Sie das Gewicht der ganzen Matratze, wenn außer für den Kern ein Schaumstoff RG 28 verwendet wurde.

11.3 Garne und Zwirne

Garnnummerierung. Um die Garne in der Dicke zu unterscheiden, gibt es drei Möglichkeiten: die metrische Norm (Nm), den Titer Denier (Td oder den) und den metrischen Titer (tex oder dtex). Während die Nm von der Einheit 1 g ausgeht, dient den letzten beiden die Länge als Einheit.

Metrische Norm (Nm). Nm 60 = 60 m dieses Garns wiegen 1 g. Je *dünner* das Garn, desto größer die Benennung. Diese Bezeichnung wird bei Leinen- und Baumwollgarnen sowie bei Zwirnen angewendet (s. Handnähfaden).

Titer Denier (Td oder den). Einheit ist die Länge von 9000 m. 20 den = 9000 m dieses Garns wiegen 20 g. Je *dicker* der Faden, desto größer die Benennung. Denier = alte italienische Gewichtsbezeichnung = 0,05 g. 1 Denier wurde mit 450 m in Beziehung gesetzt, d. h. 450 m = 0,05 g. Muliplizert man beide Seiten mit 20, kommt man auf die heutigen Werte 9000 m = 1 g. Diese Bezeichnung wird für Seide und sythetische Fäden verwendet.

Metrischer Titer (tex). Einheit ist die Länge von 1000 m. 25 tex = 1000 m dieses Fadens wiegen 25 g. dtex = 25 dtex sagt aus, dass 10 000 m Faden 25 g wiegen. Auch hier steigt die Nummerierung mit der *Dicke*. Diese Bezeichnung ist der Versuch einer internationalen Vereinfachung und Zusammenfassung der bestehenden Fadenbezeichnungen.

In der Berufspraxis kommen alle drei Möglichkeiten vor. Deshalb müssen wir sie umrechnen, um sie vergleichen zu können.

Beispiele a) Ein Garn Nm 20 (20er Garn) in den, tex und dtex umrechnen.

Nm 1 g = 20 m
den 1 g = 9000 m : 20 m = 450 = **450 den**
tex 1 g = 1000 m : 20 m = 50 = **50 tex**
dtex 1 g = 10 000 m : 20 m = 500 = **500 dtex**

b) Ein Faden von 15 den in Nm, tex und dtex umrechnen

den 15 g = 9000 m
Nm 1 g = 9000 m : 15 = **Nm 600**
den 9000 m = 15 g
tex 1000 m = 15 g : 9 = **1,66 tex**
dtex 10000 m = 150 : 9 = **16,6 dtex**

c) Ein 30 tex Faden in den, Nm und dtex umrechnen

tex 1000 m = 30 g
den 9000 m = 30 g · 9 = **270 den**
tex 30 g = 1000 m
Nm 1 g = 1000 m : 30 = **Nm 33,33**
dtex 10000 = 300 g = **300 dtex**

Zwirnnummerierung. Zwirne bestehen aus mehreren zusammengedrehten Garnen – entweder in Linksdrehung Z oder in Rechtsdrehung S (**11**.2). Die drei Benennungsmöglichkeiten gelten auch für sie, jedoch mit einem Zusatz.

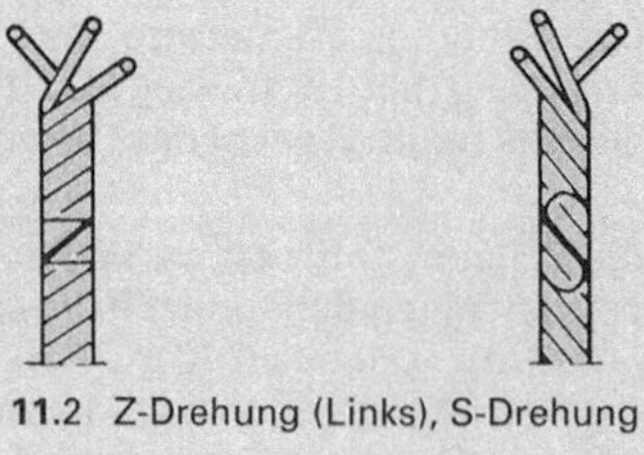

11.2 Z-Drehung (Links), S-Drehung (rechts)

Metrische Norm (Nm). Nm 18/4 Z = 4 Garne in Linksdrehung, von denen je 18 m 1 g wiegen.

Titer Denier (den). den 48 x 3Z = 3 Garne je 48 den in Linksdrehung. Z–Drehung

Metrischer Titer (tex). tex 30 x 3S = 3 Garne je 30 tex in Rechtsdrehung. S–Drehung

Berechnungs- und Umrechnungsgrundlage bleibt in jedem Fall das Einzelgarn bzw. der Einzelfaden.

Aufgaben zu Abschnitt 11.3

Rechnen Sie um:

1. Nm 18 in den — tex 40 in den
   Nm 15 in tex — tex 60 in Nm
   20 den in Nm — dtex 112 in den
   50 den in tex — dtex 66 in Nm

2. Rechnen Sie um:
   Nm 30 in den — tex 90 in Nm
   Nm 25 in tex — tex 100 in Nm
   30 den in Nm — dtex 520 in den
   80 den in tex — dtex 540 in Nm

3. Rechnen Sie um:
   Nm 50 in den — tex 180 in Nm
   Nm 60 in tex — tex 270 in den
   160 den in Nm — dtex 408 in den
   200 den in tex — dtex 372 in Nm

4. Geben Sie die folgenden Werte in **den** an:

a) Nm 18	m) Nm 60
b) tex 40	n) tex 25
c) 220 dtex	o) dtex 190
d) Nm 30	p) Nm 55
e) tex 100	q) tex 12
f) dtex 180	r) dtex 160
g) Nm 36	s) Nm 70
h) tex 22	t) tex 33
i) dtex 310	u) dtex 95
j) Nm 15	v) Nm 82
k) tex 88	w) tex 38
l) dtex 410	x) dtex 135

5. Geben Sie die folgenden Werte in **Nm** an:

a) 20 den	m) 4 den
b) tex 40	n) tex 8
c) dtex 200	o) dtex 24
d) 24 den	p) 9 den
e) tex 90	q) tex 11
f) dtex 320	r) dtex 28
g) 36 den	s) 8 den
h) tex 28	t) tex 14
i) dtex 170	u) dtex 98
j) 38 den	v) 26 den
k) tex 75	w) tex 26
l) dtex 450	x) dtex 280

6. Errechnen Sie die fehlenden Werte:

a) 30 tex	2000 m	? g
b) Nm 20	6500 m	? g
c) ? den	7000 m	65 g
d) ? tex	3800 m	148 g
e) 50 den	? m	65 g
f) Nm 18	? m	100 g

7. Geben Sie die folgenden Werte in **tex** an:

a) Nm 62	m) Nm 72
b) 20 den	n) 21 den
c) dtex 240	o) dtex 124
d) Nm 28	p) Nm 80
e) 12 den	q) 43 den
f) dtex 280	r) dtex 175
g) Nm 64	s) Nm 61
h) 19 den	t) 33 den
i) dtex 82	u) dtex 133
j) Nm 17	v) Nm 12
k) 27 den	w) 2 den
l) dtex 110	x) dtex 75

8. Geben Sie die folgenden Werte in **dtex** an:

a) Nm 90	m) Nm 48
b) 100 den	n) 47 den
c) tex 7	o) tex 159
d) Nm 44	p) Nm 15
e) 28 den	q) 31 den
f) tex 19	r) tex 30
g) Nm 42	s) Nm 52
h) 37 den	t) 57 den
i) tex 158	u) tex 161
j) Nm 13	v) Nm 17
k) 29 den	w) 33 den
l) tex 20	x) tex 45

9. Ein Garn hat ein Gewicht von 36 g und ist als 20 den gekennzeichnet. Wie lang ist der Faden?

10. Ein 920 m langes Garn ist 4,2 g schwer. Geben Sie die Feinheitsbezeichnung nach tex an.

11. Auf einer Garnrolle steht Nm 28. Sie rollen den Garnrest ab und wiegen ihn nach, es sind genau 8,1 g. Wie lang ist der Faden?

12. 5000 m eins dreifachen Nähzwirns sind auf einer 30 g schweren Papprolle aufgewickelt. Die gesamte Garnrolle hat ein Gewicht von 180 g. Berechnen Sie die Garnnummer nach **den** und geben Sie die Zwirnnummer an.

13. Eine Rolle Handnähfaden (Nm 18/4) wiegt 280 g, die eigentliche Papprolle hat 30 g. Wie viel Meter Handnähfaden sind auf der Rolle?

11.4 Papier

Die Qualität eines Papiers wird u.a. vom Gewicht bestimmt. Das Papiergewicht gibt man in g je m^2 an. Eine Qualität von 65 g/m^2 bedeutet also, dass 1 m^2 dieses Papiers 65 g wiegt. Wir unterscheiden:

- bis 150 g/m^2 = Papier
- 150 bis 500 g/m^2 = Karton (Schrenz)
- über 500 g/m^2 = Pappe

Die DIN-Formate des Papiers sind uns aus dem täglichen Leben bekannt: DIN A3 = Zeichenblock, DIN A4 = Schreibblock, DIN A5 = kleiner Schreibblock, DIN A6 = Postkarte. Die Maße gehen von DIN A0 = 1 m^2 aus.

DIN A0 = 84,0 cm x 118,8 cm = 9979,2 cm^2 ~ $1 m^2$
DIN A1 = 59,4 cm x 84,0 cm
DIN A2 = 42,0 cm x 59,4 cm
DIN A3 = 29,7 cm x 42,0 cm
DIN A4 = 21,0 cm x 29,7 cm
DIN A5 = 14,85 cm x 21,0 cm
DIN A6 = 11,5 cm x 14,85 cm

Beispiel Wie schwer ist ein Bogen DIN A3 eines Zeichenkatons 210 g/m^2?
DIN A3 = 29,7 cm x 42 cm = 1247,4 cm^2
10 000 cm^2 (nämlich 1 m^2) : 1247,4 cm^2 = 8,017 cm^2
210 g : 8,017 = **26,194 g**

11.5 Stoffgewicht

Das Warengewicht für Stoffe kann nach folgenden Flächen berechnet werden:

a) Das Quadratmetergewicht (Flächengewicht) in g /m^2

b) Das Gewicht des laufenden Meters (Längengewicht) in g/m.

Das Flächengewicht rechnen wir nach dem Dreisatzverfahren um

Beispiel 1 Ein Stoff von 20 cm x 20 cm wiegt 16 g. Wie schwer ist 1 m?

20 cm x 20 cm = 400 cm^2 = 16 g
1 cm = 16 g : 400 cm^2

$$= \frac{16 \text{ g} \times 1 \text{ m}^2}{400 \text{ cm}^2} = \frac{16 \times 10000}{400} = \mathbf{400\ g}$$

Beispiel 2 Ein Möbelstoff von 23 m wiegt 12,2 kg. Wie schwer ist ein lfd. m?

$$\frac{\text{Gesamtgewicht}}{\text{Stofflänge}} = \frac{12200 \text{ g}}{23 \text{ m}} = \mathbf{530{,}4\ g/m}$$

Aufgaben zu Abschnitt 11.4

1. Postkarten werden aus einem Karton 180 g/m² hergestellt. Wie schwer sind 64 dieser Karten?
2. Ein DIN A4 Schreibblock besteht aus 80 g/m²-Papier. Wie viel wiegt ein Block mit 50 Blatt?
3. 20 Zeichenblätter DIN A3 wiegen 125 g. Berechnen Sie die Papierqualität.
4. Eine Naturell-Tapete im Europarollenformat wird aus 65er Papier hergestellt. Wie schwer ist die Rolle?
5. Berechnen Sie die Papierqualität eines Makulaturpapiers. Die Rolle von 50 m Länge und 0,56 m Breite hat ein Gewicht von 1,96 kg.
6. Ein kleiner Schreibblock (DIN A5) enthält 100 Blatt und wiegt 249,6 g. Welche Papierqualität hat er?
7. Eine schwere Prägetapete im Europarollenformat besteht aus 195 g/m²-Papier. Wie schwer sind sechs Rollen davon?
8. Berechnen Sie das Gewicht von 200 Blatt Durchschlagpapier im Format DIN A4 mit der Qualität 35 g/m².
9. Der Meister kauft eine Rolle Packpapier (Länge 300 m, Breite 0,90 m) der Qualität 165 g/m². Zum Zuschneiden von Treppenschablonen braucht er 25 m. Wie viel wiegt der Rest? *(Überlegen Sie bevor Sie zu rechnen beginnen.)*
10. Eine trapezförmige Treppenschablone wird aus 350er Karton hergestellt. Wie schwer ist die Schablone mit folgenden Maßen: l_2 = 42 cm, l_1 = 18 cm, h = 102 cm?

Aufgaben zu Abschnitt 11.5

1. Eine Stoffprobe von 25 cm x 16 cm wiegt 3 g. Wie schwer ist 1 m²?
2. 3,6 m² eines Polsterstoffs wiegen 288 g. Wie viel wiegt 1 m²?
3. Eine Stoffprobe von 40 cm x 20 cm wiegt 5 g. Wie schwer ist ein Stück des Stoffs von 3,5 m Länge und 1,3 m Breite?
4. Ein Ballen enthält 30 m Stoff in 120 cm Breite. Der gesamte Stoff auf dem Ballen wiegt 12,6 kg. Wie schwer ist 1 m²?
5. Ein Stoffballen wiegt 14,2 kg. Der Stoff liegt 120 cm breit. Wie lang ist der Stoff, wenn ein Probestück von 30 cm x 30 cm 10 g wiegt?
6. Der Tüllzuschnitt für eine Fensterdekoration ist 12 m x 2,5 m und wiegt 2,4 kg. Wie viel wiegt 1 m² des Tülls?
7. Errechnen Sie das Quadratmetergewicht

	Länge in m	Breite in cm	Gesamtgewicht in kg
a)	75,0	120	65,3
b)	45,3	120	13,4
c)	48,7	140	18,9
d)	72,4	140	36,8
e)	65,4	180	45,2
f)	83,7	180	46,7

8. Für einen Scheibenspanner werden 0,87 m² Erbstüll mit einem Gewicht von 55 g verwendet. Wie schwer ist 1 m²?
9. Ein 310 cm langer und 1,3 m breiter Stoff ist 560 g schwer. Wie viel wiegt 1 m² davon?
10. Für eine Dekoration verwenden Sie zwei Schals je 2,60 m Länge und 1,18 m Breite. Zusammen haben sie ein Gewicht von 1,04 kg. Berechnen Sie das Gewicht eines m².
11. Eine Probe Spiegelvelours von 10 cm x 15 cm wiegt 3 g. Wie schwer ist diese Ware 23 m lang und 1,30 m breit?
12. Der Store für ein großes Fenster hat eine Länge von 15,50 m und eine Höhe von 2,65 m, sein Gewicht beträgt 8,626 kg. Wie schwer ist 1 m²?
13. Ein Dekostoff von 35 m x 1,20 m wiegt 14,6 kg. Wie schwer ist ein Laufmeter?
14. Errechnen Sie die Stofflängen

	Quadratmetergew. in g/m²	Breite in cm	Gesamtgewicht in kg
a)	440	120	38,4
b)	270	120	19,5
c)	320	140	21,3
d)	120	140	6,4
e)	490	180	36,2
f)	560	180	43,8

12 Aufmaß

12.1 Grundlagen

Die Bearbeitung von Flächen (Wand, Boden, Decke) sind ein wesentlicher Bestandteil des Raumausstatterhandwerks. Folglich nehmen das Flächenberechnen (s. Abschn. 8) und das Aufschreiben der Einzelwerte (Aufmaß) in der richtigen Reihenfolge einen breiten Raum im Rechnen ein.

Aufmaßregeln. Aufmaße bestehen aus Zahlenbildern, die eine bestimmte Reihenfolge aufweisen müssen. Die wichtigsten Regeln für das Aufmaßaufschreiben sind:

- Aufmaße müssen deutlich und einfach sein.
- Es werden nur Längenmaße (m) verwendet, in der Regel dürfen keine berechneten Maße gegeschrieben werden.
- Die Maßeinheit „Meter (m)" wird nicht geschrieben, wohl aber gesprochen.

Grundregeln für das Aufmessen und Aufmaßschreiben, die sowohl für das Bearbeiten der Flächen als auch für die Abrechnung wichtig sind, können in den Allgemeinen Technischen Vorschriften (ATV) der VOB DIN 18299, DIN 18364, DIN 18365, DIN 18366 – Teil C nachgelesen werden. Es heißt dort unter anderem in der (ATV) VOB DIN 18 366:

5.1.1 Der Ermittlung der Leistungen nach Zeichnungen sind zu Grunde zu legen:
- Auf Flächen ohne begrenzende Bauteile die Maße der ungeputzten, ungedämmten und nicht bekleideten Flächen,
- auf Flächen mit begrenzenden Bauteilen die Maße der zu behandelnden Flächen bis zu den sie begrenzen, den ungeputzten, ungedämmten bzw. nicht bekleideten Bauteilen, z.B.Oberfläche einer aufgeständerten Fußbodenkonstruktion beziehungsweise Unterfläche einer abgehängten Decke,
- bei Fassaden die Maße der Bekleidung.

Für das Aufschreiben der Maße gelten folgende Vorschriften:

- Bei allen horizontalen (flach liegenden) Flächen *Länge mal Breite* (**12**.1).
- Bei allen rechtwinkligen vertikalen (senkrechten) Flächen *Grundlinie (Breite) mal Höhe* (**12**.2).
- Hat eine Fläche keine rechteckige Form, wird das Maß der *Grundlinie zuerst* geschrieben (**12**.3).
- Haben mehrere Flächen die gleichen Maße, wird die *Anzahl vor das Maß* geschrieben (**12**.4).
- Bei Flächen mit Zuschlägen und Abzügen ist die Norm zu berücksichtigen. In der VOB DIN 18366 heißt es:

5.2 Es werden abgezogen
5.2.1 bei Abrechnung nach Flächenmaß (m^2): Öffnungen Aussparungen und Nischen über 2,5 m^2 Einzelgröße
5.2.2 bei Abrechnung nach Längenmaß (m): Unterbrechung über 1 m Einzellänge (**12**.5)

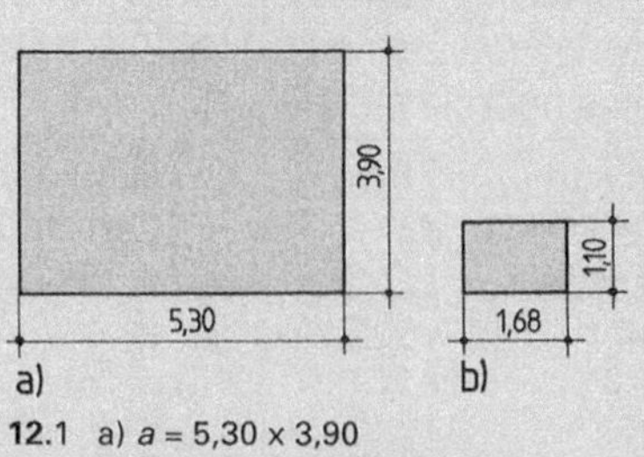

12.1 a) a = 5,30 x 3,90
b) Fenster A = 1,68 x 1,10

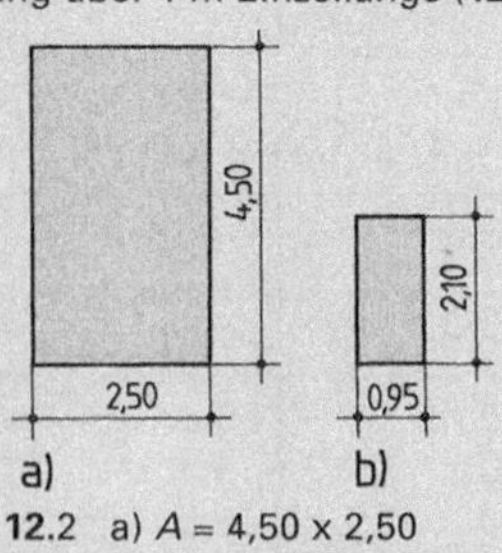

12.2 a) A = 4,50 x 2,50
b) Tür A = 0,95 x 2,10

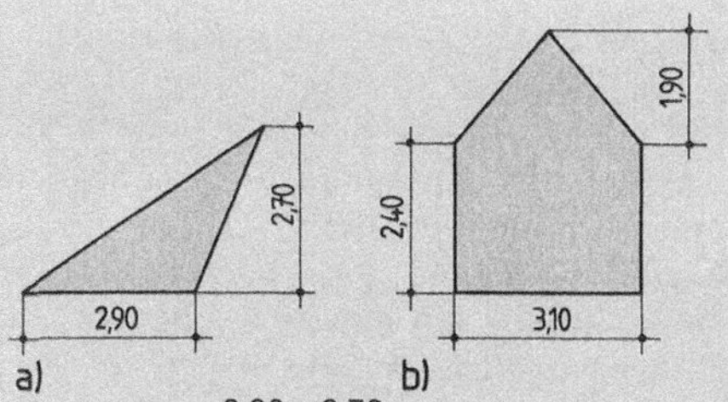

12.3 a) $A = \dfrac{2{,}90 \times 2{,}70}{2}$

b) $A = (3{,}10 \times 2{,}40) + \dfrac{(3{,}10 \times 1{,}90)}{2}$

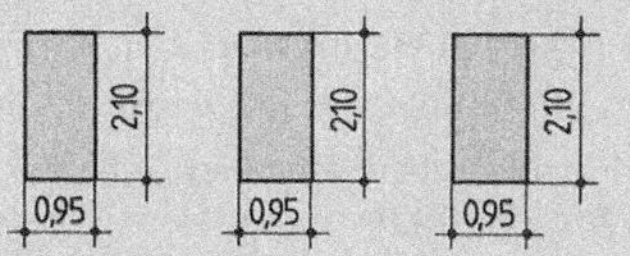

12.4 $A = 3 \times 0{,}95 \times 2{,}10$

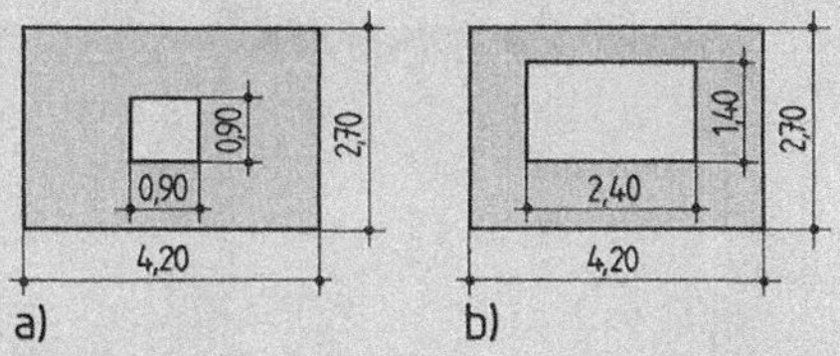

12.5 a) $A = 4{,}20 \times 2{,}70$
b) $A = (4{,}20 \times 2{,}70) - (2{,}40 \times 1{,}40)$

Aufgaben zu Abschnitt 12.1

1. bis 12. Schreiben Sie das richtige Aufmaß für die Flächen **12.6**a bis l.

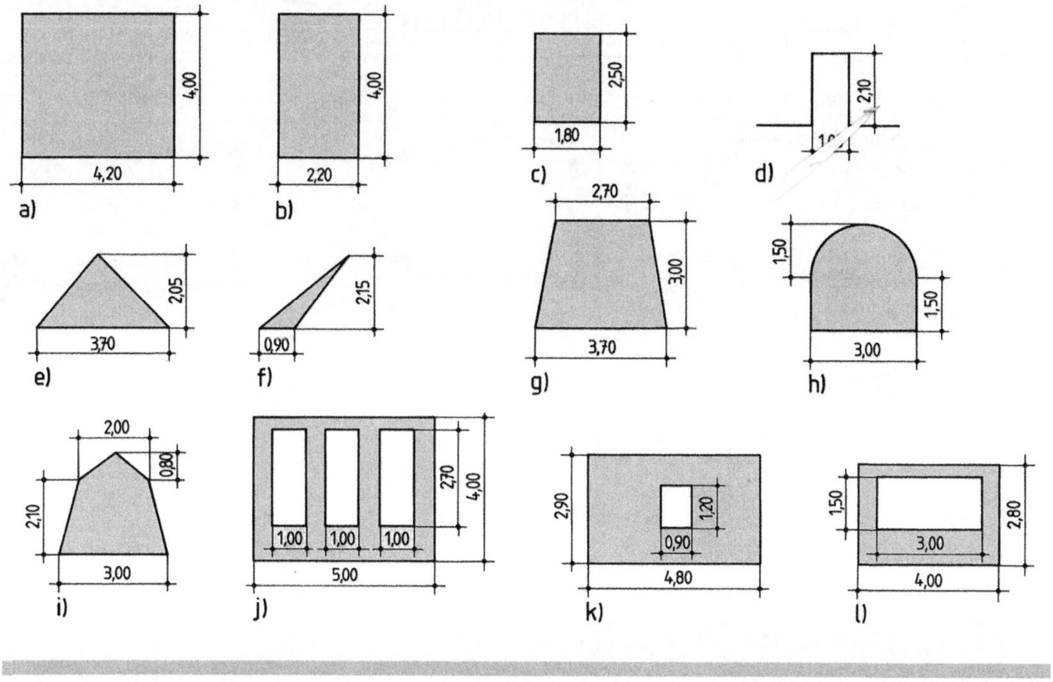

12.2 Aufmaß von Räumen

Reihenfolge der Maße in Räumen (12.7). Neben der erwähnten Maßschreibweise bei vertikalen und horizontalen Einzelflächen gibt es für Raumberechnungen weitere Regeln.

In Neubauten liegt nicht immer gleich fest, für welche Zwecke die Räume später benutzt werden (z.B. Wohnzimmer, Kinderzimmer). Man versieht die Räume deshalb mit Ziffern, wobei man im ersten Raum links vom Flur beginnt und im Uhrzeigersinn weiter zählt, die Diele zuletzt.

Um beim Aufmaß die Lage der Räume einheitlich zu erkennen, schreibt man die Grundrissmaße von Böden (und Decken) nicht als Breite und Länge. Man richtet sich dabei nach der Lage zur Straßenseite (evtl. auch Fensterseite) und schreibt dieses Maß zuerst (**12**.8).

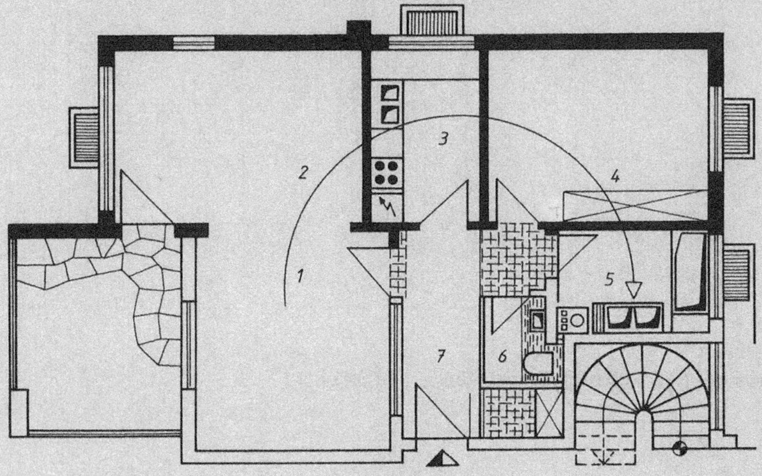

12.7 Nummerierung im Uhrzeigersinn

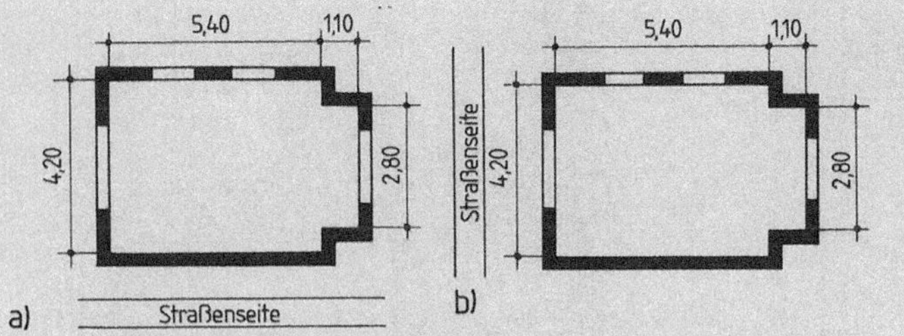

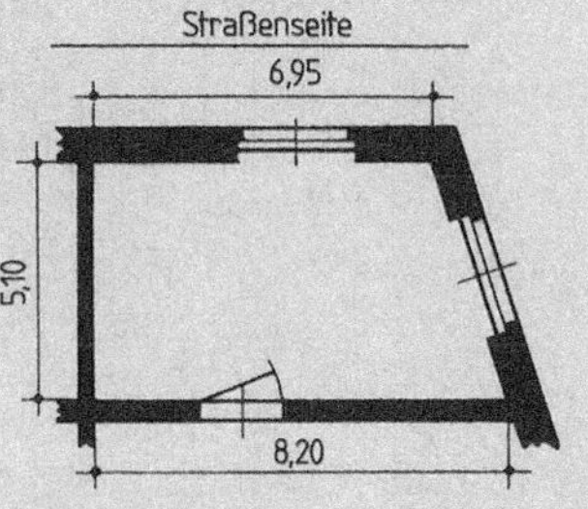

12.8 Raumlage zur Straßenseite. Das Maß zur Straßenseite wird zuerst geschrieben:
a) 5,40 x 4,20 + 1,10 x 2,80
b) 4,20 x 5,40 + 2,80 x 1,10
Daraus ist auch die Lage des Erkers zur Straßenseite ersichtlich.

12.9 Raumlage zur Straßenseite

Beispiele a) Ausrechnung nach Bild **12**.8

$5{,}40 \cdot 4{,}20 + 1{,}10 \cdot 2{,}80$

$22{,}68\ \text{m}^2 + 3{,}08\ \text{m}^2 = \mathbf{25{,}76\ m^2}$

b) Aufmaß nach Bild **12**.9

$$\textit{Ansatz}\ \frac{6{,}95 + 8{,}20}{2} \cdot 5{,}10 = \mathbf{38{,}63\ m^2}$$

Werden Flächen von Räumen aufgemessen, sind in der Regel vier Wandflächen, eine Bodenfläche und eine Deckenfläche vorhanden (**12**.10 und **12**.11). Es handelt sich hierbei um Abwicklungen (s. Körperberechnen). Bei gleicher Raumhöhe und gleicher Wandbehandlung (z.B. Tapezieren) kann das Maß des Umfangs mal Raumhöhe geschrieben werden. Bei ungleicher Behandlung der Wandflächen (Tapezieren und Wandbespannung) muss jede Wandfläche einzeln aufgemessen werden.

Soll verhindert werden, dass die Abzüge in *einer* Klammer stehen, ist diese Schreibweise möglich.

$(5{,}50 + 3{,}90) \cdot 2 \cdot 2{,}60 = 48{,}88\ m^2$
$- 1{,}30 \cdot 2{,}10 = 2{,}73\ m^2$
$- 4{,}00 \cdot 1{,}40 = 5{,}60\ m^2$
$40{,}55\ m^2$

Decke $= 5{,}50 \cdot 3{,}90 = 21{,}45\ m^2$
Boden $= 5{,}50 \cdot 3{,}90 = 21{,}45\ m^2$

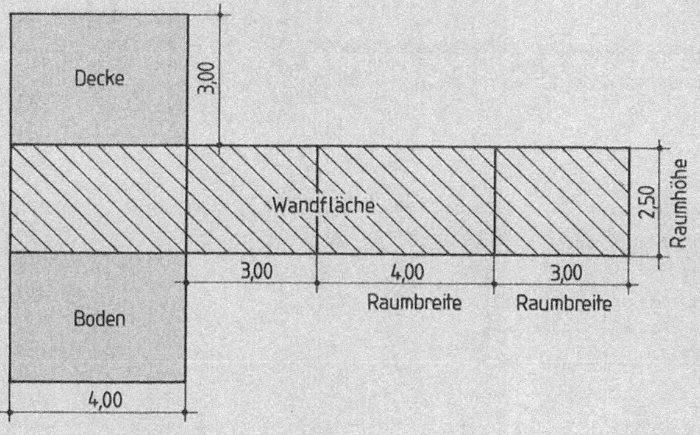

12.10 Wandflächenabwicklung
Schreibweise:
$(4{,}00 + 3{,}00) \cdot 2 \cdot 2{,}50 = 35\ m^2$

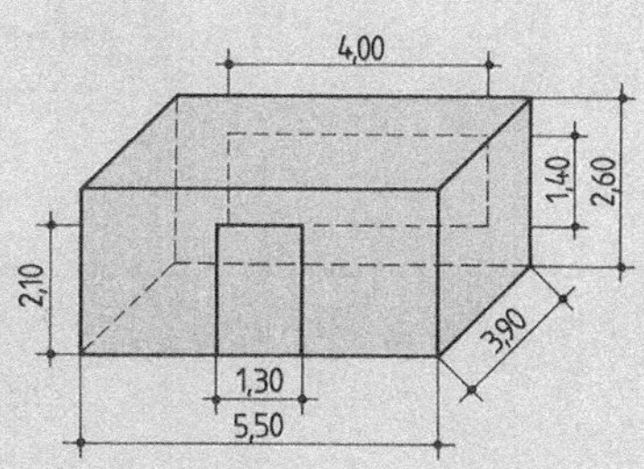

12.11 Wandflächenabwicklung
Schreibweise:
$(5{,}50 + 3{,}90) \cdot 2 \cdot 2{,}60 -$
$(1{,}30 \cdot 2{,}10 + 4{,}00 \cdot 1{,}40) = 40{,}55\ m^2$

Das Schreiben der Aufmaße muss stets sehr sorgfältig vorgenommen werden, denn alle Bauhandwerker, die an einem Bau arbeiten, müssen aus den Aufmaßzahlen die gleichen Schlüsse ziehen können. Aufmaßformblätter sind besonders diszipliniert auszufüllen. Nur so wird die Ausrechnung erleichtert und Doppelarbeit vermieden.

Zum Ausrechnen der Flächengrößen können Sie den Taschenrechner einsetzen – vorausgesetzt, dass Sie die Grundrechenarten und die Handhabung des Rechners beherrschen. Die Taschenrechner sollen a) Punkt- vor Strichrechnung rechnen und b) Klammerfunktionen haben.

Ein Taschenrechner ist eine Rechenhilfe, die erst dann verwendet werden sollte, wenn die Grundrechenarten fehlerfrei beherrscht werden.

Aufgaben zu Abschnitt 12.2

1. Schreiben Sie das Raumaufmaß von Hobbyraum, Kellerdiele, Keller, offener Trockenraum und Waschen. Die Maße entnehmen Sie den Bauzeichnungen **12**.12 und **12**.13. Berechnen Sie dann die Wandfläche (Wandbelagsarbeit) der einzelnen Räume und die Fläche des Bo-

2. Das Aufmaß des Saunaraumes ist zu schreiben ben (Maße aus Bauzeichnungen **12**.12 und **12**.13). Die zu bearbeitende Wand- und Bodenfläche soll in m^2 angegeben werden (VOB).

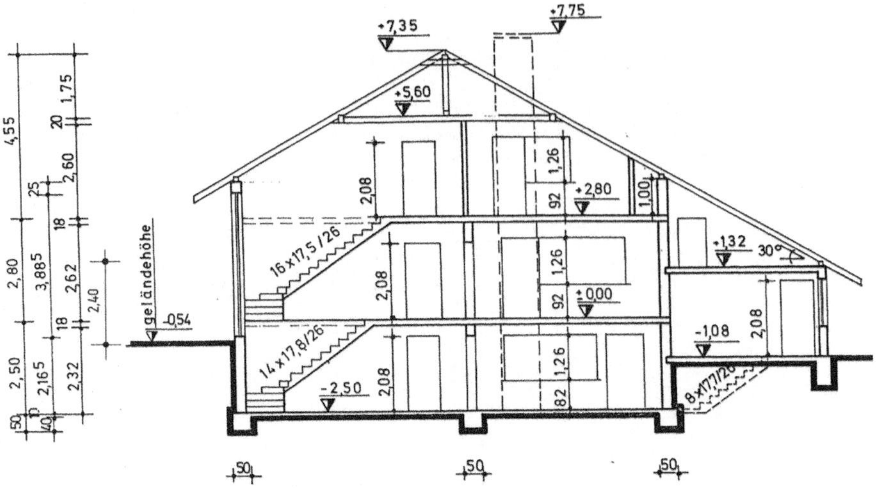
+7,35
+7,75
+5,60
+2,80
+1,32
±0,00
-1,08
-2,50
-0,54
geländehöhe
16x17,5/26
14x17,8/26
8x17,7/26
30°

12.12

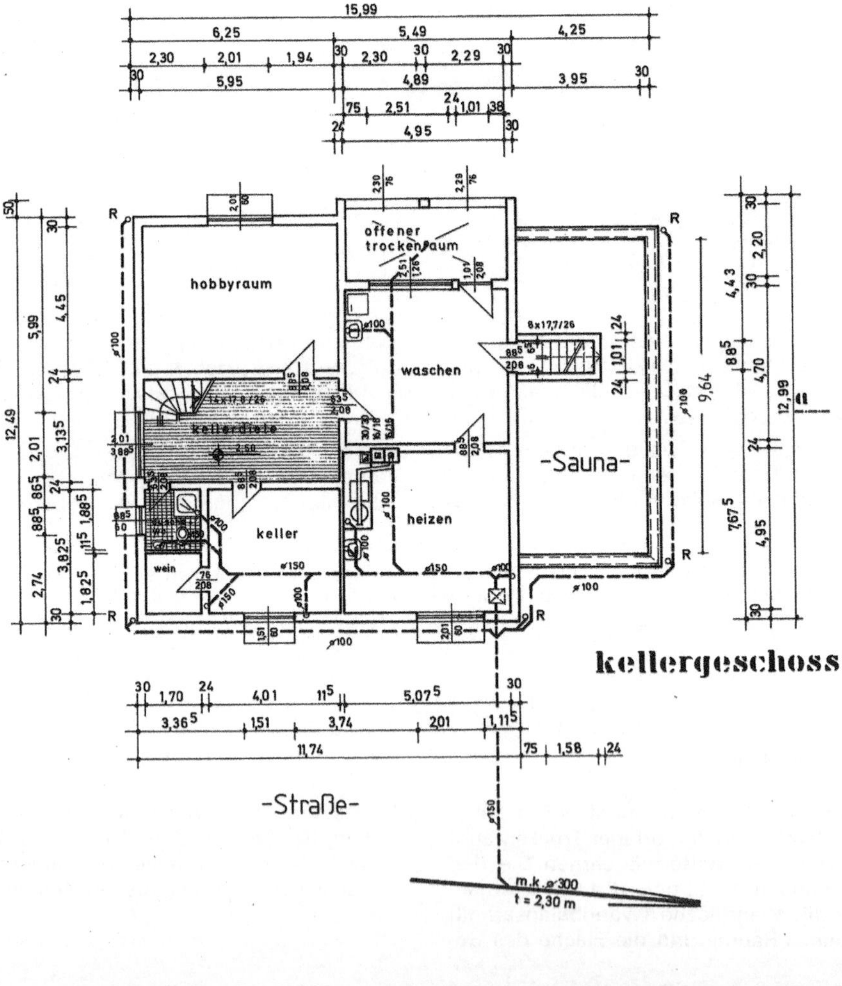
hobbyraum
offener trockenraum
waschen
kellerdiele
keller
heizen
wein
-Sauna-
kellergeschoss
-Straße-
m.k. ø300
t = 2,30 m

12.13

3. Schreiben Sie das Raumaufmaß folgender Räume und geben Sie die Bearbeitungsflächen für Wand und Boden an: Diele, Wohnen, Arbeiten, Essen und Kochen, Garderobe. (Die Maße entnehmen Sie den Bauzeichnungen **12.**12 bis **12.**14.

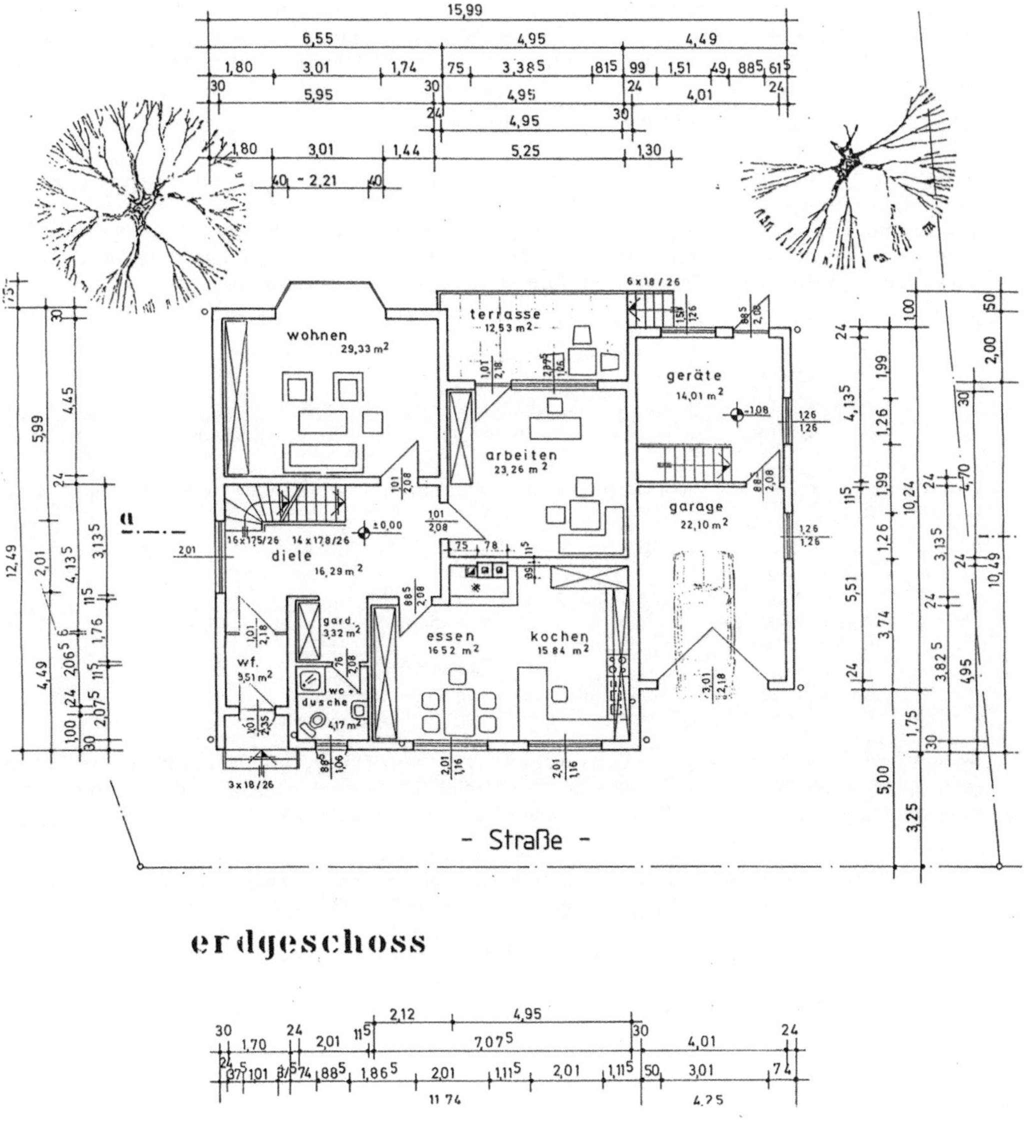

12.14

13 Tapeten/Wandbekleidung

13.1 Rollen

Tapetenrollen haben oft unterschiedliche Maße. Die Europarolle misst z.B. 10,05 m x 0,53 m, Tekko und Salubra werden in laufenden Metern bei einer Breite von 0,80 m geliefert. Durch die einfache Flächenberechnung (Länge · Breite der Rolle) stellen wir fest, wie viel m² eine Tapetenrolle (theoretisch) abdeckt.

Beispiel Eine Europarolle deckt 10,05 m x 0,53 m = 5,3265 m² ~ **5,33 m²**.

Nutzfläche. Um die nutzbare Tapetenfläche festzustellen, müssen Reste und Abschnittsstreifen abgezogen werden. Wegen der unterschiedlichen Raumhöhen und wegen ungerader Wandabschlüsse sind diese Werte sehr verschieden. Deshalb behilft man sich mit Prozentangaben. Für musterlose, ansatzlose Tapeten berechnet man 10% Abzug, für einfache Rapporttapeten 20%, für Tapeten mit großen Rapporten oder für Versatzrapporttapeten bis zu 30%.

Beispiel Eine Europarolle deckt 10,05 m x 0,53 m = 5,3265 m² = **5,33 m²**.

ansatzlos		einfacher Rapport		großer Rapport	
	5,33 m²		5,33 m²		5,33 m²
– 10%	0,53 m²	– 20%	1,07 m²	– 30%	1,60 m²
	4,80 m²		**4,26 m²**		**3,73 m²**

Türen und Fenster müssen von der Wandfläche abgezogen werden, s. (ATV) VOB DIN 18366 unter 5.1.10.

Beispiel Ein Raum von 5,00 m x 4,00 m, Höhe = 2,50 m hat zwei Fenster von je 2,20 m x 1,40 m und eine Tür von 2,00 m x 0,85 m. Wie viel Europarollen (ansatzlos) brauchen Sie?

Aufmaß (Wandfläche): (5,00 · 4,00) . 2 · 2,50 = 45,00 m²
abzüglich zwei Fenster 2 · 2,20 · 1,40 = 6,16 m²
Türfläche ist unter 2,50 m² = –
38,84 m²

Wandfläche 38,84 m² : 4,80 m² Nutzfläche = 8,09 Rollen = **9 Rollen**

Rollenverbrauch (ohne Abzug von Tür- und Fensterflächen). Den Verbrauch ermittelt man, indem man die zu tapezierende Wandfläche durch die Nutzfläche einer Tapetenrolle dividiert. Reste müssen dabei stets zu ganzen Rollen aufgerundet werden. (*Warum?*)

Beispiel Raumaufmaß (Wandfläche) : (5,00 + 4,00) · 2 · 2,50 = 45 m²
Die gesamte Wandfläche soll mit ansatzloser Europarollen-Tapete tapeziert werden.
45 m² (Wandfläche) : 4,80 m² (Rollennutzfläche) = 9,375 = **10 Rollen**

Andere Schreibweise: $\frac{45\ m^2\ (\text{Wandfläche})}{4{,}80\ m^2\ (\text{Rollennutzfläche})} = 9{,}375 =$ **10 Rollen**

Aufgaben zu Abschnitt 13.1

1. Berechnen Sie die Nutzflächen:
   a) Rauhfaser 33,5 m x 0,53 m
   b) Grastapete musterlos, ansatzlos 5,50 m x 0,91 m
   c) Echtholztapete großer Rapport 5,00 m x 0,70 m
   d) Gewebetapete musterlos 8,15 m x 0,65 m

2. Berechnen Sie die Nutzflächen:
   a) Rollenmakulatur musterlos, ansatzlos 50 m x 56 cm
   b) Echtkorktapete einfacher Rapport 5,50 m x 0,91 m
   c) Somvyl (Wandbelag) einfacher Rapport 30 m x 1 m
   d) Glasfasergewebe ansatzlos 25,00 m x 1,00 m 50,00 m x 1,00 m

3. Berechnen Sie den Rollenbedarf für ein Gästezimmer mit den Maßen 4,10 m x 4,60 m, Raum höhe 2,80 m, einem Fenster von 1,80 m x 1,40 m und einer Tür von 1,30 m x 2,05 m. Gewählt wurde die Europarolle (ansatzlos).

4. Zu tapezieren ist ein Arbeitszimmer von 4,15 m x 3,10 m und 3,10 m Tapezierhöhe. Es hat zwei Fenster je 1,35 m breit und 1,25 m hoch sowie eine Tür von 1,10 m x 2,05 m. Berechnen Sie den Rollenbedarf für Rauhfaser.

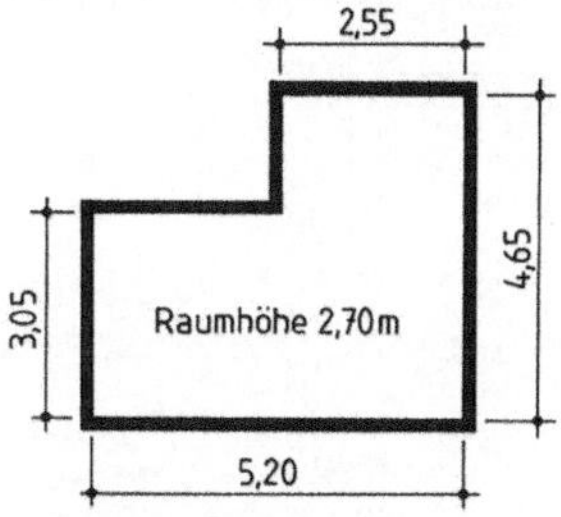

13.1 Wohnzimmer

5. Das Wohnzimmer **13.1** ist 2,85 m hoch. Ein Fenster ist 1,40 m breit und 2,35 m hoch, ein zweites 1,40 m x 2,05 m. Hinzu kommt eine Tür 0,85 m x 2,15 m. Berechnen Sie den Rollenbedarf für Europarolle (kleiner Rapport).

6. Berechnen Sie den Rollenbedarf für ein Esszimmer mit halbrundem Erker (**13.2**) bei
   a) Rauhfaser
   b) Europarolle mit einfachem Rapport,
   c) Rollenmakulatur.

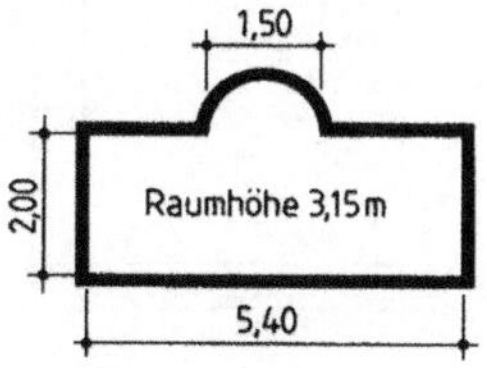

13.2 Esszimmer

7. Berechnen Sie den Rollenbedarf für einen Raum. Aufmaß: (4,20 + 3,60) x 2 x 2,65
   a) bei Europarolle (ansatzlos),
   b) bei Somvyl (ansatzlos),
   c) bei Europarolle mit einfachem Rapport.

8. Wie viel Rollen brauchen Sie, Europarolle mit kleinem Rapport, um den Raum **13.3** zu tapezieren?

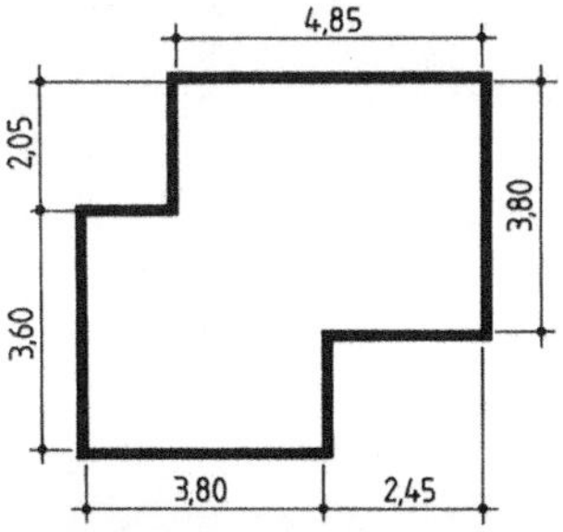

13.3 Raum

9. Das Zimmer **13.4** mit Kaminschnitt soll mit einer Grastapete beklebt werden. Der Raum enthält ein Fenster 1,40 m x 1,60 m und eine Tür 1,15 m x 2,05 m. Tapezierhöhe 2,85 m. Wie viel Rollen brauchen Sie?

10. Ein Wohnzimmer misst 4,60 m x 3,20 m und hat in der Mitte der Längsseite einen quadratischen Erker von $a = 1{,}60$ m. Wie viel Rollen sind nötig bei Tapezierhöhe von 2,25 m. Europarolle mit großem Rapport.

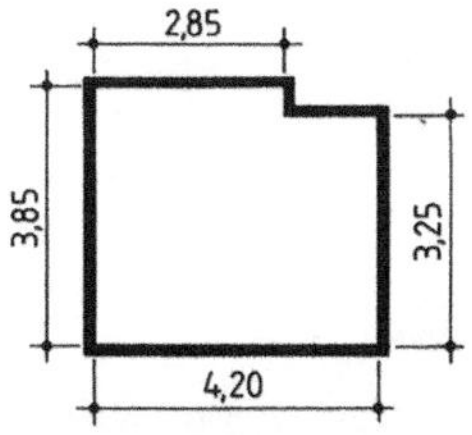

13.4 Wohnzimmer

Türfutter und Leibungen bei Fenstern und Durchgängen erfüllen ebenfalls Voraussetzungen für eine Abwicklung.

Türfutter. Zur Abwicklung brauchen wir die Maße lichte Breite, lichte Höhe und die Futtertiefe.

Beispiel Türfutter **13**.5. Die lichte Breite und die beiden lichten Höhen des Futters kann man zu einer Länge addieren:
Öffnungsabwicklung: 1,00 + 2,00 · 2 = 5,00 m
Wir multiplizieren sie mit der Futtertiefe 0,20 m zu *einer* Fläche: 5,00 · 0,20 = 1,00 m²

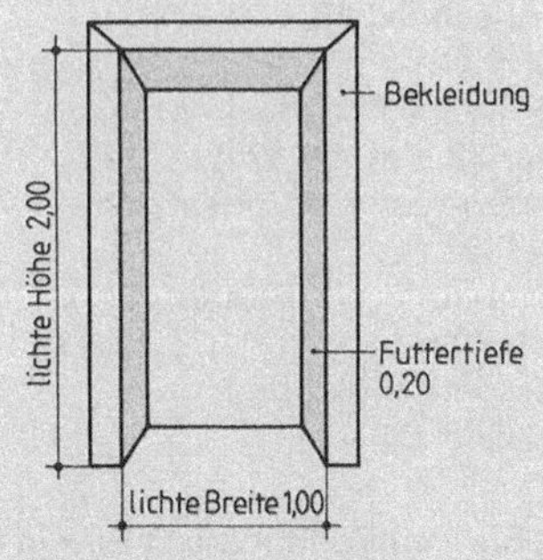

13.5 Türfutter

Fensterleibungen werden bei beschichteten Wänden mit der Wandfarbe beschichtet. Wie bei der Tür die Schwelle entfällt, gibt es beim Fenster keinen unteren Leibungsteil; dort ist die Fensterbank (**13**.6).

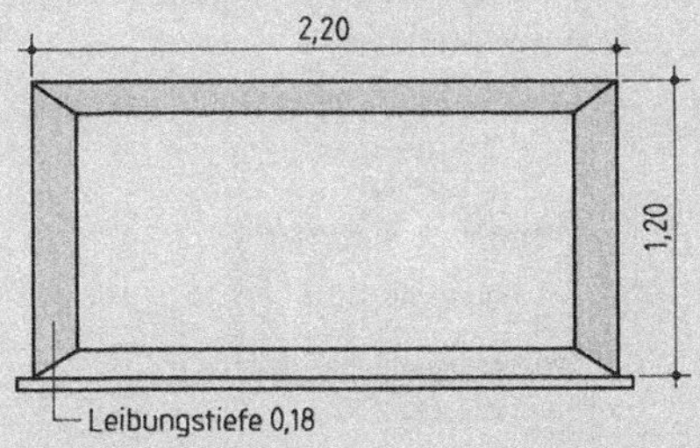

13.6 Fensterleibung
Ansatz (2,20 + 1,20 · 2) · 0,18 = 0,83 m²

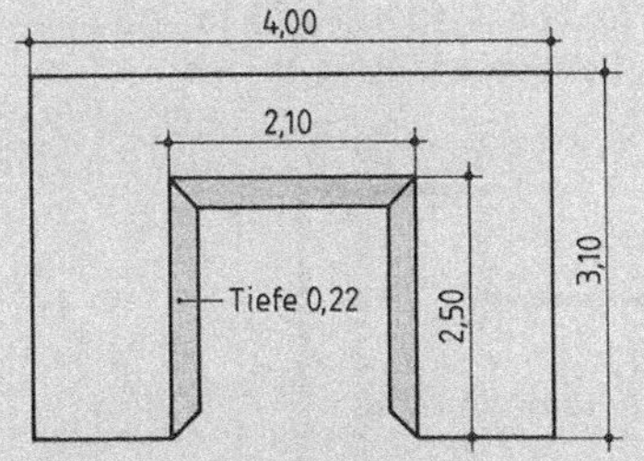

13.7 Leibung Wanddurchgang
Ansatz (2,10 + 2,50 · 2) · 0,22 = 1,56 m²

Durchgänge zwischen zwei Räumen haben eine Leibung, deren Tiefe die Wanddicke ist. Bei Wandbeschichtungen sind die Leibungen mitzuberechnen und die Öffnung abzuziehen, wenn die Öffnung 2,50 m² ist (**13**.7).

Beispiel Der Raum **13**.8 soll im Aufmaß geschrieben werden.
Tapete: Europarolle, kleiner Rapport.

Lösung (5,10 + 4,20) · 2 · 2,65 = 49,29 m
– (1,80 + 1,40 · 2) · 2 (Fenster) = 5,04 m
– (2,00 + 2,00 · 2) (Durchgang) = 4,00 m
Tür bleibt unberücksichtigt, weil unter 2,50 m 40,25 m
+ 2(1,80+1,40 · 2) · 0,15 (Leibung) = 1,38 m
+ (2,00+2,00 · 2) · 30 (Fensterlbg.) = 1,80 m
43,43 m

Tapetenbedarf: 43,43 : 4,26 (kl. Rapport) = 10,19, folglich 11 Rollen

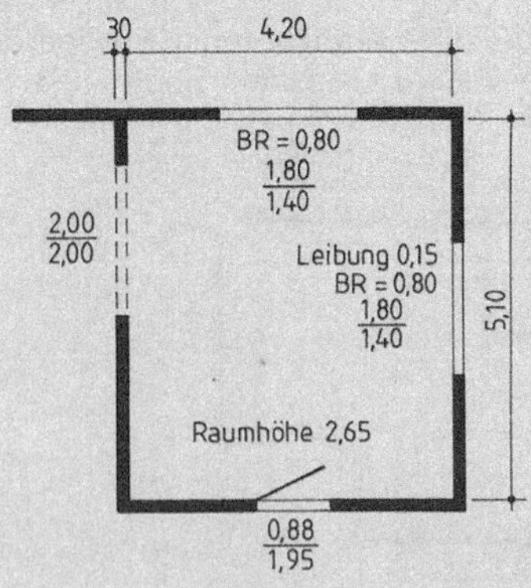

13.8 Raum

Aufgaben zu Abschnitt 13.1

11. Die Raumhöhe des Hauses (**13.9**) beträgt 2,75 m. Berechnen Sie den Tapetenbedarf für die einzelnen Räume noch VOB.

    Fensterleibung = halbe Mauerdicke

    a) Esszimmer – Gewebetapete, ansatzlos
    b) Wohnzimmer – Grastapete, ansatzlos
    c) Schlafzimmer – Somvyl, einfacher Rapport

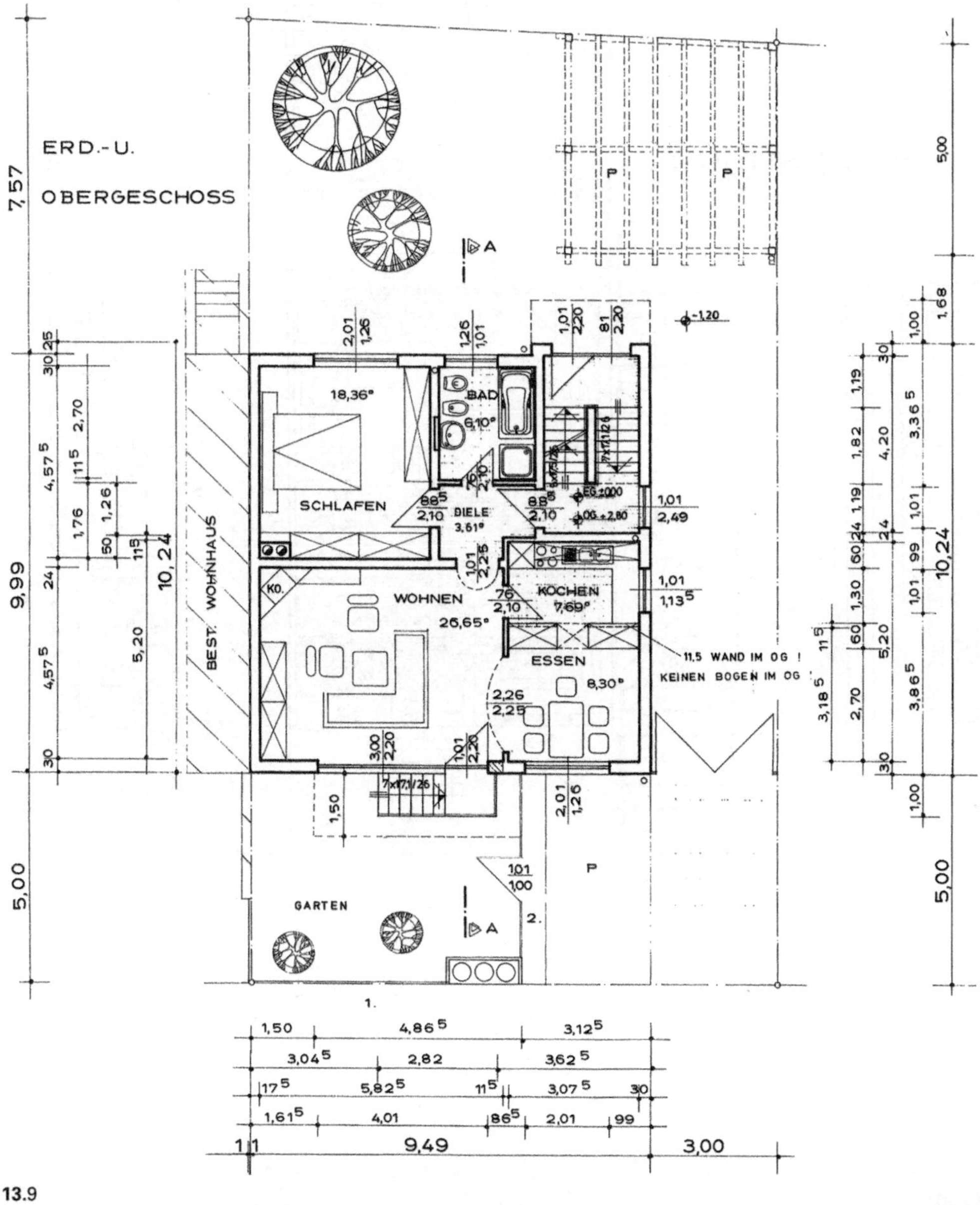

13.9

12. Im Reihenhaus **13**.10, das eine Raumhöhe von 2,80 m hat, wurden für die folgenden Räume die angegebenen Tapeten ausgesucht. Berechnen Sie den jeweiligen Rollenbedarf nach VOB. Fensterleibung = halbe Mauerdicke.
 a) Essdiele (ohne Treppenhaus) – Rauhfaser
 b) Wohnzimmer – Glasfasergewebe, ansatzlos
 c) Kind II – Europarolle, großer Rapport
 d) Gast – Europarolle, ansatzlos
 e) Elternschlafzimmer – Europarolle, einfacher Rapport
 f) Kind I – Gewebetapete, ansatzlos
 g) Diele (Obergeschoss) – Rauhfaser

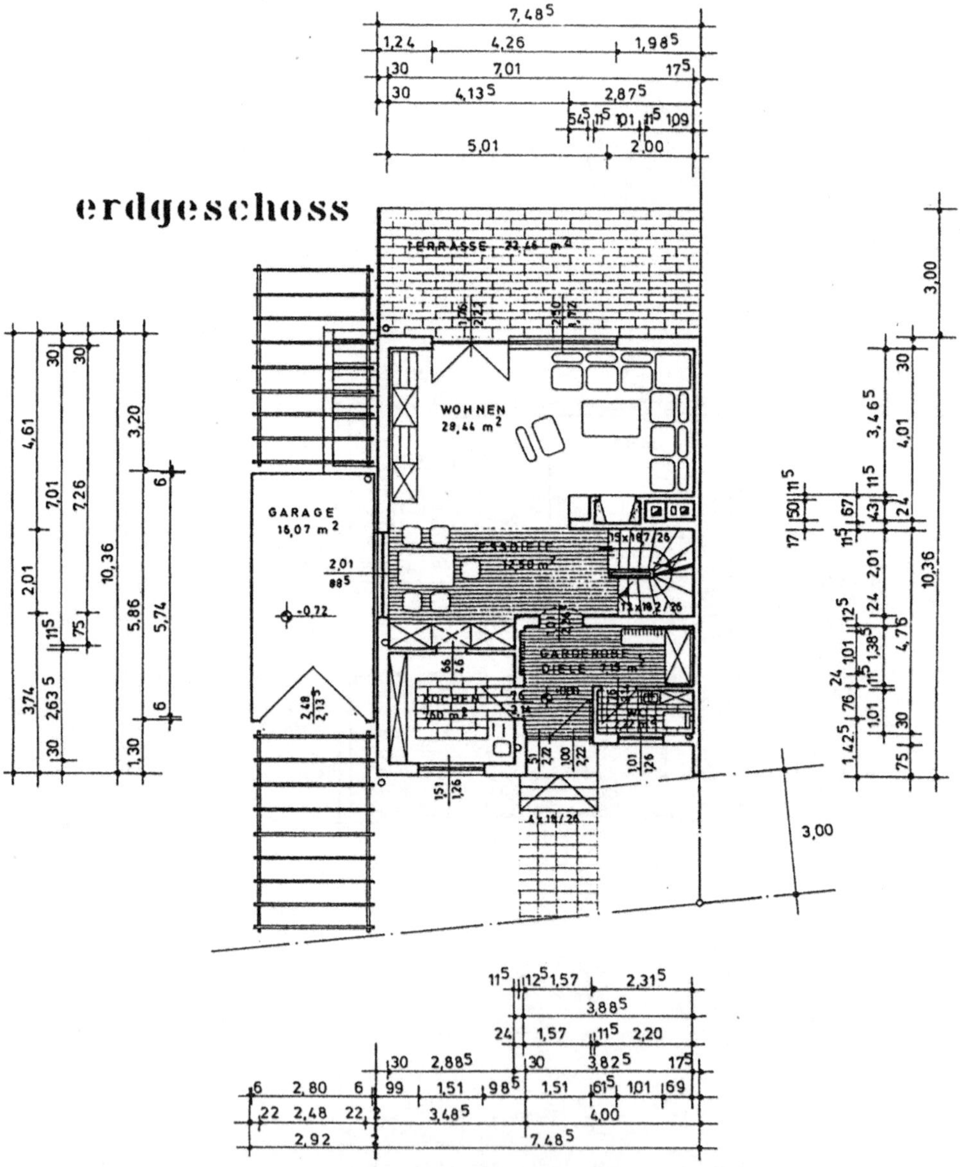

13.10a

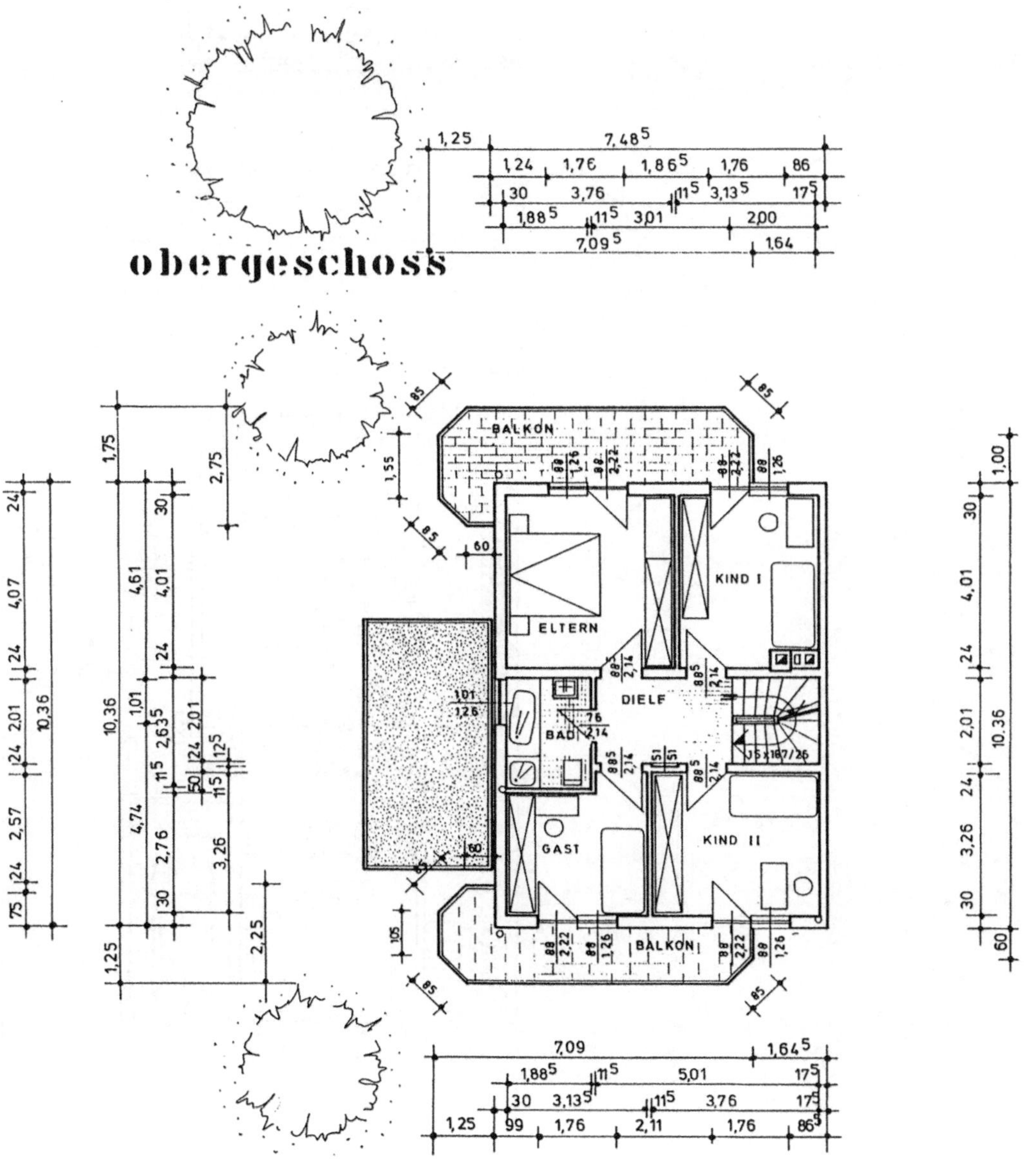

13.10b

13. Für die Tapezierarbeiten im Zweifamlienhaus **13.11** mit einer Raumhöhe von 2,76 m hat der Kunde folgende Tapeten ausgesucht. Berechnen Sie den Rollenbedarf.

Fensterleibung = halbe Mauerdicke

Erdgeschoss

a) Küche (Einbauschränke = 0,85 m hoch) – Glasfasergewebe, ansatzlos

b) Wohnzimmer – Echtholztapete, ansatzlos

c) Schlafzimmer – Echtkorktapete, einfacher Rapport

Obergeschoss

d) Wohnzimmer – Europarolle, großer Rapport

e) Küche (Einbauschränke = 0,85 m hoch) – Somvyl, einfacher Rapport

f) Essraum – Europarolle, einfacher Rapport

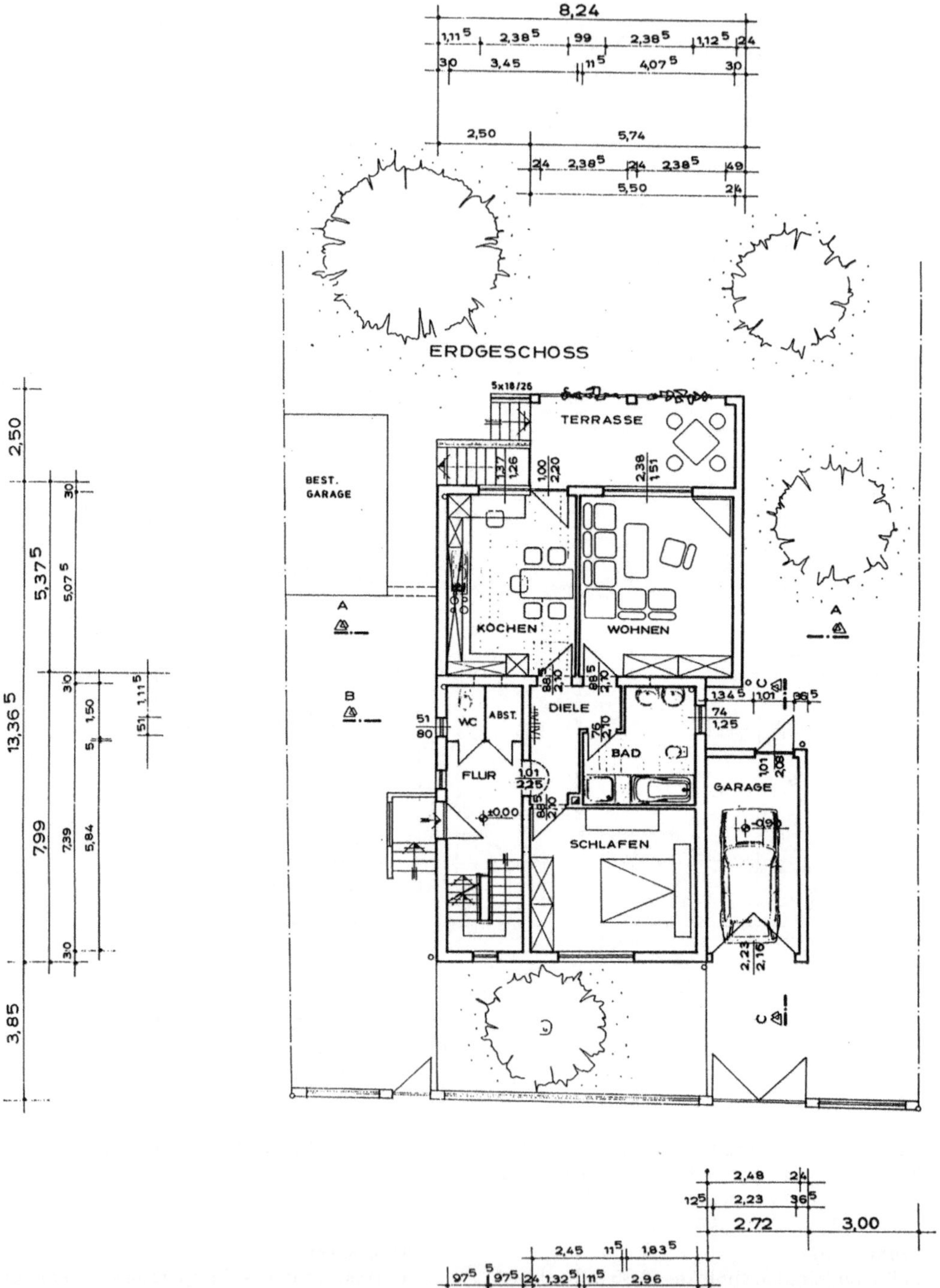
ERDGESCHOSS
TERRASSE
BEST. GARAGE
KÜCHEN
WOHNEN
DIELE
WC
ABST.
FLUR
BAD
GARAGE
SCHLAFEN
8,24
4,00
7,24
1,00
2,72
3,00
13,36 5

13.11a

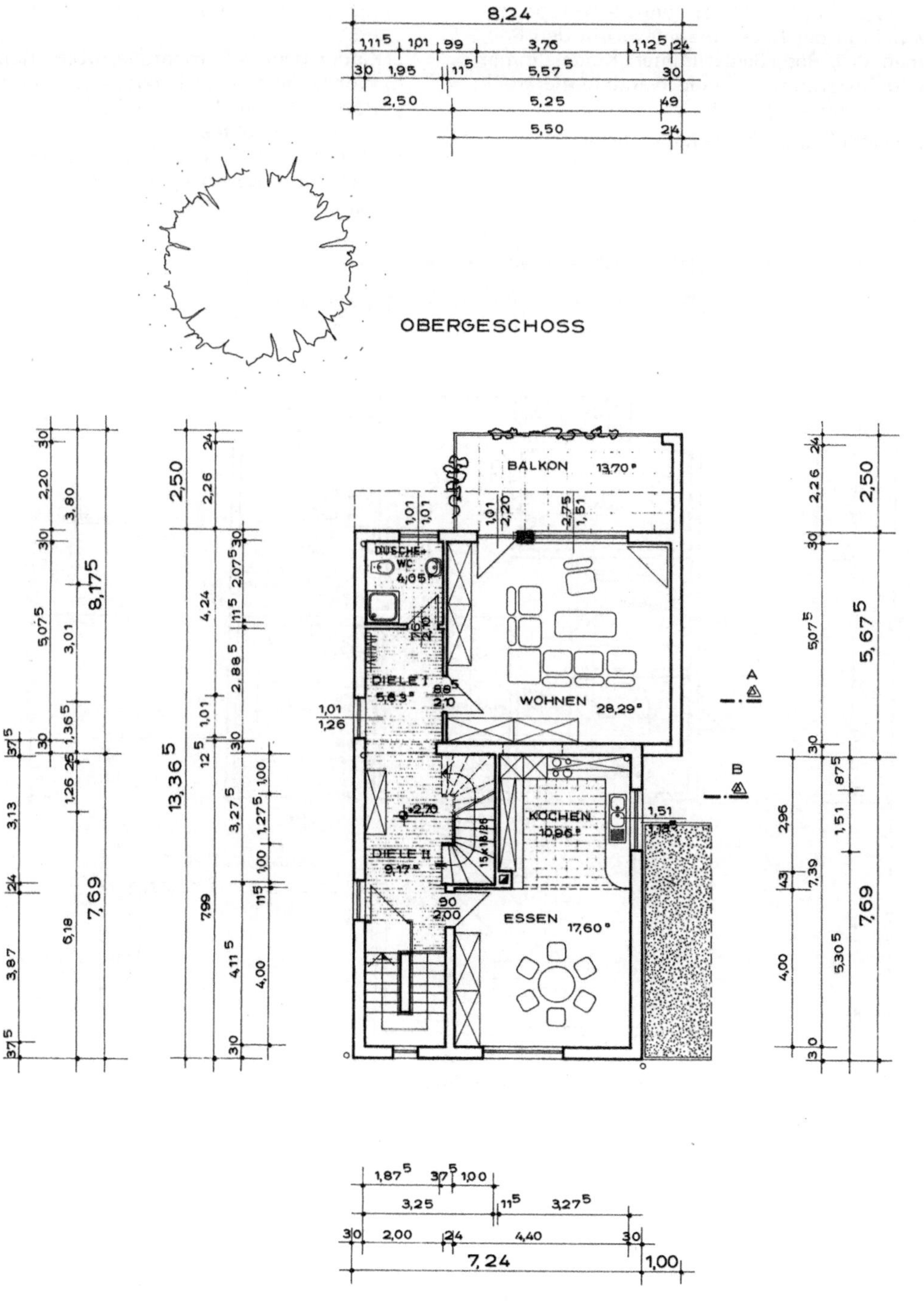
OBERGESCHOSS
BALKON 13,70
DUSCHE+WC 4,05
DIELE I 5,63
WOHNEN 28,29
KOCHEN 10,96
DIELE II 9,17
ESSEN 17,60
8,24
7,24
13,36 5

13.11b

14. Im Einfamilienhaus **13**.12 mit einer Raumhöhe von 2,74 m wünscht der Kunde eine Tapezierarbeit an der Decke (Rauhfaser) in den Räumen WC, Bad, Schlafzimmer, Kinderzimmer und Gästezimmer. Für die Wandtapezierarbeiten wurden ausgesucht:

Fensterleibung = halbe Mauerdicke

a) WC und Bad – Glasfasergewebe ansatzlos
b) Schlafzimmer – Europarolle, einfacher Rapport
c) Kinderzimmer – Europarolle, großer Rapport
d) Wohnzimmer – Echtkorktapete, einfacher Rapport (auf Rollenmakulatur)
e) Essplatz – Rauhfaser
f) Gästezimmer – Europarolle, ansatzlos
g) Diele (ohne Kellertreppe) – Somvyl, ansatzlos

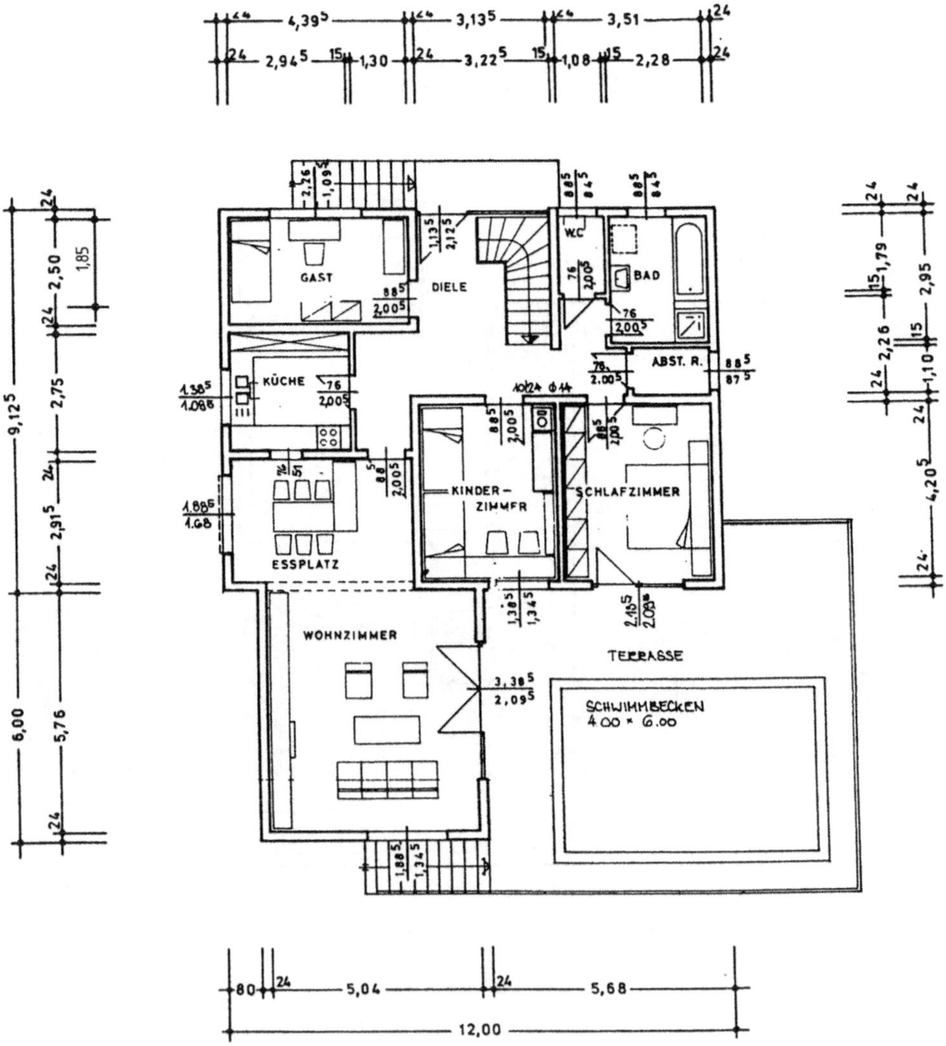

13.12

15. Der Raum **13**.13 soll nach VOB tapeziert werden. Für die Decke wurde eine Rauhfasertapete ausgesucht, für die Wandfläche ist eine Grastapete zu verarbeiten. Berechnen Sie den jeweiligen Rollenbedarf.

Fensterleibung = halbe Mauerdicke

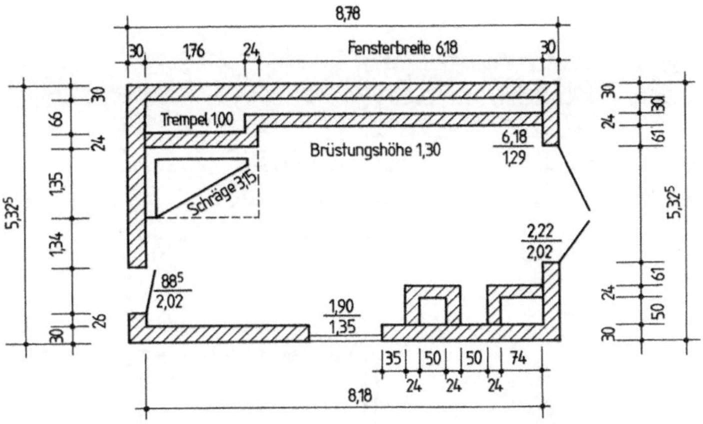

13.13

16. Der Neubau des Einfamilienhauses **13.14** soll komplett tapeziert werden. Der Kunde hat für die einzelnen Räume die angegebenen Tapeten ausgesucht. Berechnen Sie die jeweiligen Rollenzahlen nach VOB.

Erdgeschoss

a) Büro – Rauhfaser

b) WC und Garderobe – Europarolle, ansatzlos

c) Küche (Einbauschränke = 0,85 m hoch) – Glasfasergewebe, ansatzlos

d) Ess- und Wohnzimmer – Grastapete, ansatzlos auf Rollenmakulatur

Fensterleibung = halbe Mauerdicke

Obergeschoss

e) Bad – Somvyl, einfacher Rapport

f) Elternschlafzimmer – Europarolle, einfacher Rapport

g) Kind I – Europarolle, großer Rapport

h) Kind II – Gewebetapete, ansatzlos

i) Diele (oben und unten) – Europarolle, ansatzlos.

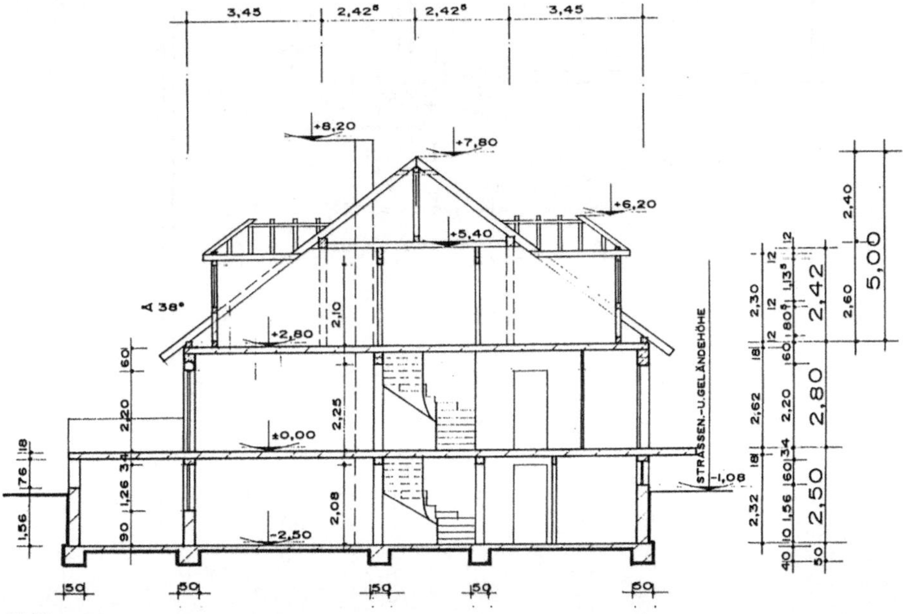

13.14a

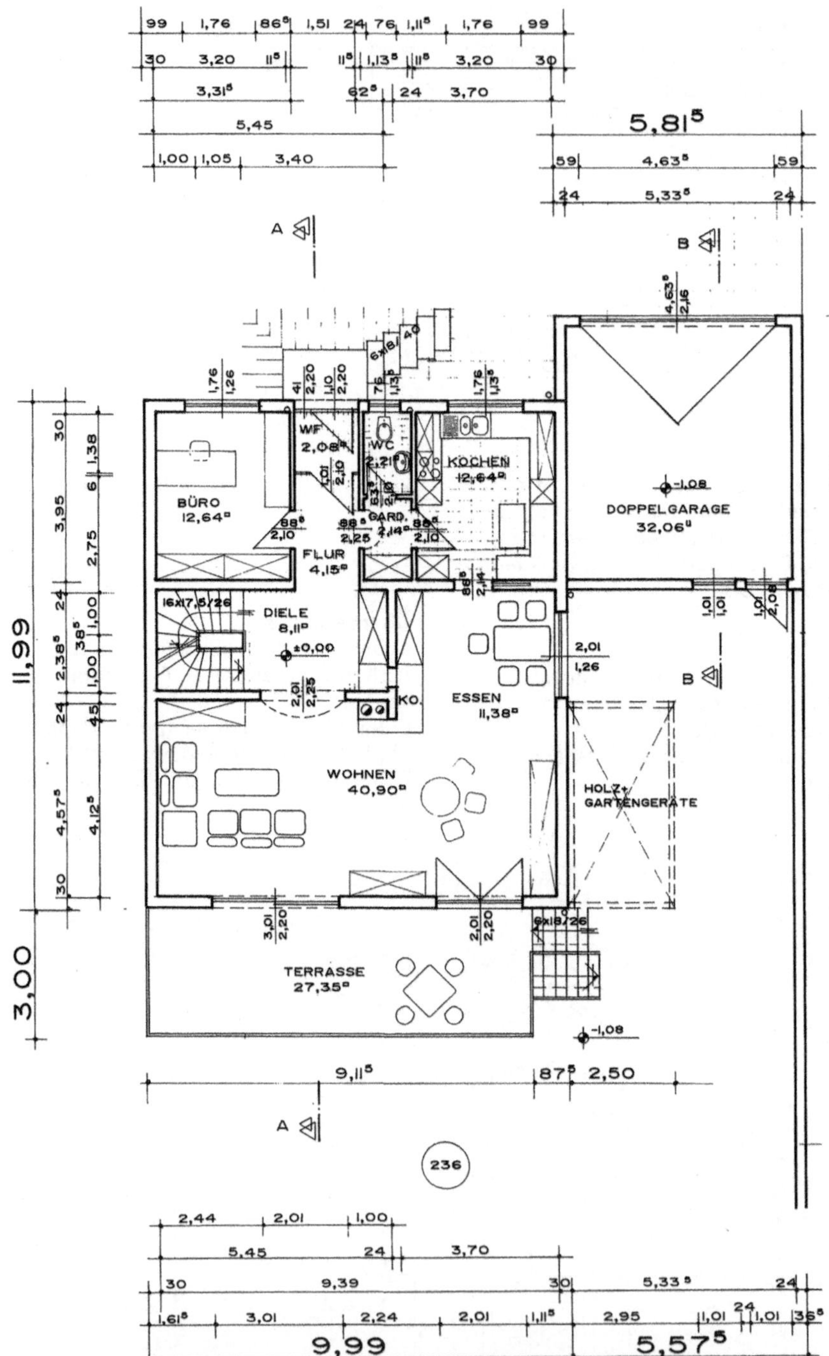
BÜRO
12,64 m²
WF
WC
KÜCHEN
12,64 m²
GARD.
FLUR
4,15 m²
DIELE
8,11 m²
±0,00
KO.
ESSEN
11,38 m²
WOHNEN
40,90 m²
DOPPELGARAGE
32,06 m²
-1,08
HOLZ+
GARTENGERÄTE
TERRASSE
27,35 m²
A
B
236
11,99
3,00
9,99
5,57⁵
5,81⁵

13.14b

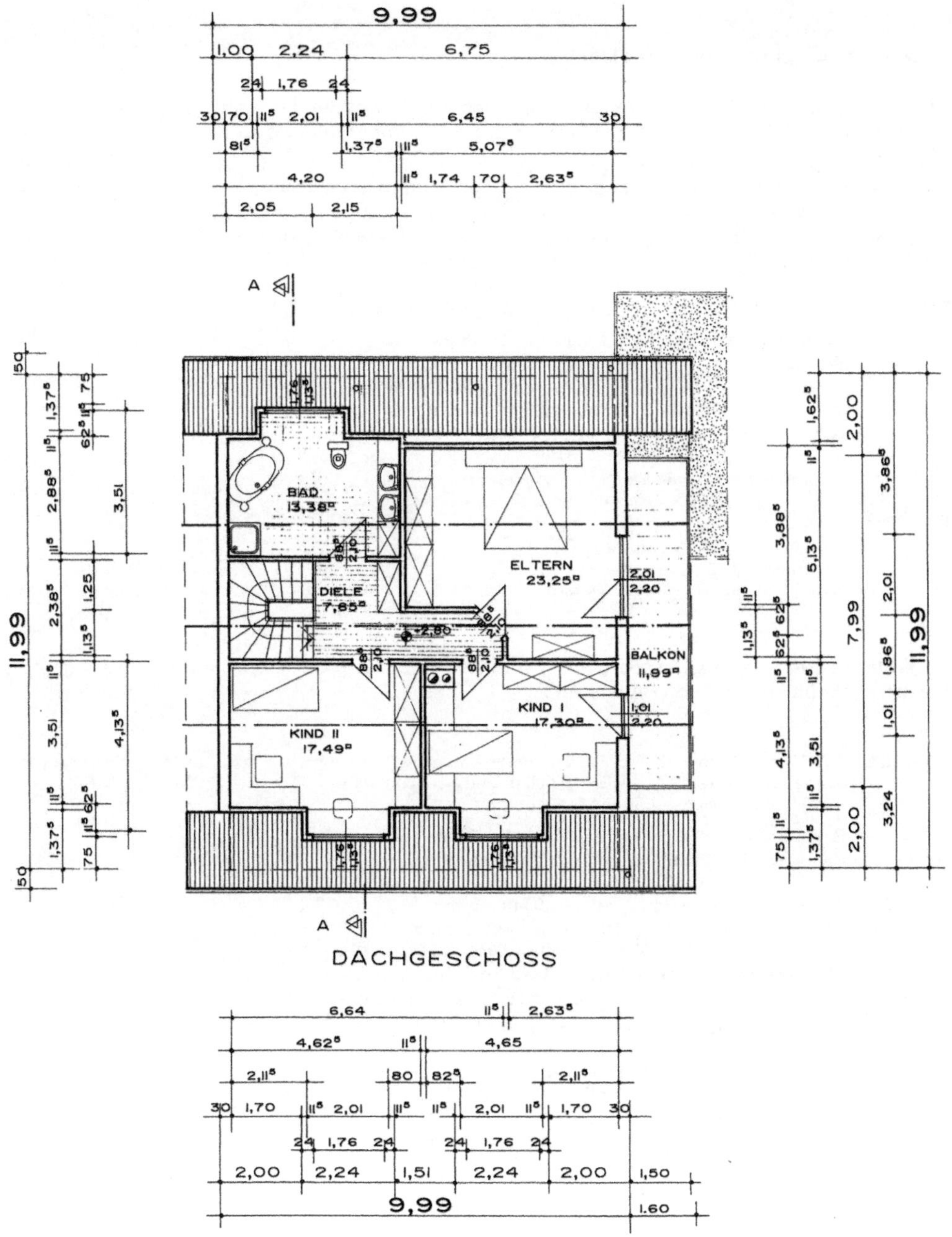
9,99
BAD
13,38
DIELE
7,65
ELTERN
23,25
BALKON
11,99
KIND I
17,30
KIND II
17,49
DACHGESCHOSS
11,99
A
A

13.14c

13.2 Bahnen

13.2.1 Ansatzlose Tapeten/Decke

Werden Tapezierarbeiten bei Privatkunden ausgeführt, wendet man oft abweichend von der Berechnung nach VOB eine andere Methode an: *die Bahnenmethode.*

In der Praxis geht der Meister mit einer Tapetenrolle in der Hand an der Wand entlang und zählt so die erforderlichen Bahnen aus. Er überschlägt dann, wie viel Bahnen er aus einer Rolle herausschneiden kann (Raumhöhe) und berechnet so die nötige Bahnenzahl. Sind nur die Maße eines Raumes bekannt oder gibt es eine Zeichnung, berechnet man die Bahnenzahl und die Bahnenlänge (ohne Tür und Fenster zu berücksichtigen).

Beispiel 1 Raum 5,00 m x 4,00 m, Raumhöhe 2,50 m, Europarolle (ansatzlos)

Raumumfang = (5,00 m + 4,00 m) · 2 = 18 m
Bahnenzahl = Raumumfang : Bahnenbreite
= 18 m : 0,53 m = 33,96 = **34 Bahnen**
Bahnenzuschnitt = Raumhöhe + 0,05 m = 2,55m
Bahnen je Rolle = Rollenlänge : Bahnenzuschnitt
= 10,05 m : 2,55 m = **3 Bahnen** (Rest: 2,40 m)
Rollenbedarf = 34 Bahnen: 3 Bahnen je Rolle = 11,3 = **12 Rollen**

Beispiel 2 Decke
Bahnenlänge = 5 m + 0,5 m = 50,5 m
8 Bahnen = 8 · 5,05 m = 40,4 m
40,4 m : 33,5 m = 1,2 Rolle = **2 Rollen.**

Türen und Fenster müssen auch bei der Bahnenberechnung berücksichtigt werden. Auch die Fensterbankhöhe ist hier von Bedeutung.

Beispiel 3 Ein Raum 4,00 m x 5,00 m, Tapezierhöhe 2,50 m, soll mit Europarolle (ansatzlos) beklebt werden. Vorhanden sind eine Tür 0,85 m x 2,00 m und zwei Fenster je 1,20 m breit x 1,40 m hoch (Brüstungshöhe 0,85 m). Wie viel Rollen braucht man?

Raumumfang = (5,00 m + 4,00 m) · 2 = 18 m
Bahnenzahl = Raumumfang : Bahnenbreite
= 18 m : 0,53 m = 33,96 = 34 Bahnen
Bahnenzuschnitt = Raumhöhe + 0,05 m = 2,55 m
Bahnen je Rolle = Rollenlänge : Bahnenzuschnitt
= 10,05 m : 2,55 m = 3,94 = 3 Bahnen (Rest: 2,40 m)
Einsparungen = Tür 0,85 m : 0,53 m = 1 Bahn
Fenster je 1,20 m : 0,53 m = je 2 Bahnen
Tatsächlicher Bahnenbedarf = 34 – 5 = 29 Bahnen
Kurzstücke = Tür 2,50 m Raumhöhe – 2 m Türhöhe = 0,50 m + 0,05 m = 0,55 m
Fenster (unten)
0,85 m + 0,05 m = 0,90 m (4x)
Fenster (oben)
0,85 m Brüstung + 1,40 m Fensterhöhe = 2,25 m
2,50 m Raumhöhe – 2,25 m = 0,25 m
0,25 m + 0,05 m = 0,30 (4x)
Der Rollenrest reicht für die Kurzstücke, da das längste Kurzstück 0,90 m und der Rollenrest 2,40 m betragen.
Rollenbedarf = 29 Bahnen : 3 Bahnen je Rolle = 9,6 = **10 Rollen**

Aufgaben zu Abschnitt 13.2

1. Berechnen Sie den Rollenbedarf für den Raum **13.**15. Er ist 275 cm hoch und soll mit Echtkorktapete (ansatzlos) beklebt werden.
2. Berechnen Sie für den Raum **13.**15 die erforderlichen lfd. m für folgende Tapeten:
   a) Tekko
   b) Somvyl.

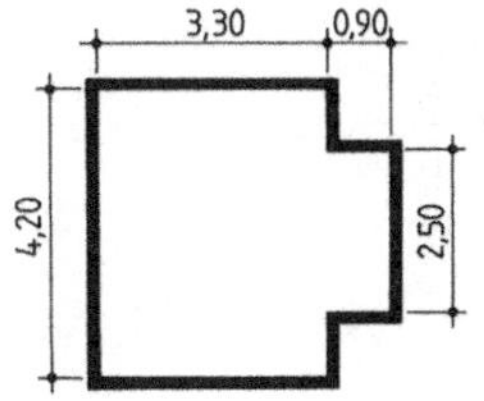

3. Wie viel Rollen Grastapete (ansatzlos) brauchen Sie, um den Wohnraum **13.**16 mit rundem Erker zu tapezieren? Er ist 2,55 m hoch.

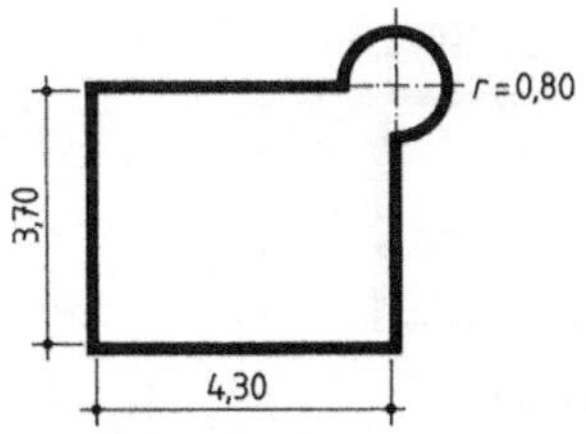

13.16 Wohnraum

4. Das Zimmer **13.**17 ist 3,25 m hoch und soll eine ansatzlose Europarollen-Tapete bekommen. Wie viel Rollen braucht man?

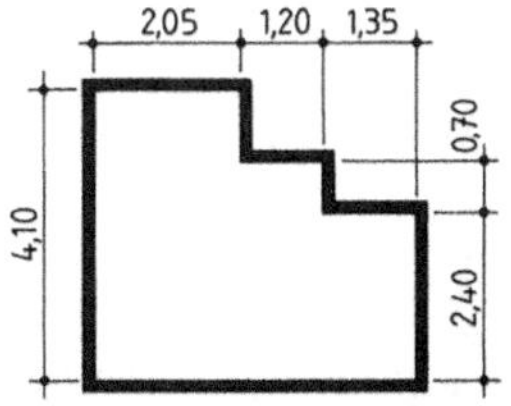

13.17 Zimmer

5. Ein Arbeitszimmer mit den Maßen 2,65 m x 3,45 m und 2,34 m Tapezierhöhe soll eine ansatzlose Echtholztapete (0,7 m breit) erhalten. Wie viel Rollen müssen gekauft werden?
6. Für den Raum **13.**18 mit Erker in Form einer Ellipse wurde ein Tekko (ansatzlos) ausgesucht. Tapezierhöhe 2,85 m. Berechnen Sie den Bedarf in lfd. m.
7. Für den Raum **13.**18 soll nur die Wandfront mit der halben Ellipse mit Echtholz tapeziert werden. Berechnen Sie den Tapetenbedarf.

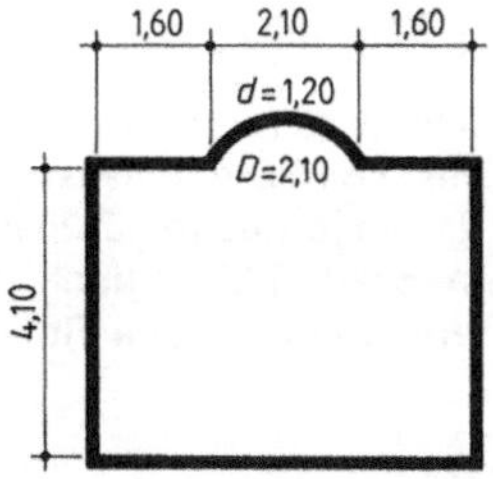

13.18 Erkerraum

8. Ein Schlafzimmer 4,45 m x 3,85 m, 2,65 m hoch soll Rauhfaser erhalten. Der Raum hat eine Tür von 1,10 m x 2,00 m und ein Fenster (1,50 m hoch, 1,30 m breit). Die Fensterbankhöhe beträgt 0,80 m. Wie viel Rollen werden gebraucht?
9. Ein 5,30 m x 4,25 m großes Wohnzimmer (Raumhöhe 3,10m) hat zwei Fenster (je 2,40 x 1,40 m) und eine Tür 1,20 m x 2,05 m. Brüstungshöhe 0,70 m. Berechnen Sie den Tekko-Bedarf (0,80 m breit). Die Tapete ist ansatzlos und wird in laufenden Metern (nicht in Rollen) geliefert.
10. Ein Gästezimmer 3,70 m x 2,80 m (Raumhöhe = 2,65 m) hat ein Fenster 1,20 m x 1,20 m (Brüstungshöhe = 0,75 m) und eine Tür 0,80 m x 1,95 m. Berechnen Sie den Rauhfaserbedarf.
11. Ein kreisrundes Empfangszimmer ohne Fenster hat einen Durchmesser von 8,20 m. Der Raum hat 4 Türen von je 1,10 m x 2,10 m. Die Raumhöhe beträgt 2,82 m. Wie viele Europarollen werden benötigt?

12. Das Zimmer **13**.19 soll Grastapete erhalten. Raumhöhe = 2,80 m, 1 Fenster 1,75 m x 1,40 m, Brüstung 0,80 m. 1 Tür = 1,10 m x 2,10 m. Wie viel Rollen brauchen Sie?

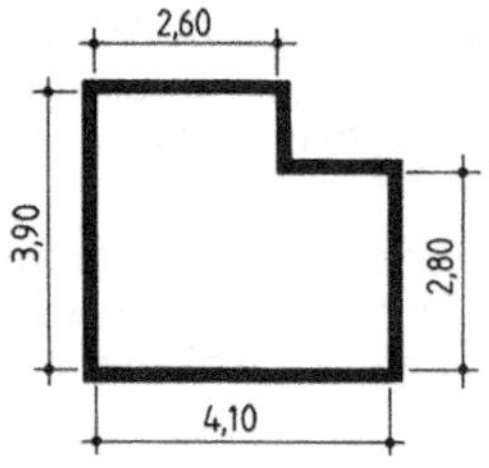

13.19 Zimmer

13. Die Diele in Bild **13**.20 wird mit Somvyl-Wandbelag (ansatzlos) bekleidet. Die Diele ist 2,70 m hoch und hat drei Türen je 1,05 m x 2,05 m und ein Fenster (0,65 m breit, 1,20 m hoch, Brüstungshöhe 1 m. Berechnen Sie den Rollenbedarf.

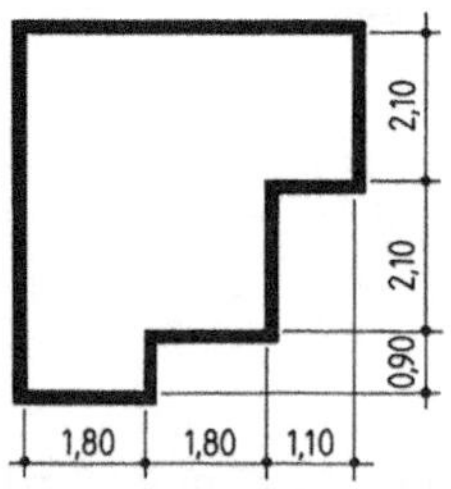

13.20 Diele

14. Wie viel Rollen Echtholztapete (Limba) brauchen Sie bei 70 cm Breite für das Arbeitszimmer **13**.21. Raumhöhe = 2,80 m, zwei Türen je 1,10 m x 2,00 m, zwei Fenster je 1,30 m breit und 1,30 m hoch, Brüstungshöhe 0,85 m.

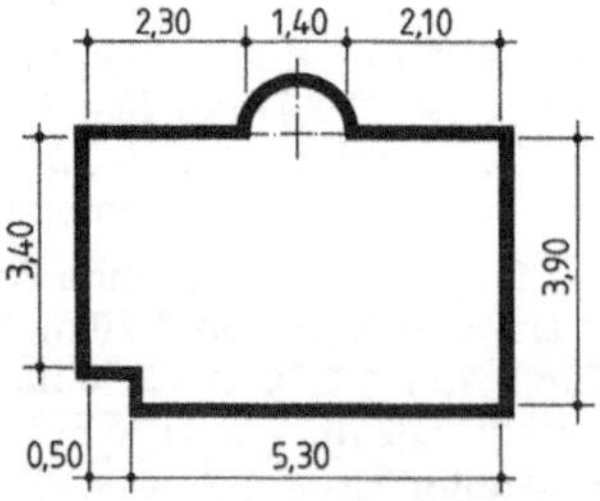

13.21 Arbeitszimmer

15. Sie sollen das Gästezimmer **13**.22 mit Tekkotapete bekleben. Es ist 2,95 m hoch, hat eine Tür 1,20 m x 2,15 m und ein Fenster 3,10 m Breite 1,35 m Höhe. Brüstungshöhe 0,95 m. Wie viel lfd. m nehmen Sie mit?

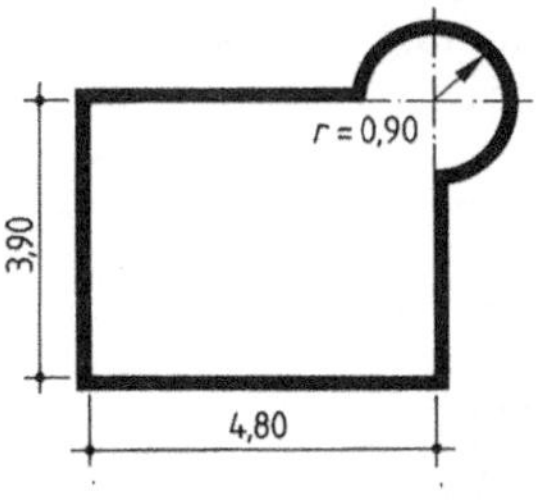

13.22 Gästezimmer

16. Das Kinderzimmer **13**.23 soll zuerst mit Rollenmakulatur, dann mit einer abwaschbaren Tapete (Europarolle) beklebt werden. Berechnen Sie den jeweiligen Rollenbedarf. Zu berücksichtigen sind die Höhe von 3,05 m, zwei Fenster (je 1,55 m x 1,35 m breit und hoch) mit Brüstungshöhe 0,75 m sowie zwei Türen je 1,10 m x 2,00 m.

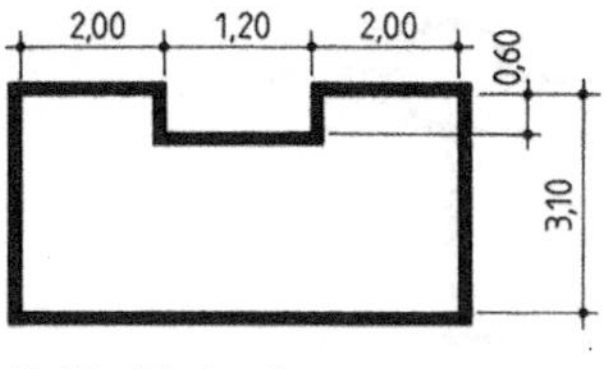

13.23 Kinderzimmer

17. Sie bekommen den Auftrag, ein 2,75 m hohes Wohnzimmer mit Makulatur und Tekko auszustatten. Wie viel Rollen brauchen Sie jeweils, wenn Sie ein Fenster 2,40 m x 1,45 m, ein zweites Fenster 1,80 m x 1,45 m (Fensterbretthöhe je 0,85 m) und eine Tür 0,85 m x 2,05 m aussparen (**13**.24).

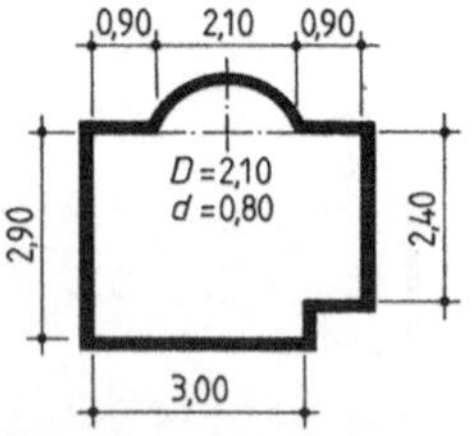

13.24 Wohnzimmer

18. Berechnen Sie für die Zimmer des Hauses **13.25** den jeweiligen Rollenbedarf. Ausgesucht wurden vom Kunden folgende Tapeten:
Kinder- und Schlafzimmer = Rauhfasertapete
Flur = Europarolle
Küche (Vinyltapete) = Europarolle
Wohnzimmer = Makulatur und Tekko
Essplatz = Europarolle
Decken (alle Räume) = Rauhfasertapete
Raumhöhe = 2,76 m
Brüstungshöhe je 0,88 m

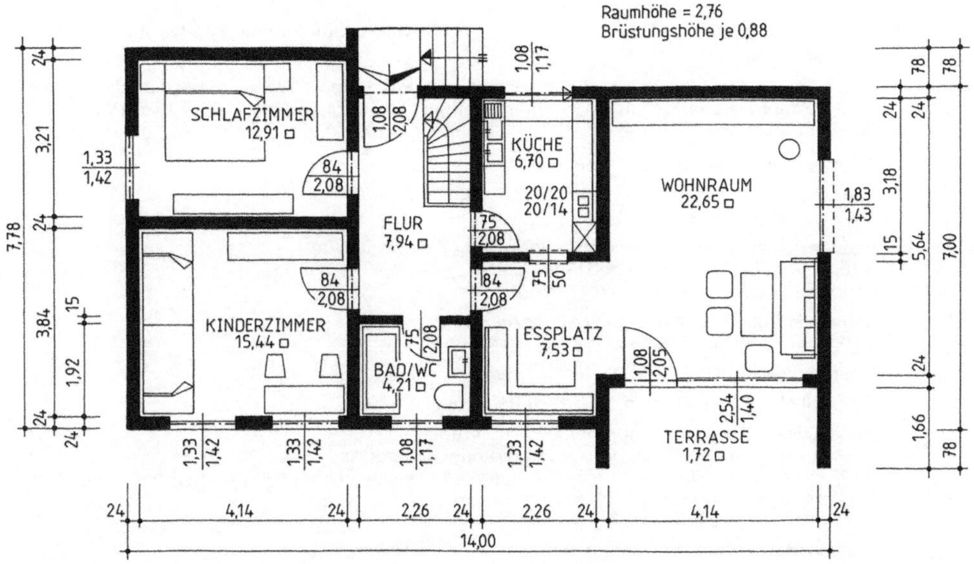

13.25 Haus

19. Berechnen Sie den Tapetenbedarf für das Apartment (**13.26**):
Wohnen = Glasfasergewebe
Schlafen = Europarolle
Essen = Rauhfaser
Diele = Tekko (lfd. m)
Fenster- und Türleibungen werden nicht tapeziert.

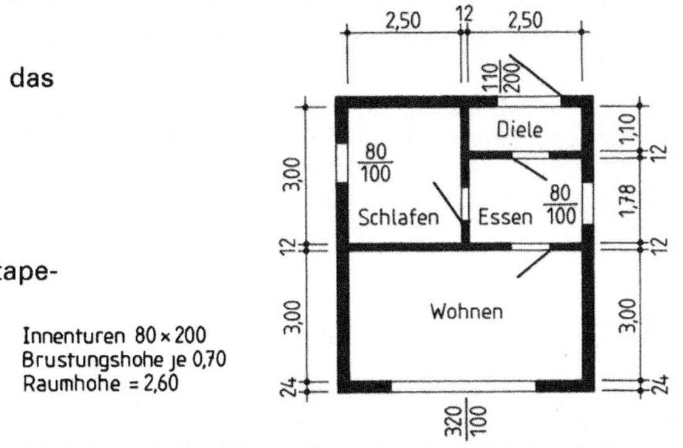

13.26 Apartment

13.2.2 Rapporttapeten

Beim Berechnen des Tapetenbedarfs mit Passrapporten müssen wir stets in ganzen Rapporten denken, d.h., der Bahnenzuschnitt muss immer durch das Rapportmaß teilbar sein. Die Pfeile des international festgelegten Symbols für Passrapport-Tapeten deuten an, dass der Rapportanfang der einen Bahn an den Rapportanfang der nächsten Bahn geklebt werden muss (**13**.27). Die Zahl (hier 27) gibt die Rapporthöhe in cm an

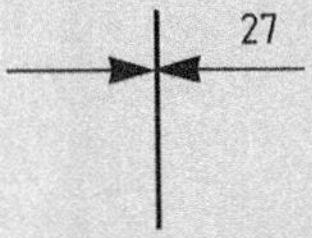

13.27 Symbol für Passrapport-Tapeten

Beispiel Eine 4,50 m lange 2,80 m hohe Wand soll mit einer Passrapport-Tapete im Europarollenformat →|← beklebt werden. Genau in Wandmitte befindet sich eine Tür von 1,00 x 2,00 m. Wie viel Rollen braucht man?

Raumumfang (Wandlänge) = 4,50 m

Bahnenzahl = Raumumfang : Bahnenbreite (Rollenbreite)
= 4,50 : 0,53 m = 8,49 = 9 Bahnen

Bahnenzuschnitt = Raumhöhe : Rapporthöhe = 2,80 m : 0,27 m
= 10,37 Rapporte = aufgerundet 11 Rapporte
Rapporte . Rapportmaß = 11 · 0,27 m = **2,97 m**

Bahnen je Rolle = Rollenlänge : Bahnenzuschnitt
= 10,05 m : 2,97 m = 3 Bahnen (Rest 1,14 m)

Einsparungen = Tür 1,00 m : 0,53 m = 1 Bahn

Tatsächlicher Bahnenbedarf = 9 – 1 = 8 Bahnen

Kurzstücke = Tür 2,80 m Raumhöhe – 2 m Türhöhe
= 0,80 m : 0,27 m = 2,96 Rapporte = aufgerundet 3 Rapporte
3 · 27 cm = 81 cm. Weil 1 cm nicht zum sauberen Beschneiden ausreicht, muss hier ein ganzer Rapport zugegeben werden: 4 · 27 cm = **1,08 m**
Der Rollenrest reicht für das Kurzstück.

Rollenbedarf = 8 Bahnen: 3 Bahnen/Rollen = 2,6 = **3 Rollen**

Der Bahnenzuschnitt muss auf die nächste volle Rapportzahl aufgerundet werden. Lässt sich die Raumhöhe restlos durch das Rapportmaß teilen, muss ein ganzer Rapport zum sauberen Beschneiden hinzu gerechnet werden (z.B. 3 m Höhe, 0,50 m Rapport = 7 Rapporte = 3,50 m).

Das Gleiche gilt für den Bahnenzuschnitt der Kurzstücke.

Bei großen Mustern muss häufig wegen der Symmetrie in der Wandmitte mit dem Tapezieren begonnen werden. Dadurch kann sich die Bahnenzahl ändern. Auch bei Gras- und Basttapeten sollte man vor dem Tapezieren die Bahnposition festlegen, d.h. sie sollten vor dem Verkleben „ausschattiert" werden, um zu verhindern, dass eine dunkle Bahn neben einer hellen geklebt wird.

$$\frac{\text{Bahnenzuschnitt}}{\text{Rapportmaß}} = \text{Anzahl der Rapporte (auf volle Rapporte aufgerundet)}$$

Anzahl der Rapporte x Rapporthöhe = Bahnenlänge

Aufgaben zu Abschnitt 13.2.2

20. Die Zimmerwand **13.**28 ist mit Passrapport-Tapete zu bekleben. Wie viel Salubra in lfd. m braucht man bei einer Rapporthöhe von 55 cm.

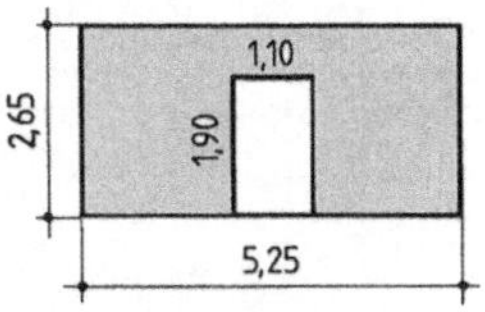

13.28 Zimmerwand

21. Wie viel Europarollen Passrapport-Tapete brauchen Sie für die Wand in Bild **13.**29? Rapporthöhe = 80 cm.

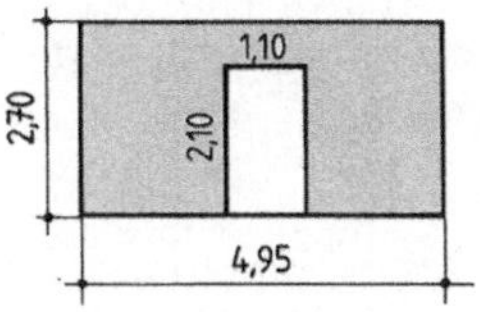

13.29 Zimmerwand

22. Bild **13.**30 zeigt eine Wand, die mit Passrapport-Tapete versehen werden soll. Rapporthöhe 46 cm. Wie viel Europarollen werden bereitgelegt?

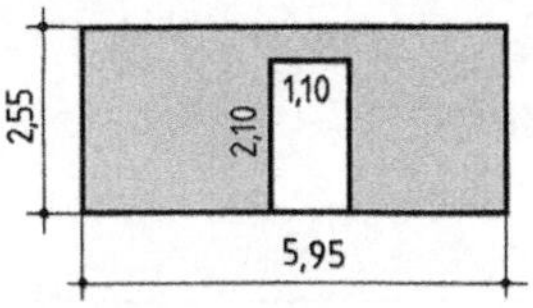

13.30 Zimmerwand

23. Eine 2,90 m hohe und 5,30 m lange Wand mit einem Fenster in der Mitte (Breite 2,10 m, Höhe 1,40 m, Brüstungshöhe 70 cm) soll mit einer Passrapport-Tapete (Tekko, 32 cm Rapporthöhe) ausgestattet werden. Wie viel lfd. m sind erforderlich?

24. Ein Raum von 4,20 m x 3,80 m soll eine Europarollentapete $\rightarrow|\leftarrow_{36}$ erhalten. Zu berücksichtigen sind eine Tür (1,20 m breit und 2,10 m hoch) und ein Fenster (1,80 m breit, 1,60 m hoch, Fensterbretthöhe 70 cm). Das Zimmer ist 2,95 m hoch. Berechnen Sie den Rollenbedarf.

25. Der Raum in Bild **13.**31 wird mit einer Europarollentapete $\rightarrow|\leftarrow_{22}$ beklebt. Er ist 2,65 m hoch. Die Tür misst 1,00 m x 2,00 m, das Fenster 2,00 m breit x 1,60 m hoch mit 0,60 m hoher Brüstung. Wie viel Rollen braucht man?

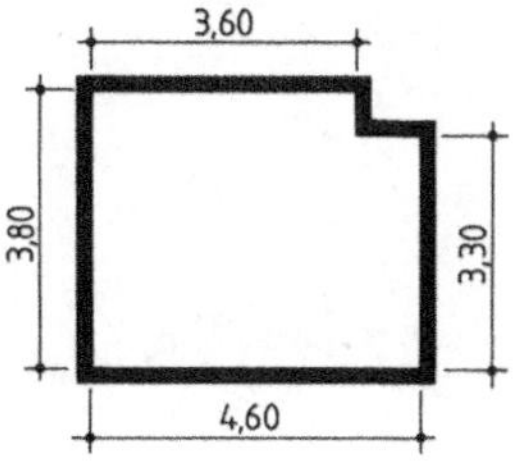

13.31 Raum

26. Der Raum **13.**32 ist mit Tekko zu bekleben, vom Kunden wurde eine Passrapport-Ware $\rightarrow|\leftarrow_{42}$ ausgesucht. Berechnen Sie den Bedarf in lfd. m.

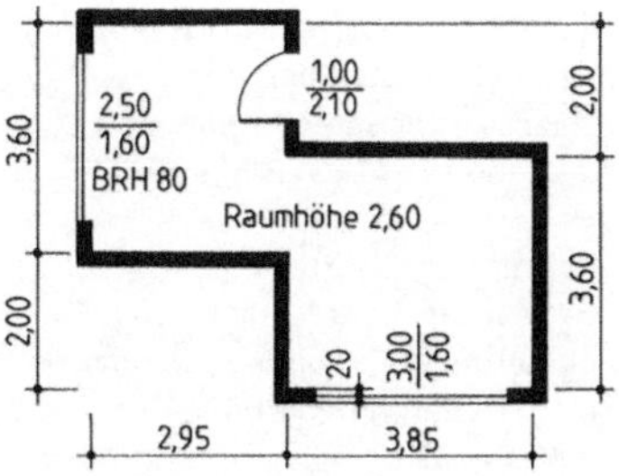

13.32 Raum

27. Im Raum **13.**33 soll eine Europarolle mit einem $\rightarrow|\leftarrow_{27}$ Passrapport verklebt werden. Berechnen Sie den Rollenbedarf.

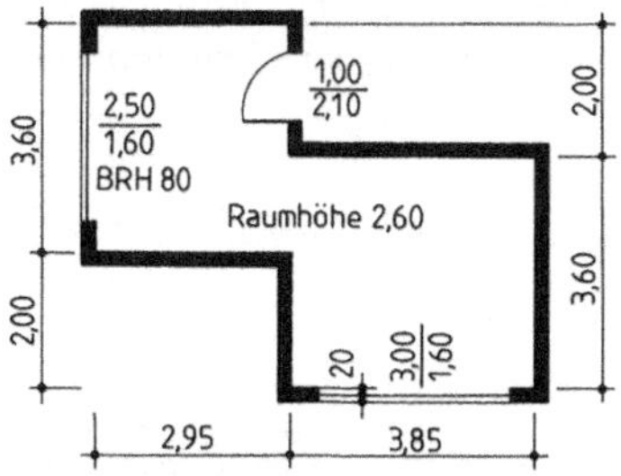

13.33 Raum

Versatzrapport-Tapeten sind häufig materialaufwendiger, weil jeweils zu den berechneten ganzen Rapporten ein halber Rapport (bzw. ein Viertel Rapport) hinzu gerechnet wird. Das Symbol für diese Tapeten zeigt Bild **13**.34. Die Pfeile geben an, dass die Rapporte nicht in der gleichen Höhe angesetzt werden. Die 18 hinter dem Rapportmaß zeigt einen Halbversatz an (Viertelversatz ist sehr selten). Bild **13**.35 zeigt ein Muster.

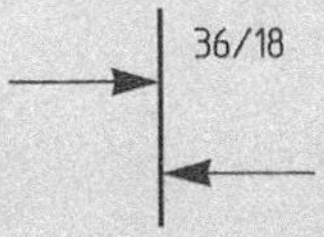

13.34 Symbol für Versatzrapport-Tapeten

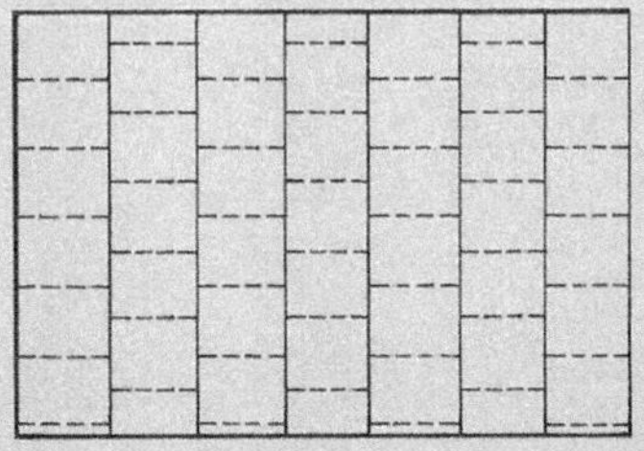

13.35 Halbversatz

Die zu tapezierende Wandhöhe ist ausschlaggebend für den Verbrauch an Tapeten. Mitunter kann die Berechnung Passrapport = Versatzrapport richtig sein. Wegen der Einheitlichkeit für die Berechnung nehmen wir grundsätzlich volle Rapporte + 1/2 Rapport bei Versatzrapporttapeten.

Gegenüber der Rapport-Tapete ändert sich bei Versatzrapport-Tapeten in der Berechnung nur der Bahnenzuschnitt.

Beispiel **a) Passrapport**
Bahnenzuschnitt = Raumhöhe : Rapporthöhe
aufgerundete Rapporte : Rapportmaß
also bei 3 m Zimmerhöhe und 42 cm Rapport:
300 cm : 42 cm = 7,15 Rapporte
8 Rapporte · 42 cm Rapportmaß = **3,36 m Bahnenzuschnitt**

b) Versatzrapport
Bahnenzuschnitt = Raumhöhe : Rapporthöhe
aufgerundete Rapporte + halber Rapport· Rapportmaß
also bei 3 m Zimmerhöhe und 42/2 Rapport:
300 cm : 42 cm = 7,15 Rapporte
8 + 1/2 Rapporte · 42 cm = **3,57 m Bahnenzuschnitt**

In der Praxis schneidet der Fachmann beim Tapezieren mit Versatzrapport-Tapeten stets von zwei Rollen zu:
- von der ersten Rolle ganze Rapporte von Rapportanfang bis -ende.
- von der zweiten Rolle Teilrapporte von Rapportmitte bis -mitte.

Wenn wir von zwei verschiedenen Rollen zuschneiden können, dann gilt die gleiche Formel wie beim Zuschnitt von Rapporttapeten (s. S. 128).

Aufgaben zu Abschnitt 13.2.2, Fortsetzung

28. Eine Wand von 3,10 m Länge und 2,80 m Höhe soll mit einer Versatzrapport-Tapete beklebt werden (32/16). In der Wandmitte ist ein Fenster (1,40 m breit, 1,20 m hoch, Brüstungshöhe 0,95 m). Wie viel Europarollen brauchen man?
29. Ein 4,20 m x 4,10 m großer Raum hat eine 0,80 m breite und 2,10 m hohe Tür und ein Fenster (2,05 m x 1,40 m). Er soll mit Versatzrapport-Tapeten (54/27) ausgestattet werden. Die Brüstungshöhe ist 0,60 m, die Raumhöhe 2,65 m. Berechnen Sie die Anzahl der Europarollen.
30. Berechnen Sie die Anzahl der lfd. m Tekko für den Raum **13.36** ($\rightarrow|\leftarrow_{50/25}$). Tapezierhöhe 2,70 m, Tür 0,88 m x 2,00 m, Fenster 1,60 m, Breite x 1,00 m Höhe, Brüstungshöhe 0,80 m.

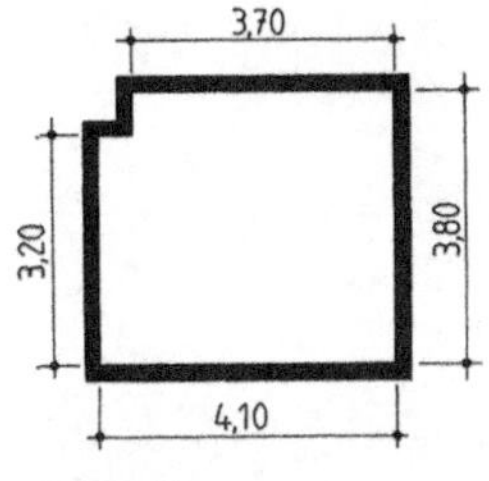

13.36 Raum

31. Für den Raum **13.37** mit Erker in Form einer halben Ellipse wurde eine Versatzrapport-Tapete in Europarollenformat ausgesucht ($\rightarrow|\leftarrow_{28/14}$). Die Raumhöhe beträgt 3,05 m, die Tur ist 95 cm x 200 cm groß, das Fenster 2,50 m x 1,35 m mit Brustungshöhe 75 cm. Wie viel Rollen kaufen Sie ein?

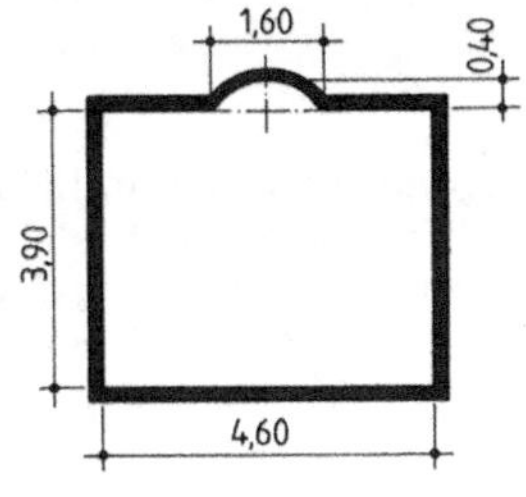

13.37 Erkerraum

32. Ein Kinderzimmer wird mit Tekko mit Versatzrapport 34/17 beklebt. Raummaße = 4,25 m x 4,15 m, Raumhohe = 2,65 m. Zwei Fenster je 1,35 m x 1,95 m, eine Tür von 1,00 m x 2,00 m Brüstungshöhe 75 cm. Berechnen Sie den Bedarf in lfd. m.
33. Ein 2,65 m hoher und 4,20 m x 4,10 m großer Raum soll mit Tekko-Velourstapete $\rightarrow|\leftarrow_{58/29}$ beklebt werden. Der Raum hat eine Tür (1,05 m x 2,10 m) und zwei Fenster (je 2,10 m x 1,40 m, Brüstungshohe 0,75 m). Berechnen Sie den Tapetenbedarf in laufenden Metern.
34. Im Raum **13.38** ist eine Europarollen-Versatz-Tapete zu verkleben $\rightarrow|\leftarrow_{48/24}$. Berechnen Sie den Rollenbedarf.

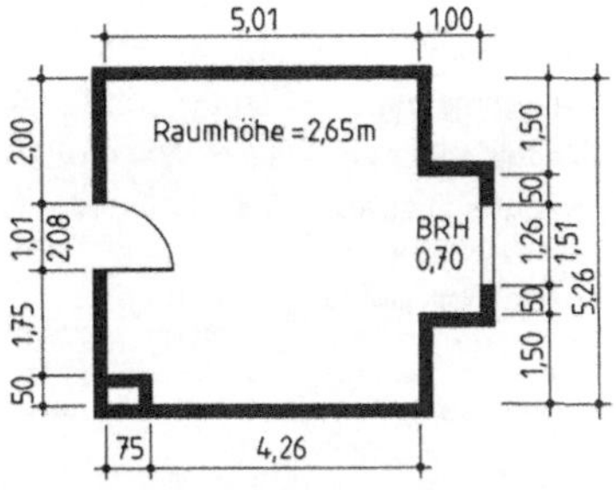

13.38 Raum

35. Die Räume des Apartments (**13.39**) sollen folgende Tapeten erhalten
Wohnen: Europarolle (26/31)
Schlafen: Europarolle (34/17
Essen: Tekko (28/14)

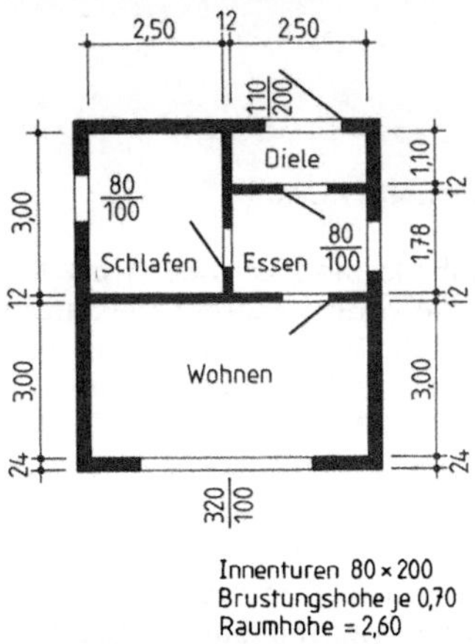

13.39 Apartment

13.2.3 Treppenhauswände

Die Berechnungsmöglichkeiten für den Tapetenbedarf im Treppenhaus sind sehr begrenzt, weil es unterschiedliche Abschlüsse gibt (**13.**40). Deshalb ist es sinnvoll, eine maßstabsgerechte Skizze anzufertigen und Bahnenzahl und -länge einzuzeichnen. Ungenauer ist die Berechnung mit Hilfe des Steigungsmaßes.

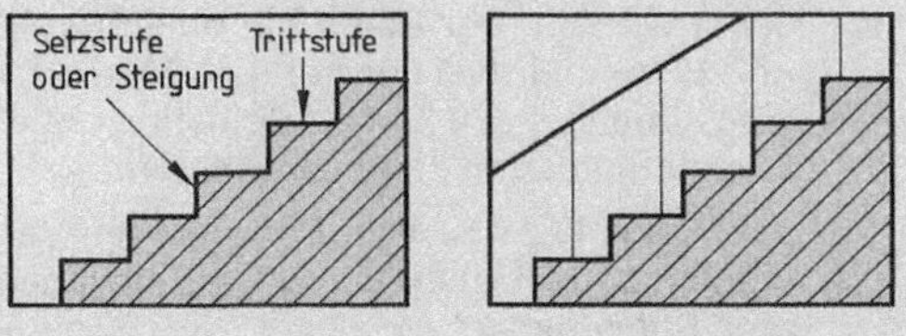

13.40 Treppenhausabschlüsse

Beispiel Eine Treppenhauswand ist 5,20 m hoch und 3,50 m breit. Stufenmaß: 0,25 m Trittstufe, 0,20 m Setzstufe. Wie viel Rollen Somvyl-Wandbelag werden gebraucht?

Stufenzahl = 3,50 m Breite : 0,25 m Trittstufe = 14 Stufen

Steigungshöhe =14 Stufen · 0,20 m Setztiefe = 2,80 m

Tapetenbahnen = 3,50 m Wandbreite: 1m Somvylbreite = 4 Bahnen

Steigung je Bahn = 100 cm Bahnbreite : 25 cm Trittstufe
= 4 Trittstufen je Bahn = 4 . 0,20 Setzstufe = **0,80 m Steigung**

Bahnenberechnung: 1. Bahn = 5,20 m
2. Bahn = 5,20 m – 0,80 m = 4,40 m
3. Bahn = 4,40 m – 0,80 m = 3,60 m
4. Bahn = 3,60 m – 0,80 m = 2,80 m
16,00 m

Rollenbedarf = 1 Rolle, denn Somvyl-Wandbelag wird in 30 m Länge geliefert.

Ist der Deckenverlauf nahezu parallel zur Treppe, so muss der größte Abstand gemessen werden, d.h. von der untersten Trittstufe jeder Bahn bis zum höchsten Deckenpunkt der Bahn. Es muss also die Steigung zweimal hinzu gerechnet werden.

Im obigen Beispiel ist das 5,20 m + 1,60 m = **6,80 m**

Aufgaben zu Abschnitt 13.2.3

36. Eine Treppenhauswand ist 4,20 m breit und 6,05 m hoch, die Trittstufe 30 cm, die Setzstufe 0,22 cm. Fertigen Sie eine maßstabgerechte Skizze (1 : 20) an und berechnen Sie dann den Rollenbedarf einer ansatzlosen Grastapete.
37. Berechnen Sie den Bedarf des gleichen Treppenhauses mit Hilfe des Steigungsmaßes. Vergleichen Sie die Ergebnisse.
38. Ermitteln Sie den Rollenbedarf des gleichen Kellertreppenabgangs mit Hilfe des Steigungsmaßes und vergleichen Sie die Ergebnisse.
39. Ein Kellertreppenabgang (**13.**41) ist an beiden Seiten mit Somvyl-Wandbelag zu bekleben. Trittstufe 25 cm, Setzstufe 16 cm. Fertigen Sie eine maßstabsgetreue Skizze (1 : 20) an und berechnen Sie danach den Rollenbedarf.

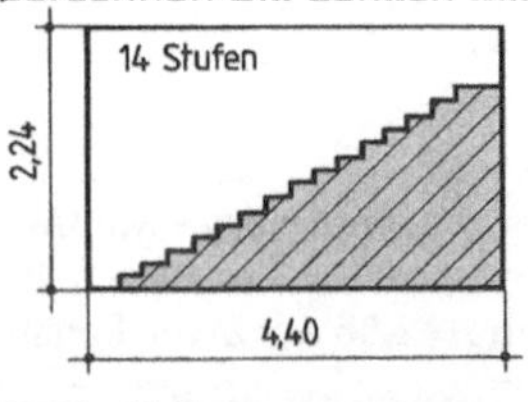

13.41 Kellertreppenabgang

Kombinierte Aufgaben zu Abschnitt 13

Bild **13.42** zeigt die Bauzeichnung eines Erdgeschosses für ein mehrstöckiges Neunfamilienhaus. Berechnen Sie für die Wohnung 1 den Tapetenbedarf nach VOB und für Wohnung 3 nach der Bahnenmethode. Für Wohnung 2 soll der Bedarf nach beiden Methoden berechnet werden. Die Raumhöhe beträgt 2,80 m

Wohnung 1 + 3

Kind – Europarolle, einfacher Rapport (d.h. + 15)

Schlafzimmer – Rauhfaser an Decke/Wänden

Küche – (Einbauschränke = 0,85 m hoch) Glasfasergewebe, ansatzlos

Wohn-/Esszimmer – Europarolle, ansatzlos Flur – Somvyl, ansatzlos

Wohnung 2

Bad – Rauhfaser an Decke und Wänden

Wohnen – Echtkorktapete, einfacher Rapport (d.h. + 14)

Schlafzimmer – Europarolle, ansatzlos.

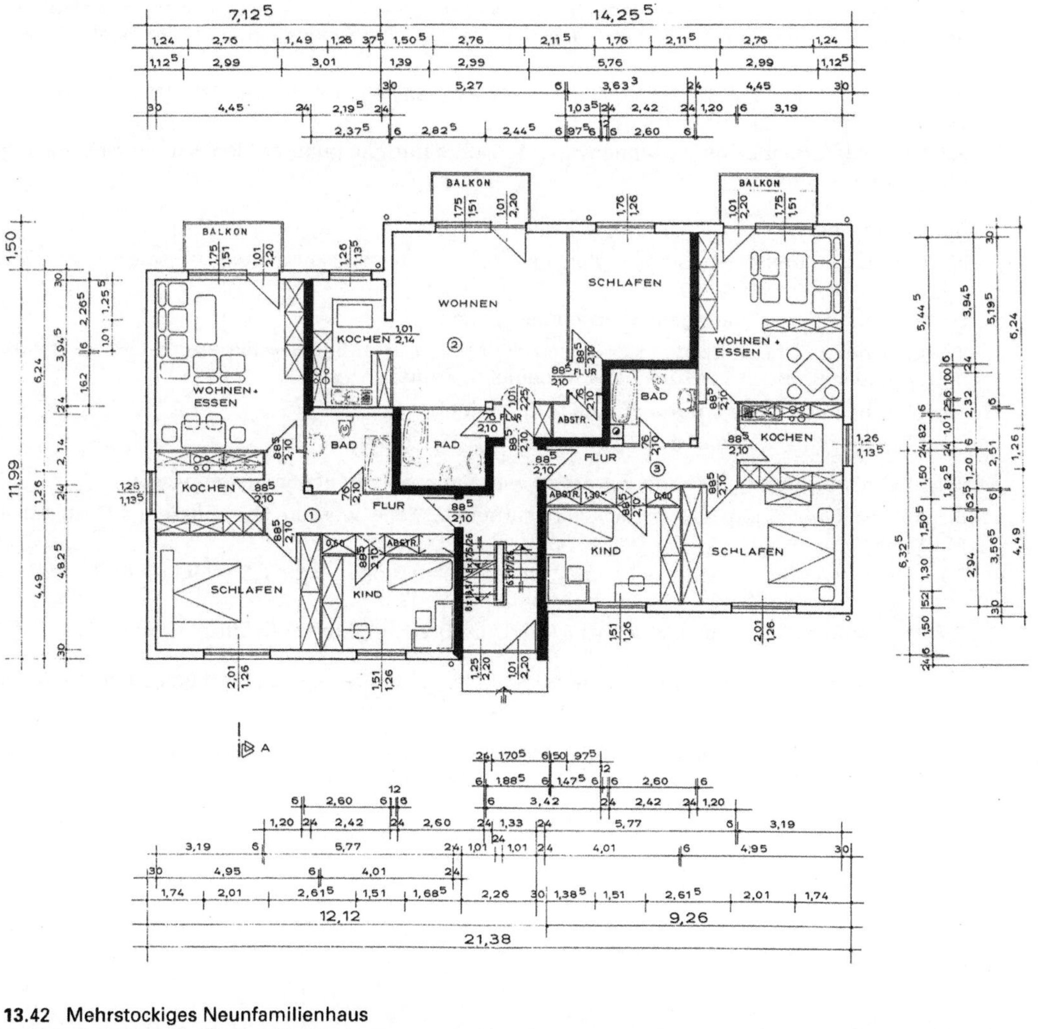

13.42 Mehrstockiges Neunfamilienhaus

14 Bodenbeläge

14.1 Bodenbelag nach VOB

Die (ATV) Allgemeinen Technischen Vertragsbedingungen für Bauleistungen, DIN 18365 Bodenbelagsarbeiten, VOB C sind bei der Berechnung von Bodenbelagsarbeiten grundsätzlich zu beachten, besonders die Teile 2 (Stoffe, Bauteile), 3 (Ausführung), 4 (Nebenleistungen, besondere Leistungen) und 5 (Abrechnung).

Bei 3 Ausführungen ist zu berücksichtigen (auszugsweise)

3.4.4 Die Verlegerichtung des Bodenbelags bleibt dem Auftragnehmer überlassen. Kopfnähte sind nur bei Bahnenlängen über 5 m zulässig.

3.4.5 Bahnen mit Rapport sind mustergleich zu verlegen.

3.4.6 Bahnen, die auf Türöffnungen, Nischen und dergleichen zulaufen, müssen so verlegt werden, dass diese Flächenbereiche überdeckt werden; solche Bodenflächen dürfen nicht mit Streifen belegt werden.

Bodenflächen von Türöffnungen, Nischen und dergleichen, auf die die Bahnen nicht zulaufen, dürfen mit Streifen belegt werden.

3.4.9 Textile Bodenbeläge in Bahnen sind, soweit dafür geeignet, an den Kanten zu schneiden und stumpf zu stoßen.

Bei 5 Abrechnung gilt:

5.1.1 Der Ermittlung der Leistung – gleichgültig, ob sie nach Zeichnungen oder nach Aufmaß erfolgt – sind zu Grunde zu legen:

Bei Bodenbelägen, Unterlagen, Schutzabdeckungen

- auf Flächen mit begrenzenden Bauteilen die Maße der zu belegenden Flächen bis zu den begrenzenden ungeputzten bzw. nicht bekleideten Bauteilen,
- auf Flächen ohne begrenzende Bauteile deren Maße,
- auf Flächen von Stufen und Schwellen deren größte Maße.

5.1.2 Bei der Ermittlung des Längenmaßes wird die größte Bauteillänge gemessen.

5.1.3 In Bodenbelägen nachträglich eingearbeitete Teile werden übermessen, z.B. Intarsien, Markierungen.

5.2.1 Bei Abrechnung nach Flächenmaß (m^2); Aussparungen über 0,1 m^2 Einzelgröße, z.B. für Öffnungen, Pfeiler, Pfeilervorlagen, Rohrdurchführungen.

5.2.2 Bei Abrechnung nach Längenmaß (m); Unterbrechung über 1 m Einzellänge.

Bei der Berechnung nach VOB wird der Bodenbelag in der Regel nach m^2 angegeben. Weder der Verschnitt noch Zugaben zum sauberen Einlegen werden berücksichtigt.

Beispiel 1 Ein Raum, der in der Zeichnung die Maße 4,63 m x 4,24 m hat und bei dem die Türen einen Innenanschlag haben, erfordert einen Belag von 4,63 x 4,24 = **19,63 m²**.

Beispiel 2 Hat der Raum zwei Türen mit Außenanschlag, die nicht in Bahnenrichtung liegen, dann ergibt sich bei einer Mauerdicke von 25 cm und Türöffnungen von 1,20 m folgende Rechnung:

$$\begin{aligned} &4{,}63\ \text{m} \times 4{,}24\ \text{m} &&= 19{,}63\ \text{m}^2 \\ &+ 2(1{,}20\ \text{m} \times 0{,}25\ \text{m}) &&= 0{,}60\ \text{m}^2 \\ & &&= \mathbf{20{,}23\ m^2} \end{aligned}$$

Aufgaben zu Abschnitt 14.1

Berechnen Sie für die einzelnen Räume in den Grundrissen die jeweils nötige m^2 Zahl an Bodenbelag nach VOB

1. Tuftingbelag für den Raum **14**.1

2. Die Einliegerwohnung **14**.2 soll mit Teppichboden ausgelegt werden. Für jedes Zimmer wurde ein anderer Teppichbelag ausgewählt.

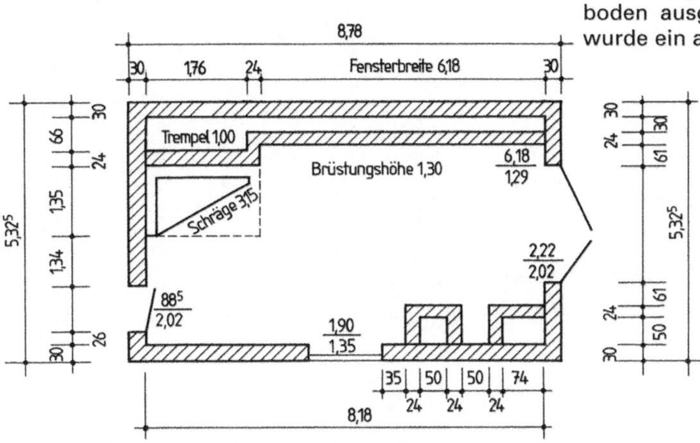

14.1 Raum

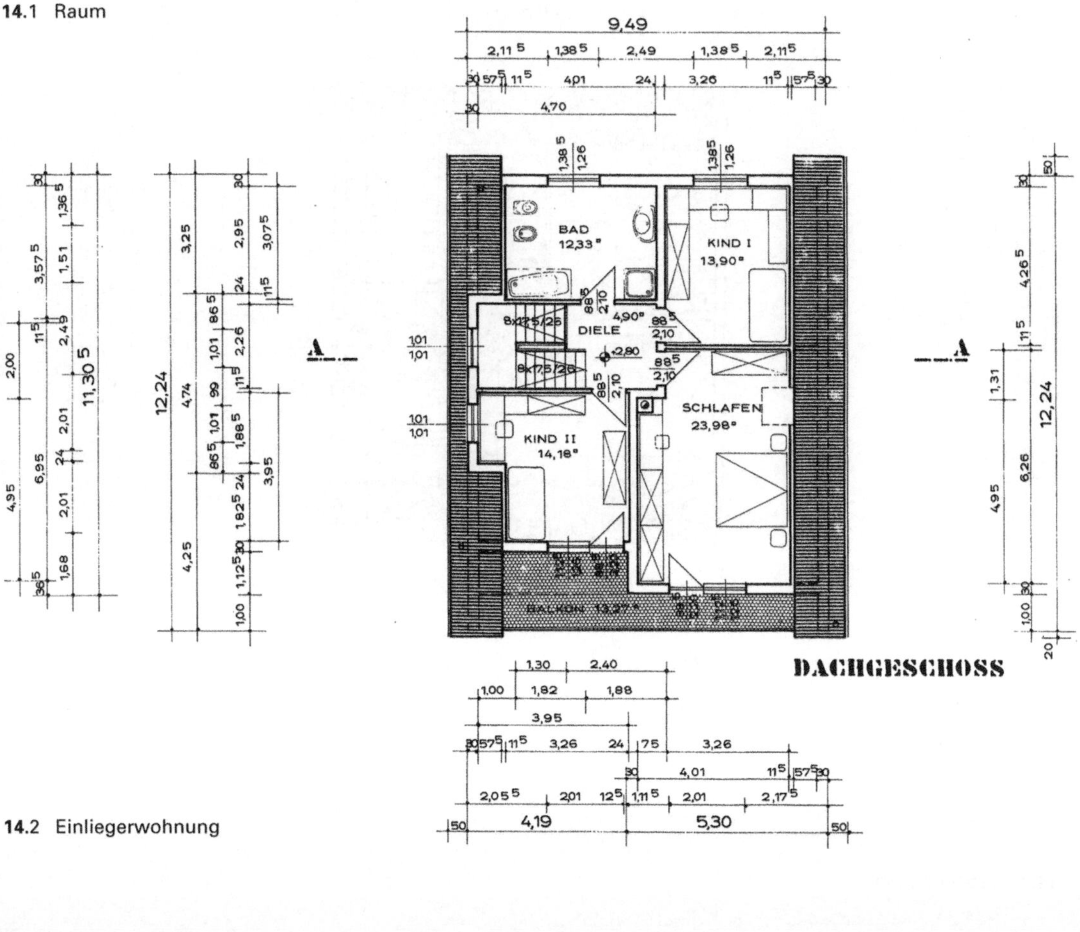

14.2 Einliegerwohnung

3. a) Für die Dachwohnung **14.3** sind das Wohn- und Schlafzimmer mit Teppichboden, die Diele und die Küche mit PVC-Belag auszulegen.

b) Für den Windfang im Treppenhaus ist ein Linoleumbelag ausgesucht worden. Wie vieviele m werden benötigt?

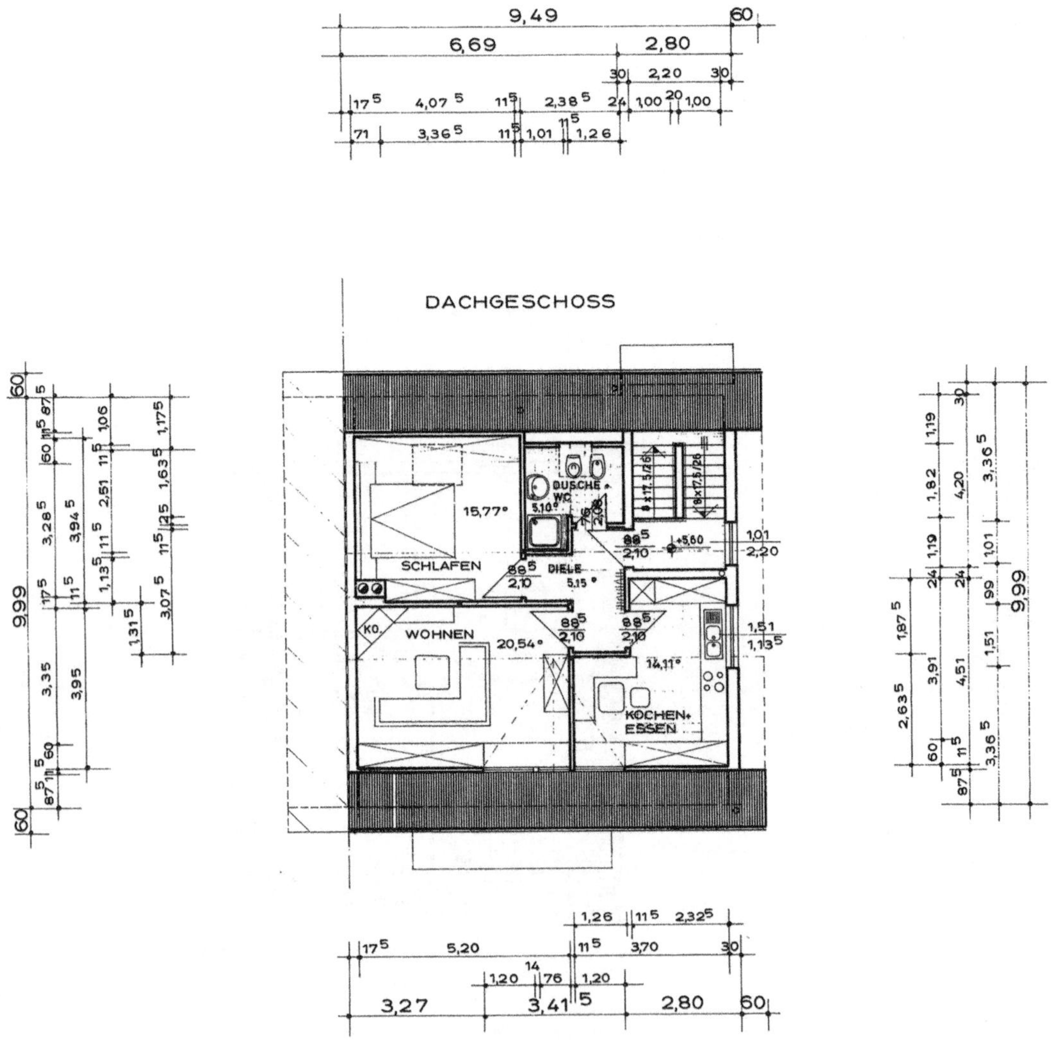

14.3 Dachwohnung

4. Im Einfamilienhaus **14.4** sollen Wohn-, Ess-, Gäste- und Schlafzimmer mit Teppichboden ausgelegt werden. Für das Kinderzimmer wurde Linoleum, für die Diele PVC-Belag ausgesucht. Für das WC und den Abstellraum wurde ein Gummibelag gewünscht. Berechnen Sie den jeweiligen m-Bedarf nach VOB.

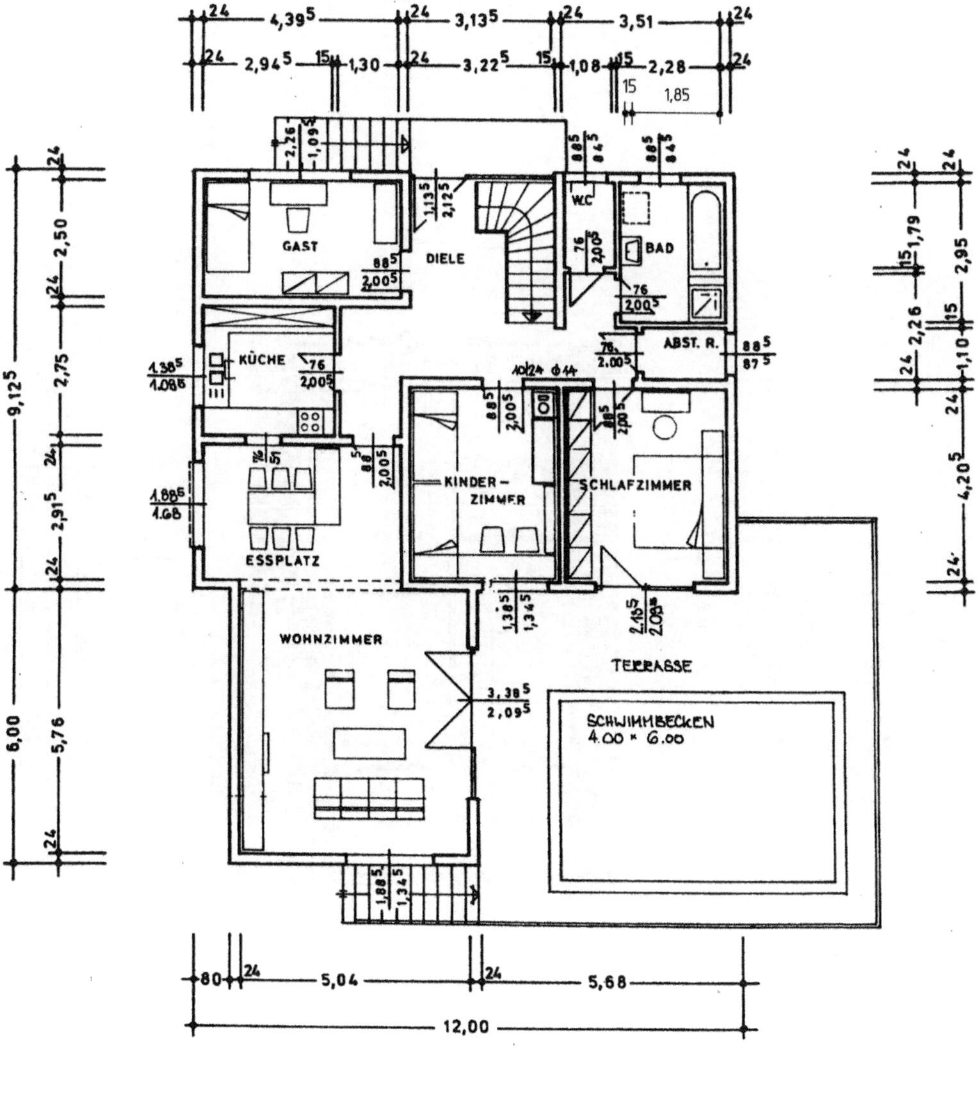

14.4 Einfamilienhaus

5. Im Dachgeschoss des Hauses **14**.5 sollen die Kinderzimmer mit Teppich, die Diele mit Linoleum und das Elternschlafzimmer mit einem PVC-Belag versehen werden.

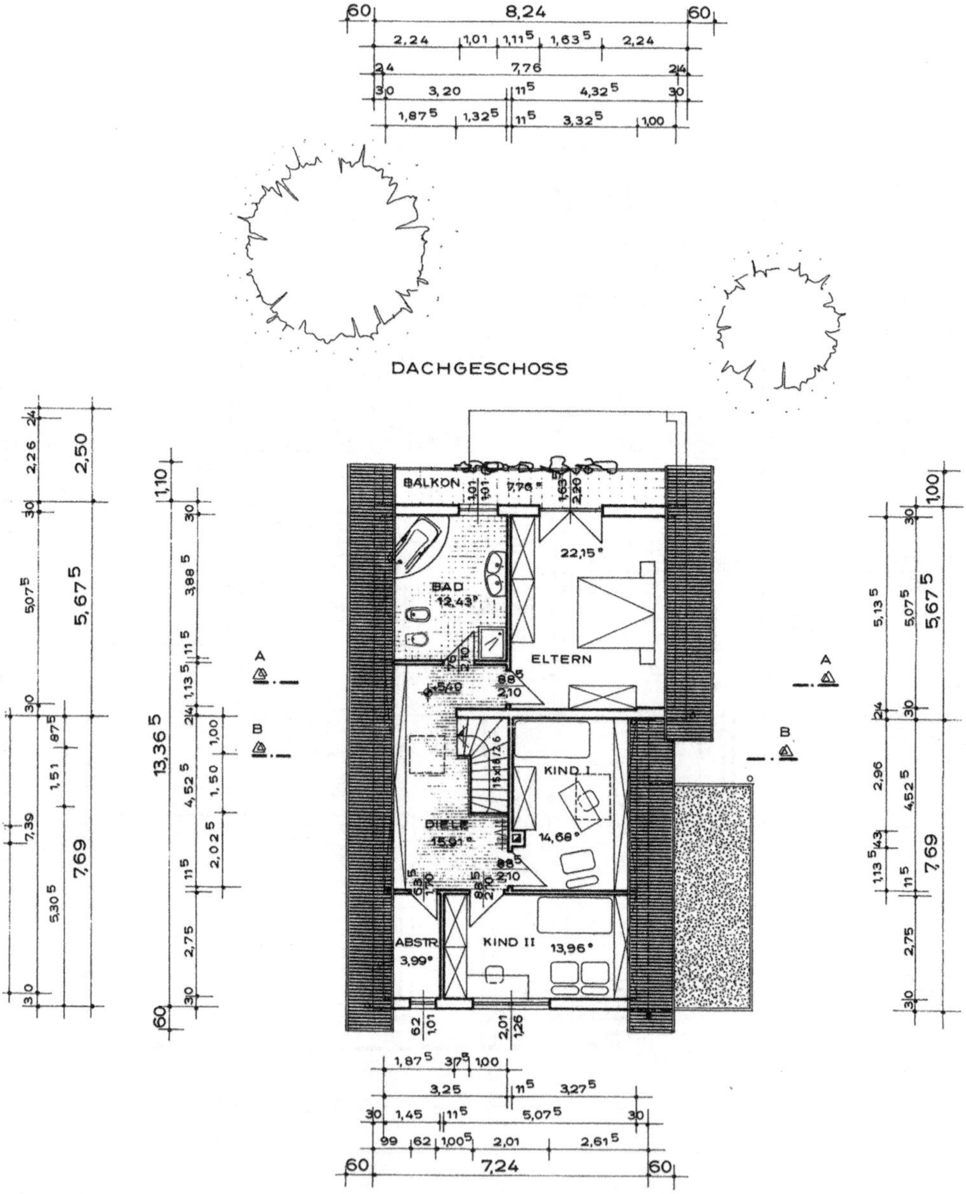

14.5 Dachwohnung

6. Für das Haus **14.6** wurden folgende Beläge ausgesucht: Wohn-/Esszimmer mit Teppichboden. Diele, Flur und Küche mit PVC-Belag, die Terrasse mit einem Kunstrasen.

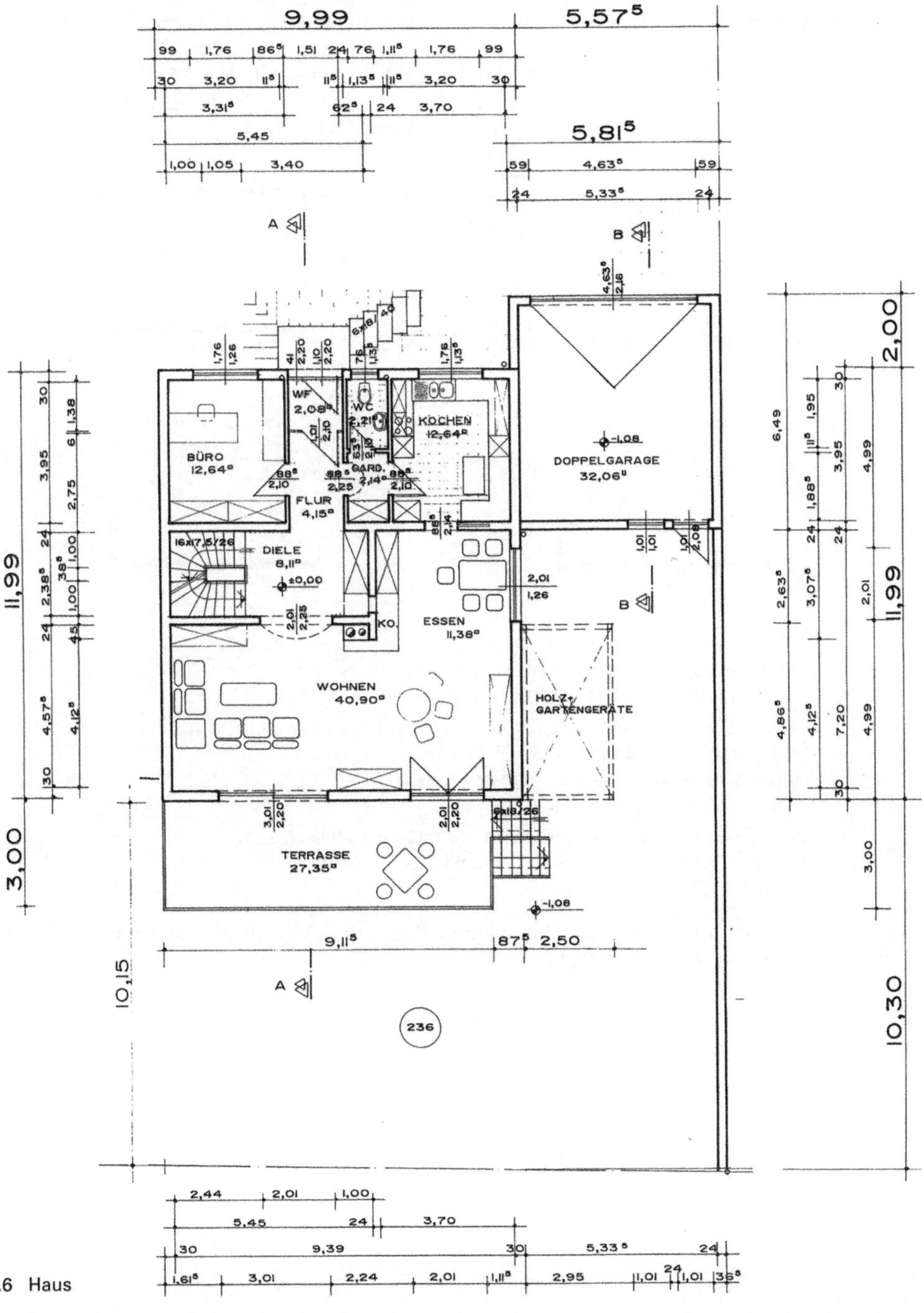

14.6 Haus

14.2 Elastische Beläge in Bahnenware

Zu den elastischen Belägen gehören Linoleum, PVC (Polyvinylchlorid), Feltbase (Stragula, Balatum), Gummi und Cushioned Vinyls (CV-Beläge). Die Bahnenbreite ist nur bei Linoleum konstant (2 m). Alle anderen Beläge sind in unterschiedlichen Bahnenbreiten lieferbar.

Das Verlegen bei privaten Kunden wird oft nicht nach VOB abgerechnet. Weil der Verschnitt dabei beim Kunden bleibt, ergibt sich ein anderer Rechenweg.

Beispiel Der Raum **14**.7 soll mit Linoleum ausgelegt werden. Berechnen Sie den Linoleumbedarf in lfd. m und in m² sowie den Verschnitt in m² und in %.

Flächeninhalt des Raums

5,75 m · 3,90 m = 22,425 m² = **22,43 m²**

Linoleumbedarf (günstigste Verlegerichtung, Längenzugabe 5 cm für sauberen Beschnitt). Der Vergleich zeigt, dass **14**.9a günstiger ist.

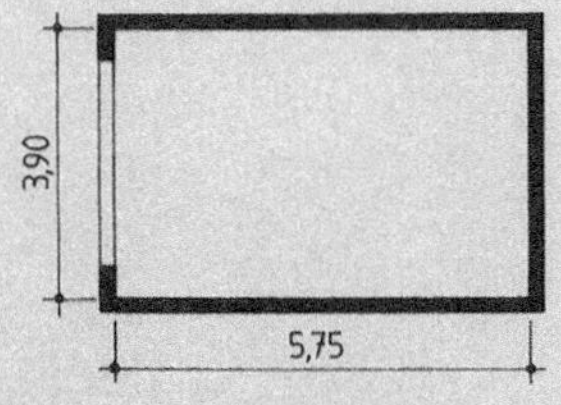

14.7 Raum

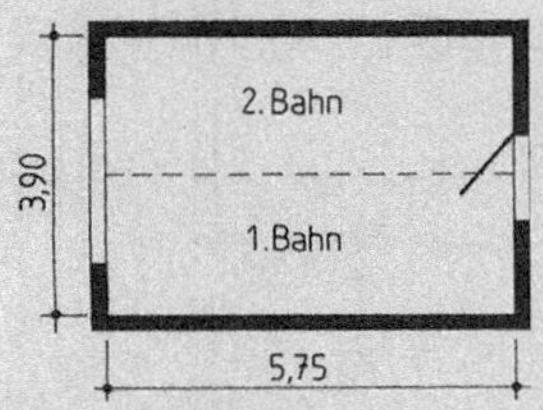

14.8a

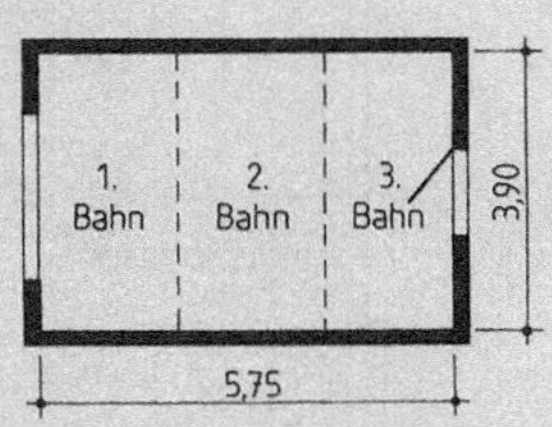

14.8b

1. Bahn = 5,75 m + 0,05 m = 5,80 m +
2. Bahn = 5,75 m + 0,05 m = 5,80 m = **11,60 lfd. m**

Da jeder lfd. m Linoleum 2 m² Fläche deckt, multiplizieren wir die lfd. m mit 2 und erhalten 11,60 lfd. m · 2 = **23,20 m²**

Linoleumverschnitt = Linoleumbedarf 23,20 m²
– Flächeninhalt 22,425 m² = **0,775 m²**

Linoleumbedarf = 100% = 23,20 m²; 1 % = 23,20 m² : 100 = 0,232 m²
Wie oft ist 0,232 m² = 1% in 0,775 m² enthalten?
0,775 m² : 0,232 m² = **3,34%**

Auch in der Breite muss darauf geachtet werden, dass mindestens 5 cm zum sauberen Beschneiden bzw. für den Stoß vorhanden sind.

14.3 Kleber

Die Klebermenge für 1 m² hängt von verschiedenen Gegebenheiten ab (z.B. von der Konsistenz des Klebers, von der Zahnung der Spachtel).

Beispiel Berechnen Sie den Kleberbedarf in kg für einen Raum von 3,90 m x 5,75 m. Je m² werden 385 g verbraucht.

Flächeninhalt = 3,90 m · 5,75 m = **22,425 m²**

Kleberbedarf = 22,425 m² · 385 g = 8633,625 g = **8,634 kg**

14.4 Sockelleisten

Sockelleisten werden immer in lfd. m berechnet. Die Meterzahl entspricht dem Raumumfang abzüglich Türbreiten (s. VOB 5.2.2).

Beispiel Berechnen Sie den Sockelleistenbedarf in lfd. m für einen 3,90 m x 5,75 m großen Raum mit einer 90 cm breiten Tür.
Raumumfang – Türbreite = (2 · 3,90 m) + (2 · 5,75 m) – 0,90 m
= 7,80 + 11,50 – 0,90 = **18,40 m**

Aufgaben zu Abschnitt 14.2 bis 14.4

Berechnen Sie jeweils den Hartbelagsbedarf in lfd. m und in m² sowie den Verschnitt in m² und in %.

1. Bild **14.**10 Belagsart: Linoleum
2. Bild **14.**11 Belagsart: PVC-Bahnenware 1,6 m breit
3. Bild **14.**12 Belagsart: Cushioned Vinyls 4m breit

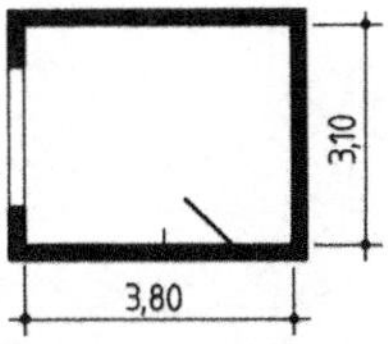

14.10

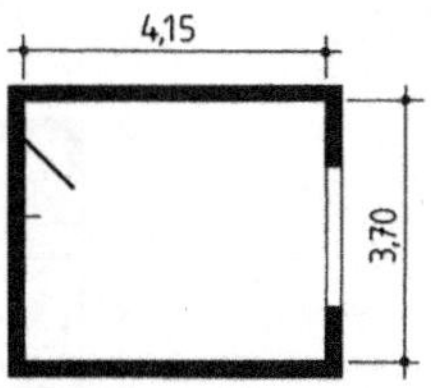

14.11

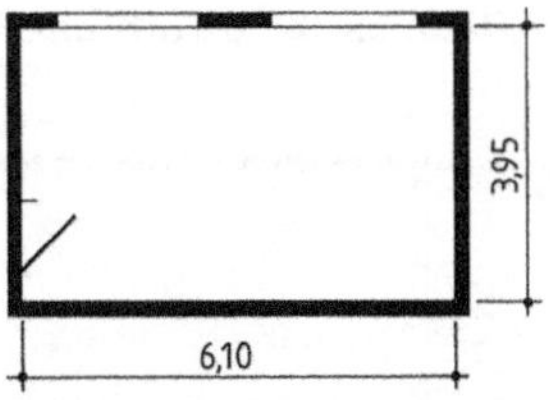

14.12

4. Bild **14.**13 Belagsart: PVC-Bahnenware 2 m breit
5. Bild **14.**14 Belagsart: PVC-Bahnenware 2 m breit

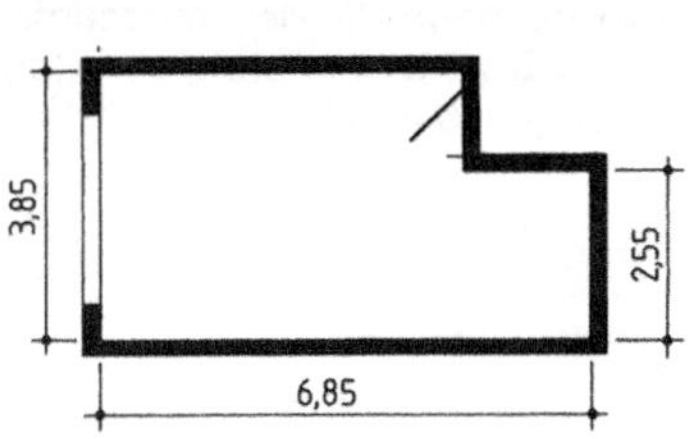

14.13

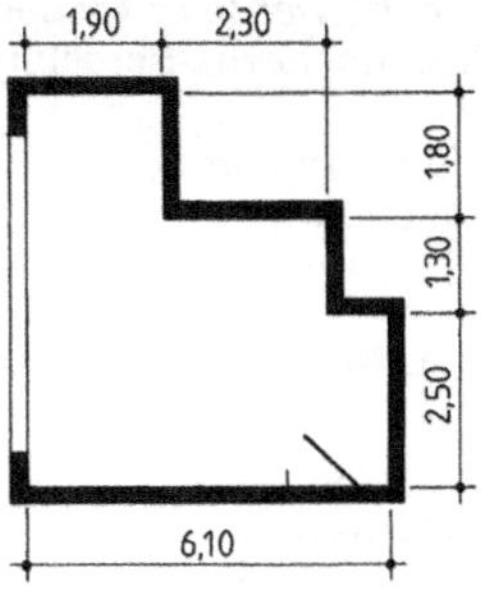

14.14

Berechnen Sie den Kleberbedarf in kg.

6. Bild **14.**10 Verbrauch 460 g/m²
7. Bild **14.**11 Verbrauch 685 g/m²
8. Bild **14.**12 Verbrauch 0,395 kg/m²
9. Bild **14.**13 Verbrauch 0,455 kg/m²
10. Bild **14.**14 Verbrauch 333 g/m²

11. Berechnen Sie den Sockelleistenbedarf der Räume **14.**10 bis **14.**14 in lfd. m, wobei die Türbreite jeweils 0,80 m beträgt.
12. Berechnen Sie für den Raum **14.**15 den günstigsten Linoleumbedarf mit Verschnitt (% und lfd. m), den Sockelleistenbedarf in lfd. m, sowie den Kleberverbrauch bei 360 g/m².

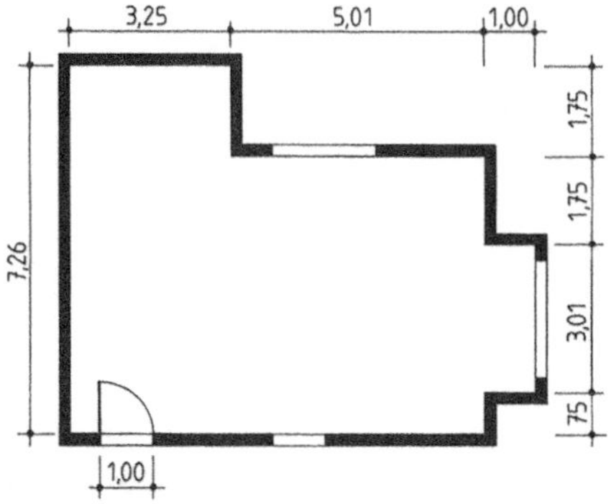

14.15 Raum

13. Berechnen Sie den Linoleumbedarf in m², den Verschnitt in m² und in %, die Sockelleisten in lfd. m und den Kleberbedarf (410 g/m²) des Raumes **14.**16 Türbreite = 1 m.

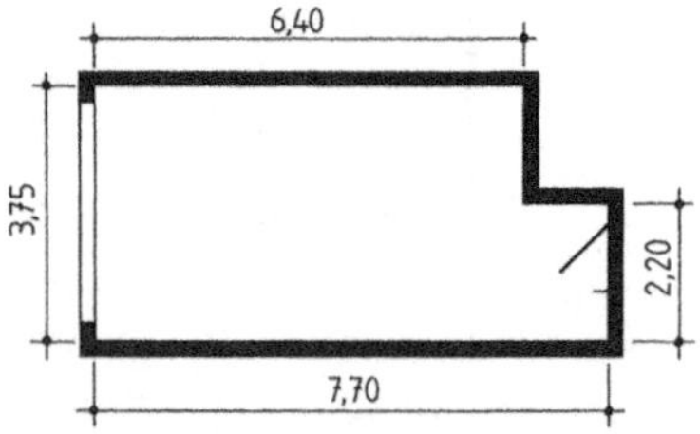

14.16 Raum

14. Das Labor **14.**17 soll mit Cushioned Vinyls (2 m breit) ausgelegt werden. Kleberverbrauch 385 g/m², Türbreite 80 cm. Berechnen Sie
    a) CV-Bedarf,
    b) Verschnitt in m² und in %,
    c) Sockelleistenbedarf,
    d) Kittbedarf.

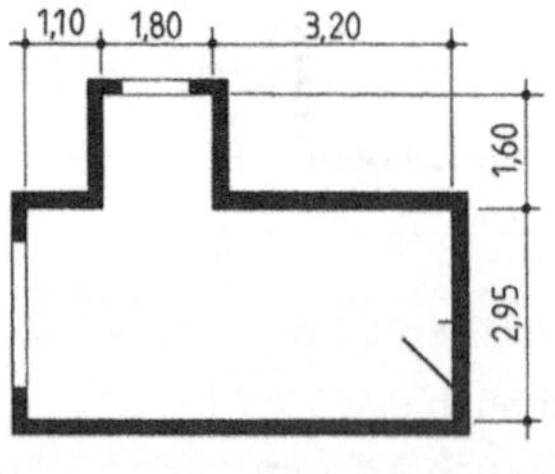

14.17 Labor

15. Der Büroraum **14.**18 wird mit Linoleum ausgelegt. Festzustellen ist der Materialbedarf: Linoleum in m², Verschnitt in m² und in %, Sockelleisten in lfd. m, Kleber (420 g/m²). Die Tür ist 0,90 m breit.

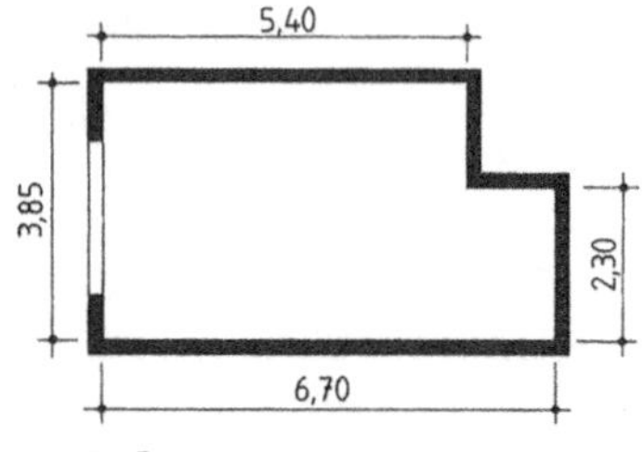

14.18 Buroraum

16. Ein Kellerraum wie in Bild **14.**19 erhält PVC-Belag (1,60 m breit). Man braucht 0,385 kg/m² Kleber und muss eine 95 cm breite Tür berücksichtigen. Berechnen Sie nach der günstigsten Verlegerichtung.

14.19 Kellerraum

17. Das in Bild **14.**20 gezeigte Schlafzimmer soll mit Cushioned-Vinyls-Belag (2 m breit) ausgelegt werden. Errechnen Sie den sparsamsten Verbrauch. Die Tür ist 1,20 m breit, der Kleberverbrauch beträgt 365 g/m².

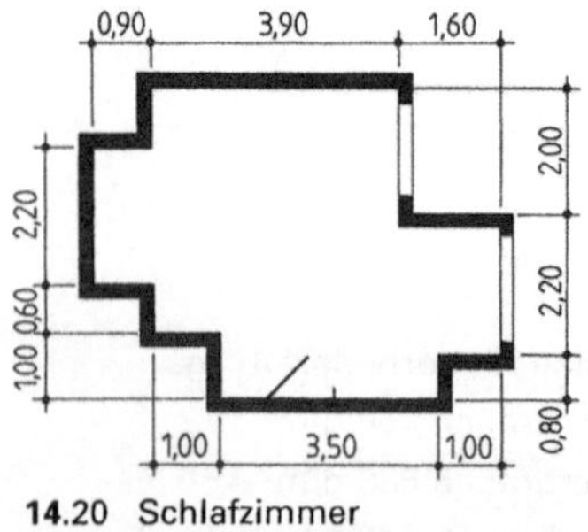

14.20 Schlafzimmer

18. Die Diele **14**.21 wird mit 1,60 m breiter PVC-Ware nach VOB ausgelegt, wobei 410 g/m² Kleber verarbeitet wird. 3 Türen je 1 m breit und 2 Türen je 0,80 m breit sind zu berücksichtigen. Es soll eine PVC-Sockelleiste angebracht werden.

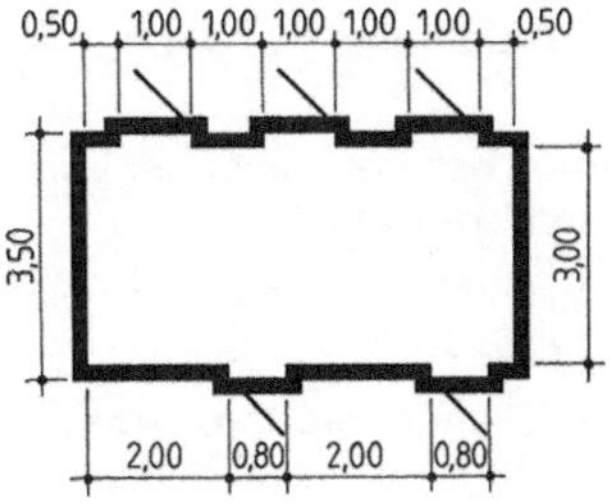

14.21 Diele

19. Ein Empfangszimmer **14**.22 erhält Linoleumbelag. Türbreite = 95 cm, Kleberverbrauch 425 g/m². Wie viel lfd. m und m² Linoleum, % Verschnitt, Kleber und Sockelleisten brauchen Sie?

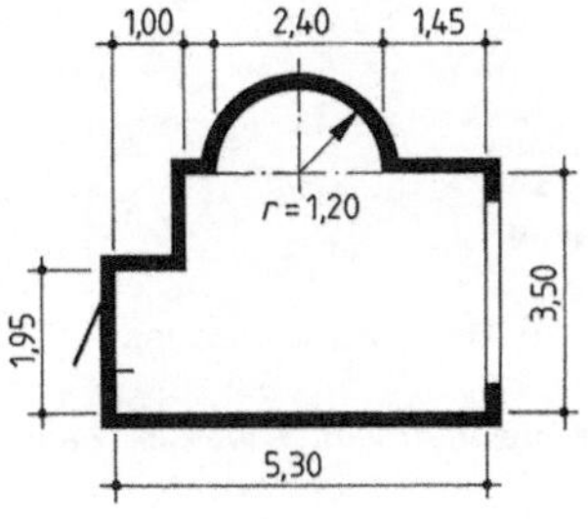

14.22 Empfangszimmer

20. Der in Bild **14**.23 gezeigte Raum wird mit PVC (2 m breit) belegt. Türbreite 90 cm, 430 g/m² Kleber. Zu berechnen sind der Bedarf an PVC in lfd. m, der Verschnitt in m² und %, der Sockelleistenbedarf (Holzleisten je 2 m) und der Kleberbedarf in kg.

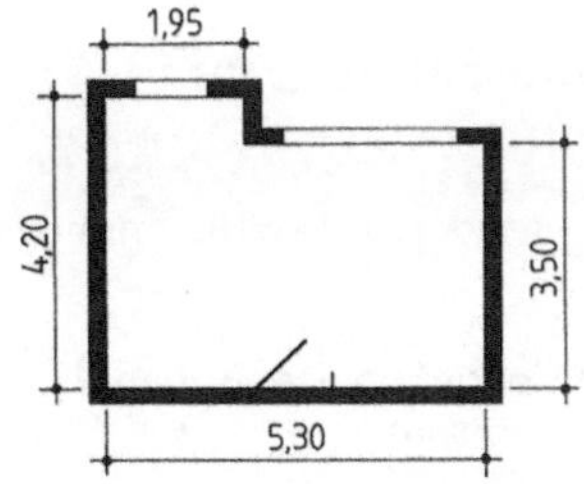

14.23 Raum

21. Berechnen Sie nach Bild **14**.24 (Türbreite 90 cm, Kleber 460 g/m²) den
   a) Linoleumbedarf in lfd. m und in m²,
   b) Verschnitt in m² und in %
   c) Bedarf an Hartplastik-Sockelleisten (Stange 4 m lang),
   d) Kleberbedarf in kg.

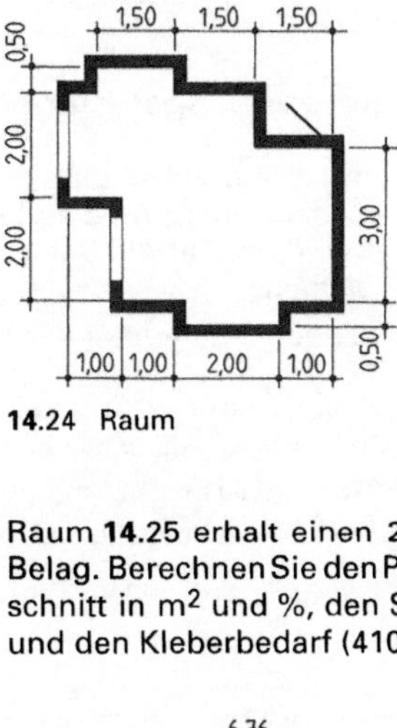

14.24 Raum

22. Raum **14**.25 erhalt einen 2,00 m breiten PVC-Belag. Berechnen Sie den PVC-Bedarf, den Verschnitt in m² und %, den Sockelleistenbedarf, und den Kleberbedarf (410 g/m²).

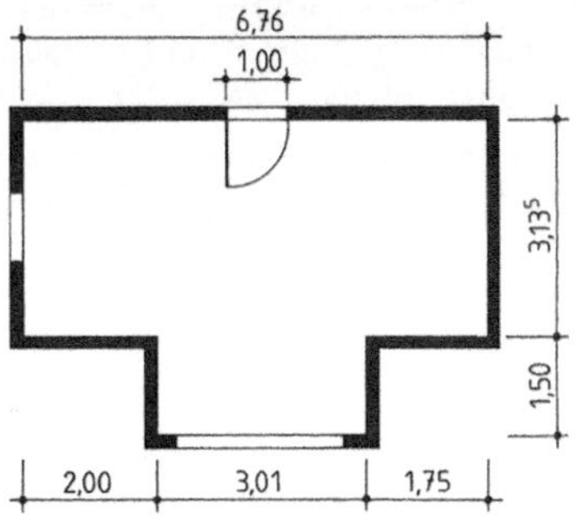

14.25 Raum

14.5 Textile Bahnenware

Befestigung. Bei der Bedarfsrechnung ist die Befestigungsart zu berücksichtigen. Man unterscheidet:

Vollflächiges Verkleben. Der Bodenbelag muss an jeder Stelle des Raumes fest mit dem Untergrund verbunden sein.

Verlegen auf doppelseitigem Klebeband. Das Klebeband wird in Wandnähe am Untergrund angeklebt, vereinfacht heißt das: Raumumfang = Klebebandbedarf.

Klebervlies oder Klebernetz. Beides wird vollflächig auf den Untergrund geklebt. Bevor der Belag endgültig verlegt wird, muss das Silikonpapier vom Klebegitter entfernt werden

Vollflächiges Fixieren. Wie der Name schon sagt handelt es sich um ein Fixieren, d.h. der Belag kann jederzeit wieder von der Fixierung gelöst werden (z.B. auf Parkettboden).

Verspannen auf Nagelleiste. Nagelleisten werden im Außenbereich angebracht (s. Abschn. 14.5.2). Der Höhenausgleich erfolgt durch eine Filzunterlage. Verspannte Teppiche können jederzeit wieder aus dem Raum entfernt werden.

Die Berechnung des Materialverbrauchs bei vollflächigem Verkleben und bei Klebervlies entspricht dem Berechnen der Hartbeläge in Bahnenware (s. Abschn.14.1).

14.5.1 Verlegen auf doppelseitigem Klebeband und Klebevlies

Durch die Schaumrückenbeschichtung der textilen Bodenbeläge ist gewährleistet, dass sie beinahe rutschfest auf dem Untergrund aufliegen. Das doppelseitige Klebeband, das an den Außenseiten verwendet wird, erhöht die Rutschfestigkeit. Bei Räumen bis zu etwa 30 m^2 reicht diese Verlegetechnik völlig aus.

Die Bodenbelagsberechnung erfolgt nach VOB (s. Abschn. 14.1)

Beispiel 1 Ein Raum von 3,90 m x 4,20 m soll mit Tufting-Velours belegt werden. Berechnen Sie den Belagsbedarf in m^2 und den Bedarf an doppelseitigem Klebeband.

Teppichfläche = 3,90 m x 4,20 m = **16,38 m^2 Velours**

Klebeband = Raumumfang = (2 x 3,90 m)
(2 x 4,20 m) = 7,80 m + 8,40 m = **16,20 m Klebeband**

Bei der Verwendung von Klebegitter oder -vlies ist Belagsbedarf und Klebegitter identisch.

Beispiel 2 Ein Raum von 5,40 m x 4,80 m soll mit einer Schlingenware auf Klebegitter verlegt werden. Berechnen Sie den Teppich- und den Klebegitterbedarf.

Teppichfläche = 5,40 m x 4,80 m = **25,92 m^2**

Klebegitter = 5,40 m x 4,80 m = **25,92 m^2**

Aufgaben zu Abschnitt 14.5.1

1. Das Wohnzimmer **14**.26 ist mit Tufting-Velours auf Schaumrücken mit doppelseitigem Klebeband zu belegen. Berechnen Sie den Belag in m² und das doppelseitige Klebeband.

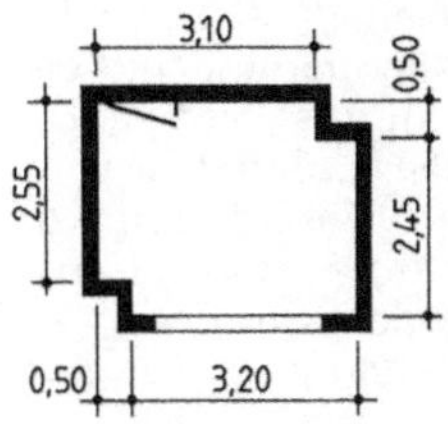

14.26 Wohnzimmer

2. Das Kinderzimmer **14**.27 erhält einen neuen textilen Bodenbelag, dessen Bedarf zu berechnen ist.

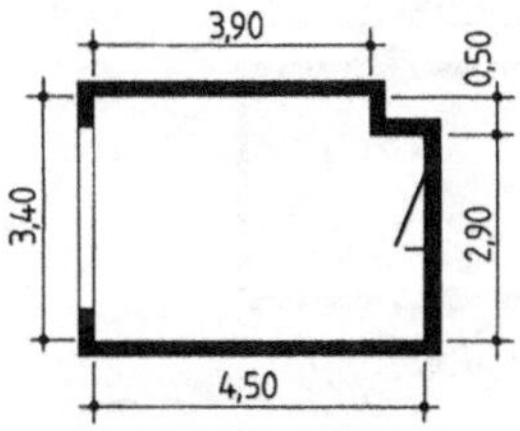

14.27 Kinderzimmer

3. Ein 4,65 m x 4,10 m großer Raum ist mit einer Schlingenware auf doppelseitigem Klebeband zu belegen. Berechnen Sie den Materialbedarf.

4. Ein Wohn-Esszimmer mit Bodenfläche nach Bild **14**.28 wird mit Tufting-Velours ausgelegt. Wie viel m² Belag und wie viel m doppelseitiges Klebeband brauchen Sie dazu?

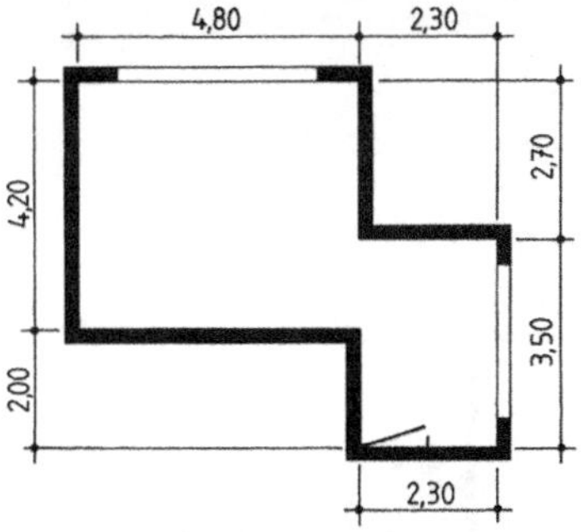

14.28 Wohn-Esszimmer

5. Berechnen Sie für das Esszimmer **14**.29 den Bedarf an textilem Belag auf doppelseitigem Klebeband.

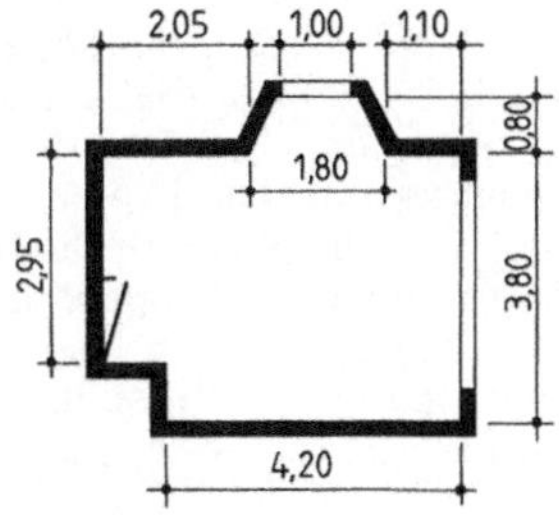

14.29 Esszimmer

6. Im Wohnraum **14**.30 wurde eine Säule als Lastabfang eingebaut. Der Boden soll mit Tufting-Velours ausgelegt werden. Berechnen Sie den Materialbedarf.

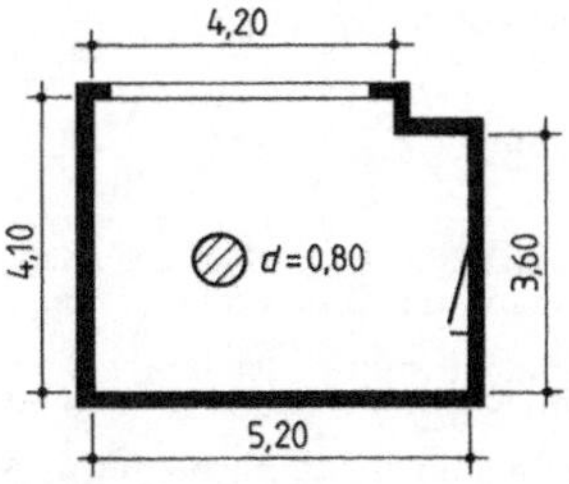

14.30 Wohnraum

7. Berechnen Sie den Teppichbedarf und den Bedarf an Klebevlies für den Raum **14**.31.

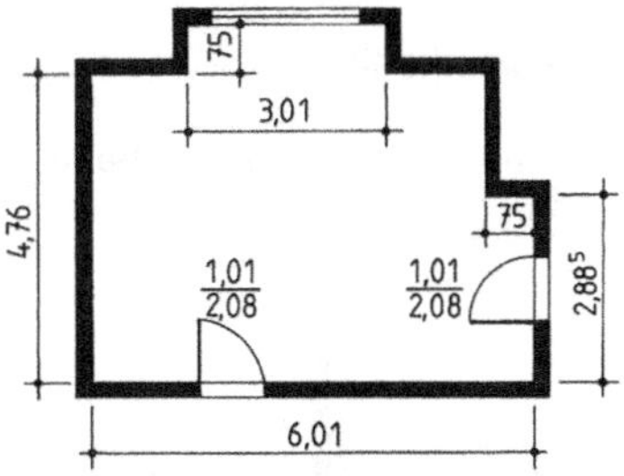

14.31 Raum

14.5.2 Verlegen im Spannverfahren

Zum Verlegen von textilen Belägen im Spannverfahren sollten nur gewebte Teppichqualitäten oder Teppiche mit einem Zweitrücken verwendet werden, denn bei getufteten Waren könnten sich die Einsticklöcher zu stark dehnen und dadurch der Halt des Polmaterials verloren gehen. (Das gilt besonders für Schlingenware).

Man verspannt mit Nagelleisten, die am Boden befestigt werden (durch Nageln, Kleben oder Dübeln und Schrauben). Befestigt wird 2/3 der Teppichdicke von der Wand entfernt, damit die Schnittkante des gespannten Teppichs dort hineingesteckt werden kann. Zum Ausgleich der ca. 5 mm dicken Nagelleisten wird darin eine Filzunterlage angebracht (**14**.32). Die Filzunterlage wird in Bahnen zu 1 bis 4 m Breite geliefert. Die Nahtstellen verlegt man im rechten Winkel zu den evtl. vorhandenen konfektionierten Belagsnähten. Der Filzbedarf entspricht also der Bodenfläche. Zum sauberen Einspannen sind die Nagelleistenbreiten als Zugabe vorhanden. Der Bedarf an Nagelleisten richtet sich wie das Klebeband nach dem Raumumfang, wobei an jeder Tür eine Abschlussleiste in Türbreite zu verlegen ist.

> Das Verspannen von Teppichen ist für gewebte Waren die geeignetste und materialschonentste Verlegeart.

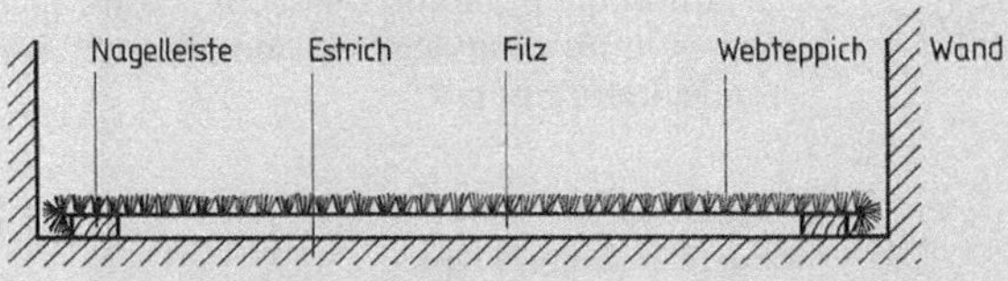

14.32 Spannverfahren

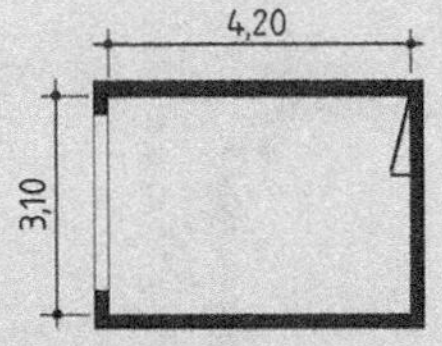

14.33 Raum

Beispiel Der Raum **14**.33 wird mit Webteppich im Spannverfahren belegt. Zu berechnen sind der Teppichbedarf in m², der Filzbedarf in lfd. m und m² sowie der Bedarf an Nagelleisten. Türbreite = 85 cm.

Spannteppich = Bodenfläche + Zugabe
= (3,10 m + 0,10 m) · (4,20 m + 0,10 m) = 3,20 m · 4,30 m = **13,76 m²**

Filz = 5 Bahnen je 3,10 m Länge = **15,50 m² bzw. lfd. m**

Gebraucht werden 3,10 m · 4,20 m = 13,02 m². Der Rest von 2,48 m² ist Verschnitt.

Nagelleisten = Raumumfang – Türbreite
= (3,10 m · 2) + (4,20 m · 2) – 0,85 m = 6,20 m + 8,40 m – 0,85 m = **13,75 m**

Abschlussschiene = 0,85 m an der Tür.

Aufgaben zu Abschnitt 14.5.2

8. bis 17. Berechnen Sie den Materialbedarf nach den Bildern **14**.34 bis **14**.43.

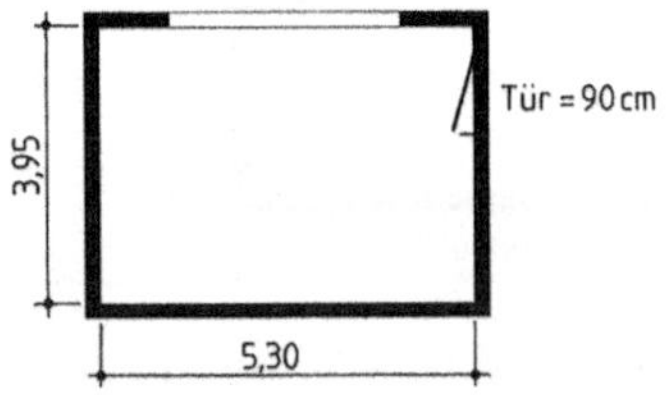

14.34

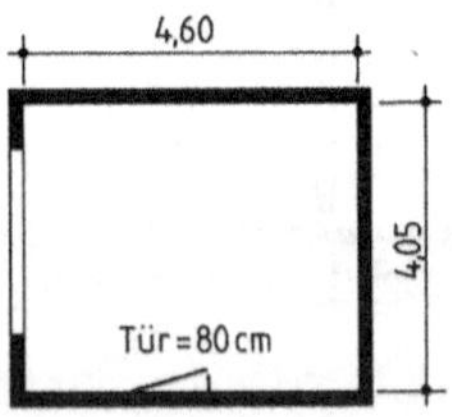

14.35

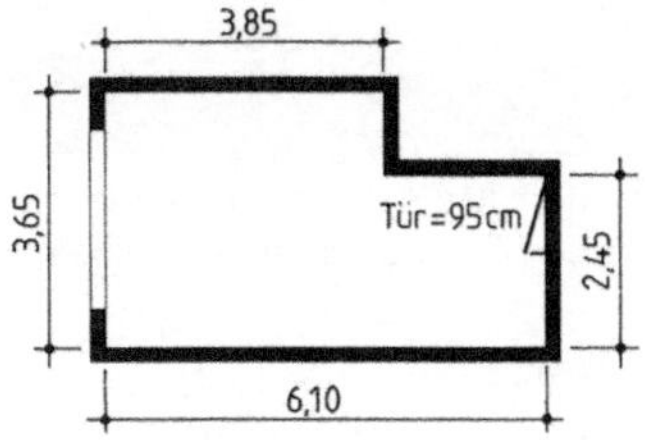

14.36

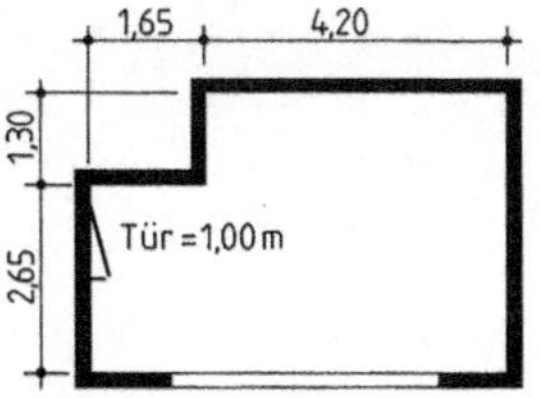

14.40

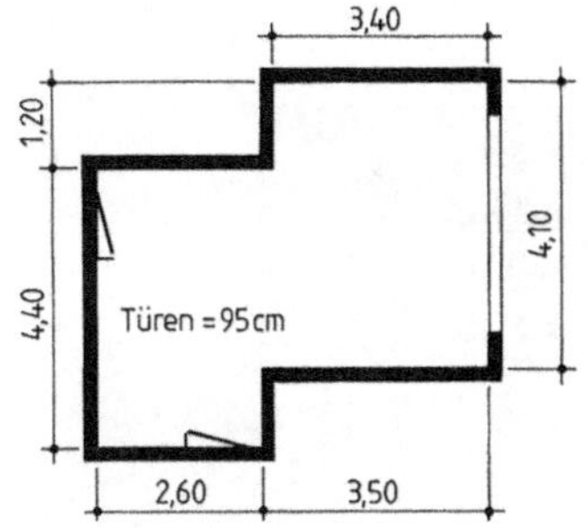

14.37

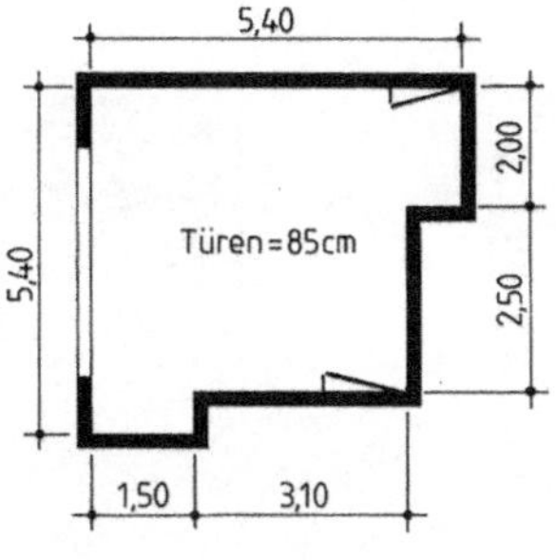

14.41

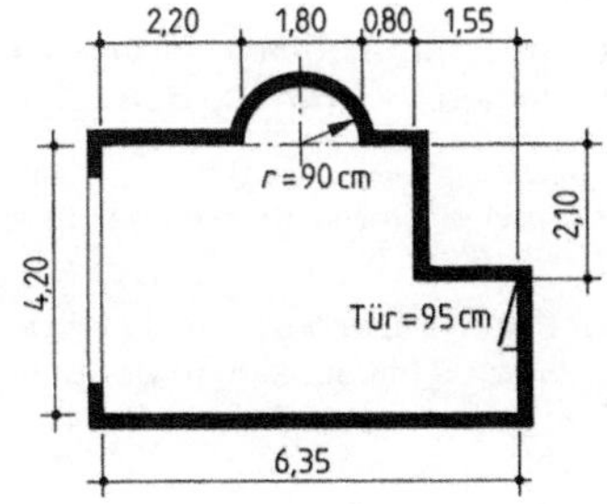

14.38

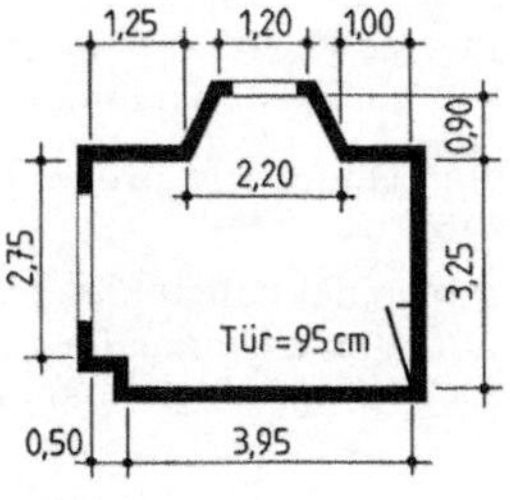

14.42

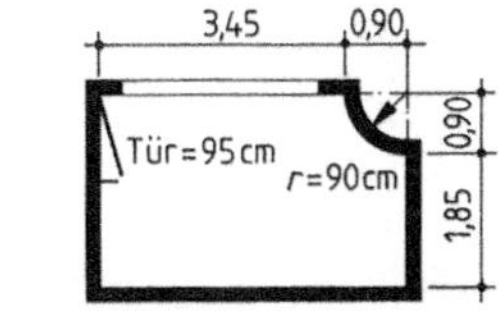

14.39

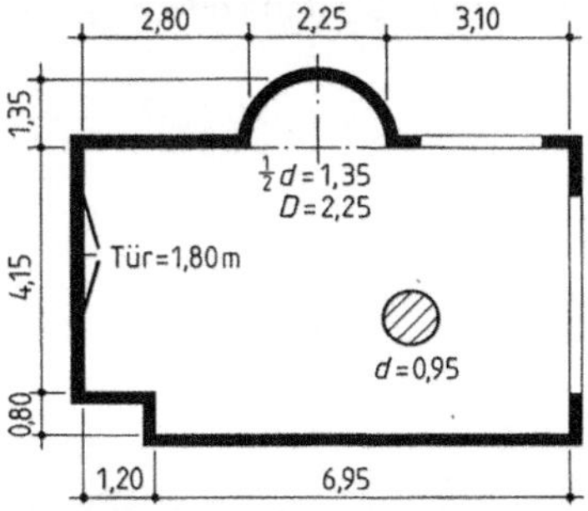

14.43

14.6 Fliesen

Maße. Die Industrie liefert Fliesen aus Hartbelägen und aus textilen Materialien in genormten Maßen. Die gebräuchlichsten Maße sind 20 x 20, 25 x 25, 30 x 30, 331/3 x 331/3, 40 x 40, 50 x 50, 60 x 60 cm.

Verlegearten. Wir kennen drei Arten: Parallel-, Schräg- und Diagonalverlegung (**14**.44).

Fries. Sehr oft geht die Fliesenzahl nicht auf, d.h., in Länge oder Breite bleibt ein Rest, der nur den Teil einer Fliese ausmacht. Dann hilft ein Fries am Rand bei der harmonischen Verteilung im Raum.

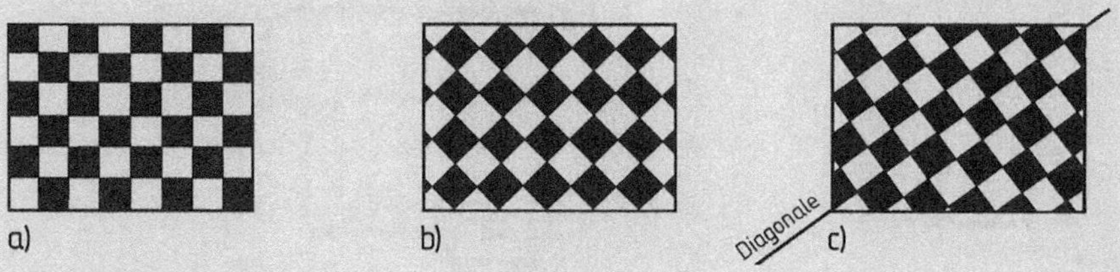

14.44 Verlegearten
a) Parallelverlegung, b) Schrägverlegung, c) Diagonalverlegung

14.6.1 Parallelverlegung

Vor dem Verlegen wird ein Schnurschlag in Länge und Breite des Raumes genau in der Mitte angebracht. Man sollte sich nicht darauf verlassen, dass die Wände gerade sind! Die Raummaße können vier Verlegemöglichkeiten nahelegen:

- Gerade Fliesenzahl in Länge und Breite: Die erste Fliese wird an der Längs- und an der Querseite angelegt (**14**.45).
- Ungerade Fliesenzahl in der Länge und gerade Fliesenzahl in der Breite: Die erste Fliese wird an der Querseite mitten auf die Längslinie angelegt (**14**.46). *Oder:* Gerade Fliesenzahl in der Länge und ungerade in der Breite: Anlegen der ersten Fliese an der Langseite mitten auf die Querseite (**14**.47).
- Ungerade Fliesenzahl in Länge und Breite: Die erste Fliese wird mitten auf das Mittelkreuz gelegt (**14**.48).
- Fliesenzahl geht in Länge und Breite nicht auf. Dann sollte man einen Fries legen.Seine Breite entscheidet, ob eine gerade oder ungerade Fliesenzahl genommen wird.

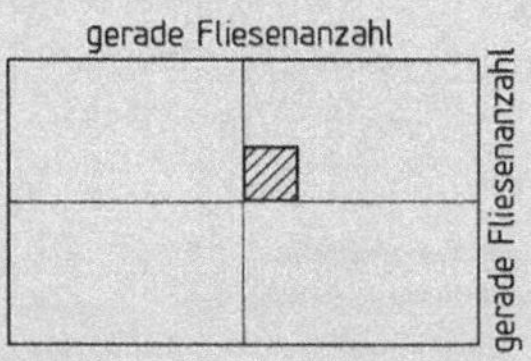

14.45

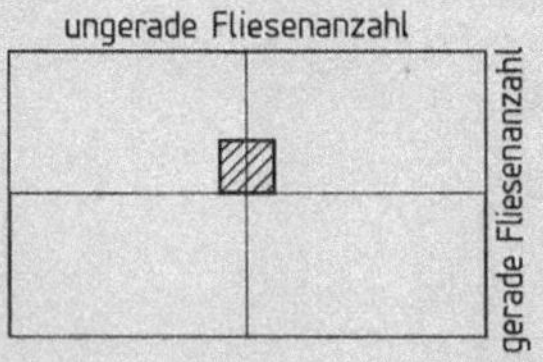

14.46

14.47

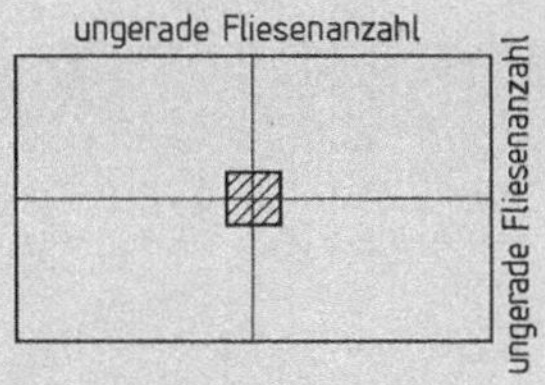

14.48

Beispiel Ein 4,00 m x 5,00 m großer Raum soll mit zweifarbigen Fliesen 40 cm x 40 cm belegt werden. Kleberverbrauch 395 g/m^2. Berechnen Sie den Bedarf an Fliesen in Parallelverlegung und an Kleber.

Fliesenverteilung 400 cm : 40 cm = 10 Fliesen (grade Zahl)
500 cm : 40 cm = 10 Fliesen (gerade Anzahl)
20 cm Rest ergibt einen Fries von 2 x 10 cm an den Längswänden.

Fliesenbedarf = 10 · 12 = 120 Fliesen, je 60 in einer Farbe

Friesbedarf = 2 Streifen von 4 m Länge und 10 cm Breite

Kleberbedarf = 4 · 5 m = 20 m^2 Bodenfläche
20 m^2 · 395 g/m^2 = **7,9 kg**

Aufgaben zu Abschnitt 14.6.1

1. Ein Zimmer von 3,5 m x 5,0 m soll mit 50er Fliesen in Parallelverlegung belegt werden. Der Kleberverbrauch liegt bei 435 g/m^2. Berechnen Sie den Fliesenbedarf (zweifarbig) und den Kleberbedarf.
2. Eine Küche (3,50 m x 2,75 m) soll mit 25er PVC-Fliesen (einfarbig) versehen werden. Kleberverbrauch = 395 g/m^2. Berechnen Sie den Bedarf an Fliesen, Kleber und Schweißschnur in lfd. m.
3. Ein Badezimmer wird mit 30er Teppichfliesen (zweifarbig) ausgelegt. Die Maße betragen 2,10 m x 2,50 m, Kleberverbrauch 460 g/m^2. Wie viel Fliesen und Kleber braucht man?
4. Die Bodenfläche eines Raumes ist 6,10 m x 4,20 m. Es werden zweifarbige PVC-Fliesen verwendet (40 x 40 cm). Der Raum hat eine Fensternische von 1,90 m x 0,20 m. Der Kleberverbrauch liegt bei 320 g/m^2.
5. Ein Raum von 5,90 m x 5,20 m soll mit Teppichfliesen (50 x 50) verlegt werden. Eine Fensternische (1,80 x 0,25 m) und eine Türnische (0,90 m x 0,20 m) sind zu berücksichtigen. Der Kleberbedarf ist mit 280g/m^2 angegeben.
6. Der Kunde will sein 4,30 m x 3,80 m großes Arbeitszimmer mit 50er Nadelfilzfliesen (zweifarbig) auslegen lassen. Je m^2 braucht man 465 g Kleber. Wie viel Fliesen und Kleber werden verwendet?
7. Mit 40er SL (selbstliegenden) Fliesen soll ein Kinderzimmer ausgestattet werden. Maße = 4,10 m x 3,30 m. Ermitteln Sie den Friesbedarf und die Fliesenzahl (zweifarbig).
8. 7,4 m x 4,4 m misst ein Wohnzimmer, das Sie mit 60er Fliesen (einfarbig) belegen sollen. Sie nehmen einen Kleber 465 g/m^2. Wie viel Fliesen, Fries und Kleber stellen Sie bereit?
9. Eine Eingangshalle von 10,70 m x 9,80 m soll mit zweifarbigen PVC-Fliesen ausgelegt werden. Drei Türnischen von 1,10 m x 0,30 m sind zu beachten. Verbraucht werden 375g/m^2 Kleber.
10. In einem Raum von 4,65 m x 3,82 m sollen zweifarbige Fliesen 40 x 40 cm verlegt werden. Berechnen Sie die Fliesenzahl und den Kleberverbrauch (360g/m^2).

14.6.2 Schräg- und Diagonalverlegung

Die Schrägverlegung in Rechteckflächen wird manchmal fälschlich Diagonalverlegung genannt. Eine Diagonalverlegung wirkt jedoch nur in quadratischen Räumen und kommt deshalb selten vor. Den Unterschied macht Bild **14.**49 deutlich.

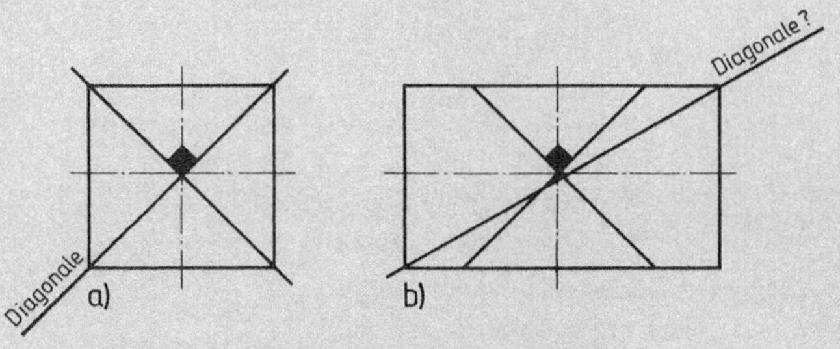

14.49 Schräg- und Diagonalverlegung
a) bei quadratischem Grundriss Diagonalverlegung
b) bei rechteckigem Grundriss Schrägverlegung

14.50 Gerade und ungerade Fliesenzahl

Die Berechnung beider Verlegeverfahren ist jedoch gleich. Der Lehrsatz des Pythagoras (s. Abschn. 8.4) hilft uns, die Fliesendiagonale zu berechnen. Dazu kommt wegen der harmonischen Fliesenverteilung ein Fries, wenn kleinere Teile als halbe Fliesen zu verlegen wären.

Wie bei der Parallelverlegung stellt man vorher fest, ob in den beiden Richtungen (waagerecht und senkrecht) gerade oder ungerade Fliesenzahlen zu verlegen sind (**14.**50). Die mit ganzen Fliesen beginnenden Seiten zählt man aus, multipliziert sie miteinander und erhält nach Verdoppelung die Anzahl der Fliesen.

Beispiel Ein Raum von 4,20 m x 3,20 m wird in Schrägverlegung mit Fliesen 331/3 cm x 331/3 cm ausgestattet. Kleberverbrauch bei g/m². Zu berechnen sind Fliesenanzahl (einfarbig), Fries und Kleber.

Fliesendiagonale = 33,3 cm · 33,3 cm + 1108,98 cm² = Kathetenquadrat.

Summe beider Kathetenquadrate

$$\frac{2217{,}78\ \text{cm}^2}{\sqrt{2217{,}78\ \text{cm}^2}} = 47{,}09\ \text{cm} = \text{Fliesendiagonale}\ \mathbf{47{,}1\ cm}$$

Flieseneinteilung

4,20 m Raumlänge : 47,1 cm 43,3 cm Fliesendiagonale = 8,92 = 8 Fliesen
Friesbreite = 47,1 cm · 0,92 cm insgesamt = 21,6 cm auf jeder Seite
3,20 m Raumbreite : 47,1 cm Fliesendiagonale = 6,79 = 6 Fliesen
Friesbreite = 47,1 cm · 0,79 cm = 37,2 insgesamt = 18,6 cm auf jeder Seite

Fliesenbedarf = 8 · 6 · 2 = **96 Fliesen**

Friesbedarf = 2 · 3,20 m = **6,40 m Fries 21,6 cm breit**
2 · 4,20 m = **8,40 m Fries 18,6 cm breit**

Kleberbedarf = Fläche = 4,20 m · 3,20 m = 13,44 m²
13,44 m² · 385 g/m² = 5174,4 g = **5,174 kg**

Aufgaben zu Abschnitt 14.6.2

11. Berechnen Sie den Bedarf an 25er Fliesen (zweifarbig in Schrägverlegung für einen Raum von 4,20 m x 3,80 m. Kleber 0,4 kg/m^2. Legen Sie auch den Fries- und Kleberbedarf fest.
12. Ein Esszimmer (3,6 m x 2,7 m) soll mit 50er PVC-Fliesen (einfarbig) belegt werden (Schrägverlegung). Der Fries soll aus PVC einer anderen Farbe gestaltet werden. Kleber 480 g/m^2. Ermitteln Sie den Fliesen-, Fries- und Kleberbedarf.
13. Ein Büroraum wird mit Nadelfilzfliesen (SK-Fliesen 40 cm x 40 cm) ausgelegt. Er ist 6,83 m x 4,10 m groß. Wie viel Fliesen sind für eine Schrägverlegung erforderlich?
14. In einer Küche werden 30er PVC-Fliesen in Schrägverlegung geklebt und anschließend verschweißt. Maße der Küche: 2,75 m x 4,02 m Berechnen Sie die Fliesen, den Fries und die Schweißschnurmenge. Wie viel Kleber ist nötig, wenn man für 1 m^2 0,565 kg verbraucht?
15. Ein Badezimmer erhält 25er Tufting-Veloursfliesen in zwei Farben. Maße 1,97 m x 2,03 m. Berechnen Sie den Fliesen- und Friesbedarf für eine Schrägverlegung.
16. Mit PVC-Fliesen (60 cm x 60 cm, zweifarbig) soll eine Gaststätte ausgelegt und verschweißt werden. Der große Raum ist 17,20 m x 12,95 m groß. Kleberverbrauch 610 g/m^2. Zu ermitteln ist der gesamte Materialverbrauch.
17. In einer Diele werden 40er Fliesen (PVC) in Schrägverlegung geklebt. Die Diele ist 6,40 m lang und 3,10 m breit. Berechnen Sie die Fliesen, den Fries und den Kleberbedarf bei einem Verbrauch von 540 g/m^2.
18. 25er Nadelfilzfliesen werden in einem Badezimmer in zwei Farben ausgelegt. Das Badezimmer ist 4,30 m x 4,10 m.
    a) Wie viel Fliesen (zwei Farben) werden für eine Schrägverlegung gebraucht?
    b) Berechnen Sie den Friesbedarf.

Beim Lösen dieser Aufgaben können maßstabsgerechte Skizzen eine große Hilfe sein.

14.6.3 Andere Verlegearten mit Fliesen

Viele der genannten Fliesen lassen sich gut zu Mustern kombinieren. Beim Berechnen des Bedarfs ist dann auf jeden Fall eine maßstabgerechte Zeichnung erforderlich. Bild **14**.51 zeigt einige Verlegebeispiele als Anregung für eigene Entwürfe.

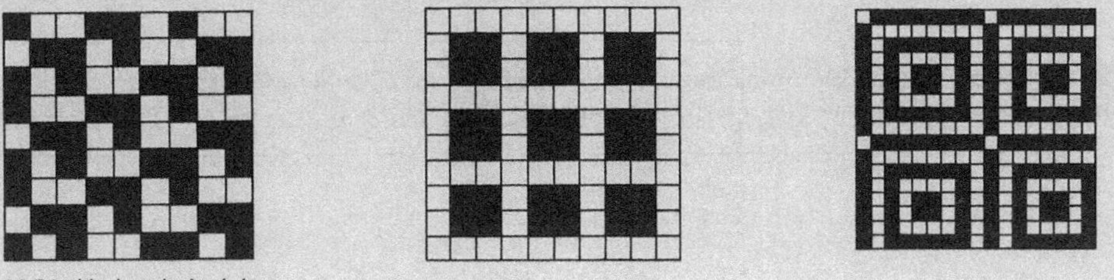

14.51 Verlegebeispiele

15 Dekorationen

Beim Berechnen von Dekorationsmaterial oder Stoffmengen sind fachliche Kenntnisse Voraussetzung. Der Fachmann muss der Näherin z.B. die verschiedenen Saumarten und Saumzugaben angeben und muss einen Zuschnitt erstellen können.

15.1 Scheibenspanner

Scheibenspanner mit einfachem Umschlag. Ein Scheibenspanner ist meist eine Tülldekoration vor Fenstern, besonders als Sichtschutz für Küchen und Badezimmer. Befestigt oder gespannt wird die Dekoration über dünnen Stangen oder Flachmetallbändern oben und unten. Dazu gibt es zwei Verfahren (**15**.1).

- Das Fach für die Vitragestange (Stängchen) wird im Zuschnitt berücksichtigt,
- für das Fach wird ein fertiges Band (Hohlband) auf den Zuschnitt aufgenäht.

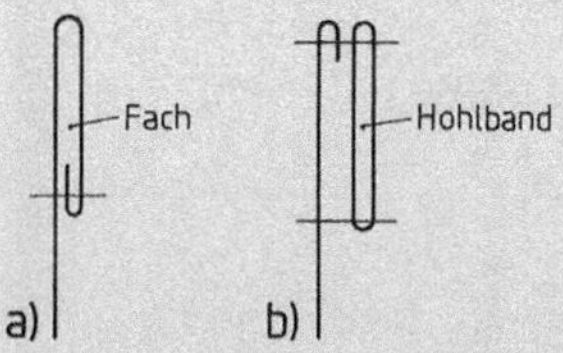

15.1 Scheibenspanner mit einfachem Umschlag
a) mit Fach im Zuschnitt
b) mit Hohlband

15.2 Fertighöhe

Wir beschränken und auf die erste Art und merken uns für die Materialberechnung:

> **Die Fertighöhe einer Spanndekoration gilt immer von der Oberkante des oberen Stängchens bis zur Unterkante des unteren Stängchens (15.2).**

Stängchenbreite und Fachgröße richten sich nach der Dekorationsgröße und werden immer angegeben.

Beispiel Berechnen Sie die Zuschnitthöhe für einen Scheibenspanner mit einfachem Umschlag. Die Fertighöhe beträgt 78 cm, die Fachgröße 2 cm.

Fertighöhe = 78 cm
Fachgröße = 4 cm (oben und unten je 2 cm)
Nahtumbug = 1 cm (oben und unten je 1/2 cm)
Zuschnitthöhe = **83 cm**

Aufgaben zu Abschnitt 15.1

Berechnen Sie für folgende Fertighöhen und Fachgrößen die Zuschnitthöhen:

1. 47 cm/1,5 cm
2. 59 cm/ 1,5 cm
3. 65 cm/ 2 cm
4. 70 cm/2 cm
5. 75 cm/2,5 cm
6. 93 cm/3 cm
7. 114 cm/3,5 cm
8. 120 cm/3,5 cm

Scheibenspanner mit einfachen Köpfchen. Durch das einfache Köpfchen erhält der Scheibenspanner über den oberen und unteren Stängchen eine Art Kurzvolant. Das Köpfchen ist also eine Art Dekorationselement. Es wird im Zuschnitt gleich mit berücksichtigt (**15**.3).

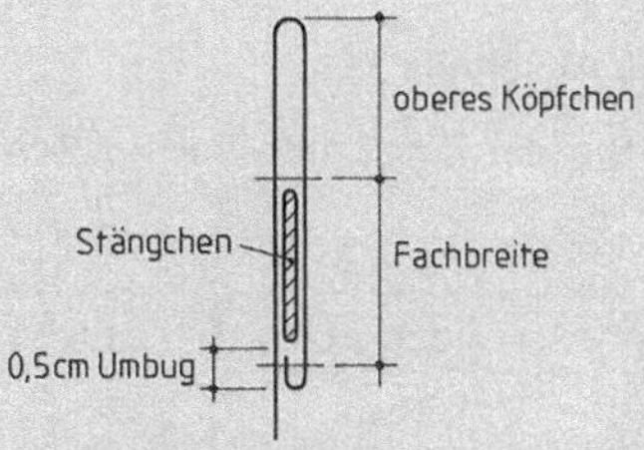

15.3 Scheibenspanner mit einfachen Köpfchen

Beispiel Berechnen Sie die Zuschnittgröße für einen Scheibenspanner mit einfachen Köpfchen. Fertighöhe 79 cm, Fachgröße 2 cm, Köpfchenhöhe 2,5 cm.

Fertighöhe	=	78 cm
Fachgröße	=	4 cm (oben und unten je 2cm)
Nahtumbug	=	1 cm (oben und unten je 1/2 cm)
Köpfchen oben	=	5 cm (2,5 cm doppelt!)
Köpfchen unten	=	5 cm (2,5 cm doppelt!)
Zuschnitthöhe	=	**93 cm**

Aufgaben zu Abschnitt 15.1

Berechnen Sie die Zuschnitthöhe für Scheibenspanner mit einfachen Köpfchen:

Fertighöhe	Fachgröße	Köpfchengröße
9. 48 cm	1,5 cm	2 cm
10. 57 cm	1,5 cm	2 cm
11. 66 cm	2 cm	2,5 cm
12. 75 cm	2,5 cm	2,5 cm

Fertighöhe	Fachgröße	Köpfchengröße
13. 77 cm	2,5 cm	3 cm
14. 95 cm	3,5 cm	3 cm
15. 119 cm	3,5 cm	3,5 cm

Scheibenspanner mit doppelten Köpfchen. Ein Köpfchen kann auch unter der oberen und über der unteren Vitragestange angeschnitten und eingenäht werden. So erhält man zwei kleine Volants oben und unten. Sie verdecken das Stängchen oder Metallband (**15**.4).

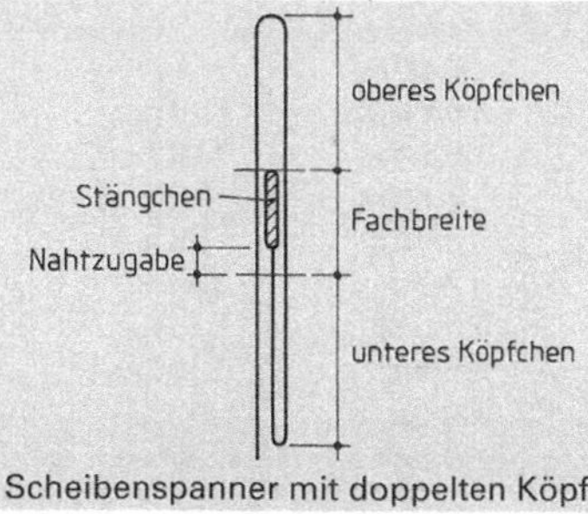

15.4 Scheibenspanner mit doppelten Köpfchen

Beispiel Berechnen Sie die Zuschnittgröße für einen Scheibenspanner mit doppelten Köpfchen nach den Angaben des vorigen Beispiels.

Fertighöhe = 78 cm
Fachgröße = 4 cm (oben und unten je 2cm)
Nahtumbug = 1 cm (oben und unten je 1/2 cm)
Köpfchen oben = 10 cm (2,5 cm doppelt!)
Köpfchen unten = 10 cm (2,5 cm doppelt!)
Zuschnitthöhe = **103 cm**

Aufgaben zu Abschnitt 15.1

Berechnen Sie die Zuschnitthöhe für Scheibenspanner mit doppelten Köpfchen nach folgenden Angaben:

	Fertighöhe	Fachgröße	Köpfchengröße
9.	48 cm	1,5 cm	2 cm
10.	57 cm	1,5 cm	2 cm
11.	66 cm	2 cm	2,5 cm
12.	75 cm	2,5 cm	2,5 cm
13.	77 cm	2,5 cm	3 cm
14.	95 cm	3,5 cm	3 cm
15.	119 cm	3,5 cm	3,5 cm

Zugaben in der Breite. Außer dem Höhenzuschnitt brauchen wir für den kompletten Zuschnitt noch die Breitenzugabe. Sie richtet sich

a) nach der Tüll- oder Stoffdichte,

b) nach der gewünschten Lichtdurchlässigkeit.

Im Allgemeinen gibt man zur Fertigbreite zwischen 70 und 200% zu.

Beispiel Die Ferigbreite für eine Scheibenspanndekoration ist 75 cm, die Breitenzugabe 85%. Berechnen Sie die Zuschnittbreite.

Fertigbreite = 75 cm
Zugabe 85%; 1% = 0,75 cm · 85 = 63,75 cm
Zuschnittbreite = 75 cm + 63,75 cm = **138,75 cm**

Aufgaben zu Abschnitt 15.1

Berechnen Sie den kompletten Zuschnitt (Zuschnittbreite und -höhe) nach den gegebenen Maßen:

	Fertigbreite	Fertighöhe	Breitenzugabe	Fachgröße	Köpfchengröße	Dekoration
26.	40 cm	47 cm	70%	1,5 cm	2 cm	einfache Köpfchen
27.	46 cm	59 cm	90%	1,5 cm	2 cm	doppelte Köpfchen
28.	55 cm	66 cm	110%	2 cm	2 cm	doppelte Köpfchen
29.	62 cm	72 cm	95%	2 cm	1,5 cm	einfache Köpfchen
30.	68 cm	76 cm	80%	2,5 cm	–	einfacher Umschlag
31.	72 cm	72 cm	180%	2,5 cm	–	einfacher Umschlag
32.	74 cm	80 cm	75%	3 cm	2,5 cm	einfache Köpfchen
33.	78 cm	95 cm	130%	3 cm	3 cm	einfache Köpfchen
34.	90 cm	100 cm	95%	3,5 cm	3 cm	doppelte Köpfchen
35.	115 cm	130 cm	80%	3,5 cm	3 cm	doppelte Köpfchen

15.2 Stores und Übervorhänge

Saumberechnen. Wie bei Scheibenspannern ist es auch bei Stores und Übervorhängen wichtig, die Dekoration vor dem Zuschnitt genau festzulegen. Durch unterschiedliche Saumzugabe können die Zuschnittmaße erheblich voneinander abweichen.

Die Fertighöhe ist auch hier Ausgangspunkt der Berechnung. Mit maßgebend für die Breite der oberen Säume ist jedoch die Breite des Faltenbands. Bei den Fertiglängen von Übervorhängen ist zu beachten, dass der Saum bei bodenlanger Dekoration etwa 5 cm über dem Boden liegen soll. Bei einer Dekoration bis zur Fensterbank soll der Abstand der Übervorhänge von der Fensterbank etwa 2 cm betragen. Die Storesdekoration (glatt herabhängend) soll stets 2 cm kürzer sein als die Übervorhangdekoration.

Saumarten. Man unterscheidet den oberen und den unteren Saum einfach und doppelt (**15**.5).

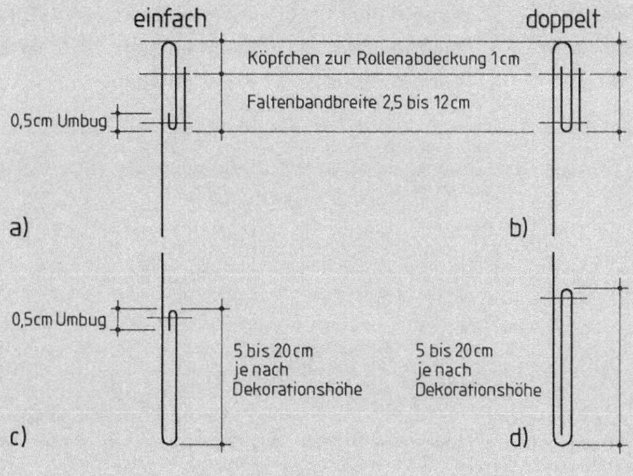

15.5 Saumarten
a) oberer Saum einfach
b) doppelt
c) unterer Saum einfach
d) doppelt

Die Fertighöhe wird angegeben von Oberkante Köpfchen des oberen Saums bis Unterkante des unteren Saums.

Beispiel Die Fertighöhe einer Übervorhangdekoration beträgt 2,38 m. Für Stores und Übervorhang wird ein 4 cm breites Faltband verwendet. Die Säume oben sollen einfach sein. Die Säume sind 16 cm einfach beim Übervorhang und 10 cm doppelt beim Store. Berechnen Sie die Zuschnitthöhen für eine glatt herabhängende Dekoration.

Übervorhang

Fertighöhe	= 238 cm
Faltenband	= 4 cm
Köpfchen	= 1 cm
Umbug	= 0,5 cm
unterer Saum	= 16 cm
Umbug	= 0,5 cm
Zuschnitthöhe	= **260 cm**

Stores

Fertighöhe	= 238 cm – 2 cm = 236 cm
Faltenband	= 4 cm
Köpfchen	= 1 cm
Umbug	= 0,5 cm
unterer Saum (10 cm doppelt)	= 20 cm
Zuschnitthöhe	= **261,5 cm**

Aufgaben zu Abschnitt 15.2

Berechnen Sie die Zuschnitthöhe von Übervorhang und Storesdekoration nach folgenden Angaben:

Fertighöhe	Faltenband Übervorhang	Faltenband Stores	Saumlänge Übervorhang	Saumlänge Stores
1. 168 cm	3 cm einfach	3 cm einfach	18 cm einfach	15 cm doppelt
2. 172 cm	4 cm einfach	3 cm doppelt	12 cm doppelt	10 cm doppelt
3. 210 cm	6 cm doppelt	4 cm einfach	16 cm doppelt	14 cm einfach
4. 240 cm	2,5 cm doppelt	5 cm doppelt	14 cm doppelt	10 cm einfach
5. 275 cm	3 cm doppelt	3 cm einfach	10 cm doppelt	9 cm einfach
6. 266 cm	3 cm doppelt	4 cm doppelt	18 cm einfach	15 cm doppelt
7. 304 cm	4 cm einfach	5 cm einfach	12 cm einfach	10 cm doppelt
8. 345 cm	5 cm einfach	5 cm einfach	14 cm doppelt	8 cm einfach
9. 280 cm	6 cm doppelt	4 cm einfach	16 cm einfach	14 cm doppelt
10. 245 cm	8 cm doppelt	6 cm einfach	20 cm doppelt	18 cm einfach

Zugaben in der Storelänge. Die Tülle werden in unterschiedlichen Breiten bis zu 4 m hergestellt. Die Herstellungsbreite entspricht der Dekorationshöhe, damit bei einer etwa 12 m „langen" Dekoration keine Naht zu sehen ist. Deshalb müssen wir korrekt von der Storelänge sprechen, wenn wir den Zuschnitt für die Dekoration in Länge der Schiene meinen.

Für die Zugabenrechnung ist die Schienenlänge maßgebend. Wichtig ist jedoch auch die Tüllqualität (Feintüll, Inbetween, Grobtüll). Bei Feintüll gibt man etwa 200% zu, bei Inbetween 150%, bei Grobtüll 120%. Diese Erfahrungswerte können von Fall zu Fall geändert werden. Die Seitensäume von je 1 cm werden nicht berücksichtigt.

Beispiel Berechnen Sie den Längenzuschnitt für einen Store mit 185% Zugabe bei 2,75 m Schienenlänge.

Schienenlänge = 100% = 2,75 m
Zugabe = 0,0275 m · 185 = 5,09 m
Storelängenzuschnitt = **7,84 m**

Aufgaben zu Abschnitt 15.2

Berechnen Sie die Längenzuschnitte für eine Storedekoration nach diesen Angaben:

Schienenlänge	Zugabe	Schienenlänge	Zugabe
11. 185 cm	170%	15. 410 cm	190%
12. 225 cm	200%	16. 480 cm	160%
13. 283 cm	120%	17. 530 cm	185%
14. 350 cm	175%	18. 610 cm	195%

Stoffbedarf bei Überdekorationen. Die Übervorhangdekoration besteht meist aus den Schals (glatt herabhängend oder gerafft) und der Querdekoration (Lambrequin = Schabracke, Quetschfalten- oder Raffbogendekoration). Für Schabracke und Raffbogendekoration müssen einzelne Zuschnittmodelle erstellt werden, die man mit kleinen Säumen (etwa 1 cm) versieht. Die Faltendekoration ist zu berechnen. Die Breite des Schals richtet sich nach dem Überstand der Schiene über das lichte Fenstermaß und nach der Faltenzahl. Meist wählt man 1 bis 1,5 Stoffbreite dafür.

Bei der Querdekoration in Falten unterscheidet man zwischen einzelnen und doppelten Falten (Quetschfalten **15.**6). Bei einzelnen Falten sind die gewünschte Faltentiefe und der Faltenabstand für die Berechnung der Zuschnittlänge anzugeben. Die Quetschfalten haben dagegen an jeder Stelle dreifache Stofflage, so dass die Schienenlänge + 200% Zugabe für den Zuschnitt berechnet werden können. Bei den einzelnen Falten liegt der Stoff in der Faltenbreite dreifach, im Bereich zwischen zwei Falten nur einfach.

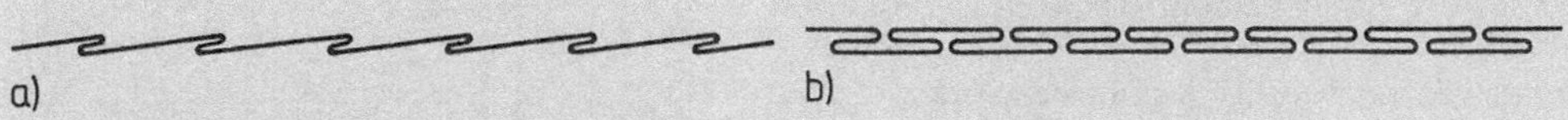

15.6 Querdekorationsfalten
a) einzelne Falten, b) doppelte Falten (Quetschfalten)

Schaldekoration. Bei einer normalen Dekoration werden zwei Schals mit gleicher Faltenzahl und gleicher Stoffbreite zugeschnitten. Die Zugabe zur fertigen Dekoration beträgt in der Regel 70 bis 120%, je nach Stoffqualität. Weil der Stoff jedoch 1,20 m breit liegt, verwendet man der Einfachheit wegen die Stoffbreite oder $1^1/_2$ Stoffbreite.

Beispiel Zu berechnen ist der Stoffbedarf für eine Querdekoration in einfachen Falten und in Quetschfalten. Die Schienenlänge beträgt 1,70 m, die Faltentiefe der einfachen Falten 6 cm. Alle 10 cm ist eine Falte vorgesehen.

Einfache Falten

Faltenzahl = alle 10 cm = 170 cm : 10 cm = 17 Falten

17 · 12 cm (doppelte Faltentiefe) = 204 cm

170 cm + 204 cm = **3,74 cm**

Quetschfalten = 170 cm · 3 = **5,10 m**

Aufgaben zu Abschnitt 15.2

Berechnen Sie die Zuschnittlänge für eine Dekoration in einfachen Falten und in Quetschfalten nach diesen Angaben:

	Schienenlänge	Faltenzahl	Faltentiefe
19.	130 cm	13	6 cm
20.	154 cm	14	7 cm
21.	190 cm	19	5 cm
22.	210 cm	30	2 cm

	Schienenlänge	Faltenzahl	Faltentiefe
23.	250 cm	20	7 cm
24.	310 cm	30	5 cm
25.	360 cm	40	4 cm
26.	440 cm	40	8 cm

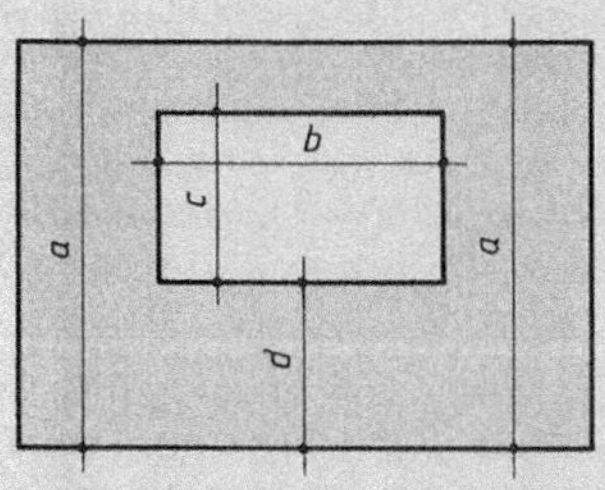

15.7 Aufmaß

Aufmaß. Bevor die Dekoration angefertigt wird, nimmt der Meister beim Kunden das „Aufmaß" (s. Abschn. 12). Bei Malern und Verputzern wird dieser Begriff häufig verwendet, bei Raumausstattern weniger. Darunter verstehen wir die Maße nach Bild **15**.7.

a Raumhöhe rechts und links neben dem Fenster
b lichte Fensterbreite,
c lichte Fensterhöhe,
d Brüstungshöhe (Fensterbank),
e besondere bauliche Merkmale (z.B. vorstehende Heizkörper, Wand-Wand-Dekoration).

Schienenlänge. Wenn bauliche Gegebenheiten kein besonderes Schienenmaß erfordern, kann man die Schienenlänge nach zwei Verfahren berechnen:

- durch Zugabe von 15 % auf jeder Seite,
- durch Einteilen nach dem Goldenen Schnitt.

Beispiel Die lichte Fensterbreite beträgt 1,20 m (Brüstungshöhe 70 cm). Berechnen Sie die Schienenlänge für eine bodenlange Dekoration bei einer Raumhöhe von 2,70 m.

Zugabeverfahren

100% = 120 cm, 15% = 1,20 cm · 15 = 18 cm

120 cm + (2 · 18 cm) = **156 cm**

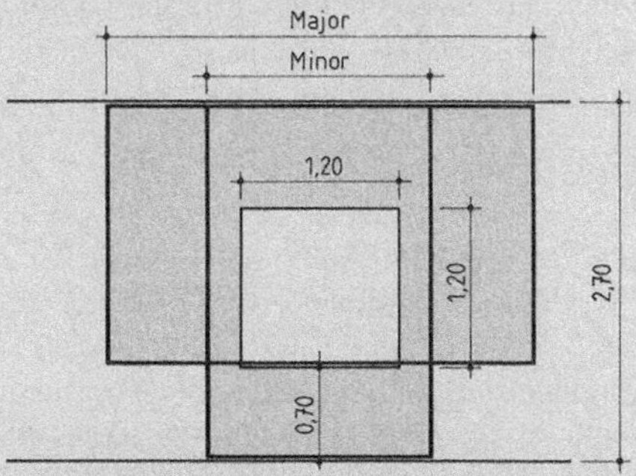

15.8 Berechnen der Schienenlänge nach dem Goldenen Schnitt

Goldener Schnitt

Hierzu muss vorher festgelegt werden, ob die Dekoration bodenlang oder fensterlang sein soll. Entsprechend legt man das Rechteck aus den beiden Teilstücken nach dem Goldenen Schnitt, z.B. wie in Bild **15**.8.

Da nach der Teilung im Goldenen Schnitt $\overline{AB} : \overline{BC} = \overline{BC} : \overline{AC}$ ist, kann es für unsere Dekoration lauten:

a) Bodenlange Dekoration

Die Raumhöhe entspricht dem größten Teil (*Major*), d.h. die 270 cm (Raumhöhe) geteilt durch 8 ergeben einen Teil (270 : 8 = 33,75 cm).

Um die Schienenlänge zu errechnen muß der *Minor* ermittelt werden: 33,75 x 5 = **168,75 cm**

(Das Ergebnis deckt sich fast mit dem Ergebnis der Zugabeverfahrens und kann als gut bezeichnet werden).

b) Dekoration bis zur Fensterbank

Bei einer Dekoration bis zur Fensterbank entspricht die Höhe von der Fensterbank bis zur Zimmerdecke = 200 cm dem kleineren Abschnitt *Minor*. Dieser kleinere Abschnitt muss durch 5 geteilt werden, um den Wert eines Teiles zu ermitteln (200 : 5 = 40 cm). Die Schienenlänge (*Major*) entspricht dem größeren Teil des Goldenen Schnittes, also 40 x 8 = **320 cm**

(Das Ergebnis ist unbefriedigend, weil ein zu großer Überstand an den Fensterseiten vorhanden ist).

Nicht in allen Räumen und nicht bei allen Fenstermaßen sind beide Berechnungen nach dem Goldenen Schnitt möglich.

Aufgaben zu Abschnitt 15.2

27. Ein Fenster hat das lichte Maß 145 cm in der Breite. Die Brüstung ist 80 cm, die Raumhöhe 2,60 m. Berechnen Sie die Schienenlänge nach beiden Verfahren.

28. Die Schienenlänge ist 268 cm. Wie groß ist das lichte Fenstermaß, wenn auf jeder Seite 15% Überstand berechnet werden.

29. An eine 1,73 m lange Schiene wird eine bodenlange Dekoration montiert, die dem Goldenen Schnitt entspricht. Berechnen Sie die Raumhöhe.

30. Ein 2,52 m hoher Raum hat ein quadratisches Fenster von 95 cm Höhe. Die Brüstung ist 70 cm hoch. Berechnen Sie die Schienenlänge nach den beiden Verfahren.

31. Wie groß ist das lichte Fenstermaß in der Breite, wenn die Dekoration bis zur Fensterbank 182 cm beträgt und nach dem Goldenen Schnitt angefertigt wurde?

32. Berechnen Sie für eine bodenlange Dekoration in dem Raum nach Bild **15.**9 bei 25 cm breiter Querdekoration in Quetschfalten:
a) die Schienenlänge (+ 2 · 15%);
b) den Storezuschnitt (oberer Saum einfach, Faltenband = 6 cm; unterer Saum 12 cm doppdoppelt; Längenzugabe 200%);
c) den Übervorhangzuschnitt (je 1,5 Stoffbreite für die Schals, oben 4 cm Faltenband doppelt, unten 15 cm einfach).

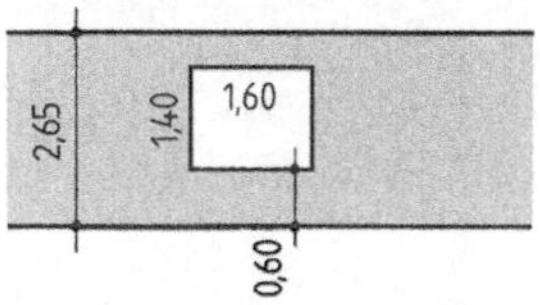

15.9 Bodenlange Dekoration

33. Eine Dekoration bis zur Fensterbank soll nach dem Goldenen Schnitt gestaltet werden. Berechnen Sie die Zuschnittmaße und die Schienenlänge, Bild **15.**10).

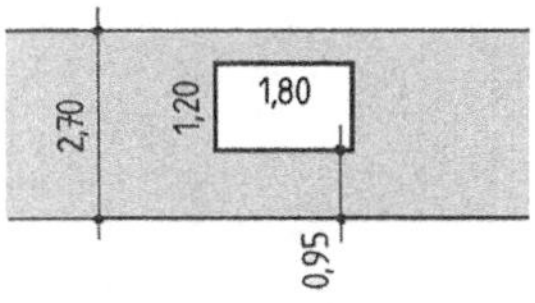

15.10 Dekoration bis zur Fensterbank

Stores: Faltenband 3 cm, Saum einfach, unterer Saum 8 cm doppelt, Längenzugabe 180%;
Übervorhang: zwei Schals je Stoffbreite, oben 4 cm Faltenband, Saum doppelt, unterer Saum 10 cm doppelt, unterer Saum 10 cm doppelt;
Querdekoration: einfache Falten, 20 Stück mit einer Faltentiefe von 6 cm.

34. Berechnen Sie die Schienenlänge nach allen Verfahren für eine Fensteröffnung im Aufmaß **15.**11. Nach welchen Maßen sind die verschiedenen Dekorationen zu schneiden (bodenlang und bis zur Fensterbank)?
Übervorhang: 1,5 Stoffbreite je Schal, oberer Saum einfach, Faltenband 8 cm, unterer Saum doppelt 13 cm;
Querdekoration: Quetschfalten, Dekorationshöhe 22 cm;
Stores: Längenzugabe 160%, oberer Saum doppelt, Faltenband 6 cm, unterer Saum 10 cm einfach.

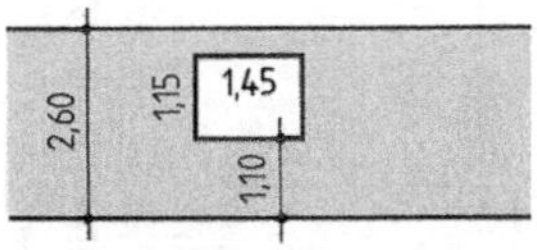

15.11 Schienenlange für ein Fenster

35. Eine Wohnzimmerwand Breite = 5,50 m, Höhe = 2,80 m hat in der Mitte ein Fenster von 2,80 m Breite x 1,60 m Höhe, die Brüstungshöhe liegt bei 0,70 m. Der Kunde hat eine Schiene mit Blende ausgesucht, sie wird an der Decke befestigt. Die Schienenlänge ist nach dem Goldenen Schnitt zu errechnen. Eine glatt herabfallende Dekoration wird gewünscht. Der Stores soll die Längenzugabe von 180% haben, oberer Saum doppelt (Faltenband = 8 cm), unterer Saum einfach von 6 cm. Übervorhang: 1,5 Stoffbreite je Schal, oberer Saum einfach (Faltenband = 8 cm), unterer Saum doppelt von 12 cm. Berechnen Sie die Zuschnitte.

15.3 Besondere Zuschnitte

Für manche Dekorationsteile muss der Zuschnitt auf die Stoffqualität und die Dekorationsart abgestimmt werden. Für diese Fälle gibt es keine allgemeine Lösung – jeder dieser Zuschnitte muss neu berechnet werden. Dazu ist eine maßstabsgetreue Zeichnung erforderlich. Bild **15.**15 gibt drei Beispiele.

Zuschnitt bei Wolkenstores aus einem Stück (**15.**12)
Höhe = Fertigungshöhe + Zugabe + Säume
Breite = Anzahl der Wolkenfelderbreiten + Keilbreiten + Säume

Zuschnitt bei Raffstores (**15.**13)
Höhe = Fertighöhe (Bogenform beachten) + Säume
Breite = Fertigbreite + Stoffzugabe (z.B. 200%) + Säume

Zuschnitt bei Schwalbenschwanz (**15.**14)
Höhe = Dekorationshöhe + Zugabe (z.B. 25%) + Säume
Breite = Dekorationsbreite + Säume.

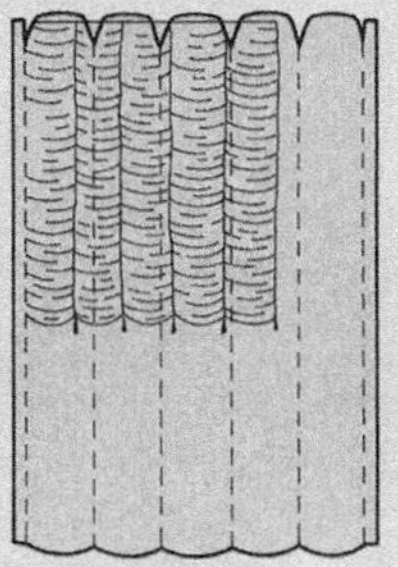

15.12 Wolkenstore und Zuschnitt

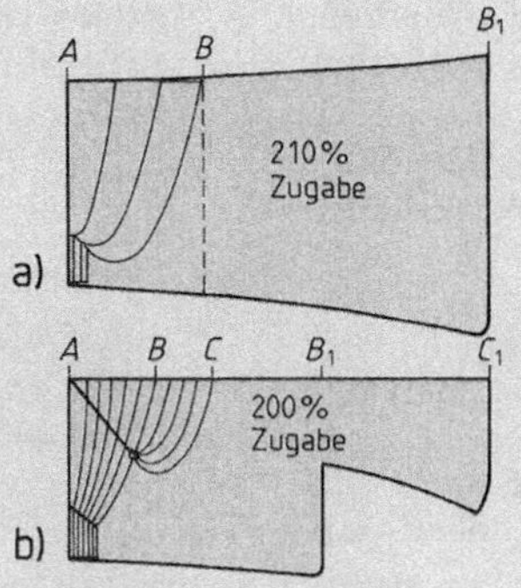

15.13 Raffstore-Zuschnittentwicklung
a) einfacher Store,
b) doppelter Raffstore

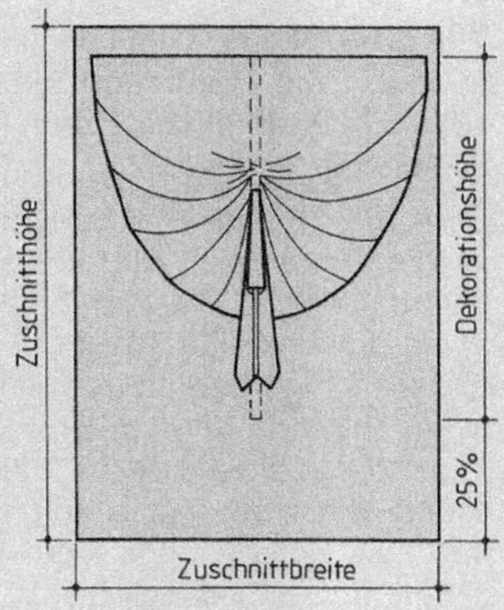

15.14 Schwalbenschwanzzuschnitt

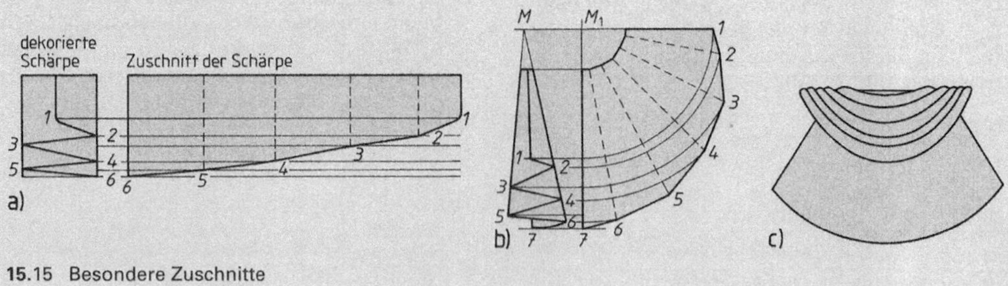

15.15 Besondere Zuschnitte
a) Schärpe, b) Faltenzipfel, c) Raffbogen

Aufgaben zu Abschnitt 15.3

1. Berechnen Sie den Stoffbedarf für die Schwalbenschwanz-Dekoration (**15**.16).
   Fertigbreite = 1,12 m, Dekorationshöhe 1,50 m
   Höhenzugabe = 25%, Säume je 1 cm.
2. Berechnen Sie den Stoffbedarf für die Wolkenstores-Dekoration (**15**.17). Schals je 1,5 Stoffbreite, Dekorationshöhe = 2,60 m.
   Wolkenstores: Dekorationshöhe = 2,60 m
   7 Wolkenfelder je 40 cm breit, Keilbreite = 12 cm
   Höhenzugabe = 80%, Säume je 1 cm.
3. Berechnen Sie den Stoffbedarf für die Raffdekoration (**15**.18) und die Schals (je 1,5 Stoffbreite).
   Maß der Raffdekoration:
   Dekorationsbreite = 3,50 m
   Überlappung = 80 cm,
   Dekorationshöhe = 2,10 m
   Dekorationshöhe der Schals = 2,50 m, Säume jeweils 1 cm.

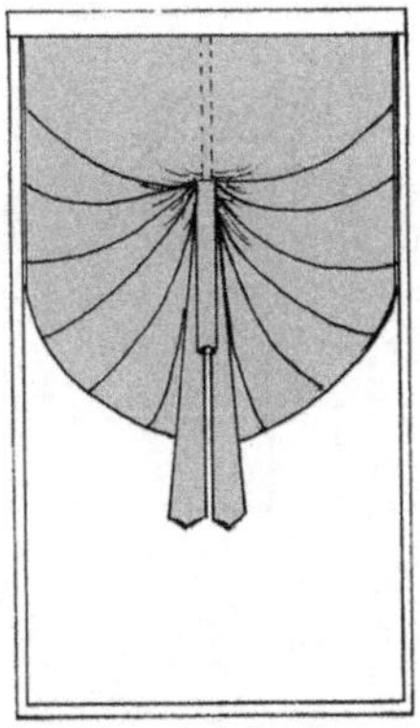

15.16 Schwalbenschwanz-Dekoration

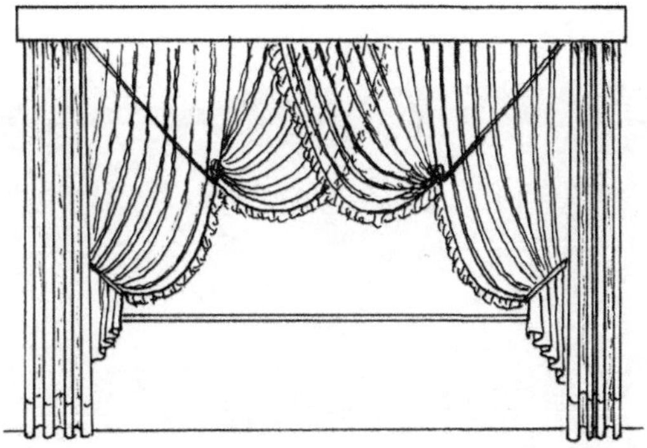

15.18 Dekoration eines doppelten Raffstores mit Schals

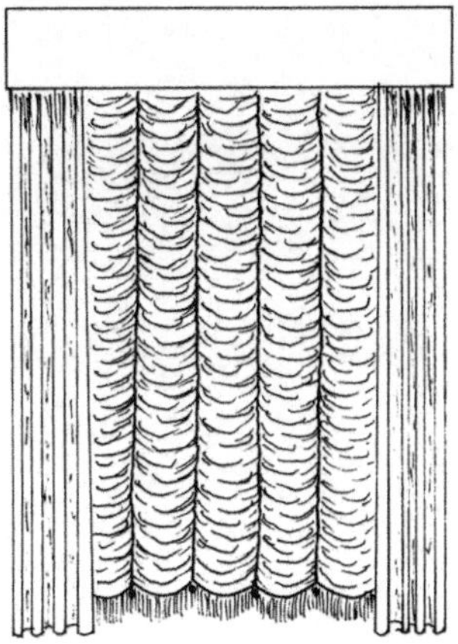

15.17 Wolkenstores-Dekoration mit Schals

4. Eine Schwalbenschwanz-Dekoration ist zu berechnen (**15**.16)
   Fertigbreite = 1,40 m
   Dekorationshöhe = 1,80 m
   Höhenzugabe = 25%, Säume je 1 cm.
5. Der Stoffbedarf für einen Wolkenstores ohne Schals (**15**.17) ist zu ermitteln.
   Dekorationshöhe = 2,75 m, 9 Wolkenfelder zu je 35 cm, Keilbreite = 12 cm, Höhenzugabe = 75%, Säume je 1 cm.
6. Für eine doppelte Raffdekoration (**15**.18) ohne Schals ist der Zuschnitt zu errechnen:
   Dekorationbreite = 2,70 m
   Überlappung = 0,70 m
   Dekorationshöhe = 2,00 m

15.4 Wandbespannungen

Die Wandbespannung mit Stoffen ist wegen des Unterlagenmaterials gut wärmeisolierend, leicht zu reinigen und sieht elegant aus. Im Grunde lassen sich alle Dekorationsstoffe dafür verwenden, daneben aber auch Plastik und Leder. Als Unterlagsstoffe dienen Nessel, Filz, Molton, Kalmuck u.a. Zu achten ist darauf, dass die senkrechten Nähte absolut gerade (d.h. senkrecht) verlaufen.

Zwei Spanntechniken sind zu unterscheiden:

a) Anbringen auf Holzleisten (verkapptes Spannen, **15.**19). Die Holzleisten werden entlang der Ränder befestigt, gedübelt, genagelt oder geklebt, je nach Untergrundbeschaffenheit. Auch um Türen und Fenster werden die Ölleisten angebracht.

b) Anbringen auf speziellen Spannschienen (auf Gehrung geschnitten). Die Kunststoffleisten ermöglichen eine schnelle und mühelose Verspannung, sie werden auf Gehrung geschnitten. Der Wandspannstoff kann hierbei schnell ausgewechselt werden.

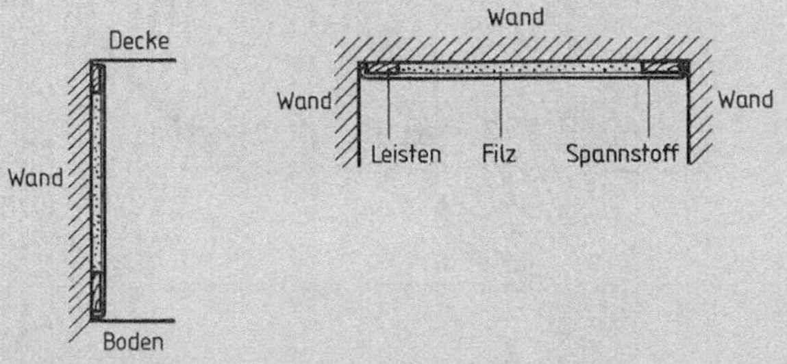

15.19 Wandbespannung auf Holzleisten

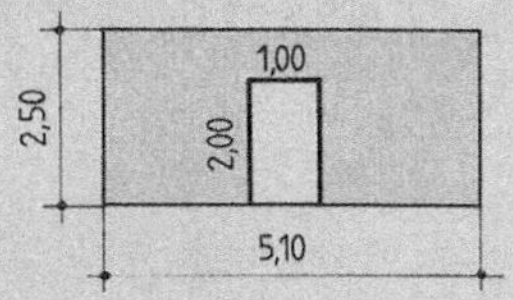

15.20 Wohnzimmerwand

Beispiel Die Wohnzimmerwand **15.**20 ist mit Damast zu bespannen. Rapport = 15 cm. Der Dekostoff liegt 1,20 m breit.

Wie viel lfd. m sind für die Bespannung vom Ballen abzuschneiden?

Wie viel m Filz (1 m breit) und Holzleisten werden gebraucht?

Wandbreite = 5,10 m

Bahnenzahl = 510 cm : 118 cm = 4,32 = 5 Bahnen.

Bahnenlänge = 250 cm + 15 cm zum Verspannen = 265 cm
265 cm : 15 cm Rapport = 17,6 cm = 18 cm
18 cm · 15 = **270 cm** (Einsparungen nicht möglich

Damast = 5 · 270 cm = **13,50 m**

Spannleistenbedarf = (2 · 2,50 m) + (2 · 5,10 m) + (2 · 2 m) + 1m
= 5 m + 10,20 m + 4 m + 1 m = 20,20 m (– 1 m Tür) = **19,20 m**

Unterlegstoff 1 m breit = 6 Bahnen je 2,50 m = **15 m**

Aufgaben zu Abschnitt 15.4

1. Berechnen Sie den Damast-, Leisten- und Filzbedarf für die Wandbespannung eines Esszimmers nach Bild **15.**21 Rapport 50 cm, Stoffbreite 1,20 m.

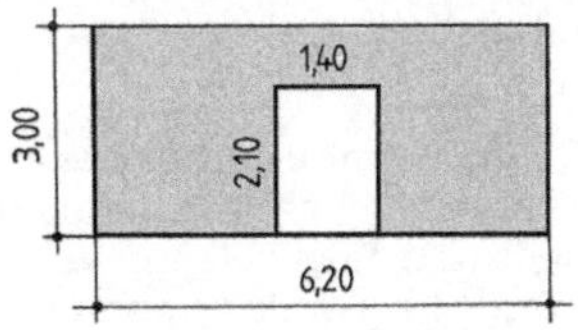

15.21 Esszimmerwand

2. Wie viel Material (Cretonne 1,20 m breit, Filz und Leisten) brauchen Sie für die Wandbespannung der Dielenwand **15.**22 (Dekostoff ohne Rapport).

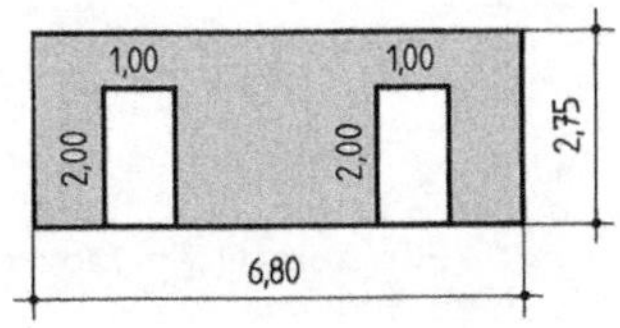

15.22 Dielenwand

3. Das Kinderzimmer **15.**23 soll mit einfarbigem Leinen bespannt werden. Berechnen Sie den Stoffbedarf (1,20 m breit), den Bedarf an Molton (1 m breit) und Holzleisten.

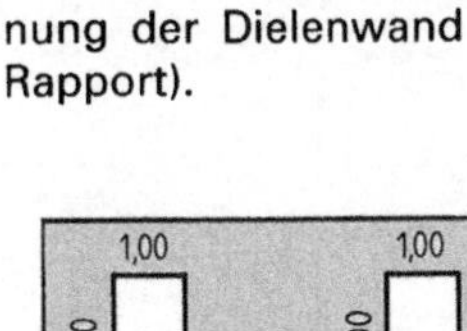

15.23 Kinderzimmerwand

4. In einer Gastwirtschaft soll zur besseren Isolation eine Wand **15.**24 Damastbespannung erhalten. Rapport 26 cm, Stoffbreite 2,40 m, als Unterlage 1cm dicker Filz (1 m Breite), Verspannung auf Holzleisten. Wie viel Material wird gebraucht?

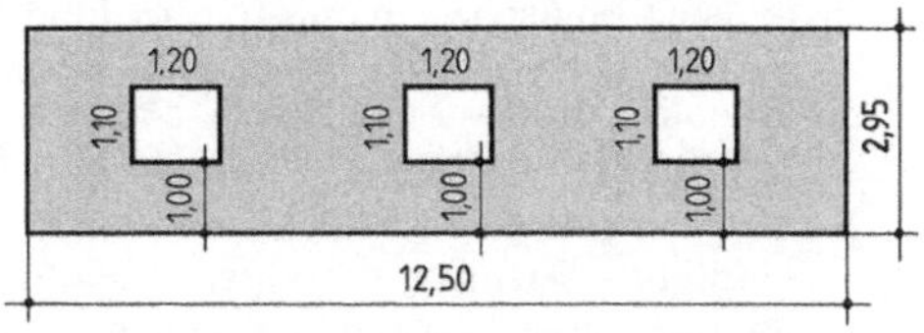

15.24 Gastwirtschaft

5. Ein Arbeitszimmer nach Bild **15.**25 soll Wandbespannung bekommen. Gewählt werden Leinen (1,20 m breit, 28 cm Rapport), Kalmuck-Unterlage (1 m breit) und Holzleisten. Der Materialbedarf ist zu berechnen.

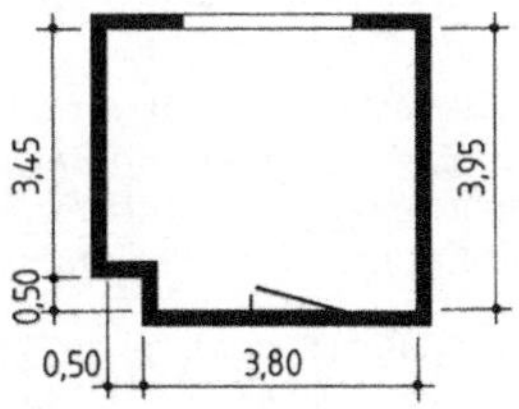

Raumhöhe 2,72 m
Fenster
2,50 m breit
1,20 m hoch
0,92 m Brüstung
0,88 m breit
2,05 m hoch

15.25 Arbeitszimmer

6. Das Zimmer **15.**26 soll eine Uni-Satin-Wandbespannung erhalten (1,20 m breite Ware). Der Materialbedarf ist zu berechnen.

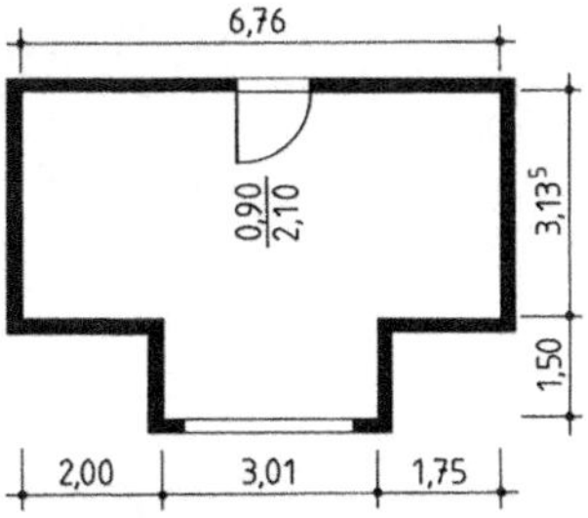

Raumhöhe 2,67 m
Fenster
Höhe = 1,60 m
Breite = 2,50 m
Brüstung = 0,80 m

15.26 Zimmer

16 Polstermöbel

16.1 Sesselmaße

Industriell gefertigte Sessel sind für Personen von etwa 1,75 m Körpergröße hergestellt. Dieses Maß entspricht der durchschnittlichen Körpergröße erwachsener Personen, so dass sich die meisten Menschen in diesen Sitzmöbeln wohlfühlen. Das gilt auch noch für Personen, die bis zu 5 cm von diesem Maß abweichen, denn die Polsterflächen geben etwas nach. Für Menschen, die erheblich größer oder kleiner sind, bietet die Industrie keine geeigneten Sessel. Hier kann der kundige Handwerker einen „Maßsessel" anfertigen.

So kann z. B. für die Sitzfläche eine andere Federwahl (9 Gang oder 5 Gang) eine höhere oder niedrigere Sitzhöhe erbringen. Desgleichen ist mit der Rückenlehnfeder, durch Auswahl einer mehrgängigen Rückenlehnfeder kann die Sitztiefe verkürzt werden. (Die Rückenlehne kommt dadurch weiter nach vorn, sie überdeckt einen Teil der Sitzfläche). Auch bei Armlehnfederungen ist das möglich. Nur bei extremer Abweichung von der 1,75er Körpergröße muss das Holzgestell eine Veränderung erfahren.

Maßsessel. Die Bewegungsbereiche des normalen Menschen sind nach dem Gesetz des Goldenen Schnitts geteilt, z.B. ganzer Arm: Unterarm oder Unterarm : Hand (s. Abschn. 7.5). Um die Sesselmaße zu ermitteln, teilt man den ganzen Körper in 20 Teilstücke und erhält daraus:

Sitztiefe	= 6	Teilbereiche
Sitzhöhe	= 5	Teilbereiche
Rückenlehne	= 5	Teilbereiche (unterschiedlich hoch)
Nackenlehne	= 7	Teilbereiche
Kopflehne	= 9	Teilbereiche
Armlehne	= 7,5	Teilbereiche

Sitzhöhe und Sitztiefe sind zusammen 11 Teile, müssen aber nicht immer im Verhältnis 5 : 6 eingeteilt werden. Z.B. ist bei einem Barhocker die Sitztiefe gering und die Sitzhöhe groß, beim tiefen Clubsessel dagegen die Sitzhöhe gering und die Sitztiefe groß. Für normal gewachsene Menschen rechnet man im Allgemeinen für Sitztiefe plus Sitzhöhe 96 bis 103 cm.

Beispiel 1 Berechnen Sie die Maße eines Maßsessels für eine Person von 2 m Körpergröße.

1 Teil	= 200 cm : 20 = 10 cm
Sitztiefe	= 6 · 10 cm = 60 cm
Sitzhöhe	= 5 · 10 cm = 50 cm
Rückenlehne	= 5 · 10 cm = 50 cm
Nackenlehne	= 7 · 10 cm = 70 cm
Kopflehne	= 9 · 10 cm = 90 cm
Armlehne	= 7,5 · 10 cm = 75 cm

Beispiel 2 Berechnen Sie die Maße eines Maßsessels für eine Person von 1,45 m Körpergröße.

1 Teil	= 145 cm : 20 = 7,25 cm
Sitztiefe	= 6 · 7,25 cm = 43,50 cm
Sitzhöhe	= 5 · 7,25 cm = 36,25 cm
Rückenlehne	= 5 · 7,25 cm = 36,25 cm
Nackenlehne	= 7 · 7,25 cm = 50,75 cm
Kopflehne	= 9 · 7,25 cm = 65,25 cm
Armlehne	= 7,5 · 7,25 cm = 54,375 cm

Kontrolle Sitzhöhe + Sitztiefe + Kopflehne = Körpergröße
36,25 + 43,50 + 65,25 = **1,45 m**

Aufgaben zu Abschnitt 16.1

1. Legen Sie die Maße für einen Sessel fest, den ein 1,52 m großer Kunde bestellt hat.
2. Ein Sessel hat die Armlehnenhöhe 63 cm.
   a) Wie groß ist die Person, für die er gefertigt wurde?
   b) Wie groß sind die anderen Maße?
3. Berechnen Sie die Sesselmaße für einen normal gewachsenen Menschen von 1,75 m Körpergröße (Normsessel).
4. Die Nackenlehne eines Sessels ist 66 cm hoch. Ermitteln Sie die anderen Maße und die Größe der Person.
5. Die Oberkante der Zarge eines Sesselgestells ist 22 cm vom Boden entfernt (Zargenbreite = 5 cm). Wie weit müssen die Federn heruntergeschnürt werden, wenn man für die Polsterfüllstoffauflage 3 cm berechnet und der Sessel maßgerecht für einen 1,85 m großen Herren sein soll?
6. Sitztiefe und Sitzhöhe betragen zusammen 90 cm. Sie sollen im Verhältnis 7 : 4 aufgeteilt werden. Berechnen Sie alle Maße.
7. Die Sitzhohe eines Sessels beträgt 42 cm. Wie groß sind die übrigen Maße und die Person, für die der Sessel angefertigt wird?
8. Zu berechnen sind die Sesselmaße fur eine 2,10 m große Person.
9. In einem Clubsessel ist das Verhältnis von Sitztiefe zu Sitzhöhe 8 : 3. Die Sitztiefe beträgt 62 cm. Berechnen Sie die ubrigen Maße.
10. Ein Sessel hat 56 cm Sitztiefe. Berechnen Sie daraus die anderen Maße und stellen Sie fest wie groß der Besteller ist.
11. Berechnen Sie die Sesselmaße (mit Kopflehnhöhe) für eine 1,50 m und eine 1,98 m große Person. Vergleichen Sie alle Maße und errechnen Sie die Maßdifferenzen.
12. Bei einem Vollpolstersessel werden 82 cm für die Nackenlehnenhöhe gemessen. Berechnen Sie alle anderen Maße des Sessels.
13. Um in das „Buch der Rekorde“ zu kommen, will ein Polstermeister einen „Supersessel“ erstellen. Er geht von einer Sitzhöhe von 1,30 m aus. Berechnen Sie die ubrigen Sesselmaße.
14. Ein Polstergestell hat eine Aufzargengurtung. Der Abstand vom Boden zur Zargenoberkante beträgt 19 cm. Wie weit müssen die Federn heruntergeschnürt werden (Polsterauflage = 3 cm), wenn der Sessel für eine 1,62 m große Person sein soll?
15. Ein „Mini-Sessel“ soll gebaut werden. Berechnen Sie die Maße, wenn von einer Körpergröße von 1,12 m ausgegangen wird.
16. Erstellen Sie eine Tabelle aller Sesselmaße für Personen von: 1,42 m, 1,53 m, 1,61 m, 1,87 m, 2,11 m. Errechnen Sie dann die Maßdifferenzen des kleinsten und des größten Sessels.
17. Ein Polstermeister schnürt die Federn für einen Maßsessel auf 40 cm herunter (vom Boden gemessen). Es kommt eine Polsterauflage von 3,5 cm darauf. Berechnen Sie alle ubrigen Maße des Sessels.
18. Die Kopflehnhöhe eines Sessels beträgt 82 cm Berechnen Sie alle übrigen Maße dieses Maßsessels.
19. Die Armlehnfedern werden auf 61 cm vom Boden gemessen geschnürt. Es kommt eine Polsterauflage von 3 cm darauf. Berechnen Sie die übrigen Maße des Maßsessels.
20. Sitzhöhe und Sitztiefe betragen zusammen 103 cm. Sie sollen im Verhältniss 5:6 aufgeteilt werden. Berechnen Sie alle Sesselmaße.
21. Ein Maßsessel mit Nackenlehnhöhe hat eine Sitztiefe von 58,5 cm. Errechnen Sie daraus die restlichen Maße und stellen Sie fest, wie groß der Kunde ist.
22. Sie stellen zur Gesellenprüfung eine Musterkoje im Maßstab von 1 : 25 her. Das Polsterstück ist ein Sessel mit Rücklehnhöhe und soll maßgerecht für eine Person von 1,95 m sein. Welche Maße hat Ihr Sesselmodell?
23. Ein Basketballspieler kommt zu Ihnen ins Geschäft, er hat eine Körpergröße von 2,31 m. Da er einen Maßsessel angefertigt haben möchte, stellen Sie die Sesselmaße rechnerisch her.
24. Eine Person von 1,90 m setzt sich in einen Sessel, der für einen 1,51 m großen Menschen erstellt wurde. Wie viele cm fehlen in Sitzhöhe und Sitztiefe?

16.2 Gewicht und Bezugsstoffbedarf bei Schaumpolsterungen

Matratzen, lose Sitzkissen, Formteile und Couchrollen bestehen häufig aus Schaumstoffen. Die Härtegrade der Schaumstoffe bestimmt die Industrie (s. Abschn. 11.2). Häufig stellt man diese Polsterteile aus zwei oder mehr Schaumstoff-Raumgewichten her, um eine weiche Oberfläche und eine gute Stützzone zu bekommen. Da das Gewicht in g/dm^3 oder kg/m^3 angegeben ist, können wir die Gewichte der Polsterteile berechnen.

Beispiel Eine einteilige Matratze 200 cm x 100 cm x 15 cm hat einen Kern von 180 cm x 80 cm x 5 cm aus Schaumstoff RG 35. Der Rest ist aus Schaumstoff RG 25. Die Matratze soll mit Matratzendrell bezogen werden. Dabei sollen jedes Teil einzeln zugeschnitten und je 1 cm als Nahtzugabe gerechnet werden.

Maße in dm umrechnen:

$20\ dm \times 10\ dm \times 1{,}5\ dm = 300\ dm^3$
$-\ 18\ dm \times 8\ dm \times 0{,}5\ dm = \underline{72\ dm^3}$ RG 35
$228\ dm^3$ RG 25

$228\ dm^3 \cdot 25\ g/dm^3 = 5700\ g = 5{,}700\ kg$
$72\ dm^3 \cdot 35\ g/dm^3 = 2520\ g = \underline{2{,}520\ kg}$
Gesamtgewicht der Matratze = **8,220 kg**

Drellbedarf = 2 Teile $202\ cm \cdot 102\ cm = 41208\ cm^2$
2 Teile $102\ cm \cdot 17\ cm = 3468\ cm^2$
2 Teile $202\ cm \cdot 17\ cm = \underline{6868\ cm^2}$
$= 51544\ cm^2 = \mathbf{5{,}15\ m^2}$

16.3 Zuschnitt von Kissen- und Matratzenbezügen

Meist richtet sich der Zuschnitt nach der Stoffbreite und nach der Form des Kissens oder der Matratze. Drei Möglichkeiten hat der Fachmann beim Zuschnitt (**16**.1).

Form A Zuschnitt aller Teile einzeln – sehr nahtaufwendig
Form B Zuschnitt mit Haht im Kantenbereich – sehr selten,
Form C Zuschnitt mit Naht in der Bodenmitte.

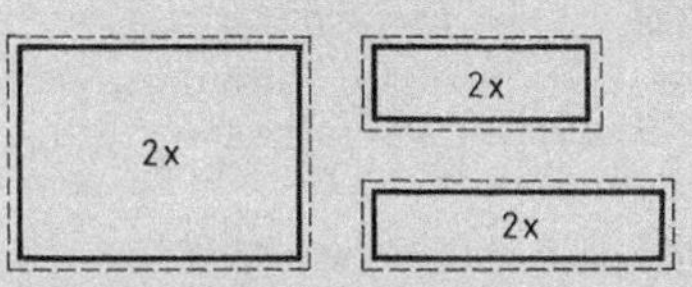

a)

16.1
Zuschnitte von Kissen- und Matratzenbezügen
a) Form A, b) Form B, c) Form C

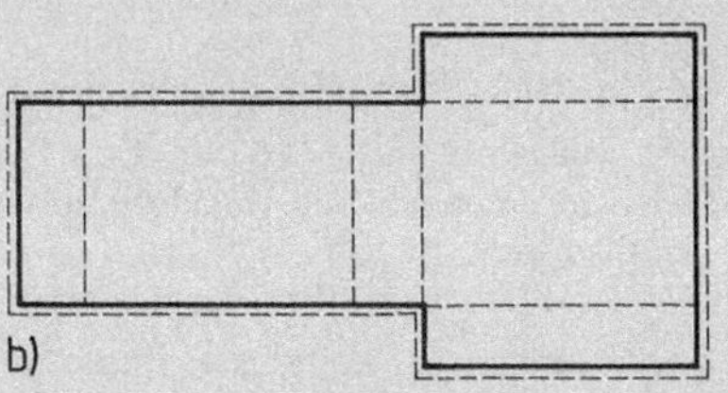
b)

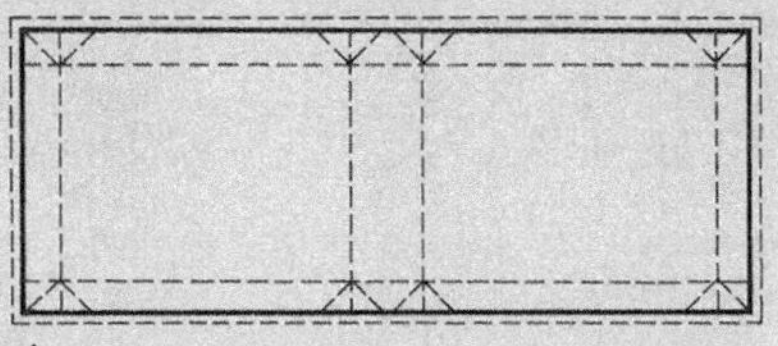
c)

Die Form C ist am häufigsten, weil sie besonders wirtschaftlich ist. Es wird jeweils ein halber Boden angeschnitten, die Ecken näht man dann mit der Maschine ab.

Beispiel Berechnen Sie die Zuschnittmaße für ein Sitzkissen 45 cm x 45 cm x 5 cm aus Schaumstoff nach der Form A und C. Nahtzugabe 1 cm

Form A (45 cm + 2 cm) x (45 cm + 2 cm) = 47 cm x 47 cm (2mal)
(45 cm + 2 cm) x (5 cm + 2 cm) = 47 cm x 7 cm (4mal)

Form C Länge = 2,5 cm + 45 cm + 5 cm + 45 cm + 2,5 cm + 2 cm
Nahtzugabe = 102 cm
Breite = 2,5 cm + 45 cm + 2,5 cm + 2 cm Nahtzugabe = 52 cm
Zuschnitt = **102 cm x 52 cm**

Aufgaben zu Abschnitt 16.2 und 16.3

1. Berechnen Sie ein Gewicht und Drellbedarf für eine einteilige Matratze mit den Maßen 190 cm x 90 cm x 12 cm. Sie enthält einen Schaumkern aus RG 40 von 175 cm x 80 cm x 8 cm. Der Oberflächenschaumstoff hat das RG 25. Jedes Teil wird einzeln zugeschnitten. 1 cm als Nahtzugabe gerechnet.
2. Ein loses Sitzkissen wird aus Schaumstoff RG 35 in den Maßen 45 cm x 45 cm x 5 cm hergestellt. Berechnen Sie das Gewicht des Kissens.
3. Eine Couchrolle (22 cm Durchmesser, 90 cm lang) wird aus Schaumstoff RG 45 angefertigt. Berechnen Sie das Gewicht in kg und den Stoffbedarf in m^2.
4. Ein 60 cm breites Sitzelement soll maßgerecht für einen 182 cm großen Kunden angefertigt werden. Die Rückenlehne ist oben 15 cm und unten 25 cm tief (**16**.2). Sie besteht aus Schaumstoff RG 28. Den Sitz sollen Sie in Sandwichbauweise mit einem Kern RG 60 jeweils 5 cm von der Außenkante entfernt aus Schaumstoff RG 35 herstellen. Das Element wird mit Velours bezogen (Nahtzugabe je 1 cm), jedes Teil einzeln zugeschnitten. Wie schwer ist das fertige Sitzelement? Wie viel Stoff in m^2 wird gebraucht?

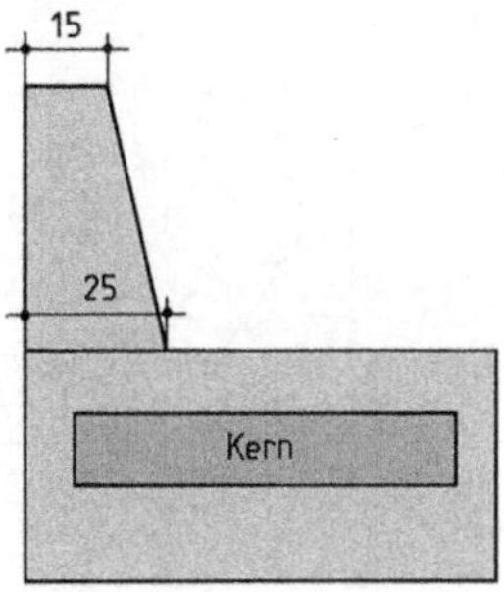

16.2 Sitzelement

5. Ein Schaumstoffquader wird aus drei gleichen Lagen Schaumstoff RG 28, RG 35, RG 61 hergestellt. Berechnen Sie sein Gewicht und den Stoffzuschnitt in m^2, wobei jedes Teil einzeln zugeschnitten werden soll (je 1 cm Nahtzugabe). Die Maße des Quaders sind $a = 53$ cm, $b = 64$ cm, $h_a = 51$ cm.
6. Ein loses Sitzkissen soll aus Schaumstoff RG 42 in den Maßen 63 cm x 48 cm x 9 cm hergestellt werden. Berechnen Sie das Gewicht des Kissens und den Stoffverbrauch.
7. Ein Raumausstatter hat einen Schaumstoffwürfel mit einer Kantenlänge von 48 cm mit Stoff zu beziehen. Weil jede Seite eine andere Farbe erhalten soll, müssen die Teile einzeln zugeschnitten werden (Nahtzugabe 1 cm). Berechnen Sie den Stoffverbrauch insgesamt und das Raumgewicht des Schaumstoffs, wenn der Würfel 6414 g wiegt.
8. Ein großer Schaumstoffquader wird als Spielelement für einen Kindergarten aus drei gleichen Lagen Schaumstoff a) RG 22, b) RG 25 und c) RG 35 angefertigt. Die Maße des Quaders sind $a = 1{,}60$ m, $b = 80$ cm, $c = 90$ cm. Berechnen Sie das Gewicht des Quaders und den Kunstlederbedarf. (Jedes Teil wird einzeln Zugeschnitten mit einer Nahtzugabe von 1 cm).
9. Ein Kissen von 52 cm x 52 cm x 6 cm soll bezogen werden. Berechnen Sie den Zuschnitt nach Form C.
10. Eine Matratze 90 cm x 65 cm x 12 cm wird mit Drell bezogen. Berechnen Sie die Zuschnittmaße, die Fläche in m^2 nach allen drei Formen und vergleichen Sie sie.
11. Ein loses Sitzkissen wird mit Velours bezogen. Maße 48 cm x 52 cm x 8 cm. Zu berechnen sind die Zuschnittmaße nach den Formen A und C.
12. Wie groß ist die Stofffläche für eine einteilige Matratze von 1,90 m x 90 cm x 14 cm im Zuschnitt nach Form B?
13. Die einteilige Matratze eines französischen Bettes soll mit Wollstoff bezogen werden. Maße der Matratze = 1,90 cm x 1,70 m x 0,16 m. Welche Zuschnittmaße ergeben sich nach Form A?
14. In Form C soll ein Bezugsstoff für ein Kissen von 65 cm x 48 cm x 18 cm zugeschnitten werden. Schnittmaße = ?
15. Ein Schaumstoffquader soll für ein Schaufenster erstellt werden. Alle Seiten sind unterschiedlich in der Farbwahl. Der Quader ist $a =$ 90 cm, $b = 45$ cm, $c = 53$ cm. Berechnen Sie die Zuschnittgröße der einzelnen Stoffteile.
16. Ein Kissen der Größe 62 x 42 x 9 cm soll bezogen werden. Errechnen Sie den Zuschnitt nach Form C. Wie viel m^2 Stoff sind das?

16.4 Gurte

Bei einem Möbel im klassischen Polster ist die Begurtung Träger des Aufbaus. Die Gurtung besteht aus einem Geflecht von etwa 7 cm breiten Gurten in Längs- und Querrichtung, die in Leinenbindung verwebt werden. Die Anzahl der Gurte in beiden Richtungen wird so gewählt, dass auf jedes Gurtenkreuz eine Feder zu stehen kommt. Bessere Polstermöbel erhalten eine Enggurtung, d.h., die Gurte werden dicht nebeneinander genagelt. Dabei kommt nicht auf jedes Gurtenkreuz eine Feder. In der Länge der Gurtzuschnitte rechnet man vom Zargenmaß 5 cm auf jeder Seite zum Annageln der Gurte hinzu.

Bei Gummigurten wird eine Dehnung in % angegeben.

Beispiel Der Holzrahmen für ein Flachpolster ist 40 cm tief, vorn 42 cm und hinten 38 cm breit. Es sollen 4 Gurte in jeder Richtung genagelt werden. Wie viel m braucht man?

Längsgurtung = 4 · 45 cm = 1,80 m
Quergurtung = Mittelwert aus 42 cm + 38 cm = 80 cm : 2 = 40 cm
= 4 · 45 cm = 1,80 cm
Gurtbedarf = **3,60 m**

16.5 Heftung

Die Sesselrückenlehne wird sehr unterschiedlich gestaltet. Wir kennen den glatt bezogenen Rücken, den Rücken in Pfeifeneinteilung und den gehefteten Rücken. Die Heftungsarten sind widerum eingeteilt in Quadrate, in halbe Rauten mit Pfeifen, in ganze Raute mit Pfeifen und in Rauten (**16**.3). Die Heftungsfelder müssen im richtigen Verhältnis zur Rückenlehngröße stehen. Deshalb hat sich auch hier die Einteilung nach dem Goldenen Schnitt bewährt.

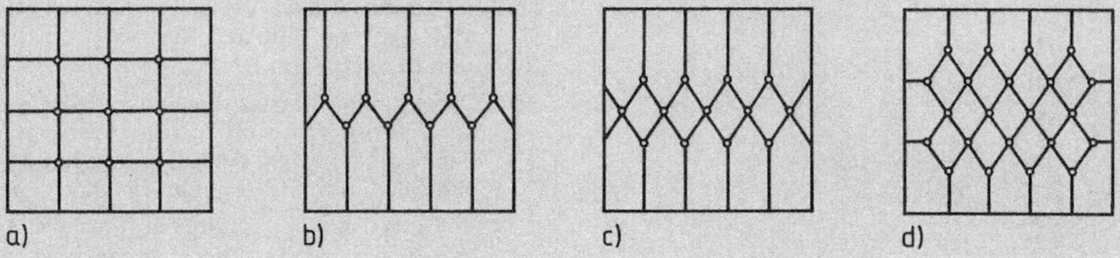

16.3 Heftungen
a) Quadratheftung, b) halbe und c) ganze Raute mit Pfeifen, d) Rautenheftung

Weil die Felder ausgepolstert werden, muss man beim Zuschneiden in der Länge und in der Breite Stoff zugeben. In der Praxis hat sich eine Zugabe von je 4 cm als ausreichend erwiesen. Wenn also eine Raute nach dem Goldenen Schnitt 13 cm hoch und 8 cm breit ist, ist der Zuschnitt 13 cm + 4 cm = 17 cm hoch und 8 cm + 4 cm = 12 cm breit zu berechnen.

Beispiel Das Rückenmaß eines Sessels ist 60 cm breit und 52 cm hoch. Teilen Sie den Rücken in Rauten 13 cm x 8 cm ein und berechnen Sie das Zuschnittmaß des Stoffes.

60 cm Rückenbreite: 8 cm Rautenbreite = 7 Rauten
52 cm Rückenhöhe: 13 cm Rautenhöhe = 4 Rauten
Stoffzugabe in der Breite = 60 cm + (7 · 4) = **88 cm**
Stoffzugabe in der Höhe = 52 cm + (4 · 4) = **68 cm**

Aufgaben zu Abschnitt 16.4

1. Berechnen Sie den Gurtbedarf für eine Liege. Die Zarge ist 1,95 m lang und 90 cm breit. In der Länge sollen 8, in der Breite 18 Gurte genagelt werden.
2. Wie viel m Gurte brauchen Sie für einen Hocker 45 cm x 45 cm. Zargenmaß, wenn Sie 9 Federn verarbeiten und jede Feder auf einem Gurtenkreuz steht?
3. Zu berechnen ist der Gurtbedarf für 3 Sessel. Zarge = 68 cm breit und 72 cm tief. In jeder Richtung sollen 6 Gurte gespannt werden.
4. Ein Flachpolsterholzrahmen ist 45 cm lang, vorn 45 cm, hinten 40 cm breit. 3 Gurte sollen in jeder Richtung gespannt werden. Berechnen Sie den Gurtbedarf.
5. Die Zarge eines Sessels ist 67 cm tief, vorn 65 cm, hinten 60 cm breit. Zu verarbeiten sind 4 Federreihen mit je 3 Federn. Wie viel Gurte braucht man?
6. Berechnen Sie den Gurtbedarf für fünf Sessel. Die Zarge ist 69 cm breit und 72,5 cm tief. Zu spannen sind jeweils sechs Gurte.
7. Ein Polsterer hat 100 Hocker zu erstellen. Berechnen Sie den Gurtbedarf, das Hockermaß ist 60 cm x 60 cm, in jeder Richtung sind 4 Gurte zu spannen.
8. In einer Polstermöbelfabrik werden täglich 210 Sofasitze gegurtet. Das Zargenmaß beträgt 1,60 m x = 7,5 m, in der Länge werden jeweils 12 Gurte gespannt. Wie viel lfd. m Gurtenmaterial wird täglich benötigt?
9. Berechnen Sie den Bedarf an Gummigurten für eine Sesselrückenlehne. Der Rahmen ist 75 cm breit und 90 cm hoch. In der Längsrichtung werden 5 und in der Querrichtung 6 Gummigurte mit einer 65% Dehnung gespannt. Wie viel m Gurt wird benötigt?
10. Ein Polsterrahmen hat 55 x 55 cm, es werden in jeder Richtung 4 Gummigurte mit 80% Dehnung gespannt. Berechnen Sie den Gurtbedarf für 50 solcher Polsterrahmen.

Aufgaben zu Abschnitt 16.5

1. Ein Sesselrücken soll eine Rautenheftung erhalten (Raute 16 cm x 10 cm). Berechnen Sie die Rautenzahl und den Stoffzuschnitt für ein Rückenmaß von 48 cm Breite und 57 cm Höhe.
2. Ein Rücken erhält eine Heftung „ganze Raute mit Pfeifen". Rautenmaße: 18 cm hoch, 12 cm breit. Rücken 65 cm hoch, 53 cm breit. Berechnen Sie den Stoffzuschnitt.
3. Für einen Sesselrücken ist Quadratheftung vorgesehen. Der Rücken ist 72 cm hoch und 65 cm breit. Wie viel Quadrate sind zu polstern, wenn eins 11 cm Seitenlänge hat? Geben Sie auch das Zuschnittmaß an.
4. Das Rückenmaß eines Sessels ist 51 cm in der Breite und 64 cm in der Höhe. Der Sessel soll eine Rautenheftung erhalten (Rautenmaß 8 cm x 5 cm). Berechnen Sie den Stoffzuschnitt.
5. Berechnen Sie den Stoffzuschnitt für einen Sesselrücken in Rautenheftung (Raute = 13 cm x 8 cm). Der Sesselrücken hat das Maß 78 cm Höhe und 51 cm Breite.
6. Ein Sesselrücken bekommt eine Rautenheftung (Raute = 18 cm x 11,5 cm). Berechnen Sie die Rautenzahl und den Stoffzuschnitt für ein Rückenmaß von 58 cm Breite und 94 cm Höhe.
7. Berechnen Sie das Zuschnittmaß für eine Quadratheftung im Rücken. Das Rückenmaß ist 80 cm hoch und 70 cm breit. Wie viele Quadrate sind zu polstern, wenn eine Seitenlänge von 12 cm vorgesehen ist?

17 Löhne und Kosten

17.1 Löhne

Tariflohn. Arbeitgeber- und Arbeitnehmerverband (für Raumausstatter sind das der Landesinnungsverband und die Gewerkschaft Holz und Kunststoff) handeln meist jährlich einen neuen Lohntarifvertrag aus. Dabei werden Ecklöhne als Grundlagen festgelegt. So erhält z.B. ein Geselle im 1. Jahr nach der Lehre 80%, im 2. Jahr 90% des Ecklohns. Tariflöhne sind Mindestlöhne, die nicht unterschritten werden dürfen.

Zuschläge sind im Manteltarifvertrag festgelegt und werden meist in Prozenten vom Tariflohn angegeben. Der Manteltarifvertrag wird ebenfalls von Arbeitgeber- und Arbeitnehmerverband ausgehandelt und gilt in der Regel vier Jahre. Die Zuschläge betragen z.B. Mehrarbeit (bis 2 Std. über tägliche Arbeitszeit hinaus) 25% darüber hinaus (von der 3 Std. über die tägliche Arbeitszeit an) 50%.

Abzüge. Vom reinen Lohn (Bruttolohn) werden Beträge abgezogen für die Lohn- und Kirchensteuer sowie Beiträge zu Krankenkasse und Sozialversicherungen.

Die Lohnsteuer richtet sich nach dem Verdienst, dem Familienstand (ledig, verheiratet) und der Steuerklasse. Sie ist in Lohnsteuertabellen abzulesen. Die Lohnsteuer muss der Arbeitnehmer allein tragen.

Die Kirchensteuer wird von der Summe der Lohnsteuer berechnet. Sie beträgt je nach Bundesland zwischen 8 und 9% der Lohnsteuer.

Der Krankenkassenbeitrag wird je zu Hälfte vom Arbeitgeber und Arbeitnehmer getragen. Berechnet wird er vom Bruttolohn (Arbeitnehmeranteil der Gesellen etwa 7 bis14 % des Bruttolohns). Darin enthalten sind auch 0,85 % für die Pflegeversicherung. Die Wahl der Krankenkassen steht dem Pflichtversicherten frei. Oft sind Raumausstatter in der IKK (Innungskrankenkasse) oder der AOK (Allgemeine Ortskrankenkasse) versichert.

Zur Sozialversicherung gehören die Renten- und die Arbeitslosenversicherung. Auch diese Abzüge werden vom Bruttolohn berechnet und je zur Hälfte vom Arbeitnehmer und Arbeitgeber getragen. Der Arbeitnehmeranteil beträgt etwa 10 % des Bruttolohns.

Diese Abzüge werden gleich von der Bruttosumme abgezogen. Es bleibt der Nettolohn, nämlich der Betrag, den der Arbeitnehmer ausbezahlt bekommt.

Beispiel Der Geselle Franz Diehl arbeitet 40 Stunden in der Woche zum Stundenlohn von 16,20 DM. Abgezogen werden ihm 8,6% Lohnsteuer, 8% Kirchensteuer (berechnet von der Lohnsteuer!), 5,6% Krankenkasse und 10,5% Sozialabgaben. Berechnen Sie Bruttolohn, die einzelnen Abzüge und den Nettolohn.

Bruttolohn 40 Std. · 16,20 DM = **648,– DM** = 100% (1% = 6,48 DM)

Abzüge

Lohnsteuer	= 8,6 · 6,48 DM =	55,73 DM
Kirchensteuer	= 8 · 0,5573 DM =	4,46 DM
Krankenkasse	= 5,6 · 6,48 DM =	36,29 DM
Sozialabgaben	= 10,5 · 6,48 DM =	68,04 DM
		164,52 DM

Nettolohn	= Bruttolohn	648,00 DM
	– Abzüge	164,52 DM
		483,48 DM

Aufgaben zu Abschnitt 17.1

1. Ein Geselle arbeitet 40 Stunden in der Woche. Sein Stundenlohn beträgt 21,65 DM. Berechnen Sie den Bruttolohn.
2. Der Stundenlohn eines Raumausstatters ist 19,92 DM. Er arbeitet an 21 Tagen im Monat je 8 Stunden. Wie hoch ist sein monatlicher Bruttoverdienst?
3. Der Januar hat 22 Arbeitstage. Berechnen Sie den Monatsbruttolohn, wenn der Geselle einen Stundenlohn von 20,06 DM erhält.
4. Im April wurden 21 Tage gearbeitet. Wie hoch ist der Bruttolohn eines Gesellen, wenn er einen Stundenlohn von 22,70 DM hat?
5. Ein Geselle bekommt einen Stundenlohn von 21,32 DM. Im Juni hat er an 19 Tagen gearbeitet. Wie hoch ist sein Bruttoverdienst?
6. Durchschnittlich werden im Monat 20 Tage gearbeitet. Wie hoch ist der Jahresbruttoverdienst eines Gesellen, der an jedem Tag 8 Std. arbeitet und einen Stundenlohn von 23,40 DM hat?
7. In einer Woche arbeitet ein Geselle 44 Std., davon sind 4 Stunden Mehrarbeit mit 25% Zuschlag. Er erhält einen Stundenlohn von 19,96 DM. Berechnen Sie seinen Bruttolohn.
8. Im Juni wird an 19 Tagen gearbeitet. Der Geselle hat in diesem Monat 12 Überstunden zu je 25% Zuschlag geleistet. Wie hoch ist sein Bruttolohn, wenn er einen Stundenlohn von 24,62 DM hat?
9. 23 Arbeitstage hat der August. Geselle C hat 16 Überstunden mit je 25% Zuschlag gemacht. Wie hoch war ihr Bruttoverdienst bei einem Stundenlohn von 22,74 DM?
10. 52 Stunden arbeitet ein Raumausstatter in der Woche, davon 3 Std. Mehrarbeit mit 25% Zuschlag. 7 Std. mit 50%, 2 Std. mit 100% Zuschlag. Er erhält je Stunden 21,75 DM. Wie hoch ist sein Bruttolohn?
11. Im Monat Mai arbeitet Ihr Kollege an 12 Tagen je 8 Stunden, an 4 Tagen je 10 Stunden (2 mit 25% Zuschlag), an 3 Tagen je 12 Stunden (6 Stunden mit 25%, der Rest mit 50% Zuschlag). Berechnen Sie den Bruttolohn bei 22,36 DM Stundenlohn.
12. Ein Geselle hat im August 14 Überstunden mit 25% Zuschlag und 8 Std. mit 50% Zuschlag geleistet. Der Monat hat 23 Arbeitstage. Berechnen Sie den Bruttolohn, wenn der Stundenlohn 23,70 DM beträgt.
13. Ein Raumausstattergeselle hat einen Stundenlohn von 20,73 DM. In der 49. Lohnwoche hat er folgende Arbeitsstunden geleistet: Montag = 11 Std., Dienstag = 8 Std., Mittwoch = 13 Std., Donnerstag = 9 Std., Freitag = 12 Std., Samstag = 7 Std. Berechnen Sie seinen Wochenbruttolohn.
14. Folgende Arbeitsstunden hat ein Geselle in der genannten Woche geleistet: Montag = 8 Std., Dienstag = 13 Std., Mittwoch = 14 Std., Donnerstag (bezahlter Feiertag) = 10 Std., Freitag = 10 Std., Samstag = 6 Std. Sein Stundenlohn beträgt 22,54 DM. Berechnen Sie den Wochenbruttolohn.
15. Der Stundenlohn eines Gesellen beträgt 21,76 DM. In der 36. Lohnwoche bekommt er folgende Stunden bezahlt: Montag = 10 Std., Dienstag = 8 Std., Mittwoch = 12 Std., Donnerstag = 13 Std., Freitag = 9 Std., Samstag = 5 Std. Wie hoch war sein Bruttolohn in dieser Woche?
16. Geselle Müller hat einen Stundenlohn von 23,16 DM. Im September hat er an 15 Tagen normale Arbeitsstunden (8 Stunden) geleistet: 7.9. = 12 Std., 8.9. = 13 Std., 10.9. (Samstag) = 6 Std., 11.9. (Sonntag) = 8 Std., 26.9. = 14 Std., 29,9. = 11 Std. Wie hoch war sein Monatsbruttolohn?
17. Ein Raumausstatter im 1. Jahr nach der Lehre hat einen Stundenlohn von 18,32 DM. Er arbeitet in der Woche 40 Stunden. Wie viel bekommt er ausbezahlt, wenn er insgesamt 31,6 % Abzuge hat?
18. Ein Geselle arbeitet 54 Stunden für einen Stundenlohn von 22,98 DM. Die normale Arbeitszeit beträgt 40 Stunden. Die Überstunden sind mit 50% Zuschlag versehen. Zusammen hat er 32,7% Abzüge. Wie hoch sind sein Brutto- und sein Nettolohn?
19. Ein angelernter Arbeiter hat einen Stundenlohn von 18,21 DM. Er arbeitet 42 Stunden in der Woche, 2 davon mit 25% Zuschlag. Ein Vorschuss von 100,– DM wird ihm abgezogen, Fahrgeld in Höhe von 25,20 DM wird im zugerechnet. An Abzügen hat er insgesamt 116,25 DM zu zahlen. Wie viel DM erhält er ausbezahlt?
20. Ein Meister im Angestelltenverhältnis hat einen Monatsbruttoverdienst von 3745,– DM. Davon hat er zu Zahlen: Lohnsteuer = 342,60 DM, Krankenkasse = 184,20 DM, Sozialabgaben = 360,75 DM. Wie hoch sind die Abgaben in Prozente? Wie hoch ist sein Nettoverdienst?

21. Ein Raumausstatter arbeitet 40 Stunden in der Woche und hat 23,24 DM Stundenlohn. An Abzügen hat er zu zahlen: IKK 7,3%, Lohnsteuer 9,2%, 8% Kirchensteuer (von der Lohnsteuer berechnet), 16,9% Sozialabgaben. Berechnen Sie die einzelnen Beträge und den Nettolohn.

22. Ein Hilfsarbeiter schafft 40 Stunden für einen Stundenlohn von 19,16 DM. Einbehalten werden 8,9% Lohnsteuer, 7,2% Krankenkasse und 16,6% Sozialabgaben. Zu berechnen sind die DM-Beträge und der Nettolohn.

23. Die Lohnabrechnung einer Näherin enthält 40 Arbeitsstunden zu je 18,03 DM, Abzüge für die AOK = 6,9%, für Lohnsteuer 8,5% und für die Sozialabgaben 16,9%. Wie hoch sind diese Beträge und der Nettolohn?

24. Die Lohnabrechnung eines Hilfsarbeiters enthält 153 Std. für einen Stundenlohn von 18,35 DM. Abzüge: Krankenkasse 6,7%, Lohnsteuer 8,2%, Sozialabgaben 16,6%. Berechnen Sie den Brutto- und Nettolohn.

25. Der Monat Juli hat 21 Arbeitstage. Ein Geselle hat zusätzlich 5 Std. mit 25% Überstundenzuschlag und 8 Std. mit 50% gearbeitet. Sein Stundenlohn beträgt 22,76 DM. Abzüge: AOK = 7,4%, Lohnsteuer = 9,2%, Sozialabgaben = 19,1%. Was bekommt er ausbezahlt, wenn er 300,– DM Vorschuss hatte?

26. Im Dezember arbeitet ein Geselle an 19 Tagen je 8 Std. Sein Std.-Lohn ist 23,74 DM. Abzüge: IKK = 7,4%, Lohnsteuer = 10,4%, Sozialabgaben = 16,7%. Was bekommt er ausbezahlt, wenn er noch 200,– DM Weihnachtsgeld erhält?

27. Der Dezember hat 17 Arbeitstage (insgesamt). Ein Raumausstattergeselle hat an folgenden Tagen Überstunden gemacht: 3.12. = 12 Std., 6.12. = 13 Std., 8.12 (Samstag) = 8 Std., 15.12. (Samstag = 6 Std., 19.12. = 14 Std., 21.12. = 9 Std., 25.12. (Feiertag) = 8 Std. Er hat einen Stundenlohn von 22,96 DM. Abzüge: AOK = 7,2%, Lohnsteuer = 11,4%, Kirchensteuer = 8%, Sozialabgaben = 16,2%. Berechnen Sie den Monatsnettolohn.

28. Geselle R. hat im Mai an 12 Tagen eine normale Arbeitszeit gehabt, an weiteren 8 Tagen folgende Mehrarbeit: 1.5. (Feiertag) = 8 Std., 2.5. = 13 Std., 6.5. = 14 Std., 11.5. (Samstag) = 8 Std., 16.5. = 10 Std., 19.5. (Pfingstmontag) = 8 Std., 22.5. = 11 Std., 25.5 (Samstag) = 7 Std. Abzüge: AOK = 7,9%, Lohnsteuer = 11,7%, davon Kirchensteuer = 8%, Sozialabgaben = 16,9%. Wie hoch war sein Nettolohn bei einem Stundenlohn von 23,68 DM?

29. Der September hat 20 Arbeitstage. Davon hat Geselle V. an 17 Tagen je 8 Std. gearbeitet, an den genannten Tagen hatte er Mehrarbeit. Sein Stundenlohn beträgt 23,16 DM. 3.9. = 10 Std., 8.9. (Samstag) = 7 Std., 9.9. (Sonntag) = 10 Std., 15.9. (Samstag) = 4 Std., 16.9. (Sonntag) = 8 Std., 25.9. = 13 Std., 26.9. = 14 Std. An Abzügen hat er zu zahlen: AOK = 8,3%, Lohnsteuer = 14,7%, Kirchensteuer 8% Sozialabgaben 19,6%. Berechnen Sie seinen Monatsnettolohn.

30. Ein Raumausstattergeselle, der einen Stundenlohn von 24,31 DM hat, arbeitet im November an 16 Tagen mit einer normalen Arbeitszeit von 8 Stunden. An folgenden Tagen hat er Mehrarbeit geleistet: 5.11. = 12 Std., 8.11. = 11 Std., 17.11. (Samstag) = 10 Std., 18.11. (Sonntag) = 4 Std., 21.11. (Bußtag) = 8 Std., 24.11. (Samstag) = 6 Std. Abzuge: AOK = 8,4%, Lohnsteuer = 12,4%, Kirchensteuer = 8%, Sozialabgaben = 19,4%. Er hat dreimal einen Abschlag von je 400,– DM erhalten. Was bekommt er am Monatsende ausbezahlt?

31. Im Mai arbeitet ein Raumausstattergeselle an 20 Tagen. Er hat 4 Überstd. mit 25% Zuschlag. Sein Stundenlohn beträgt 21,86 DM. Auf seinerLohnsteuerkarte isteinSteuerfreibetrag von 260,– DM eingetragen. Wie viel Lohnsteuer hat er zu zahlen, wenn sein Lohnsteuerabzug bei 12,7% liegt?

32. Ein Raumausstattermeister hat einen Monatslohn von 3170,– DM. Ein Lohnsteuerfreibetrag von 310,– DM ist in der Lohnsteuerkarte eingetragen. AOK = 6,4%, Lohnsteuer = 8,9%, davon 8% Kirchensteuer, 16,4% Sozialabgaben. Berechnen Sie seinen Nettolohn.

33. Ein Geselle arbeitet im Februar jede Woche 49 Stunden. 4 Überstunden sind mit 25% und 5 Überstunden mit 50% Zuschlag versehen. Sein Stundenlohn beträgt 30,05 DM. Er hat einen Lohnsteuerfreibetrag von 438,– DM. An Abzügen hat er zu zahlen: AOK = 7,6 %, Lohnsteuer = 11,2%, davon 8 % Kirchensteuer, Sozialversicherung = 20,4%. Berechnen Sie:
a) seinen Monatsbruttolohn,
b) welchen Betrag der Meister für diesen Gesellen an die AOK überweisen muss,
c) den Monatsnettolohn.

34. Geselle B. erhält als Stundenlohn 24,17 DM. Im Juli hat er an 17 Tagen jeweils 8 Std. gearbeitet, am 4.7. = 13 Std., 11.7. = 14 Std., 12.7. (Samstag) = 5 Std., 13.7. (Sonntag) = 9 Std., 24.7. = 11 Std.
a) Berechnen Sie seinen Bruttolohn,
b) Was erhält er ausbezahlt, wenn: AOK = 7,6% Lohnsteuer (Freibetrag von 439,– DM) = 13,2 % Kirchensteuer = 9%, und Sozialabgaben = 19,6% zu berücksichtigen sind?

35. Im April hat ein Geselle, der einen Stundenlohn von 27,42 DM erhält, an 17 Tagen jeweils 8 Stunden gearbeitet. An folgenden Tagen hat er Überstunden leisten müssen: 5.4. = 14 Std., 6.4. (Samstag) = 7 Std., 7.4. (Sonntag) = 8 Std., 12.4. = 10 Std., 13.4. (Samstag) = 6 Std., 23.4. = 13 Std., 29.4. = 11 Std., 30.4. = 12 Std. In seiner Lohnsteuerkarte ist ein Betrag von 400,– DM als Lohnsteuerfreibetrag eingetragen. An Abzügen hat er zu zahlen: IKK = 8,4%, Lohnsteuer = 13,7%, Kirchensteuer = 9% davon, Sozialabgaben = 19,9%. Welchen Betrag bekommt er überwiesen, wenn er schon zweimal je 500,– DM Vorschuss erhalten hat?

36. Ein Hilfsarbeiter erhält seine Lohnabrechnung für 143 Stunden. Er hat einen Stundenlohn von 19,21 DM. Abzüge: Krankenkasse = 6,7%, Lohnsteuer = 8,2%, Sozialabgaben 16,6%. Berechnen Sie den Brutto- und Nettolohn.

37. Der Monat Juni hat 20 Arbeitstage. Ein Geselle hat zusätzlich 3 Stunden mit 25% Überstundenzuschlag und 5 Stunden mit 50% gearbeitet. Sein Stundenlohn beträgt 30,20 DM. Abzüge: AOK 7,4%, Lohnsteuer 9,3%, Sozialabgaben 18,4%. Was bekommt er ausbezahlt, wenn er schon 460,– DM Vorschuss hatte?

38. Im November arbeitet ein Geselle an 21 Tagen je 8 Stunden. Sein Stundenlohn ist 31,70 DM. Abzüge: IKK = 7,4%, Lohnsteuer = 10,4%, Sozialabgaben = 16,7%. Was bekommt er ausbezahlt?

39. Der Oktober hat insgesamt 20 Arbeitstage. Ein Raumausstattergeselle hat an folgenden Tagen Überstunden gemacht: 3.10. = 9 Std., 6.10. = 12 Stunden, 8.10. (Samstag) = 8 Std., 19.10. = 12 Stunden. Er hat einen Stundenlohn von 29,65 DM. Abzuge: AOK = 7,2%, Lohnsteuer = 11,4%, Kirchensteuer = 8%, Sozialabgaben = 16,2%. Berechnen Sie den Monatsnettolohn.

40. Geselle X hat im Juni an 17 Tagen eine normale Arbeitszeit gehabt, an weiteren drei Tagen hatte er folgende Arbeitszeit: 2.6. = 13 Std., 16.6. = 10 Std., 22.6. = 9 Std. Abzüge: Krankenkasse = 7,9%, Lohnsteuer = 11,7%, davon 8% Kirchensteuer, Sozialabgaben = 16,9%. Wie hoch war sein Nettolohn, wenn er einen Stundenlohn von DM 28,75 hat?

41. Der September hat 20 Arbeitstage. Davon hat Geselle A. an 18 Tagen je 8 Stunden gearbeitet, an folgenden Tagen hatte er Mehrarbeit: 3.9. = 11 Std., 8.9. (Samstag) = 5 Std., 9.9. (Sonntag) = 8 Std., 25.9. = 11 Std. An Abzügen hat er zu zahlen: AOK = 8,3%, Lohnsteuer = 14,7%, Kirchensteuer = 8%, Sozialabgaben = 17,3 %. Berechnen Sie seinen Monatsnettolohn.

42. Ein Raumausstattergeselle hat einen Stundenlohn von DM 28,95. Er arbeitet im Monat November an 16 Tagen mit einer normalen Arbeitszeit von 8 Stunden. An folgenden Tagen hat er Mehrarbeit geleistet: 5.11. = 11 Std., 8.11. = 10 Std., 17.11. (Samstag) = 9 Std., 18.11. (Sonntag) = 5 Std., 21.11. (Bußtag) = 8 Std., 24.11. (Samstag) = 7 Std. Abzüge: AOK = 8,4%, Lohnsteuer = 13,5%, Kirchensteuer = 8%, Sozialabgaben = 16,9%. Er hat zweimal einen Abschlag von DM 500,– bekommen. Was erhält er am Monatsende?

43. Im April arbeitet ein Geselle an 19 Tagen. Er hat 5 Überstunden mit 25% Zuschlag. Sein Stundenlohn beträgt 27,68 DM. Auf seiner Lohnsteuerkarte ist ein Steuerfreibetrag von DM 240,– eingetragen. Wie viel Lohnsteuer hat er zu zahlen, wenn sein Lohnsteuerabzug bei 13,4% liegt?

44. Ein Raumausstattermeister erhalt als Monatsbruttolohn von 4860,– DM. Auf seiner Lohnsteuerkarte ist ein Freibetrag von DM 315,– eingetragen. AOK = 7,2%, Lohnsteuer = 11,4% Kirchensteuer = 8%, Sozialabgaben = 16,4%. Berechnen Sie seinen Nettolohn.

45. Ein Geselle arbeitet im Februar 51 Stunden in jeder Woche. 4 Wochenüberstunden sind mit 25% und 7 Stunden mit 50% Zuschlag versehen. Er hat einen Stundenlohn von 27,95 DM. DM 412,– sind als Lohnsteuerfreibetrag eingetragen. Abzüge: AOK = 7,3%, Lohnsteuer = 8,7%, Kirchensteuer = 8%, Sozialabgaben = 17,5%. Berechnen Sie seinen Monatsbrutto- und -nettolohn. Welchen Betrag mussder Meister überweisen?

46. Geselle Z. hat einen Stundenlohn von 28,72 DM. Im Juli hat er an 16 Tagen jeweils 8 Stunden gearbeitet, am 4.7. = 11 Std., am 12.7. (Samstag) = 7 Std. und am 15.7. = 12 Std.
a) Berechnen Sie seinen Monatsbruttolohn.
b) Was bekommt er ausbezahlt, wenn: AOK = 7,4%, Lohnsteuer = 12,3% (Freibetrag von DM 250,–), Kirchensteuer = 8%, Sozialabgaben = 17,3% zu berücksichtigen sind?

17.2 Kalkulation

Jedes Unternehmen muss nicht nur seine Kosten decken, sondern auch mit Gewinn arbeiten, wenn es bestehen und sich weiter entwickeln soll. Deshalb muss es seine Ware und seine Arbeit zum richtigen Preis verkaufen. Die Berechnung des richtigen „Verkaufspreises" heißt Kalkulation oder Kostenberechnung. Sie muss alle Kostenfaktoren erfassen. Dazu gehören:

Material
\+ materialbedingte Gemeinkosten
\+ Löhne
\+ lohnbedingte Gemeinkosten
= Selbstkosten
\+ Gewinn und Risiko
= Netto- oder Herstellerpreis
\+ Mehrwertsteuer
= Verkaufs- oder Bruttopreis

Material			
Löhne	Selbstkosten		
Gemeinkosten		Hersteller-	
Gewinn		oder Nettopreis	Verkaufs- oder
Risiko			Bruttopreis
Mehrwertsteuer			

Das Schema einer Kalkulation zeigt Bild **17.1**

Kalkulation DM DM

Material

....
....
Materialbedingte Gemeinkosten (%)

Löhne
Meister ... Std. je .... DM Std.-Lohn
Geselle ... Std. je .... DM Std.-Lohn
Näherin ... Std. je .... DM Std.-Lohn
Auszubildender ... Std. je .... DM Std.-Lohn

Lohnbedingte Gemeinkosten (%) ....
Selbstkosten
Gewinn und Risiko (%) ....
Herstellerpreis
(%) Mehrwertsteuer ....
Verkaufspreis
Ort und Datum
Unterschrift

17.1 Kalkulationsschema

Unter Material wird alles zusammengetragen, was für den Auftrag verbraucht worden ist. Zu den Einkaufspreisen kommen die Bezugskosten (Fracht, Rollgeld, Versicherung), die der Raumausstatter beim Einkauf zahlen musste.

Beispiel

100 Rollen Tapete je 21,20 DM	=	2120,00 DM
– 2% Skonto	=	42,20 DM
Einkaufspreis	=	2077,60 DM
+ Bezugskosten (Fracht, Rollgeld)	=	21,50 DM
Material	=	**2099,10 DM**

Für Kleinmaterial (Nägel, Schrauben, Schablonenpapier usw.) kann man einen Pauschalbetrag einsetzen. Die Beträge werden jeweils in die erste DM-Spalte geschrieben und ergeben addiert den Gesamtmaterialpreis in der zweiten DM-Spalte 17.1 und 17.2). Davon wird ein Prozentwert als Gemeinkosten berechnet.

Die materialbedingten Gemeinkosten fassen alle Kosten für Warenpräsentation, Laden und Schaufenster sowie Verkäuferin zusammen. Es sind also Kosten, die nicht für ein bestimmtes Material, sondern für alle Materialien anfallen. Der Prozentsatz ist je nach Betriebsgröße und -organisation unterschiedlich. Er ergibt sich jeweils durch Jahresvergleich und wird entsprechend jährlich neu ermittelt.

> Jeder Betriebsinhaber sollte die materialbedingten Gemeinkosten seines Betriebs genau beachten und auf dem neuesten Stand halten.

Die Löhne werden wie das Material behandelt, müssen also einzeln mit genauer Arbeitsdauer aufgeführt werden. Bei den Auszubildenden setzt man im 1. Jahr meist 25% vom Tariflohn eines Gesellen ein, im 2. Jahr 35% und im 3. Jahr 45%.

Die lohnbedingten Gemeinkosten enthalten alle Kosten, die sich durch die Lohnzahlung zusätzlich ergeben. Darunter z.B. die Sozialabgaben des Betriebs für die Mitarbeiter, die Krankengelder, Urlaubsgelder, Weihnachtsgratifikationen und Unfallversicherung. Hinzu kommen *allgemeine Gemeinkosten* für die Miete und Unterhaltung der Betriebsräume (einschließlich Reinigung, Strom und Heizung), für die Verwaltung und Werbung (Büromaterial und -einrichtung, Telefon, Anzeigen, Ausstellungen, Beiträge für Berufsverbände, Fachzeitschriften, Besuch von Fachtagungen und Fortbildungsveranstaltungen usw.). Auch für diese Gemeinkosten wird der Satz meist jährlich festgelegt und in Prozenten auf die Lohnkosten geschlagen.

> Eine genaue Kenntnis und Kontrolle der lohnbedingten und allgemeinen Gemeinkosten hilft, den Betrieb gesund zu halten.

Die Selbstkosten sind die Summe der Material- und Lohnkosten einschließlich Gemeinkosten. Sie decken lediglich die entstandenen Kosten, enthalten weder Gewinn noch Wagnisprämie.

Ein Gewinn ist nötig für Investierungen, z.B. Anschaffungen von Werkzeugen, Geräten und Maschinen. Gewinn macht ein Unternehmen also leistungsfähiger und liegt deshalb auch im Interesse des einzelnen Arbeitnehmers.

Die Risikoprämie deckt Verluste des Betriebs. Das kann ein auf Bestellung gefertigter und nicht abgeholter Sessel sein, ein verdorbenes Werkstück, ein auf Vorrat gearbeitetes und noch nicht verkauftes Möbelstück oder eine unbezahlte, uneinbringliche Forderung.

Ort, Datum und Unterschrift schließen die Kalkulation ab. Als Vorkalkulation ergibt sie den Angebotspreis, als Nachkalkulation (nach Erledigung des Auftrags) den Rechnungspreis für den Kunden. Bild **17.2** zeigt ein Beispiel.

Kalkulation	DM	DM
Tapezierarbeiten für		
Material		
3 Rollen Tapeten je 19,25 DM	57,75	
1 Rolle Tapete	49,25	
1 Rolle Makulatur	6,–	
1 Rolle Rauhfaser	8,40	
2 Päckchen Kleister je 3,50 DM	7,–	
2 kg Dispersionsfarbe je 2,75 DM	5,50	
Kleinmaterial	5,–	138,90
Materialbedingte Kleinkosten (90%)		125,01
Löhne		
3 Meisterstunden je 27,35 DM	82,05	
4 Gesellenstunden je 22,85 DM	91,49	173,45
Lohnbedingte Gemeinkosten (144%)		249,77
Selbstkosten		548,23
Gewinn und Risiko (22%)		120,61
Herstellerpreis		668,84
16% Mehrwertsteuer		107,01
Verkaufspreis		**775,85**
Frankfurt, den 22. 3. 1998		
Unterschrift		

17.1 Kalkulationsschema

Sehr oft kalkulieren die Raumausstattermeister eine Gesellenstunde mit 70,– bis 100,– DM. Das kann in genauer Betriebskenntnis und nach jahrelanger Erfahrung geschehen. Dieser Stundenpreis setzt sich zusammen aus Gesellenlohn + lohnbedingten Gemeinkosten + Gewinn und Risiko + Mehrwertsteuer. Bezogen auf unser Beispiel 17.2 bedeutet dies:

Gesellenstunde	= 24,35 DM
142% lohnbedingte Gemeinkosten	= 34,58 DM
	58,93 DM
+ 22% Gewinn und Risiko	= 12,96 DM
	71,89 DM
16% Mehrwertsteuer	= 11,50 DM
	83,39 DM

EK-Preis (Einkaufspreis) und VK-Preis (Verkaufspreis) spielen bei den Raumausstattern eine große Rolle, weil sie eine Mischkalkulation erstellen: in die Kalkulation wird der EK-Preis eingesetzt, dem Kunden auf Verlangen jedoch der VK-Preis genannt. Zu berechnen ist der VK-Preis folgendermaßen:

EK-Preis für 1 Meter Dekorationsstoff	=	49,20 DM
+ 90% materialbedingte Gemeinkosten	=	44,28 DM
		93,48 DM
+ 22% Gewinn und Risiko	=	20,57 DM
		114,05 DM
16% Mehrwertsteuer	=	18,25 DM
VK-Preis		**132,30 DM**

Skonto ist kein Rabatt, sondern Anreizprämie für den Kunden, die Rechnung sofort nach Erhalt, also vor dem üblichen Zahlungsziel zu begleichen. Dafür kann er nach den Geschäftsbedingungen mancher Firma 2% Skonto abziehen – aber nur vom Materialpreis, niemals von den Löhnen oder gar der Steuer.

Aufgaben zu Abschnitt 17.2

Kalkulieren Sie folgende Arbeiten nach unserem Kalkulationsschema.

1. Berechnen Sie den Gesellenstundensatz nach folgenden Angaben: Stundenlohn = 17,39 DM, 123% lohnbedingte Gemeinkosten, 24% Gewinn und Risiko, Mehrwertsteuer.
2. Berechnen Sie den Gesellenstundensatz: Stundenlohn = 19,42 DM, lohnbedingte Gemeinkosten 145%, Gewinn und Risiko = 21%, Mehrwertsteuer.
3. Der Gesellenstundensatz ist zu berechnen aus: Stundenlohn = 22,65 DM, lohnbedingte Gemeinkosten = 146%, Gewinn und Risiko = 19%, Mehrwertsteuer.
4. Der Meisterstundensatz ist aus den Angaben zu berechnen: Meisterstunde = 28,35 DM, lohnbedingte Gemeinkosten = 141%, Gewinn und Risiko = 22%, Mehrwertsteuer.
5. Berechnen Sie den Gesellenstundensatz aus: Stundenlohn = 21,39 DM, lohnbedingte Gemeinkosten = 142%, Gewinn und Risiko = 25%, Mehrwertsteuer.
6. Der Gesellenstundensatz ist mit 68,– DM angegeben. Berechnen Sie den Stundenlohn nach den folgenden Angaben: lohnbedingte Gemeinkosten = 144%, Gewinn und Risiko = 15%, Mehrwertsteuer.
7. Berechnen Sie den VK-Preis nach folgenden Angaben: EK-Preis = 92,– DM (für 1 m Gobelin) materialbedingte Gemeinkosten = 12%, Gewinn oder Risiko = 18%, Mehrwertsteuer.
8. Der EK-Preis für 1 m Tüll wird mit 29,40 DM angegeben. Berechnen Sie den VK-Preis. Materialbedingte Gemeinkosten = 96%, Gewinn und Risiko = 21%, Mehrwertsteuer.
9. Eine Rolle Tapete wird mit 62,– DM eingekauft. Welchen Preis muss der Meister erzielen, wenn er 97% materialbedingte Gemeinkosten, 21% Gewinn und die Mehrwertsteuer berücksichtigen muss?
10. Der EK-Preis für 1 m^2 Teppichboden liegt bei 75,– DM. Berechnen Sie den VK-Preis. Materialbedingte Gemeinkosten = 112 %, Gewinn und Risiko = 16%, Mehrwertsteuer.
11. Ein Wandbespannungsstoff wird für 119,20 DM eingekauft. Der Verkaufspreis errechnet sich aus 96% materialbedingten Gemeinkosten, 19% Gewinn und Risiko, Mehrwertsteuer.
12. Der VK-Preis fur eine Rolle Tapete ist 94,60 DM. Wie hoch war der Einkaufspreis bei folgenden Werten: materialbedingte Gemeinkosten = 86%, Gewinn = 20%, Mehrwertsteuer.
13. **Tapezieren.** Material: 2 Rollen Tiefdrucktapete je 15,– DM, 1 Rolle Rauhfasertapete 11,80 DM, 1 Rolle Makulatur 4,50 DM, 1 Eimer Dispersionsfarbe 22,50 DM, 1 Päckchen Tapetenkleister kleister 3,20 DM, Kleinmaterial 5,– DM. 62% materialbedingte Gemeinkosten.
Löhne: 4 Meisterstunden je 24,36 DM, 4 Gesellenstunden je 21,07 DM, 142% lohnbedingte

Gemeinkosten. Gewinn und Risiko 20%, Mehrwertsteuer.

14. **Tapezieren.** Material: 10 m^2 Makulatur je m^2 2,30 DM, 3,75 m^2 je m^2 5,20 DM, zwei Rollen Grasfasertapete je 113,80 DM, 4 kg Dispersionsfarbe je kg 3,53 DM, Kleinmaterial 13,– DM, 75% materialbedingte Gemeinkosten.
Löhne: sechs Gesellenstunden je 22,86 DM, 135% lohnbedingte Gemeinkosten, Gewinn und Risiko 26%, Mehrwertsteuer.
15. **Polstern.** Material: 1 Hockergestell für 48,– DM 1 Federkern 52 cm x 52 cm x 12 cm 20,– DM, 1 m Federleinwand 120 cm breit je m 4,– DM, 0,5 kg Afrik je kg 4,– DM, 0,5 kg Rosshaar je kg 17,– DM, 1 m Nessel 11,50 DM, 1 m Fassonleinwand 2,70 DM, 5 m Gurte je m 1,70 DM, Kleinmaterial 15,– DM, materialbedingte Gemeinkosten 11%.
Löhne: Gestell vorbereiten und gurten $1^1/_4$ Std, Federkern befestigen und verschnüren $2^1/_2$ Std., Garnieren 2 Std., Pikieren 1 Std., Beziehen mit Nessel $2^1/_2$ Std. Gesellen-Stundenlohn 23,54 DM, lohnbedingte Gemeinkosten 145%. Gewinn und Risiko 25%, Mehrwertsteuer.
16. **Polstern.** Material: 1 Sesselgestell für 110,– DM, 7 lfd. m Gurte je 0,75 DM, 8 Polsterfedern 8/38 je 2,25 DM, 8 Polsterfedern 9/38 je 2,25 DM, 2 lfd. m Kantendraht je 0,50 DM, 1 lfd. m Federleinen 3,45 DM, 1 lfd. m Fassonleinen 2,20 DM, 1 Wickel Schnürfaden 15,65 DM, 1 Wickel Garnierfaden 13,10 DM, 1 Wickel Stechgarn 6,70 DM, 1 kg Palmfaser 3,36 DM, Kleinmaterial 15,– DM, 100% materialbedingte Gemeinkosten.
Löhne: Polstergestell vorbereiten (Kantenbrechen) $^1/_2$ Std., Gurtung herstellen 1 Std., Federn der ersten Reihe aufnageln und schnüren 2 Std. Sitzfedern aufnähen $^1/_2$ Std., Sitzfedern verschnüren 6 Std., Kantendraht anbinden 1 Std., Federleinen annähen und aufnageln 1 Std., Fasson herstellen 4 Std. Gesellenstundenlohn: 21,84 DM, lohnbedingte Gemeinkosten 146%, Gewinn und Risiko 19%, Mehrwertsteuer.
17. **Wandbespannung.** Material: 8,4 m Dekorationsstoff 1,20 m breit je m 26,80 DM, 5 m Molton je 10,50 DM, 16 m Holzleisten je m 1,83 DM, 17 m Gimpe je 2,10 DM, Kleinmaterial 13,– DM, materialbedingte Gemeinkosten 95%.
Löhne: 9 Std. Arbeitszeit je 22,07 DM, lohnbedingte Gemeinkosten 145%, Gewinn und Risiko 26%, Mehrwertsteuer.
18. **Wandbespannung.** Material: 18 m Leisten 30 mm x 5 mm je 1,20 DM, 4,20 m Spannstoff 260 cm breit je m 49,50 DM, 7,50 m Vlies 160 cm breit je m 3,60 DM, 4 m Borte je 2,50 DM, Kleinmaterial 12,– DM, materialbedingte Gemeinkosten 83%.
Löhne: Leisten anbringen 2 Std., Vlies anbringen 1 Std., Spannstoff anbringen 3 Std., Borte anbringen 1 Std. Stundenlohn des Gesellen 23,74 DM, 147% lohnbedingte Gemeinkosten. Gewinn und Risiko 21%, Mehrwertsteuer.
19. **Bodenbelag.** Material: 5,10 m Teppichboden Perlon Velours je m 85,90 DM, 5 m Filzunterlage je 6,10 DM, 5,50 m Teppichspannleisten je m 2,40 DM, 2,50 m Abschlussschiene je m 12,10 DM, 5,50 m Sockelleisten je 2,60 DM, Kleinmaterial 25,– DM, 85% materialbedingte Gemeinkosten.
Löhne: 4,5 Arbeitsstunden je 19,95 DM, lohnbedingte Gemeinkosten 138%.
Gewinn und Risiko 23%, Mehrwertsteuer.
20. **Teppichboden.** Material: 2,20 m^2 Girlon „Star" je m^2 63,– DM, 3,10 m^2 Girlon Sonderanfertigung je m^2 71,– DM, 3,75 m^2 Palma Filzunterlage je m^2 7,80 DM, 5,50 m Nagelleisten je 1,40 DM, 2,50 m Abschlusschiene je 9,– DM, 7,70 m Konfektionsband je m 3,– DM, Kleinmaterial 10,– DM, materialbedingte Gemeinkosten 96%.
Löhne: 4 Std. Gesellenarbeit zu je 21,35 DM, 2,5 Std. Meisterarbeit zu je 23,16 DM, 104% lohnbedingte Gemeinkosten.
Gewinn und Risiko 24%, Mehrwertsteuer.
21. **Dekoration.** Material: 1 Gardinenschiene 200/14 2läufig 98,20 DM, 5,50 m Marquisette je m 43,– DM, 11,45 m Velours je 49,80 DM, 8,50 m Futterstoff je m 12,90 DM, 3,70 m Zugband je m 0,50 DM, 5,50 m Faltenlegeband je 1,– DM, 15,20 m Borte je m 9,90 DM, 2 Raffhalter je 17,75 DM, 2 Raffhalterrosetten je 30,– DM, Kleinmaterial 12,– DM, 85% materialbedingte Gemeinkosten.
Löhne: Leiste montieren $^1/_4$ Std. zum Gesellenlohn, gesamte Dekoration zuschneiden und nähen $10^3/_4$ Std. zum Meisterlohn, Dekorieren und Zugeinrichtung anbringen 5 Std. Gesellenlohn. Stundenlohn des Meisters 24,18 DM, des Gesellen 20,45 DM. Lohnbedingte Gemeinkosten 146%.
Gewinn und Risiko 20%, Mehrwertsteuer.
22. **Dekoration.** Material: 7 m Voile 3 m breit je m 19,80 DM, 9,5 m Skala Dekostoff je 26,80 DM, 2,6 m Steifleinen incl. Molton je m 20,15 DM, 0,7 m Futtersatin je m 16,80 DM, 12 m Borte 3 cm breit je m 7,30 DM, 2,5 m Schiene 2läufig mit Überzug einschl. Zubehör 60,– DM, 12,– DM Kleinmaterial, 95% materialbedingte Gemeinkosten.
Lohne: 17 Gesellenstunden zu je 20,93 DM, 145% lohnbedingte Gemeinkosten.
Gewinn und Risiko 19,5%, Mehrwertsteuer.

23. **Kalkulation einer Bodenbelagsreparatur.** Material: 1,3 m^2 Linoleum, je m^2 24,20 DM; Kleinmaterial 6,90 DM; materialbedingte Gemeinkosten 83%.
Löhne: 7,5 Gesellenstunden zu je 21,26 DM, lohnbedingte Gemeinkosten 144%, Gewinn 26%, Mehrwertsteuer.

24. Ein Fußboden von 43,50 m^2 Fläche ist folgendermaßen zu bearbeiten:
Altbelag aufnehmen und abtransportieren 4,50 DM/m^2, Spachteln 3,50 DM/m^2, Spachtelmaße 61,2 kg je 1,35 DM, 45 m^2 PVC-Belag zu 42,90 DM/m^2, 13 kg Kleber je 4,10 DM, 27 m Sockelleisten je m = 5,75 DM. Materialbedingte Gemeinkosten = 77%, Gewinn und Risiko = 21%.
Verlegekosten: Verlegen 6,15 DM/m^2, Sockelleisten kleben 4,32 DM/m^2, 7 Ausbildungsstunden 3. Lehrjahr = 15,22 DM/Std., Mehrwertsteuer.

25. Kalkulieren Sie das Aufarbeiten eines Sessels. 3 m^2 Schaumstoff RG 30, 30 mm dick je m^2 12,40 DM, 4,65 lfd. m Dralon-Velours je m = 54,20 DM, Kleinmaterial für 4,50 DM. Materialbedingte Gemeinkosten = 76% Gewinn und Risiko = 22%. 8,5 Gesellenstunden je 20,73 DM lohnbedingte Gemeinkosten 135%, Mehrwertsteuer.

26. Erstellen Sie die Kalkulation für eine Polsterarbeit. Material: 1 Stuhlgestell = 187,– DM, 3,6m Polstergurte je lfd. m = 1,80 DM, 8 Sprungfedern zu je 2,95 DM, 1,75 m Kantendraht je m = 1,60 DM, 0,80 m Federleinen das lfd. m zu 3,15 DM, 1 Strang Afrique zu 10,20 DM, 0,5 Strang Rosshaar, der Strang zu 17,30 DM, 1,30 m Bezugsstoff (Velours) je m = 93,45 DM, Kleinmaterial für 19,50 DM.
Löhne: 12 Gesellenstunden, die Stunde zu 26,80 DM.
Materialbedingte Gemeinkosten = 128%.
Lohnbedingte Gemeinkosten = 96%
Gewinn und Risiko = 14%
Gesetzliche Mehrwertsteuer.

27. Für eine Dekoration ist eine Kalkulation zu erstellen. Material: 7,8 m Rascheltüll je lfd. m = 18,60 DM, 4,90 m Dekostoff zu 41,25 DM/m, 8 m Automatikband je m 1,45 DM, 3,10 m Faltenband zu je 1,75 DM/m, Kleinmaterial = 18,60 DM. Löhne: 2 Std. Näherin zu je DM 16,55/Std., 2 Gesellenstunden zu je DM 27,60 Std.
Materialbedingte Gemeinkosten = 125%
Lohnbedingte Gemeinkosten = 144%
Gewinn und Risiko = 14%
Gesetzliche Mehrwertsteuer.

28. Für folgende Wandbespannung soll eine Kalkulation erstellt werden.
Material: 21,60 m Wandspannstoff je lfd. m. 52,40 DM, 38,40 m Diolenwatte je m zu 3,75 DM, 29 Profilleisten das Stück zu 1,95 DM, 58 Klebeleisten zu je DM 0,45, Kleinmaterial für 13,75 DM.
Löhne: 5 Gesellenstd. zu 23,60 DM, 5 Meisterstd. zu je 31,25 DM.
Materialbedingte Gemeinkosten = 12 %
Lohnbedingte Gemeinkosten = 98%
Gewinn und Risiko = 17%
Gesetzliche Mehrwertsteuer.

29. Eine Teppichboden-Arbeit ist zu kalkulieren. Material: 32 mTeppichboden je m zu 35,75 DM 45 kg Spachtelmasse je kg 2,10 DM, 3 kg Vorstrich je kg 8,45 DM, 15,7 kg Kleber das kg zu 8,95 DM, 24 m Sockelleisten zu je 3,75 DM, 1 Türabschlussschiene zu 9,50 DM.
Löhne: 12 Gesellenstunden zu je 22,65 DM
Materialbedingte Gemeinkosten = 83%
Lohnbedingte Gemeinkosten = 143%
Gewinn und Risiko =13%
Gesetzliche Mehrwertsteuer.

30. Ein Raum wird mit Glasfaergewebe beklebt und angelegt. Material: 4 Rollen Glasfasergewebe die Rolle zu 145,– DM, 23 kg Kleber je kg DM 4,25, 16,3 l Wandfarbe je kg 3,85 DM, 1,8 kg Spachtelmasse je kg 1,85 DM, Kleinmaterial = 7,90 DM.
Löhne: 7 Gesellenstunden zu je 24,80 DM
Materialbedingte Gemeinkosten = 85%
Lohnbedingte Gemeinkosten = 145%
Gewinn und Risiko = 21%
Gesetzliche Mehrwertsteuer.

1. Berechnen Sie den Bedarf an Europarollen und an Material für den Bodenbelag des Raumes **18**.1 nach VOB. Linoleum in lfd. m und m^2, Kleberbedarf = 420 g/m^2, Sockelleisten.

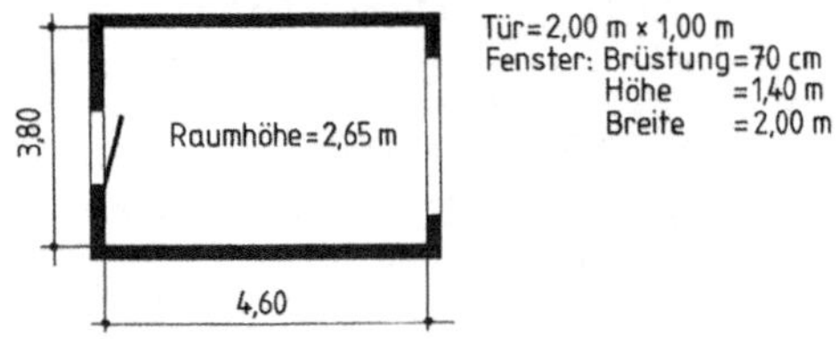

18.1 Raum

2. Berechnen Sie den Stoffbedarf der Gardine **18**.2 mit Volant und Übergardine. Kalkulieren Sie den Rechnungspreis unter Berücksichtiggung dieser Größen:

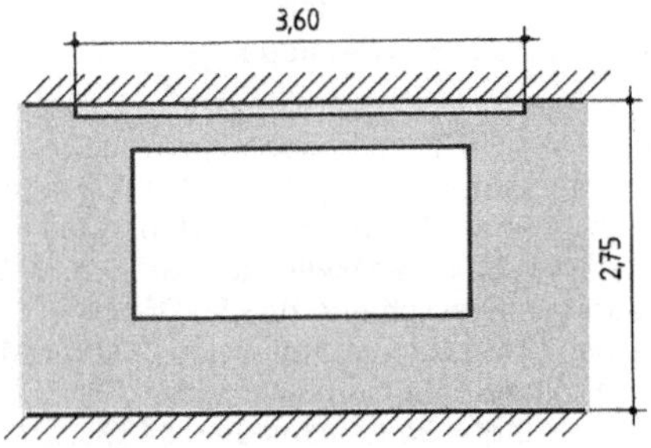

18.2 Gardine

Gardine mit Volant
Rapport: keiner
Zugabe: Gardine 220%
Volantbreite: 100% zur Zuschnittbreite des Oberteils
Volanthöhe: 46 cm
Köpfchenhöhe Volant 2 cm
Gardinenbreite: 250 cm

Übergardine zum Zuziehen
Rapport: 60 cm
Stoffbreite: 120 cm
Zugabe: zugezogen + 80%

Kalkulation (einfach)
Gardine: VK-Preis = 40,– DM je m
– Kräuselband = 2,70 DM je m
– Nähpreis je m Oberteil = 5,50 DM
– Nähpreis je m Volant = 2,20 DM
Übergardine: VK-Preis = 42,– DM je m
– Nähpreis je Bahn = 8,50 DM

3. Im Wohnraum **18**.3 hat ein Raumausstatter folgende Arbeiten übernommen: Raum ganzflächig mit Teppich auslegen (verspannt auf Nagelleisten mit entsprechender Unterlage); ausgesucht eine Qualität zu 55,– DM je lfd. m (EK-Preis), 2 m breit liegend. Fensternische fachgerecht mit Stoff bespannen; ausgesucht großgemustertes Leinen zu 49,– DM je lfd. m, EK bei einem Rapport von 72 cm, 120 cm breit Den übrigen Raum (ohne Nische) mit einer Tekkotapete bekleben; EK-Preis 19,60 DM je lfd. m, Rapport 24 cm.

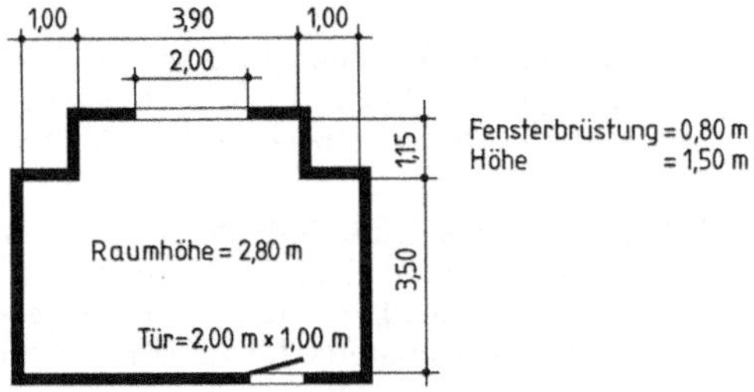

18.3 Wohnraum

Berechnen Sie
a) Teppichverbrauch, Unterlage, Zubehör,
b) Stoffverbrauch und Zubehör für die Fensternische,
c) Salubraverbrauch in lfd. m,
d) Erstellen Sie für diese drei Arbeiten gesonderte Kalkulationen mit fachgerechten Preissen und Prozentsätzen.

4. Berechnen Sie den Materialbedarf und kalkulieren Sie folgende Arbeiten für den Raum **18**.4.

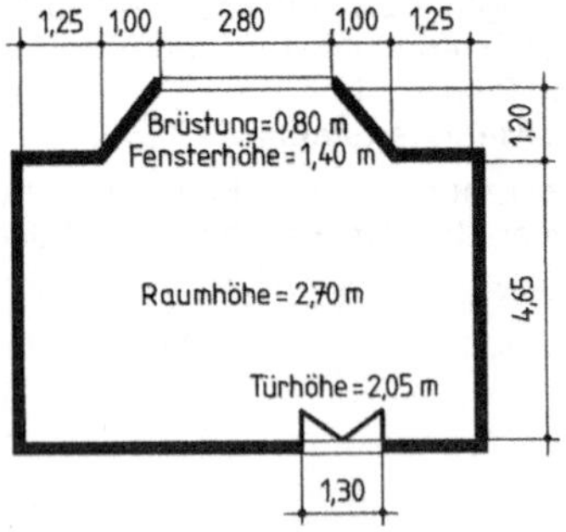

18.4 Raum

a) **Bodenbelag**
Teppichboden, Velours 3-chorig gespannt verlegen, Bahnenbreite = 1,20 m, Rapport = 34 cm EK-Preis je m^2 = 52,– DM, Filzunterlage = 12,– DM je m^2, Nagelleisten = 4,20 DM je lfd. m. Ein Sockel ist nicht einzurechnen.

b) **Wandbelag**
Die Wände (Neubau) sollen mit einer Tekkotapete tapeziert werden. Rapport = 22 cm. EK-Preis = 24,80 DM je lfd. m, Makulatur je Rolle = 7,50 DM, 4 Päckchen Kleister je 4,80 DM.

c) **Dekoration**
Berechnen Sie eine bodenlange Dekoration mit Stores (3fach), Übergardine (je Schal = $1^1/_2$ fache Stoffbreite), Schiene mit Blende = 2,80 m lang. Der Store ist ein Polyester/Seide-Voile, EK-Preis in 300 cm Breite 26,80 DM je m. Die Übergardine ist eine Seide (uni) in 120 cm breit mit einem EK-Preis von 94,– DM je m.

d) **Kalkulation**
Arbeitszeiten, Stundenlöhne, materialbedingte Gemeinkosten, lohnbedingte Gemeinkosten und der Gewinn sollen fachgerecht selbst gewählt werden.

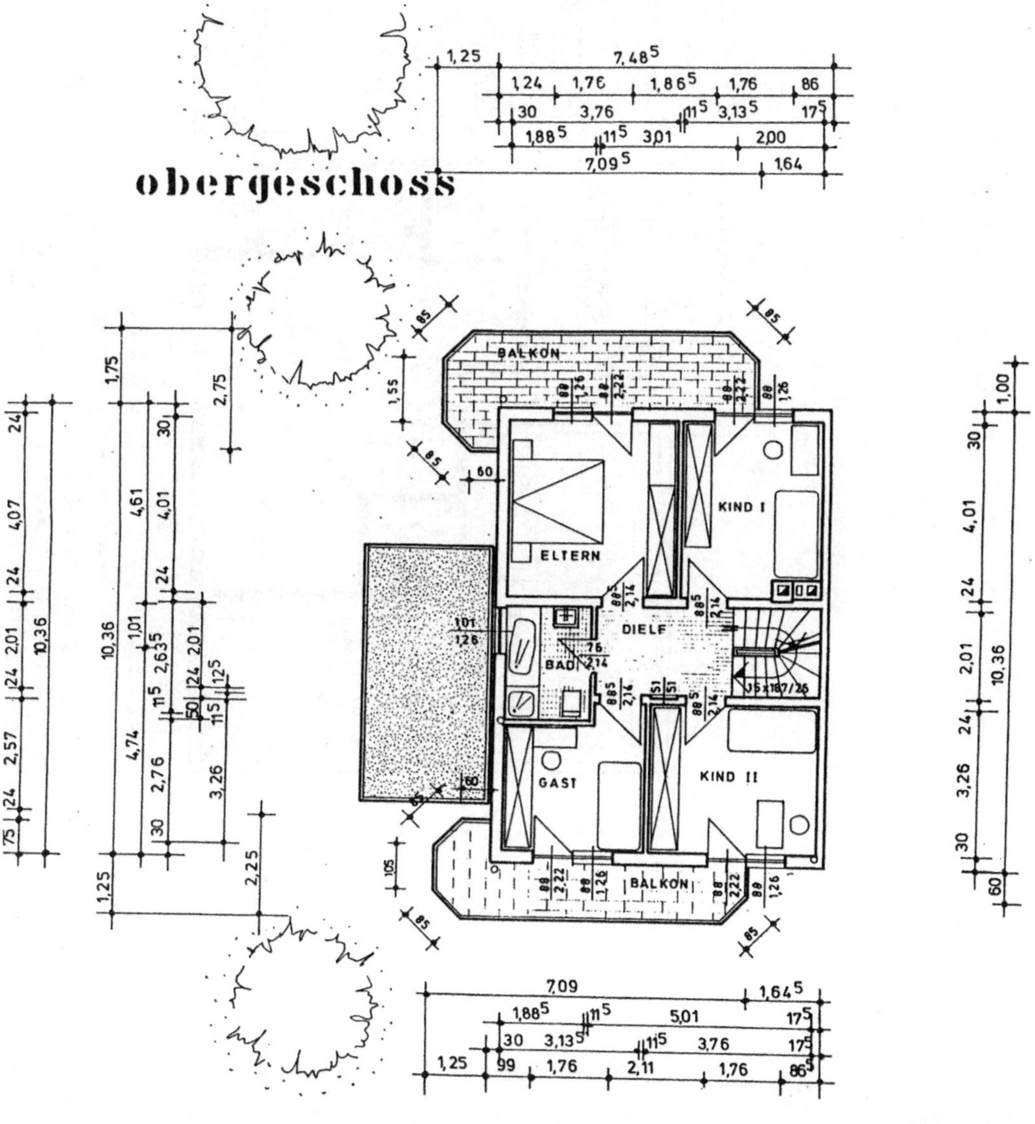

5. Berechnen Sie den gesamten Materialbedarf für die Raume der Häuser a) **18**.5 und b) **18**.6. Setzen Sie Preise und Stundenlöhne in praxisgerechter Höhe ein. Erstellen Sie dann nach eigenen Angaben (evtl. für einzelne Räume) Kalkulation und Kostenvoranschläge.

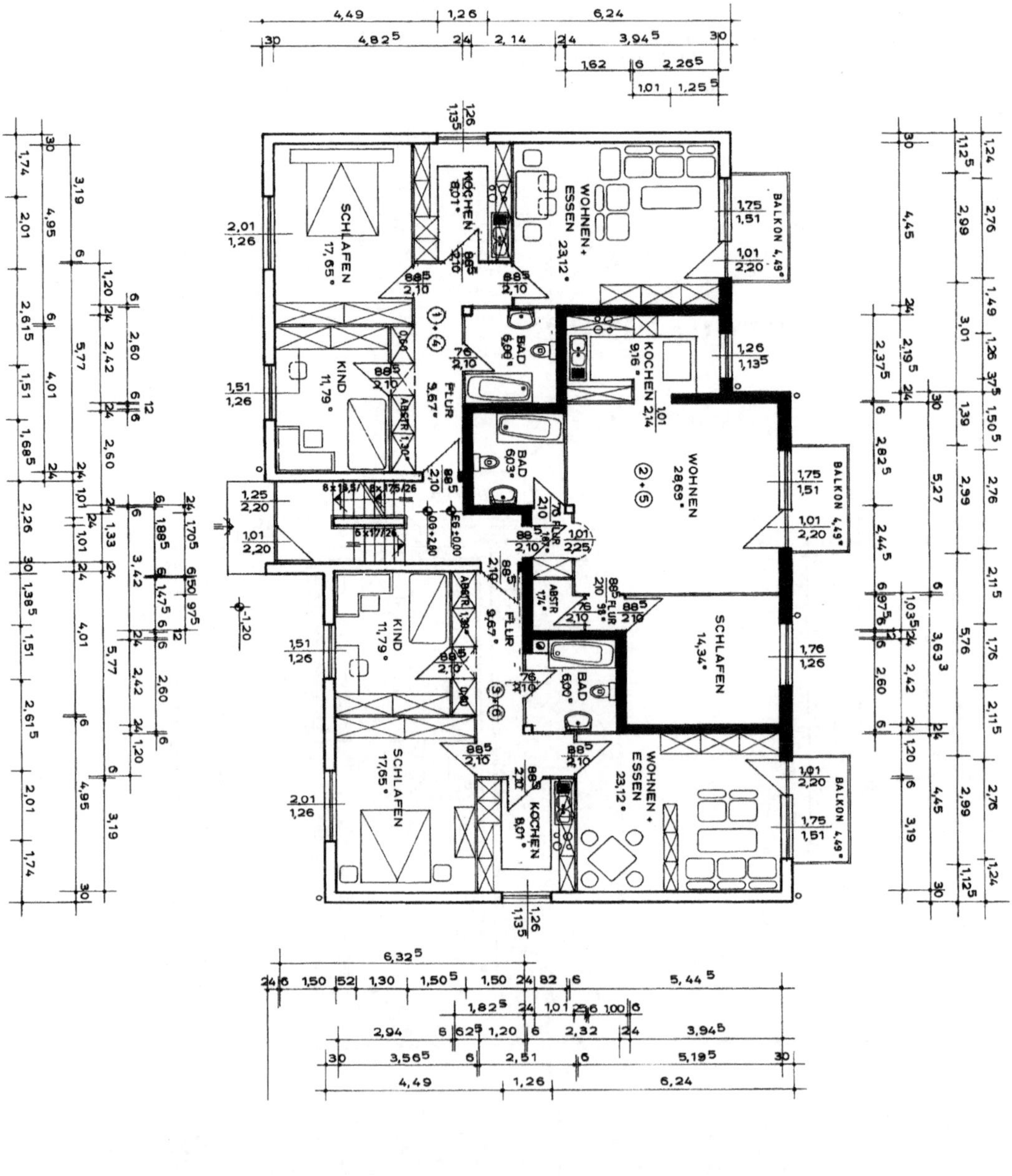

18.6 Haus

Formelanhang

Beziehungen zwischen den Einheiten

Längeneinheiten

Die Umrechnungszahl bei Längeneinheiten ist 10. Es gibt also folgende Abhängigkeiten:

Beim Umrechnen in die nächst kleinere Längeneinheit wird der Wert **mit 10 multipliziert.**

1 m	→	10 dm	→	100 cm	→	1000 mm
		1 dm	→	10 cm	→	100 mm
				1 cm	→	10 mm

Beim Umrechnen in die nächst größere Längeneinheit wird der Wert **durch 10 dividiert.**

0,001 m	←	0,01 dm	←	0,1 cm	←	1 mm
0,01 m	←	0,1 dm	←	1 cm		
0,1 m	←	1 dm				

Flächeneinheiten

Die Umrechnungszahl bei Flächeneinheiten ist 100. Es gibt also folgende Abhängigkeiten:

Beim Umrechnen in die nächst-kleinere Flächeneinheit wird der Wert **mit 100 multipliziert.**

1 cm^2	→	100 dm^2	→	10000 cm^2	→	1000000 mm^2
		1 dm^2	→	100 cm^2	→	10000 mm^2
				1 cm^2	→	100 mm^2

Beim Umrechnen in die nächst-größere Flächeneinheit wird der Wert **durch 100 dividiert.**

0,000001 cm^2	←	0,0001 dm^2	←	0,01 cm^2	←	1 mm^2
0,0001 cm^2	←	0,01 dm^2	←	1 cm^2		
0,01 cm^2	←	1 dm^2				

Körpereinheiten

Die Umrechnungszahl bei Volumeneinheiten ist 1000. Es gibt also folgende Abhängigkeiten:

Beim Umrechnen in die nächst-kleinere Volumeneinheit wird der Wert **mit 1000 multipliziert.**

1 cm^3	→	1000 dm^3	→	1000000 cm^3	→	1000000000 mm^3
		1 dm^3	→	1000 cm^3	→	10000000 mm^3
				1 cm^3	→	1000 mm^3

Beim Umrechnen in die nächst-größere Volumeneinheit wird der Wert **durch 1000 dividiert.**

0,000000001 cm^3	←	0,000001 dm^3	←	0,001 cm^3	←	1 mm^3
0,000001 cm^3	←	0,001 dm^3	←	1 cm^3		
0,0001 cm^3	←	1 dm^3				

Beim Umrechnen von Liter in Milliliter wird mit 1000 multipliziert.	1 l	→	1000 ml
Beim Umrechnen von Milliliter nach Liter wird mit 1000 dividiert.	0,001 l	←	1 ml

Masseneinheiten

Beim Umrechnen von Kilogramm in Gramm wird mit 1000 multipliziert.	1 kg	→	1000 g
Beim Umrechnen von Gramm in Kilogramm wird durch 1000 dividiert.	0,001 kg	←	1 g

Prozente, Zinsen, Maßstab, Goldener Schnitt

Formeln	Formelzeichen	Einheiten

Prozentrechnung

15 DM sind 3% von 500 DM

↓ Prozentwert w — ↓ Prozentsatz p — ↓ Grundwert g

$w = \frac{g \cdot p}{100\%}$ $\quad p = \frac{w \cdot 100\%}{g}$ $\quad g = \frac{w \cdot 100\%}{p}$

Formelzeichen	Einheiten
w = Prozentwert	z. B. DM
p = Prozentsatz	%
g = Grundwert	z. B. DM

Zinsrechnung

	z in DM =	p in % =	k in DM =	t =
Jahre	$\frac{k \cdot p \cdot \text{Jahre}}{100\%}$	$\frac{z \cdot 100\%}{k \cdot \text{Jahre}}$	$\frac{z \cdot 100\%}{p \cdot \text{Jahre}}$	$\frac{z \cdot 100\%}{k \cdot p}$
Monate	$\frac{k \cdot p \cdot \text{Monate}}{100\% \cdot 12}$	$\frac{z \cdot 100\% \cdot 12}{k \cdot \text{Monate}}$	$\frac{z \cdot 100\% \cdot 12}{p \cdot \text{Monate}}$	$\frac{z \cdot 100\% \cdot 12}{k \cdot p}$
Tage	$\frac{k \cdot p \cdot \text{Tage}}{100\% \cdot 360}$	$\frac{z \cdot 100\% \cdot 360}{k \cdot \text{Tage}}$	$\frac{z \cdot 100\% \cdot 360}{p \cdot \text{Tage}}$	$\frac{z \cdot 100\% \cdot 360}{k \cdot p}$

Formelzeichen	Einheiten
z = Zinsen	DM
k = Kapital	DM
p = Zinsfuß	%
t = Zeit	Jahre, Monate, Tage

Maßstab

$$\text{Zeichnungslänge} = \frac{\text{wirkliche Länge}}{\text{Verhältniszahl}}$$

$$\text{wirkliche Länge} = \text{Zeichnungslänge} \cdot \text{Verhältniszahl}$$

$$\text{Verhältniszahl} = \frac{\text{wirkliche Länge}}{\text{Zeichnungslänge}}$$

Formelzeichen	Einheiten
Zeichnungslänge	mm, cm, dm, m
wirkliche Länge	mm, cm, dm, m
Verhältniszahl	–

Goldener Schnitt

Konstruktion

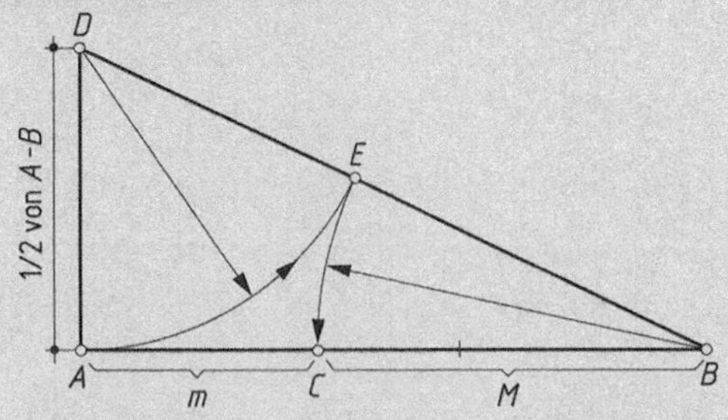

Konstruktionsschritte

- Die Hälfte der Strecke $\overline{AB}$ wird senkrecht am Punkt A aufgetragen (1/2 von $\overline{AB} = \overline{AD}$).
- Der Punkt D wird mit dem Punkt B verbunden und ergibt $\overline{BD}$.
- Die Strecke $\overline{AD}$ wird mit dem Zirkel auf die Strecke $\overline{BD}$ übertragen und ergibt den Punkt E.
- Die Strecke $\overline{BE}$ wird mit dem Zirkel auf die Strecke $\overline{AB}$ übertragen und ergibt den Punkt C.
- Die Strecke $\overline{AB}$ ist bei C nach dem Goldenen Schnitt geteilt.

$$\overline{AC} : \overline{CB} = \overline{CB} : \overline{AB}$$

Formelzeichen	Einheiten
$\overline{AC}$ = Länge	mm, cm, dm, m
$\overline{CB}$ = Länge	mm, cm, dm, m
$\overline{AB}$ = Länge	mm, cm, dm, m

Fläche und Umfang

Benennung/Bild	Formeln	Formelzeichen	Einheiten
Quadrat 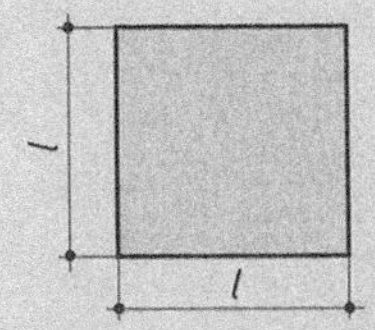	$A = l \cdot l$ $l = \sqrt{A}$ $U = 4 \cdot l$ $l = \frac{U}{4}$	A = Fläche l = Länge U = Umfang	mm², cm², dm², m² mm, cm, dm, m mm, cm, dm, m
Rechteck 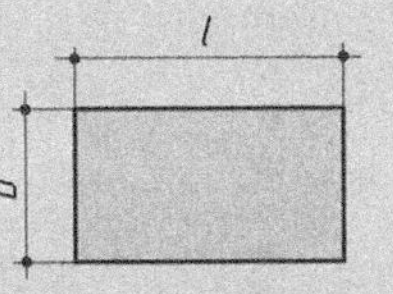	$A = l \cdot b$ $U = 2 \cdot (l + b)$ $l = \frac{A}{b}$ $l = \frac{U}{2} - b$ $b = \frac{A}{l}$ $b = \frac{U}{2} - l$	A = Fläche l = Länge b = Breite U = Umfang	mm², cm², dm², m² mm, cm, dm, m mm, cm, dm, m mm, cm, dm, m
Parallelogramm 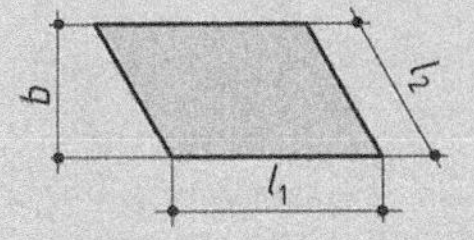	$A = l_1 \cdot b$ $l_1 = \frac{A}{b}$ $b = \frac{A}{l_1}$ $U = 2 \cdot (l_1 + l_2)$ $l_1 = \frac{U}{2} \cdot l_2$ $l_2 = \frac{U}{2} \cdot l_1$	A = Fläche l_1 = Länge l_2 = schräge Seitenlänge b = Breite U = Umfang	mm², cm², dm², m² mm, cm, dm, m mm, cm, dm, m mm, cm, dm, m mm, cm, dm, m
Trapez 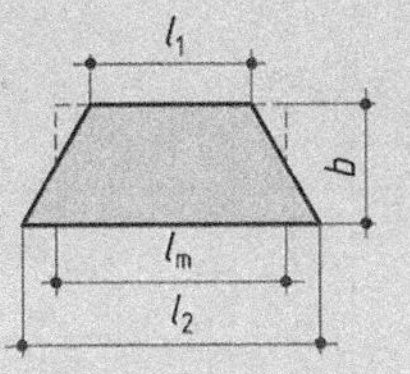 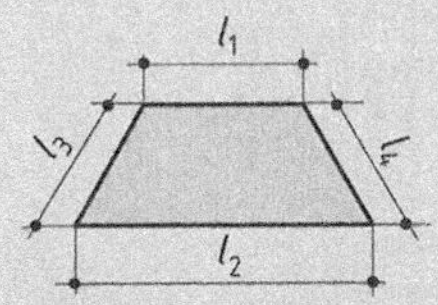	$A = \frac{l_1 + l_2}{2} \cdot b$ $l_1 = \frac{2 \cdot A}{b} - l_2$ $l_2 = \frac{2 \cdot A}{b} - l_1$ $b = \frac{2 \cdot A}{l_1 + l_2}$ $l_m = \frac{l_1 + l_2}{2} \cdot b$ $U = l_1 + l_2 + l_3 + l_4$ $l_1 = U - (l_2 + l_3 + l_4)$ $l_2 = U - (l_1 + l_3 + l_4)$ $l_3 = U - (l_1 + l_2 + l_4)$ $l_4 = U - (l_1 + l_2 + l_3)$	A = Fläche l_1 = kleine Länge l_2 = große Länge l_3 = Seitenlänge l_4 = Seitenlänge l_m = mittlere Länge b = Breite U = Umfang	mm², cm², dm², m² mm, cm, dm, m mm, cm, dm, m mm, cm, dm, m mm, cm, dm, m mm, cm, dm, m mm, cm, dm, m mm, cm, dm, m

Fläche und Umfang

Benennung/Bild	Formeln	Formelzeichen	Einheiten
Dreieck 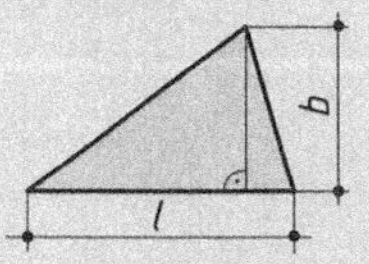 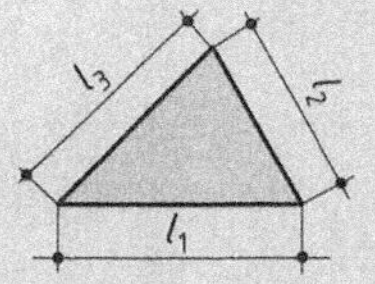	$A = \frac{l \cdot b}{2}$ $l = \frac{2 \cdot A}{b}$ $b = \frac{2 \cdot A}{l}$ $U = l_1 + l_2 + l_3$ $l_1 = U \cdot (l_2 + l_3)$ $l_2 = U \cdot (l_1 + l_3)$ $l_3 = U \cdot (l_1 + l_2)$	A = Fläche l = Länge l_1 = Seitenlänge l_2 = Seitenlänge l_3 = Seitenlänge b = Breite U = Umfang	mm^2, cm^2, dm^2, m^2 mm, cm, dm, m mm, cm, dm, m mm, cm, dm, m mm, cm, dm, m mm, cm, dm, m mm, cm, dm, m
Sechseck 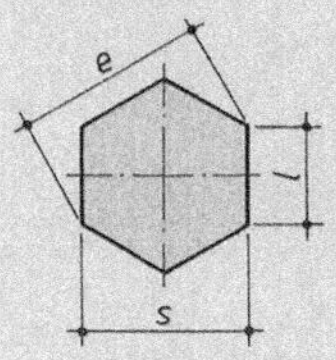	$A = s \cdot s \cdot 0{,}366$ $s = \sqrt{\frac{A}{0{,}866}}$ $U = 6 \cdot l$ $e = s \cdot 1{,}155$ $l = \frac{U}{6}$ $s = \frac{e}{1{,}155}$	A = Fläche l = Länge s = Schlüsselweite U = Umfang e = Eckmaß	mm^2, cm^2, dm^2, m^2 mm, cm, dm, m mm, cm, dm, m mm, cm, dm, m mm, cm, dm, m
Satz des Pythagoras 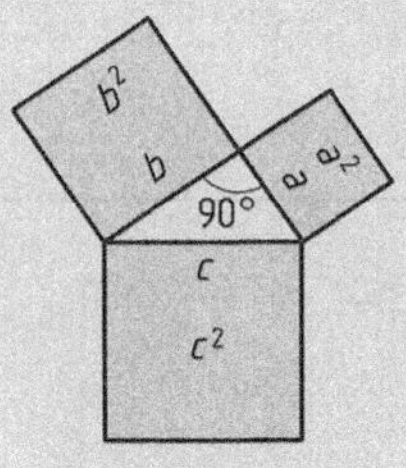	$c^2 = a^2 + b^2$ $c = \sqrt{a^2 + b^2}$ $a^2 = c^2 \cdot b^2$ $a = \sqrt{c^2 \cdot b^2}$ $b^2 = c^2 \cdot a^2$ $b = \sqrt{c^2 \cdot a^2}$	c = Hypothenuse (längste Seite) a = Kathete (Seitenlänge) b = Kathete (Seitenlänge)	mm, cm, dm, m mm, cm, dm, m mm, cm, dm, m
Kreis 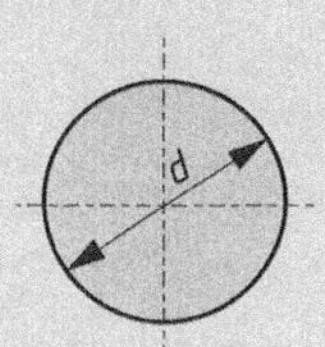 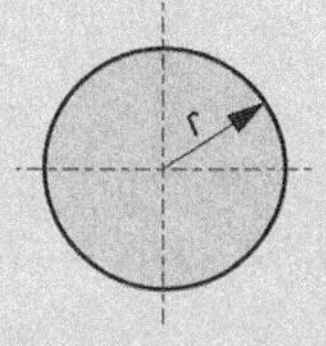	$A = \frac{d \cdot d \cdot \pi}{4}$ $A = r \cdot r \cdot \pi$ $d = \sqrt{\frac{4 \cdot A}{\pi}}$ $r = \sqrt{\frac{A}{\pi}}$ $U = d \cdot \pi$ $U = 2 \cdot r \cdot \pi$ $d = \frac{U}{\pi}$ $r = \frac{U}{2 \cdot \pi}$ $d = 2 \cdot r$ $r = \frac{d}{2}$	A = Fläche U = Umfang r = Radius d = Durchmesser π = 3,14	mm^2, cm^2, dm^2, m^2 mm, cm, dm, m mm, cm, dm, m mm, cm, dm, m mm, cm, dm, m

Fläche und Umfang

Benennung/Bild	Formeln	Formelzeichen	Einheiten
Kreisabschnitt 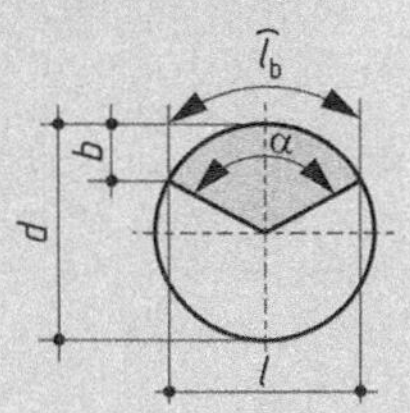	$A \approx \frac{2}{3} \cdot l \cdot b$ $U = l + \widehat{l_B}$ $\widehat{l_B} = \frac{d \cdot \pi \cdot \alpha}{360°}$	A = Fläche U = Umfang d = Durchmesser π = 3,14 l = Sehnenlänge $\widehat{l_B}$ = Bogenlänge b = Breite α = Mittelpunkts-winkel	mm^2, cm^2, dm^2, m^2 mm, cm, dm, m mm, cm, dm, m mm, cm, dm, m mm, cm, dm, m mm, cm, dm, m ° Grad
Kreisausschnitt 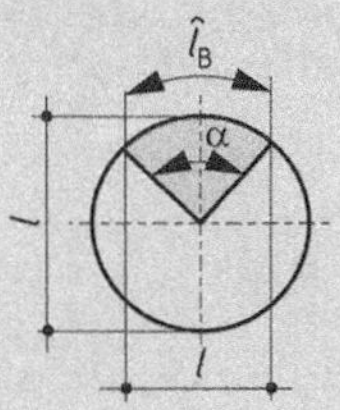	$A = \frac{\widehat{l_B} \cdot d}{4}$ $U = d + \widehat{l_B}$ $\widehat{l_B} = \frac{d \cdot \pi \cdot \alpha}{360°}$	A = Fläche U = Umfang d = Durchmesser π = 3,14 $\widehat{l_B}$ = Bogenlänge α = Mittelpunkts-winkel	mm^2, cm^2, dm^2, m^2 mm, cm, dm, m mm, cm, dm, m mm, cm, dm, m ° Grad
Kreisring 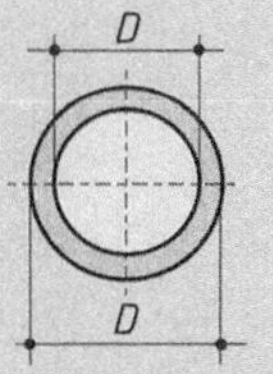	$A = \frac{(D \cdot D \cdot \pi) - (d \cdot d \cdot \pi)}{4}$ $U_i = d \cdot \pi$ $U_a = D \cdot \pi$	A = Fläche U_i = Umfang innen U_a = Umfang außen d = kleiner Durchmesser D = großer Durchmesser π = 3,14	mm^2, cm^2, dm^2, m^2 mm, cm, dm, m mm, cm, dm, m mm, cm, dm, m mm, cm, dm, m
Ellipse 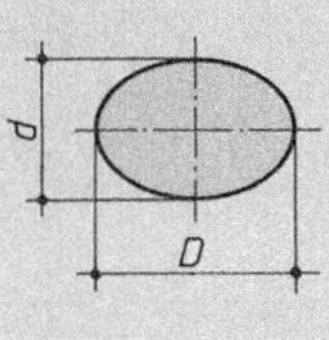	$A = \frac{D \cdot d \cdot \pi}{4}$ $U \approx \frac{(D + d) \cdot \pi}{2}$	A = Fläche U = Umfang d = kleiner Durch-messer D = großer Durch-messer π = 3,14	mm^2, cm^2, dm^2, m^2 mm, cm, dm, m mm, cm, dm, m mm, cm, dm, m
Zusammengesetzte Flächen 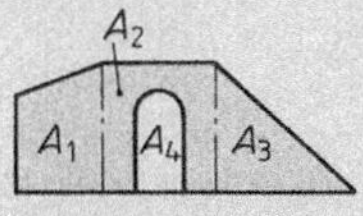	$A = A_1 + A_2 + A_3 - A_4$ U = Summe aller Seitenlängen	A = Fläche Gesamtfläche A_1 = Teilfläche A_2 = Teilfläche A_3 = Teilfläche A_4 = Teilfläche U = Umfang	mm^2, cm^2, dm^2, m^2 mm^2, cm^2, dm^2, m^2 mm^2, cm^2, dm^2, m^2 mm^2, cm^2, dm^2, m^2 mm^2, cm^2, dm^2, m^2 mm, cm, dm, m

Körper und Oberfläche

Benennung/Bild	Formeln	Formelzeichen	Einheiten
Gerade Körper – allgemein 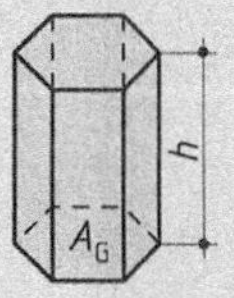	$M = U \cdot h$ $M = A_G \cdot 2 + M$ $V = A_G \cdot h$	M = Mantelfläche O = Oberfläche V = Volumen A_G = Grundfläche U = Umfang h = Höhe	mm^2, cm^2, dm^2, m^2 mm^2, cm^2, dm^2, m^2 mm^3, cm^3, dm^3, m^3 mm^2, cm^2, dm^2, m^2 mm, cm, dm, m mm, cm, dm, m
Würfel 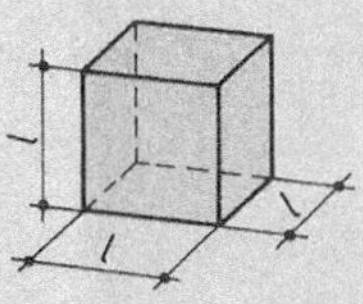	$M = 4 \cdot l \cdot l$ $O = 6 \cdot l \cdot l$ $V = l \cdot l \cdot l$	M = Mantelfläche O = Oberfläche V = Volumen l = Länge	mm^2, cm^2, dm^2, m^2 mm^2, cm^2, dm^2, m^2 mm^3, cm^3, dm^3, m^3 mm, cm, dm, m
Quader 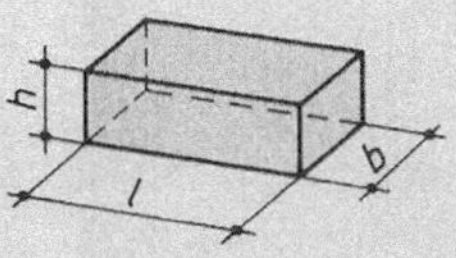	$M = 2 \cdot l \cdot h + 2 \cdot b \cdot h$ $O = 2 \cdot l \cdot b + 2 \cdot l \cdot h$ $V = l \cdot b \cdot h$	M = Mantelfläche O = Oberfläche V = Volumen l = Länge b = Breite h = Höhe	mm^2, cm^2, dm^2, m^2 mm^2, cm^2, dm^2, m^2 mm^3, cm^3, dm^3, m^3 mm, cm, dm, m mm, cm, dm, m mm, cm, dm, m
Zylinder 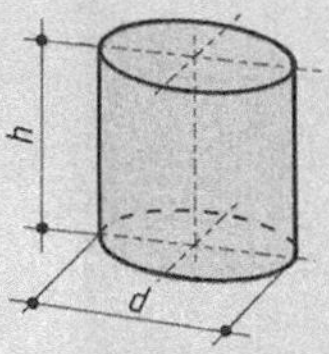	$M = d \cdot \pi \cdot h$ $O = \frac{d \cdot d \cdot \pi}{2} + d \cdot \pi \cdot h$ $V = \frac{d \cdot d \cdot \pi \cdot h}{4}$	M = Mantelfläche O = Oberfläche V = Volumen d = Durchmesser h = Höhe π = 3,14	mm^2, cm^2, dm^2, m^2 mm^2, cm^2, dm^2, m^2 mm^3, cm^3, dm^3, m^3 mm, cm, dm, m mm, cm, dm, m
Dreieck-Säule 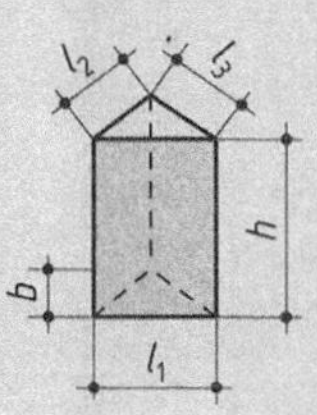	$M = (l_1 + l_2 + l_3) \cdot h$ $O = (l_1 + l_2 + l_3) \cdot h + l_1 \cdot b$ $V = \frac{l_1 \cdot b}{2} \cdot h$ b steht rechtwinklig auf l_1	M = Mantelfläche O = Oberfläche V = Volumen l_1 = Seitenlänge l_2 = Seitenlänge l_3 = Seitenlänge b = Breite h = Höhe	mm^2, cm^2, dm^2, m^2 mm^2, cm^2, dm^2, m^2 mm^3, cm^3, dm^3, m^3 mm, cm, dm, m mm, cm, dm, m mm, cm, dm, m mm, cm, dm, m mm, cm, dm, m

Körper und Oberfläche

Benennung/Bild	Formeln	Formelzeichen	Einheiten
Trapezsäule 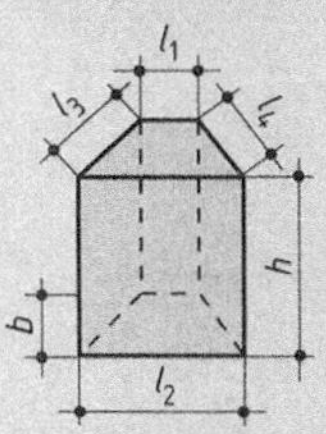	$M = (l_1 + l_2 + l_3 + l_4) \cdot h$ $O = (l_1 + l_2 + l_3 + l_4) \cdot h + \frac{l_1 + l_2}{2} \cdot b \cdot 2$ $V = \frac{l_1 + l_2}{2} \cdot b \cdot h$	M = Mantelfläche O = Oberfläche V = Volumen l_1 = Seitenlänge l_2 = Seitenlänge l_3 = Seitenlänge l_4 = Seitenlänge b = Breite h = Höhe	mm^2, cm^2, dm^2, m^2 mm^2, cm^2, dm^2, m^2 mm^3, cm^3, dm^3, m^3 mm, cm, dm, m mm, cm, dm, m mm, cm, dm, m mm, cm, dm, m mm, cm, dm, m mm, cm, dm, m
Spitze Körper – allgemein 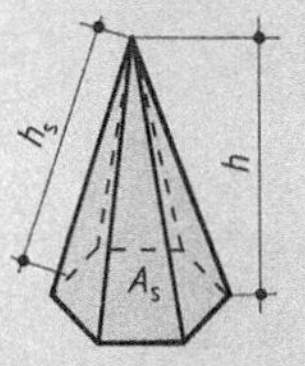	$M = \frac{U \cdot h_s}{2}$ $O = A_G + M$ $V = \frac{A_G \cdot h}{3}$	M = Mantelfläche O = Oberfläche V = Volumen A_G = Grundfläche U = Umfang h = Höhe h_s = Mantelhöhe	mm^2, cm^2, dm^2, m^2 mm^2, cm^2, dm^2, m^2 mm^3, cm^3, dm^3, m^3 mm, cm, dm, m mm, cm, dm, m mm, cm, dm, m mm, cm, dm, m
quadratische Pyramide 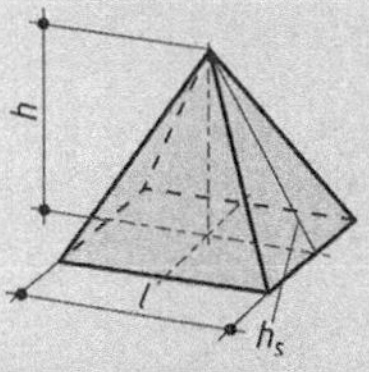	$M = l \cdot h_s \cdot 2$ $O = l \cdot h_s \cdot 2 + l \cdot l$ $V = \frac{l \cdot l \cdot h}{3}$	M = Mantelfläche O = Oberfläche V = Volumen l = Länge h = Höhe h_s = Mantelhöhe	mm^2, cm^2, dm^2, m^2 mm^2, cm^2, dm^2, m^2 mm^3, cm^3, dm^3, m^3 mm, cm, dm, m mm, cm, dm, m mm, cm, dm, m
quadratischer Pyramidenstumpf 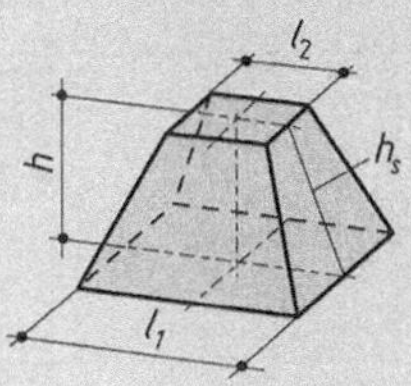	$M = \frac{l_1 + l_2}{2} \cdot h_s \cdot 4$ $O = \frac{l_1 + l_2}{2} \cdot h_s \cdot 4 + (l_1 \cdot l_2) + (l_2 \cdot l_2)$ $V = \frac{(l_1 \cdot l_1) + (l_2 \cdot l_2)}{2} \cdot h$	M = Mantelfläche O = Oberfläche V = Volumen l_1 = untere Seitenlänge l_2 = obere Seitenlänge h_s = Mantelhöhe h = Höhe	mm^2, cm^2, dm^2, m^2 mm^2, cm^2, dm^2, m^2 mm^3, cm^3, dm^3, m^3 mm, cm, dm, m mm, cm, dm, m mm, cm, dm, m mm, cm, dm, m
Kegel 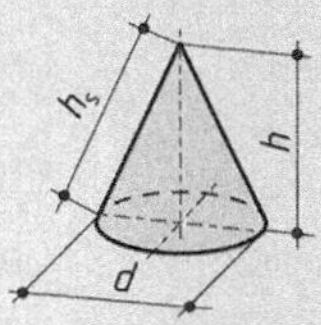	$M = \frac{d \cdot \pi \cdot h_s}{2}$ $O = \frac{d \cdot \pi \cdot h_s}{2} + \frac{d \cdot d \cdot \pi}{4}$ $V = \frac{d \cdot d \cdot \pi \cdot h}{12}$	M = Mantelfläche O = Oberfläche V = Volumen d = Durchmesser h_s = Mantelhöhe h = Höhe π = 3,14	mm^2, cm^2, dm^2, m^2 mm^2, cm^2, dm^2, m^2 mm^3, cm^3, dm^3, m^3 mm, cm, dm, m mm, cm, dm, m mm, cm, dm, m –

Körper und Oberfläche

Benennung/Bild	Formeln	Formelzeichen	Einheiten
Kegelstumpf 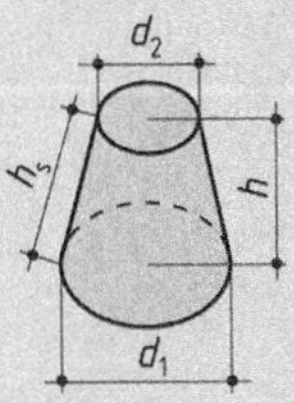 	$M = \frac{d_1 + d_2}{2} \cdot \pi \cdot h_s$ $M = \frac{(d_1^2 + d_2^2) \cdot \pi}{4} + \frac{d_1 + d_2}{2} \cdot \pi \cdot h_s$ $V \approx \frac{d_1 + d_2}{2} \cdot h$	M = Mantelfläche O = Oberfläche V = Volumen d_1 = kleiner Durchmesser d_2 = großer Durchmesser π = 3,14 h_s = Mantelhöhe h = Höhe	mm^2, cm^2, dm^2, m^2 mm^2, cm^2, dm^2, m^2 mm^3, cm^3, dm^3, m^3 mm, cm, dm, m mm, cm, dm, m mm, cm, dm, m mm, cm, dm, m mm, cm, dm, m
gleichmäßig stumpfe Körper 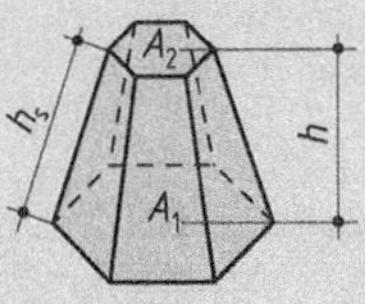 	$V = \frac{A_1 + A_2}{2} \cdot h$ $M = \frac{U_1 + U_2}{2} \cdot h_s$ $O = M + A_1 + A_2$	V = Volumen A_1 = Grundfläche A_2 = Deckfläche h = Höhe M = Mantelfläche U_1 = Umfang der Grundfläche U_2 = Umfang der Deckfläche h_s = Mantelhöhe O = Oberfläche	mm^3, cm^3, dm^3, m^3 mm^2, cm^2, dm^2, m^2 mm^2, cm^2, dm^2, m^2 mm, cm, dm, m mm^2, cm^2, dm^2, m^2 mm, cm, dm, m mm, cm, dm, m mm, cm, dm, m mm^2, cm^2, dm^2, m^2
zusammengesetzte Körper 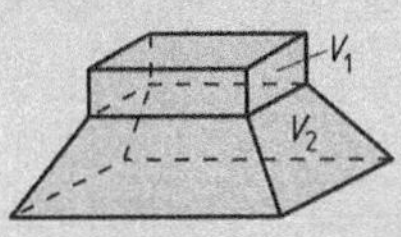 	$V_{ges} = V_1 + V_2 + V_3 ...$ $O_{ges} = A_1 + A_2 + A_3 ...$	V_{ges} = Volumen gesamt V_1 = Volumen 1 V_2 = Volumen 2 ... O = Oberfläche gesamt A_1 = Fläche 1 A_2 = Fläche 2 ...	mm^3, cm^3, dm^3, m^3 mm^3, cm^3, dm^3, m^3 mm^3, cm^3, dm^3, m^3 mm^2, cm^2, dm^2, m^2 mm^2, cm^2, dm^2, m^2 mm^2, cm^2, dm^2, m^2
Kugel 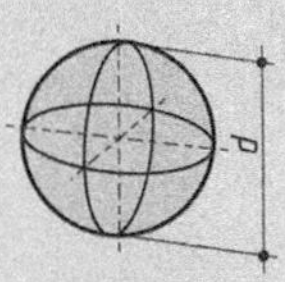 	$O = d \cdot d \cdot \pi$ $V = \frac{d \cdot d \cdot d \cdot \pi}{6}$	O = Oberfläche V = Volumen d = Durchmesser π = 3,14	mm^2, cm^2, dm^2, m^2 mm^3, cm^3, dm^3, m^3 mm, cm, dm, m

Mechanik

Masse, Dichte 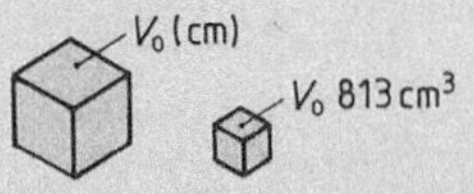 	$m = \rho \cdot V$ $V = \frac{m}{\rho}$ $\rho = \frac{m}{V}$	m = Masse ρ = Dichte V = Volumen	kg $\frac{kg}{dm^3}$ dm^3

Verhältnisrechnung, Mischungsrechnung, Brutto – Netto – Tara

Benennung/Bild	Formeln	Formelzeichen	Einheiten
Verhältnisgleichungen Außenglieder: a und d; Innenglieder: b und c $a : b = c : d$ Das Produkt der Außenglieder ist gleich dem Produkt der Innenglieder		a, b, c, d = Glieder	z.B. kg, l, DM, h
Mischungsverhältnis Massenanteil $1\ \text{MT} = \dfrac{\text{Masse der Mischung}}{\text{Anzahl der MT insgesamt}}$ $1\ \text{VT} = \dfrac{\text{Masse der Mischung}}{\text{Anzahl der VT insgesamt}}$		MT= Massenanteil (Gewichtsanteil) VT= Volumenanteil Masse	Stück Stück kg
Preisberechnungen $\text{Preis von 1 kg} = \dfrac{m_A \cdot \text{Preis}_A - m_B \cdot \text{Preis}_B}{m_M}$ m_a, m_g Masse von Stoff *A* bzw. *B* in kg $m_M = m_A - m_g$ Masse der Mischung in kg $\text{Preis von 1 l} = \dfrac{V_A \cdot \text{Preis A} - V_B \cdot \text{Preis B}}{V_M}$ V_A, V_B Volumen von Stoff A bzw. B in l $V_M = V_A + V_B$ Volumen der Mischung in l		Preis m_A, m_s = Masse der Einzelstoffe (Gewichte) V_A, V_B = Volumen der Einzelstoffe	DM kg l (Liter)
Brutto – Netto – Tara 	Das Bruttogewicht ist das Gesamtgewicht, also Verpackung und Inhalt (Werkstoff) zusammen	Bruttogewicht Nettogewicht Tara	g, kg g, kg g, kg
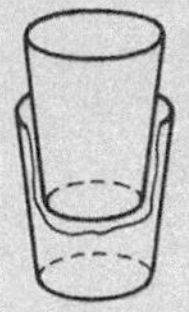	Das Nettogewicht ist das reine Werkstoffgewicht		
	Die Tara ist das reine Verpackungsgewicht		

Berechnungen bei Garnen und Zwirnen

Benennung	Formeln	Formelzeichen	Einheiten
Gewichtsnummerierung allgemein	$\text{Gewichtsnummer} = \frac{\text{Garngewicht}}{\text{Garnlänge}}$	Gewichtsnummer Garngewicht Garnlänge	$\frac{m}{l}$ g (Gramm) m (Meter)
Gewichtsnummerierung Tex-System	$Tt = \frac{\text{Gewicht}}{1000\ m}$	Gewichtsnummer Garngewicht Garnlänge	tex g (Gramm) m (Meter)
Gewichtsnummerierung Dezitex-System	$dtex = \frac{\text{Gewicht}}{10000\ m}$	Gewichtsnummer Garngewicht Garnlänge	dtex g (Gramm) m (Meter)
Gewichtsnummerierung Denier-System	$Td = \frac{\text{Gewicht}}{9000\ m}$	Gewichtsnummer Garngewicht Garnlänge	den g (Gramm) m (Meter)
Längennummerierung allgemein	$\text{Längennummer} = \frac{\text{Garnlänge}}{\text{Garngewicht}}$	Längennummer Garngewicht Garnlänge	$\frac{l}{m}$ g (Gramm) m (Meter)
Metrisches Nummerierungssystem	$Nm = \frac{\text{Länge}}{\text{Garngewicht}}$	Längennummer Garngewicht Garnlänge	Nm g (Gramm) m (Meter)

Berechnungen bei textilen Flächen

Benennung/Bild	Formeln	Formelzeichen	Einheiten
Gewicht je m² 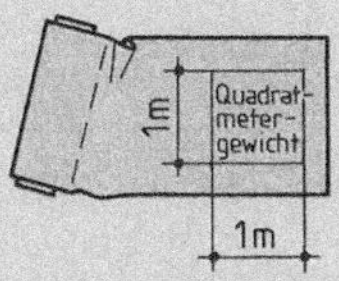	$\text{Gewicht je m}^2 = \dfrac{\text{Gesamtgewicht}}{\text{Stofflänge} \cdot \text{Stoffbreite}}$ oder $\text{Gewicht je m}^2 = \dfrac{\text{Gewicht je lfd. m}}{\text{Stoffbreite}}$	Gewicht je m² Gesamtgewicht Stofflänge Stoffbreite Gewicht je lfd. m	g g m m g
Gewicht je lfd. m 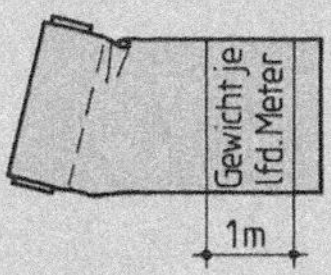	$\text{Gewicht je lfd. m} = \text{Gewicht je m} \cdot \text{Stoffbreite}$ oder $\text{Gewicht je lfd. m} = \dfrac{\text{Gesamtgewicht}}{\text{Stofflänge}}$	Gewicht je lfd. m Gewicht je m² Stoffbreite Gesamtgewicht Stofflänge	g g m g m
Gesamtgewicht 	$\text{Gesamtgewicht} = \text{Gewicht je m}^2 \cdot \text{Stofflänge} \cdot \text{Stoffbreite}$ oder $\text{Gesamtgewicht} = \text{Gewicht je lfd. m} \cdot \text{Stofflänge}$	Gesamtgewicht Gewicht je m² Stofflänge Stoffbreite Gewicht je lfd. m	g g m m g
Stofflänge 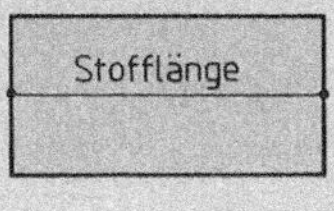	$\text{Stofflänge} = \dfrac{\text{Gesamtgewicht}}{\text{Gewicht je m}^2 \cdot \text{Stoffbreite}}$	Stofflänge Gesamtgewicht Gewicht je m² Stoffbreite	m g g m
Stoffbreite 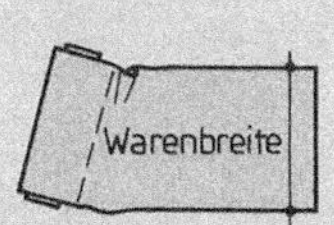	$\text{Stoffbreite} = \dfrac{\text{Gesamtgewicht}}{\text{Gewicht je m}^2 \cdot \text{Stofflänge}}$	Stoffbreite Gesamtgewicht Gewicht je m² Stofflänge	m g g m

Verschnitt – Zuschnittliste für Bezugsstoffe und Leder

Benennung/Bild	Formeln	Formelzeichen	Einheiten
Verschnittberechnung		A_{VS} = Fläche des Verschnitts	mm^2, cm^2, dm^2, m^2
		A_B = Fläche des Bedarfs	mm^2, cm^2, dm^2, m^2
		A_{VB} = Fläche des Verbrauchs	mm^2, cm^2, dm^2, m^2
		P_{VS} = Prozentsatz des Verschnitts	%

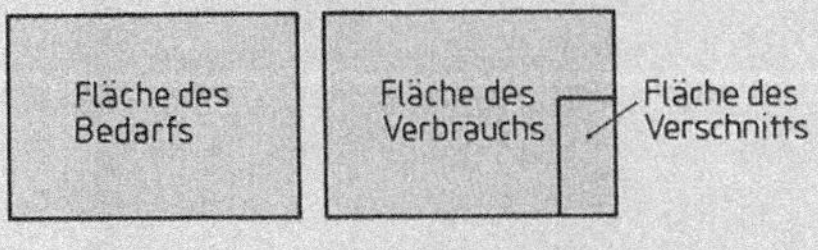

$$A_{VS} = A_B - A_{VB} \qquad p_{VS} = \frac{A_{VS} \cdot 100\%}{A_B}$$

$$A_B = A_{VS} + A_{VB} \qquad A_B = \frac{A_{VS} \cdot 100\%}{p_{VS}}$$

$$A_{VB} = A_B - A_{VS} \qquad A_{VS} = \frac{A_B \cdot p_{VS}}{100\%}$$

Zuschnittliste Bezugsstoffe

Bezeichnung	Anzahl	Fertigmaß in cm		Nahtzugabe in cm		Sonstige Zugaben in cm		Zuschnittmaß in cm		Stoffverbrauch in cm^2
		Kette	Schuß	Kette	Schuß	Kette	Schuß	Kette	Schuß	
						Gesamtverbrauch				

Zuschnittliste Leder

Bezeichnung	Anzahl	Fertigmaß in cm		Nahtzugabe in cm		Sonstige Zugaben in cm		Zuschnittmaß in cm		Lederverbrauch in cm^2
		Länge	Breite	Länge	Breite	Länge	Breite	Länge	Breite	
						Gesamtverbrauch				

Polstergurte – Raumgewicht – Scheibenspanner

Benennung/Bild	Formeln	Formelzeichen	Einheiten
Gurtbedarf bei unelastischen Gurten	Gurtbedarf = Anzahl Längsgurte · (Zargentiefe + 5 cm für Umschläge) + Anzahl Quergurte · (Zargentiefe + 5 cm für Umschläge)	Längsgurte Quergurte Zargenbreite Zargentiefe Gurtbedarf	cm, dm, m cm, dm, m cm, dm, m cm, dm, m cm, dm, m
Gurtbedarf bei elastischen Gurten	$\text{Gurtbedarf} = \dfrac{\text{gespannte Gurtlänge} \cdot 100\%}{100\% + \%\ \text{Dehnung}}$	Gurtbedarf Gurtlänge Dehnung	cm, dm, m cm, dm, m %
Raumgewicht 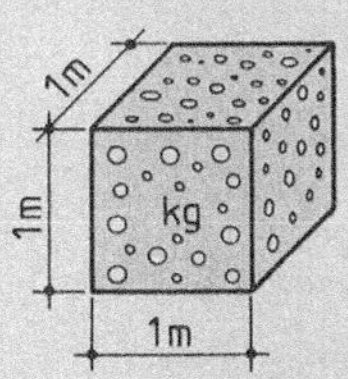 	$RG = \dfrac{m}{V}$ $m = RG \cdot V$ $V = \dfrac{m}{RG}$	RG = Raumgewicht m = Masse V = Volumen	$\dfrac{kg}{m^3}$, $\dfrac{g}{cm^3}$ kg, g m^3, cm^3
Scheibenspanner 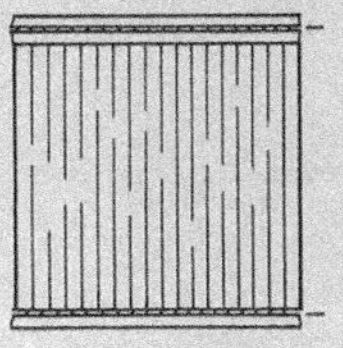 - von der Oberkante der oberen Vitragenstange - bis zur Unterkante der unteren Vitragenstange	Fertighöhe + Abschluß oben + Stabsaum oben + Nahtzugabe oben + Stabsaum unten + Abschluß unten + Nahtzugabe unten = Zuschnitthöhe Fertigbreite + Faltenzugabe = Zuschnittbreite Die Faltenzugabe entspricht 60 bis 100% der Fertigbreite	Fertighöhe Abschluß oben Stabsaum oben Nahtzugabe oben Stabsaum unten Abschluß unten Nahtzugabe unten Zuschnitthöhe Fertigbreite Faltenzugabe Zuschnittbreite	cm cm cm cm cm cm cm cm cm cm cm

Scheibenhänger

Benennung/Bild	Formeln	Formelzeichen	Einheiten
Scheibenhänger 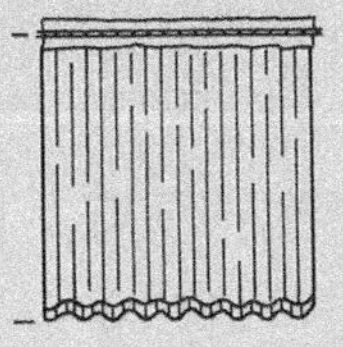 - von der Oberkante der oberen Vitragenstange - bis zur Unterkante des Scheibenhängers	Fertighöhe + Abschluß oben + Stabsaum oben + Nahtzugabe oben + Saum unten + Nahtzugabe unten = Zuschnitthöhe Fertigbreite + Faltenzugabe = Zuschnittbreite Die Faltenzugabe entspricht 60 bis 100% der Fertigbreite	Fertighöhe Abschluß oben Stabsaum oben Nahtzugabe oben Saum unten Nahtzugabe unten Zuschnitthöhe Fertigbreite Faltenzugabe Zuschnittbreite	cm cm cm cm cm cm cm cm cm cm
Scheibenhänger mit angenähter Borte oder Volant 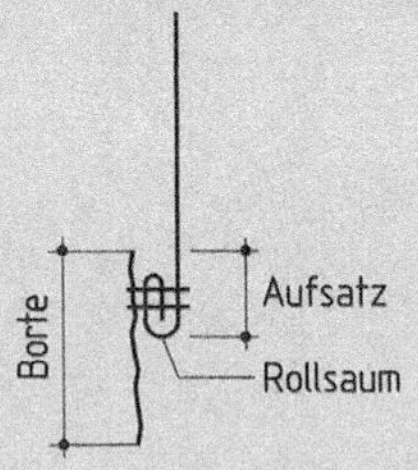 - von der Oberkante der oberen Vitragenstange - bis zur Unterkante des Scheibenhängers	Fertighöhe + Abschluß oben + Stabsaum oben + Nahtzugabe oben – Borte oder Volant + Aufsatz für Borte/Volant + Rollsaum unten = Zuschnitthöhe Fertigbreite + Faltenzugabe = Zuschnittbreite Die Faltenzugabe entspricht 60 bis 100% der Fertigbreite	Fertighöhe Abschluß oben Stabsaum oben Nahtzugabe oben Borte oder Volant Aufsatz Rollsaum unten Zuschnitthöhe Fertigbreite Faltenzugabe Zuschnittbreite	cm cm cm cm cm cm cm cm cm cm cm

Abschlüsse bei Scheibengardinen

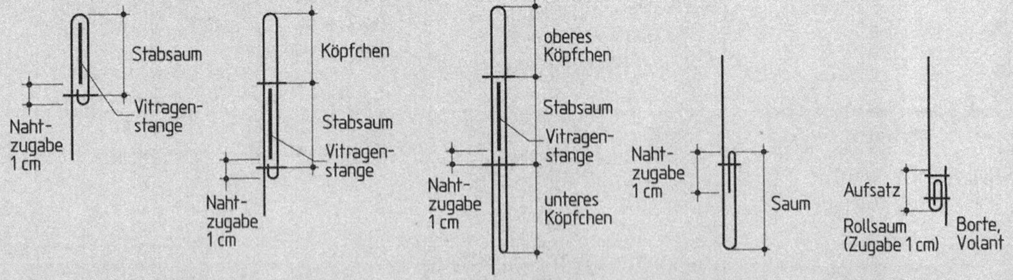

einfacher Umschlag | einfaches Köpfchen | doppeltes Köpfchen | Saumkante | aufgenähte Borte/aufgenähter Volant

Stores

Benennung/Bild	Formeln	Formelzeichen	Einheiten
Stores mit Bleibandabschluß  - von der Oberkante des oberen Abschlusses (Unterkante der Gardinenschiene) - bis zur Unterkante des unteren Abschlusses	Fertighöhe + Abschluß oben + Nahtzugabe oben = Zuschnitthöhe lichte Fensterbreite + seitliche Zugaben = Fertigbreite + Faltenzugabe = Zuschnittbreite Die Faltenzugabe entspricht 170 bis 200% der Fertigbreite	Fertighöhe Abschluß oben Nahtzugabe oben Zuschnitthöhe lichte Fensterbreite seitliche Zugaben Fertigbreite Faltenzugabe Zuschnittbreite	cm cm cm cm cm cm cm cm cm
Stores mit Saumabschluß 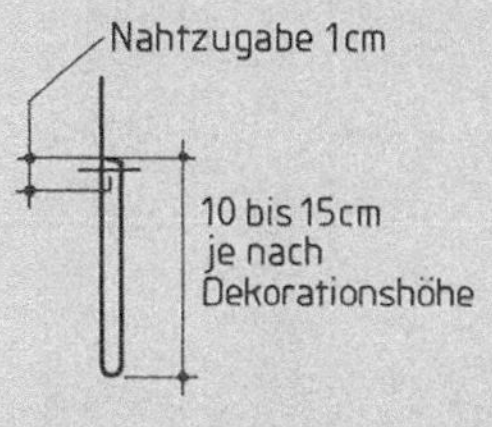 - von der Oberkante des oberen Abschlusses (Unterkante der Gardinenschiene) - bis zur Unterkante des unteren Abschlusses	Fertighöhe + Abschluß oben + Nahtzugabe oben + Abschluß unten + Nahtzugabe unten = Zuschnitthöhe lichte Fensterbreite + seitliche Zugaben = Fertigbreite + Faltenzugabe = Zuschnittbreite Die Faltenzugabe entspricht 170 bis 200% der Fertigbreite	Fertighöhe Abschluß oben Nahtzugabe oben Abschluß unten Nahtzugabe unten Zuschnitthöhe lichte Fensterbreite seitliche Zugaben Fertigbreite Faltenzugabe Zuschnittbreite	cm cm cm cm cm cm cm cm cm cm cm

Obere Abschlüsse bei Stores

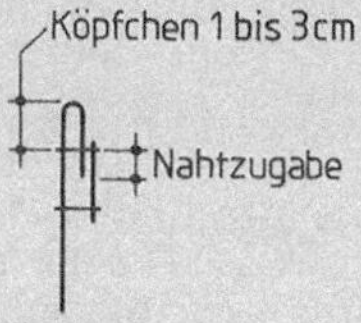

Köpfchen

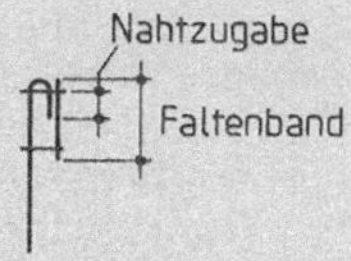

Saumkante

Stores – Wolkenstores

Benennung/Bild	Formeln	Formelzeichen	Einheiten
Stores mit angenähtem Volant oder Fransenabschluß 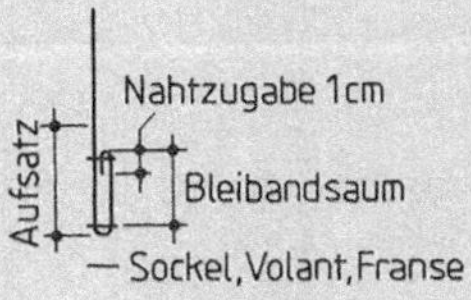 - von der Oberkante des oberen Abschlusses (Unterkante der Gardinenschiene) - bis zur Unterkante des unteren Abschlusses	Fertighöhe + Abschluß oben + Nahtzugabe oben – Volant/Fransenabschluß + Aufsatz + Abschluß unten + Nahtzugabe unten = Zuschnitthöhe lichte Fensterbreite + seitliche Zugaben = Fertigbreite + Faltenzugabe = Zuschnittbreite Die Faltenzugabe entspricht 170 bis 200% der Fertigbreite	Fertighöhe Abschluß oben Nahtzugabe oben Volant/Fransen Aufsatz Abschluß unten Nahtzugabe unten Zuschnitthöhe lichte Fensterbreite seitliche Zugaben Fertigbreite Faltenzugabe Zuschnittbreite	cm cm cm cm cm cm cm cm cm cm cm cm cm
Volant 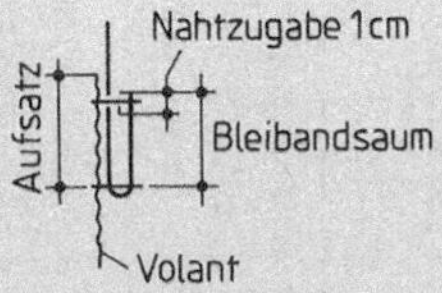 - von der Oberkante des oberen Abschlusses (Unterkante der Gardinenschiene) - bis zur Unterkante des unteren Abschlusses	Fertighöhe + Köpfchen + Nahtzugabe + Rollsaum = Zuschnitthöhe Zuschnittbreite des Stores + Faltenzugabe = Zuschnittbreite des Volants Die Faltenzugabe entspricht ca. 150% der Zuschnittbreite des Stores	Fertighöhe Köpfchen Nahtzugabe Rollsaum Zuschnitthöhe Zuschnittbreite des Stores Faltenzugabe Zuschnittbreite des Volants	cm cm cm cm cm cm cm cm
Wolkenstores - von der Oberkante des oberen Abschlusses - bis zur Unterkante des unteren Abschlusses	Fertighöhe – Volant, Fransen – Bogendurchhang = glatte Stoffhöhe + Faltenzugabe + Nahtzugabe oben + Aufsatz für Volant/Franse + Rollsaum unten = Zuschnitthöhe Die Faltenzugabe in der Höhe entspricht 100 bis 200% der Fertighöhe	Fertighöhe Volant, Fransen Bogendurchhang glatte Stoffhöhe Faltenzugabe Nahtzugabe oben Aufsatz Rollsaum unten Zuschnitthöhe	cm cm cm cm cm cm cm cm cm

Wolkenstores

Benennung/Bild	Formeln	Formelzeichen	Einheiten

a) Wolkenstores aus einem Stoffteil

lichte Fensterbreite
+ seitliche Zugaben
= Fertigbreite des Wolkenstores

$$\text{Fertigbreite je Wolke} = \frac{\text{Fertigbreite des Wolkenstores}}{\text{Anzahl der Wolken}}$$

Fertigbreite je Wolke
+ Zugabe für Bogendurchhang
= Zuschnittbreite je Wolke

(Zuschnittbreite je Wolke · Anzahl der Wolken)
+ Zugabe für Köpfchen und Säume an den Außenkanten der äußeren Wolken
= Zuschnittbreite des Wolkenstores

Formelzeichen	Einheiten
lichte Fensterbreite	cm
seitliche Zugaben	cm
Fertigbreite des Wolkenstores	cm
Fertigbreite je Wolke	cm
Zugabe für Bogendurchhang	cm
Zuschnittbreite je Wolke	cm
Anzahl der Wolken	Stück
Zugabe für Köpfchen und Säume	cm
Zuschnittbreite des Wolkenstores	cm

Zuschnitt der Wolkenstores

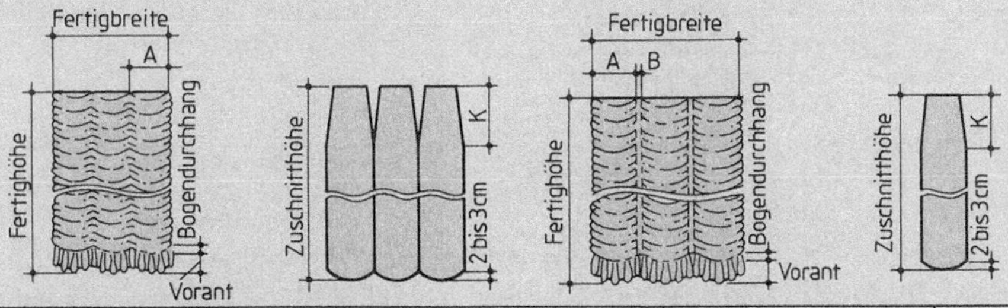

b) Wolkenstores aus einzelnen Wolken

lichte Fensterbreite + seitliche Zugaben
= Fertigbreite des Wolkenstores

Fertigbreite des Wolkenstores
– Summe der Abstände zwischen den Wolken
= Breite aller Wolken

$$\text{Fertigbreite je Wolke} = \frac{\text{Breite aller Wolken}}{\text{Anzahl der Wolken}}$$

Fertigbreite je Wolke
+ Zugabe für Bogendurchhang
+ Nahtzugabe für Außenkanten
= Zuschnittbreite je Wolke

Formelzeichen	Einheiten
lichte Fensterbreite	cm
seitliche Zugaben	cm
Fertigbreite des Wolkenstores	cm
Abstände zwischen den Wolken	cm
Breite aller Wolke	cm
Fertigbreite je Wolke	cm
Anzahl der Wolken	cm
Zugabe für den Bogendurchhang	cm
Nahtzugabe für die Außenkanten	cm
Zuschnittbreite je Wolke	cm

Einfache Raffgardine

Benennung/Bild	Formeln	Formelzeichen	Einheiten
Zuschnitt der einfachen Raffgardine			

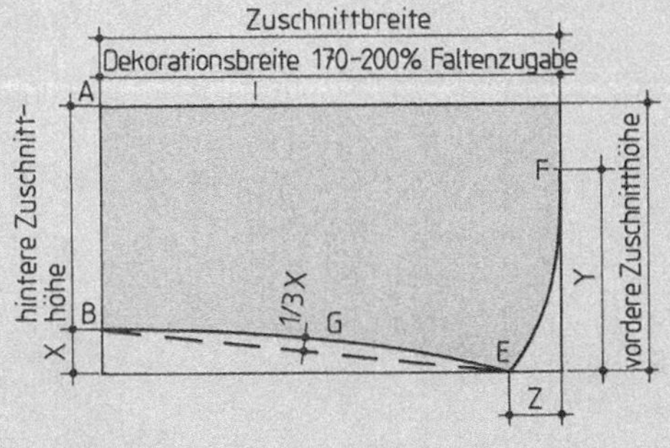

Einfache Raffgardine - von der Oberkante des oberen Abschlusses - von der Unterkante des unteren Abschlusses	Fertighöhe + Abschluß oben + Nahtzugabe oben – Volant, Borte, Franse + Aufsatz + Rollsaum unten = hintere Zuschnittgröße	Fertighöhe Abschluß oben Nahtzugabe oben Volant, Borte, Franse Aufsatz Rollsaum unten hintere Zuschnittgröße	cm cm cm cm cm cm cm
	gestrecktes Kettmaß + Abschluß oben + Nahtzugabe oben – Volant, Borte, Franse + Aufsatz + Rollsaum unten = vordere Zuschnittgröße	gestrecktes Kettmaß Abschluß oben Nahtzugabe oben Volant, Borte, Franse Aufsatz Rollsaum unten vordere Zuschnittgröße	cm cm cm cm cm cm cm
	Dekorationsbreite – Volant + Faltenzugabe = Zuschnittbreite je Raffschal Die Faltenzugabe entspricht 170 bis 200% der Dekorationsbreite	Dekorationsbreite Volant Faltenzugabe Zuschnittbreite je Raffschal	cm cm cm cm
	Stoffbedarf je Raffgardine = Zuschnittbreite je Raffschal · 2	Stoffbedarf je Raffgardine Zuschnittbreite je Raffschal	cm cm

Gerade Dekoschals – Teppichbodenberechnungen

Benennung/Bild	Formeln	Formelzeichen	Einheiten
Gerade Dekoschals, einfarbig - von der Oberkante des oberen Abschlusses - von der Unterkante des unteren Abschlusses	Die Berechnung der Zuschnitthöhe erfolgt wie bei Stores. Als Zuschnittbreite verwendet man die einfache oder $1\frac{1}{2}$fache Stoffbreite.		
Gerade Dekoschals, gemustert - von der Oberkante des oberen Abschlusses - von der Unterkante des unteren Abschlusses	Die Berechnung der Zuschnitthöhe erfolgt wie bei Stores. Als Zuschnittbreite verwendet man die einfache oder $1\frac{1}{2}$fache Stoffbreite.		
$\text{Anzahl der Rapporte} = \frac{\text{Zuschnitthöhe}}{\text{Rapporthöhe}}$ Stofflänge mit ganzem Rapport = Anzahl der Rapporte (aufgerundet) · Rapporthöhe Zu bestellendes Stoffmaß = Stofflänge · Anzahl der Stoffbreiten		Anzahl der Rapporte Zuschnitthöhe Rapporthöhe Stofflänge zu bestellendes Stoffmaß Anzahl der Stoffbreiten	Stück cm cm cm cm Stück
Noppenzahl bei getupften Bodenbelägen 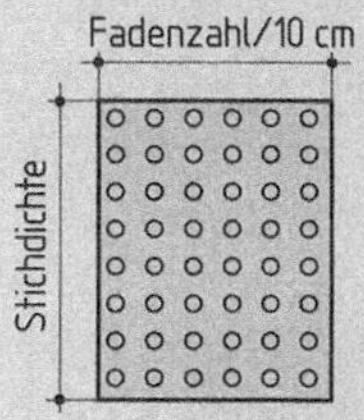	$\text{Fadenzahl} = \frac{10\ \text{cm}}{2{,}54\ \text{cm} \cdot \text{Teilung}}$ Noppenzahl pro m^2 = Fadenzahl · Stoffdichte · 100	Teilung (Anzahl der Nadeln pro Zoll in Querrichtung) Noppenzahl pro m^2 Fadenzahl Stichdichte (Anzahl der Nadeln pro 10 cm in Längsrichtung)	Stück Stück Stück Stück
Teppichbodenbeläge auf der Rolle 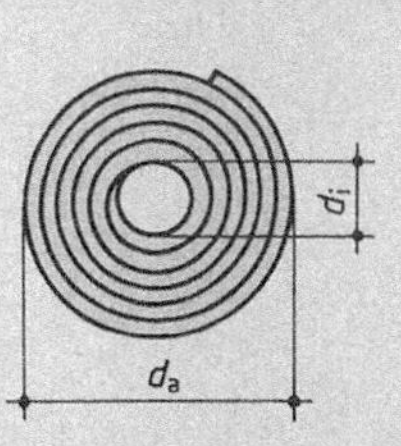	$l \approx \frac{d_a + d_i}{2} \cdot \pi \cdot n$	l = Länge d_a = Außendurchmesser d_i = Innendurchmesser p = 3,14 n = Anzahl der Windungen	mm, cm, dm, m mm, cm, dm, m mm, cm, dm, m Stück

Aufmaßregeln nach VOB

Bodenbelagsarbeiten – DIN 18363

Der **Ermittlung der Leistung nach Zeichnung** sind die Maße des ungeputzten, ungedämmten bzw. nicht bekleideten Bauteils zugrunde zu legen.

Die Abrechnung erfolgt nach Flächenmaß (m^2) oder Längenmaß (m).

Nach Flächenmaß werden abgerechnet:
Unterlagen, Bodenbeläge, Schutzabdeckungen, Vorbereiten des Untergrundes wie z. B. Reinigen, Spachteln, Schleifen.

Nach Längenmaß (m) werden abgerechnet:
Bodenbeläge von Stufen und Schwellen, Leisten, Profile, Friese, Abschneiden von Randstreifen und Abdeckungen, Verschweißen und Verfugen, Schließen von Fugen.

Es werden übermessen: Vorsprünge bis 0,50 m^2 Einzelgröße

Es werden abgezogen: Bei Abrechnung nach m^2:
Aussparungen, Öffnungen, Nischen über 2,5 m^2, Vorsprünge über 0,50 m^2 Einzelgröße

Bei Abrechnung nach Längenmaß (m):
Unterbrechungen über 1 m Einzellänge.

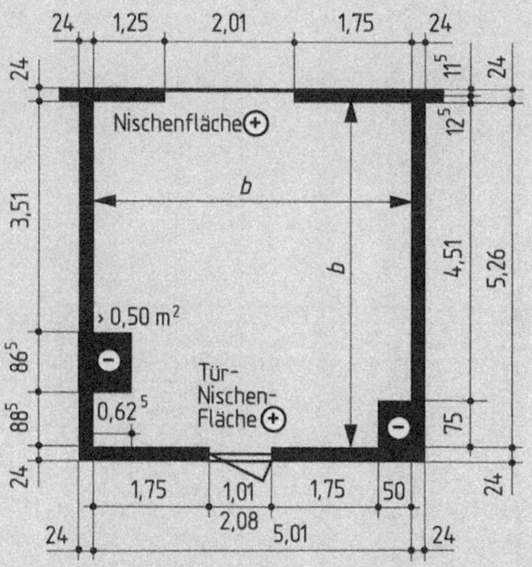

Der **Ermittlung der Leistung nach Aufmaß** sind die Maße des fertigen Bauteils, der fertigen Öffnung und Aussparung zugrunde zu legen.

Fertigmaße sind die sichtbaren Maße, also die Maße, die im Raum gemessen werden können. Dabei wird also von der verputzten Wand aus gemessen.

Die Festlegung, ob nach bestimmten Zeichnungen oder nach Aufmaß abgerechnet werden soll, ist bereits in der Leistungsbeschreibung zu treffen, um entsprechend kalkulieren zu können.

Bodenbelagsarbeiten nach VOB DIN 18365

Benennung/Bild	Formeln	Formelzeichen	Einheiten
Einfarbige Bahnenware	$\text{Anzahl der Bahnen} = \frac{\text{Aufmaß}}{\text{Bahnenbreite}}$ Bahnenlänge = Aufmaß + Zugaben für den Beschnitt Belagbedarf = Summe der Bahnenlängen · Bahnenbreite	Anzahl der Bahnen Aufmaß Bahnenbreite Bahnenlänge Zugaben für Beschnitt Belagbedarf	Stück mm, cm, dm, m mm, cm, dm, m mm, cm, dm, m mm, cm, dm, m mm^2, cm^2, dm^2, m^2
Gemusterte Bahnenware	$\text{Anzahl der Bahnen} = \frac{\text{Aufmaß}}{\text{Bahnenbreite}}$ Bahnenlänge = Aufmaß + Zugaben für den Beschnitt $\text{Anzahl der Rapporte} = \frac{\text{ermittelte Bahnenlänge}}{\text{Rapporthöhe}}$ Bahnenlänge mit ganzem Rapport = Anzahl der Rapporte (aufgerundet) · Rapporthöhe Belagbedarf = Summe der Bahnenlängen · Bahnenbreite	Anzahl der Bahnen Aufmaß Bahnenbreite Bahnenlänge Zugaben für Beschnitt Anzahl der Rapporte Rapporthöhe Bahnenlänge mit ganzem Rapport Belagbedarf	Stück mm, cm, dm, m mm, cm, dm, m mm, cm, dm, m mm, cm, dm, m Stück mm, cm, dm, m mm, cm, dm, m mm^2, cm^2, dm^2, m^2
Fliesenbedarf bei Parallelverlegung	$\text{Fliesenzahl Raumlänge} = \frac{\text{Raumlänge}}{\text{Fliesenmaß}}$ (auf ganze Fliesen aufgerundet) $\text{Fliesenzahl Raumbreite} = \frac{\text{Raumbreite}}{\text{Fliesenmaß}}$ (auf ganze Fliesen aufgerundet) Fliesenbedarf = Fliesenzahl Raumlänge · Fliesenzahl Raumbreite Werden mehrere Fliesenfarben verlegt, muß der errechnete Fließenbedarf auf die einzelnen Farben aufgeteilt werden: $\text{Fliesenbedarf je Farbe} = \frac{\text{errechneter Fliesenbedarf}}{\text{Anzahl der Farben}}$	Fliesenzahl Fliesenmaß Raumlänge Raumbreite Fliesenbedarf Anzahl der Farben 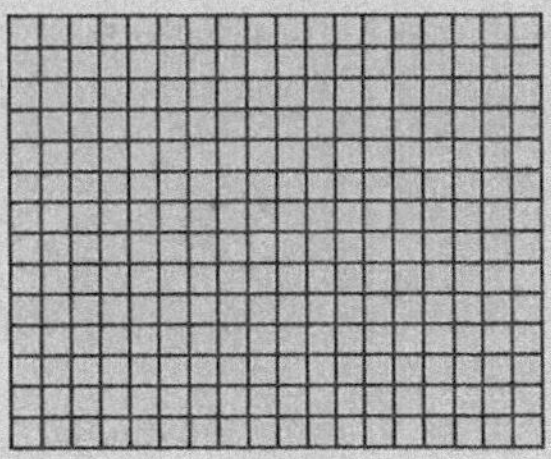	Stück mm, cm, dm, m mm, cm, dm, m mm, cm, dm, m Stück Stück

Bodenbelagsarbeiten nach VOB DIN 18365

Benennung/Bild	Formeln	Formelzeichen	Einheiten

Fliesenbedarf bei Parallelverlegung und umlaufendem Fries

$$\text{Fliesenzahl Raumlänge} = \frac{\text{Raumlänge}}{\text{Fliesenmaß}}$$

(auf ganze Fliesen abgerundet)

$$\text{Fliesenzahl Raumbreite} = \frac{\text{Raumbreite}}{\text{Fliesenmaß}}$$

(auf ganze Fliesen abgerundet)

$$\text{Fliesenbedarf} = \text{Fliesenzahl Raumlänge} \cdot \text{Fliesenzahl Raumbreite}$$

Werden mehrere Fliesenfarben verlegt, muß der errechnete Fliesenbedarf auf die einzelnen Farben aufgeteilt werden:

$$\text{Fliesenbedarf je Farbe} = \frac{\text{errechneter Fliesenbedarf}}{\text{Anzahl der Farben}}$$

$$\text{Friesbreite der Raumlänge} = \frac{\text{Raumlänge} \cdot (\text{Fliesenzahl Raumlänge} \cdot \text{Fliesenmaß})}{2}$$

$$\text{Friesbreite der Raumbreite} = \frac{\text{Raumbreite} \cdot (\text{Fliesenzahl Raumbreite} \cdot \text{Fliesenmaß})}{2}$$

Formelzeichen	Einheiten
Fliesenzahl	Stück
Fliesenmaß	mm, cm, dm, m
Raumlänge	mm, cm, dm, m
Raumbreite	mm, cm, dm, m
Fliesenbedarf	Stück
Anzahl der Farben	Stück
Friesbreite	mm, cm, dm, m

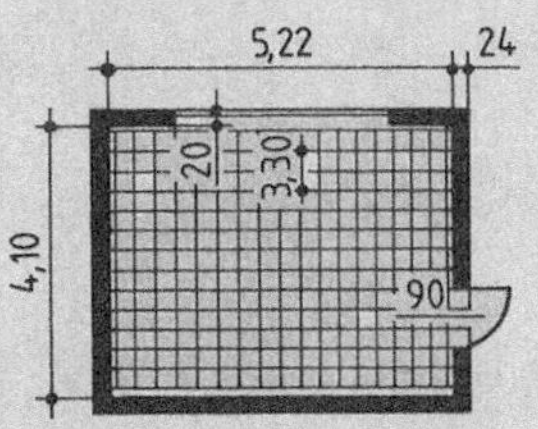

Fliesenbedarf bei Schrägverlegung

$$\text{Fliesendiagonale} = \text{Fliesenmaß} \cdot 1{,}414$$

$$\text{Fliesenzahl Raumlänge} = \frac{\text{Raumlänge}}{\text{Fliesendiagonale}}$$

(auf ganze Fliesen aufgerundet)

$$\text{Fliesenzahl Raumbreite} = \frac{\text{Raumbreite}}{\text{Fliesendiagonale}}$$

(auf ganze Fliesen aufgerundet)

$$\text{Fliesenbedarf} = \text{Fliesenzahl Raumlänge} \cdot \text{Fliesenzahl Raumbreite} \cdot 2$$

Werden mehrere Fliesenfarben verlegt, muß der errechnete Fließenbedarf auf die einzelnen Farben aufgeteilt werden:

$$\text{Fliesenbedarf je Farbe} = \frac{\text{errechneter Fliesenbedarf}}{\text{Anzahl der Farben}}$$

Formelzeichen	Einheiten
Fliesendiagonale	mm, cm, dm, m
Fliesenzahl	Stück
Fliesenmaß	mm, cm, dm, m
Raumlänge	mm, cm, dm, m
Raumbreite	mm, cm, dm, m
Fliesenbedarf	Stück
Anzahl der Farben	Stück
Friesbreite	mm, cm, dm, m

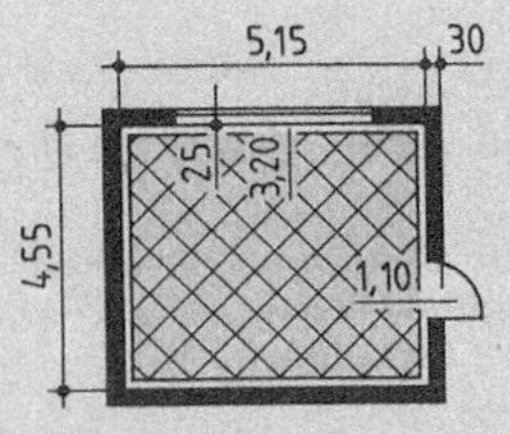

Bodenbelagsarbeiten nach VOB DIN 18365

Benennung/Bild	Formeln	Formelzeichen	Einheiten

Fliesenbedarf bei Schrägverlegung und umlaufendem Fries

Fliesendiagonale = Fliesenmaß · 1,414

$$\text{Fliesenzahl Raumlänge} = \frac{\text{Raumlänge}}{\text{Fliesendiagonale}}$$

(auf ganze Fliesen aufgerundet)

$$\text{Fliesenzahl Raumbreite} = \frac{\text{Raumbreite}}{\text{Fliesendiagonale}}$$

(auf ganze Fliesen aufgerundet)

Fliesenbedarf =
Fliesenzahl Raumlänge · Fliesenzahl Raumbreite · 2

Werden mehrere Fliesenfarben verlegt, muss der errechnete Fließenbedarf auf die einzelnen Farben aufgeteilt werden:

$$\text{Fliesenbedarf je Farbe} = \frac{\text{errechneter Fliesenbedarf}}{\text{Anzahl der Farben}}$$

Friesbreite der Raumlänge =

$$\frac{\text{Raumlänge} \cdot (\text{Fliesenzahl Raumlänge} \cdot \text{Fliesendiagonale})}{2}$$

Friesbreite der Raumbreite =

$$\frac{\text{Raumbreite} \cdot (\text{Fliesenzahl Raumbreite} \cdot \text{Fliesendiagonale})}{2}$$

Formelzeichen	Einheiten
Fliesendiagonale	mm, cm, dm, m
Fliesenzahl	Stück
Fliesenmaß	mm, cm, dm, m
Raumlänge	mm, cm, dm, m
Raumbreite	mm, cm, dm, m
Fliesenbedarf	Stück
Anzahl der Farben	Stück
Friesbreite	mm, cm, dm, m

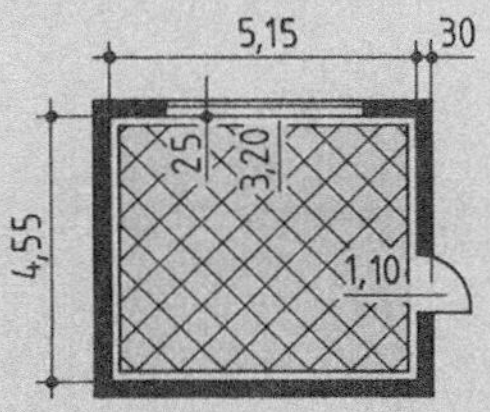

Aufmaßformblatt nach VOB

Objektbezeichnung	Nummer	Datum	Blatt-Nr.

Raum	Pos.	+/–	Aufmaß			Ergebnis

Werkstoffbedarf für Bodenbelagsarbeiten

Benennung/Bild	Formeln	Formelzeichen	Einheiten
Spachtel-, Ausgleichs- und Nivelliermassen	Bedarf = Raumfläche · Verbrauch · Dicke	Bedarf Raumfläche Verbrauch Dicke (Schichtdicke, Auftragsdicke)	kg m^2 $\frac{kg}{m^2}$ je mm Dicke mm
Vorstrichmittel, Klebstoffverbrauch	Bedarf = Raumfläche · Verbrauch	Bedarf Raumfläche Verbrauch	g, kg m^2 $\frac{g}{m^2}$, $\frac{kg}{m^2}$
Nagelleistenbedarf bei einer Teppichbodenverspannung	Summe aller Wandlängen – Türöffnungen = Nagelleistenbedarf Anzahl der Nagelleisten = $\frac{\text{Nagelleistenbedarf}}{\text{Länge der Nagelleisten}}$	Summe aller Wandlängen Türöffnungen Nagelleistenbedarf Anzahl der Nagelleisten Länge der Nagelleisten	mm, cm, dm, m mm, cm, dm, m Stück Stück mm, cm, dm, m
Bedarf der Teppichunterlage bei einer Teppichbodenverspannung	Die Bedarfsberechnung erfolgt wie bei der Bedarfsberechnung für einfarbige oder gemusterte Bahnenware.	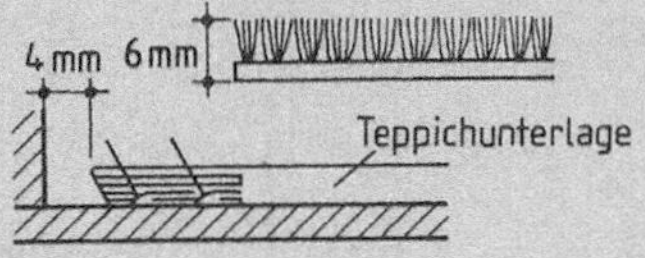 	
Sockelleistenbedarf	Summe aller Wandlängen – Türöffnungen = Sockelleistenbedarf Anzahl der Sockelleisten = $\frac{\text{Sockelleistenbedarf}}{\text{Länge der Sockelleisten}}$	Summe aller Wandlängen Türöffnungen Sockelleistenbedarf Anzahl der Sockelleisten Länge der Sockelleisten	mm, cm, dm, m mm, cm, dm, m Stück Stück mm, cm, dm, m

Aufmaßregeln nach VOB – Tapetenbedarf

Benennung/Bild	Formeln	Formelzeichen	Einheiten

Aufmaßregeln nach VOB DIN 18363 Tapezierarbeiten

Im wesentlichen entsprechen die Aufmaßregeln für Tapezierarbeiten den Regeln für Anstricharbeiten (DIN 18363).

Es werden übermessen: Fuß- und Sockelleisten (Riemchen) und ähnliches bis 10 cm Höhe. Öffnungen, Aussparungen und Nischen bis zu 2,5 m^2 Einzelgröße. Gesimse, Umrahmungen, Faschen von Füllungen oder Öffnungen. Rahmen, Deckenbalken, Ständer, Fachwerksteile u. ä. aus Holz oder Metall bis 30 cm Einzelbreite.

Es werden abgezogen: Öffnungen, Aussparungen und Nischen über 2,5 m^2 Einzelgröße. Wenn nach Längenmaß abgerechnet wird: Unterbrechungen über 1 m Einzellänge.

Rückflächen von Nischen werden grundsätzlich gesondert gerechnet. Dabei spielt die Einzelgröße der Nische keine Rolle.

Tapetenbedarf berechnet nach der Nutzfläche einer Rolle

Tapetenfläche einer Tapetenrolle = Tapetenlänge · Tapetenbreite

$$\text{Abzug} = \frac{\text{Tapetenfläche einer Rolle} \cdot \text{Prozentsatz}}{100\ \%}$$

Nutzfläche einer Tapetenrolle = Tapetenfläche einer Tapetenrolle · Abzug

$$\text{Anzahl der Tapetenrollen} = \frac{\text{Wandfläche} - \text{Türflächen} - \text{Fensterflächen}}{\text{Nutzfläche einer Tapete}}$$

(auf ganze Tapetenrollen aufgerundet)

Formelzeichen	Einheiten
Tapetenfläche einer Tapetenrolle	mm^2, cm^2, dm^2, m^2
Tapetenlänge	mm, cm, dm, m
Tapetenbreite	mm, cm, dm, m
Abzug	mm^2, cm^2, dm^2, m^2
Prozentsatz	%

- ansatzfreie Tapeten 10%
- Tapeten mit kleinem Rapport (bis 20 cm Rapporthöhe) 20%
- Tapeten mit großem Rapport (über 20 cm Rapporthöhe) 30%

Formelzeichen	Einheiten
Nutzfläche einer Tapetenrolle	mm^2, cm^2, dm^2, m^2
Anzahl der Tapetenrollen	Stück
Wandfläche	mm^2, cm^2, dm^2, m^2
Türfläche	mm^2, cm^2, dm^2, m^2
Fensterfläche	mm^2, cm^2, dm^2, m^2

Tapetenbedarf

Benennung/Bild	Formeln	Formelzeichen	Einheiten
Bedarf an Tapeten ohne Rapport berechnet nach den zu tapezierenden Tapetenbahnen			
Bahnenanzahl = $\frac{\text{Summe aller Wandlängen} - \text{Türbreiten} - \text{Fensterbreiten}}{\text{Tapetenbreite}}$ (auf ganze Bahnen aufgerundet)		Bahnenanzahl Wandlänge Türbreite Fensterbreite Tapetenbreite	Stück mm, cm, dm, m mm, cm, dm, m mm, cm, dm, m mm, cm, dm, m
Bahnen je Rolle = $\frac{\text{Länge der Tapetenrolle}}{\text{Wandhöhe} + \text{Beschnittzugabe}}$ (auf ganze Bahnen abgerundet)		Bahnen je Rolle Länge der Tapetenrolle Wandhöhe Beschnittzugabe	Stück mm, cm, dm, m mm, cm, dm, m mm, cm, dm, m
Anzahl der benötigten Rollen = $\frac{\text{Bahnenanzahl}}{\text{Bahnen je Rolle}}$ (auf ganze Bahnen abgerundet)		Anzahl der benötigten Rollen Bahnenanzahl Bahnen je Rolle	Stück Stück Stück
⇓ Kontrolle der Reststücke ⇑			
a) Bedarf für den Türsturz			
Bahnenanzahl = $\frac{\text{Breite des Türsturzes}}{\text{Tapetenbreite}}$ (auf ganze Bahnen aufgerundet) Bahnenlänge = Höhe des Türsturzes + Beschnittzugabe		Bahnenanzahl Breite des Türsturzes Tapetenbreite Bahnenlänge Höhe des Türsturzes Beschnittzugabe	Stück mm, cm, dm, m mm, cm, dm, m mm, cm, dm, m mm, cm, dm, m mm, cm, dm, m
b) Bedarf für den Fenstersturz			
Bahnenanzahl = $\frac{\text{Breite des Fenstersturzes}}{\text{Tapetenbreite}}$ (auf ganze Bahnen aufgerundet)		Bahnenanzahl Breite des Fenstersturzes Tapetenbreite	Stück mm, cm, dm, m mm, cm, dm, m
Höhe des Fenstersturzes + Tiefe der Fensterlaibung + Beschnittzugabe = Bahnenlänge		Höhe des Fenstersturzes Tiefe der Fensterlaibung Beschnittzugabe Bahnenlänge	mm, cm, dm, m mm, cm, dm, m mm, cm, dm, m mm, cm, dm, m
c) Bedarf für die Fensterlaibung			
Bahnenanzahl = $\frac{\text{Tiefe der Fensterlaibung}}{\text{Tapetenbreite}}$ (auf ganze Bahnen aufgerundet) Bahnenlänge = Laibungshöhe + Beschnittzugabe		Bahnenanzahl Tiefe der Fensterlaibung Tapetenbreite Bahnenlänge Laibungshöhe Beschnittzugabe	Stück mm, cm, dm, m mm, cm, dm, m mm, cm, dm, m mm, cm, dm, m mm, cm, dm, m

Tapetenbedarf

Benennung/Bild	Formeln	Formelzeichen	Einheiten
d) Bedarf für die Fensternische	$\text{Bahnenanzahl} = \frac{\text{Breite der Fensternische}}{\text{Tapetenbreite}}$ (auf ganze Bahnen aufgerundet)	Bahnenanzahl Breite der Fensternische Tapetenbreite	Stück mm, cm, dm, m mm, cm, dm, m
	Höhe der Fensternische + Beschnittzugabe = Bahnenlänge	Höhe der Fensternische Beschnittzugabe Bahnenlänge	mm, cm, dm, m mm, cm, dm, m mm, cm, dm, m
Bedarf an Tapeten mit Rapport berechnet nach den zu tapezierenden Tapetenbahnen	$\text{Bahnenanzahl} = \frac{\text{Summe aller Wandlängen} - \text{Türbreiten} - \text{Fensterbreiten}}{\text{Tapetenbreite}}$ (auf ganze Bahnen aufgerundet)	Bahnenanzahl Wandlänge Türbreite Fensterbreite Tapetenbreite	Stück mm, cm, dm, m mm, cm, dm, m mm, cm, dm, m mm, cm, dm, m
	$\text{Anzahl der Rapporte} = \frac{\text{Wandhöhe} + \text{Beschnittzugabe}}{\text{Rapporthöhe}}$ (auf ganze Rapporte aufgerundet)	Anzahl der Rapporte Wandhöhe Beschnittzugabe Rapporthöhe	Stück mm, cm, dm, m mm, cm, dm, m mm, cm, dm, m
	$\text{Bahnenlänge} = \text{Anzahl der Rapporte} \cdot \text{Rapporthöhe}$	Bahnenlänge	mm, cm, dm, m
	$\text{Bahnen je Rolle} = \frac{\text{Länge der Tapetenrolle}}{\text{Bahnenlänge}}$ (auf ganze Bahnen abgerundet)	Bahnen je Rolle Länge der Tapetenrolle	Stück mm, cm, dm, m
	$\text{Anzahl der benötigten Rollen} = \frac{\text{Bahnenanzahl}}{\text{Bahnen je Rolle}}$ (auf ganze Bahnen aufgerundet)	Anzahl der benötigten Rollen Bahnenanzahl Bahnen je Rolle	Stück Stück Stück
	⇓ Kontrolle der Reststücke ⇑		
a) Bedarf für den Türsturz	$\text{Bahnenanzahl} = \frac{\text{Breite des Fenstersturzes}}{\text{Tapetenbreite}}$ (auf ganze Bahnen aufgerundet)	Bahnenanzahl Breite des Türsturzes Tapetenbreite	Stück mm, cm, dm, m mm, cm, dm, m
	$\text{Anzahl der Rapporte} = \frac{\text{Höhe des Türsturzes} + \text{Beschnittzugabe}}{\text{Rapporthöhe}}$ (auf ganze Rapporte aufgerundet)	Anzahl der Rapporte Höhe des Türsturzes Beschnittzugabe Rapporthöhe	Stück mm, cm, dm, m mm, cm, dm, m mm, cm, dm, m
	$\text{Bahnenlänge} = \text{Anzahl der Rapporte} \cdot \text{Rapporthöhe}$	Bahnenlänge	mm, cm, dm, m

Tapetenbedarf

Benennung/Bild	Formeln	Formelzeichen	Einheiten
b) Bedarf für den Fenstersturz			
	$\text{Bahnenanzahl} = \frac{\text{Breite des Fenstersturzes}}{\text{Tapetenbreite}}$ (auf ganze Bahnen aufgerundet)	Bahnenanzahl Breite des Fenstersturzes Tapetenbreite	Stück mm, cm, dm, m mm, cm, dm, m
	Höhe des Fenstersturzes + Tiefe der Fensterlaibung + Beschnittzugabe = benötigte Länge	Höhe des Fenstersturzes Tiefe der Fensterlaibung Beschnittzugabe benötigte Länge	mm, cm, dm, m mm, cm, dm, m mm, cm, dm, m mm, cm, dm, m
	$\text{Anzahl der Rapporte} = \frac{\text{benötigte Länge}}{\text{Rapporthöhe}}$ (auf ganze Rapporte aufgerundet)	Anzahl der Rapporte benötigte Länge Rapporthöhe	Stück mm, cm, dm, m mm, cm, dm, m
	Bahnenlänge = Anzahl der Rapporte · Rapporthöhe	Bahnenlänge	mm, cm, dm, m
c) Bedarf für die Fensterlaibung			
	$\text{Bahnenanzahl} = \frac{\text{Tiefe der Fensterlaibung}}{\text{Tapetenbreite}}$ (auf ganze Rapporte aufgerundet)	Bahnenanzahl Tiefe der Fensterlaibung Tapetenbreite	Stück mm, cm, dm, m mm, cm, dm, m
	$\text{Anzahl der Rapporte} = \frac{\text{Laibungshöhe} + \text{Beschnittzugabe}}{\text{Rapporthöhe}}$ (auf ganze Rapporte aufgerundet)	Anzahl der Rapporte Laibungshöhe Beschnittzugabe Rapporthöhe	Stück mm, cm, dm, m mm, cm, dm, m mm, cm, dm, m
	Bahnenlänge = Anzahl der Rapporte · Rapporthöhe	Bahnenlänge	mm, cm, dm, m
d) Bedarf für die Fensternische			
	$\text{Bahnenanzahl} = \frac{\text{Breite der Fensternische}}{\text{Tapetenbreite}}$ (auf ganze Bahnen aufgerundet)	Bahnenanzahl Breite der Fensternische Tapetenbreite	Stück mm, cm, dm, m mm, cm, dm, m
	$\text{Anzahl der Rapporte} = \frac{\text{Höhe der Fensternische} + \text{Beschnittzugabe}}{\text{Rapporthöhe}}$ (auf ganze Rapporte aufgerundet)	Anzahl der Rapporte Höhe der Fensternische Beschnittzugabe Rapporthöhe	Stück mm, cm, dm, m mm, cm, dm, m mm, cm, dm, m
	Bahnenlänge = Anzahl der Rapporte · Rapporthöhe	Bahnenlänge	mm, cm, dm, m

Wandbelagbedarf – Kleisterbedarf – Wandbespannungen

Benennung/Bild	Formeln	Formelzeichen	Einheiten
Wandbelagbedarf bei schmaler Rollenware (z. B. Glasfasergewebe, Tuftingbeläge, Rupfen)	Die Berechnung erfolgt wie bei - Tapetenbedarf berechnet nach der Nutzfläche einer Rolle oder - Bedarf an Tapeten berechnet nach den zu tapezierenden Tapetenbahnen		
Wandbelagbedarf bei wandhohen Belägen (z. B. Kunststoffolie) Zuschnittlänge = Wandlänge + Beschnittzugabe Zuschnittbreite = Wandhöhe + Beschnittzugabe (Die Belagbreite entspricht der Wandhöhe)		Zuschnittlänge Wandlänge Beschnittzugabe Zuschnittbreite Wandhöhe	mm, cm, dm, m mm, cm, dm, m mm, cm, dm, m mm, cm, dm, m mm, cm, dm, m
Kleisterbedarf, Klebstoffbedarf	Bedarf = Wandfläche · Verbrauch	Bedarf Raumfläche Verbrauch	g, kg m^2 $\frac{g}{m^2}, \frac{kg}{m^2}$
Leistenverbrauch bei Wandbespannungen, auf Gehrung gestoßen 2 · Wandhöhe + 2 · Wandlänge + 2 · (Türhöhe + Leistenbreite) je Türe + 2 · (Brüstungshöhe + Laibungshöhe + Leistenbreite) je Fenster = Leistenverbrauch		Wandhöhe Wandlänge Türhöhe Leistenbreite Brüstungshöhe Laibungshöhe Leistenverbrauch	mm, cm, dm, m mm, cm, dm, m mm, cm, dm, m mm, cm, dm, m mm, cm, dm, m mm, cm, dm, m mm, cm, dm, m

Anordnung der Kunststoff-Profilleisten bei einer Querbespannung

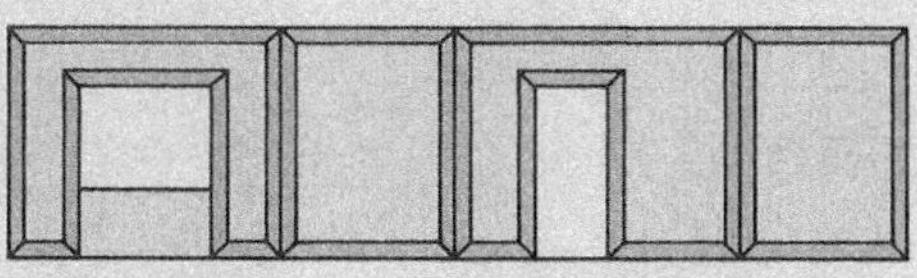

Wandbespannungen

Benennung/Bild	Formeln	Formelzeichen	Einheiten

Leistenverbrauch bei Wandbespannungen, stumpf gestoßen

2 · Wandhöhe
\+ 2 · (Wandlänge – 2 · Leistenbreite)
\+ 2 · Türhöhe je Türe
\+ 2 · (Brüstungshöhe + Laibungshöhe je Fenster
= Leistenverbrauch

Formelzeichen	Einheiten
Wandhöhe	mm, cm, dm, m
Wandlänge	mm, cm, dm, m
Türhöhe	mm, cm, dm, m
Leistenbreite	mm, cm, dm, m
Brüstungshöhe	mm, cm, dm, m
Laibungshöhe	mm, cm, dm, m
Leistenverbrauch	mm, cm, dm, m

Anordnung der Holzleisten bei einer Querbespannung

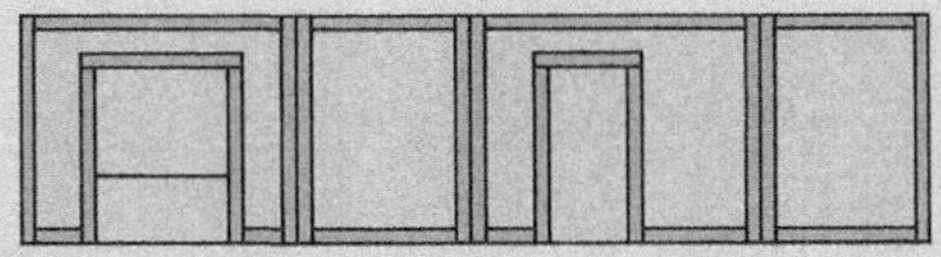

Leistenbedarf, Anzahl der Leisten

$$\text{Leistenbedarf} = \frac{\text{Leistenverbrauch} \cdot 100\%}{(100\% \cdot \text{Verschnitt}\%)}$$

Formelzeichen	Einheiten
Leistenbedarf	mm, cm, dm, m
Leistenverbrauch	mm, cm, dm, m
Verschnitt	%

$$\text{Anzahl der Leisten} = \frac{\text{Leistenbedarf}}{\text{Leistenlänge}}$$

Formelzeichen	Einheiten
Anzahl der Leisten	Stück
Leistenbedarf	mm, cm, dm, m
Leistenlänge	mm, cm, dm, m

Bedarf der Zwischenlage

Wandlänge
– Türbreite
– Fensterbreite
= zu bekleidendes Wandmaß

$$\text{Bahnenanzahl} = \frac{\text{zu bekleidendes Wandmaß}}{\text{Bahnenbreite}}$$

(auf ganze Bahnen aufgerundet)

Formelzeichen	Einheiten
Wandlänge	mm, cm, dm, m
Türbreite	mm, cm, dm, m
Fensterbreite	mm, cm, dm, m
zu bekleidendes Wandmaß	mm, cm, dm, m
Bahnenanzahl	Stück
Bahnenbreite	mm, cm, dm, m

Bedarf der Zwischenlage = Bahnenanzahl · Wandhöhe

Formelzeichen	Einheiten
Bedarf der Zwischenlage	mm, cm, dm, m
Bahnenanzahl	Stück
Wandhöhe	mm, cm, dm, m

Sollten die Reststücke für die fenster- und Türstürze nicht ausreichen, muß der Bedarf dafür zum bisherigen Bedarf dazugerechnet werden.

Wandbespannungen – Treppenhauswände

Benennung/Bild	Formeln	Formelzeichen	Einheiten
a) Bedarf für den Türsturz	$\text{Bahnenanzahl} = \dfrac{\text{Breite des Türsturzes}}{\text{Bahnenbreite}}$ (auf ganze Bahnen aufgerundet)	Bahnenanzahl Breite des Türsturzes Bahnenbreite	Stück mm, cm, dm, m mm, cm, dm, m
	Bedarf der Zwischenlage = Bahnenanzahl · Höhe des Türsturzes	Bedarf der Zwischenlage Bahnenanzahl Höhe des Türsturzes	mm, cm, dm, m Stück mm, cm, dm, m
b) Bedarf für den Fenstersturz	$\text{Bahnenanzahl} = \dfrac{\text{Breite des Fenstersturzes}}{\text{Bahnenbreite}}$ (auf ganze Bahnen aufgerundet)	Bahnenanzahl Breite des Fenstersturzes Bahnenbreite	Stück mm, cm, dm, m mm, cm, dm, m
	Bedarf der Zwischenlage = Bahnenanzahl · Höhe des Fenstersturzes	Bedarf der Zwischenlage Höhe des Fenstersturzes	mm, cm, dm, m mm, cm, dm, m
Berechnung des Stoffbedarfs für eine Bespannung	Zuschnittlänge = Wandlänge + Beschnittzugabe	Zuschnittlänge Wandlänge Beschnittzugabe	mm, cm, dm, m mm, cm, dm, m mm, cm, dm, m
	Zuschnittbreite = Wandhöhe + Beschnittzugabe (Die Stoffbreite entspricht der Wandhöhe)	Zuschnittbreite Wandhöhe	mm, cm, dm, m mm, cm, dm, m
Berechnung tapezierter Treppenhauswände	$\text{Anzahl der Trittstufen je Bahn} = \dfrac{\text{Tapetenbreite}}{\text{Breite der Trittstufe}}$	Anzahl der Trittstufen Tapetenbreite Breite der Trittstufe	Stück mm, cm, dm, m mm, cm, dm, m
	Zugabe = Anzahl der Trittstufen je Bahn · Breite der Setzstufe	Zugabe Breite der Setzstufe	mm, cm, dm, m mm, cm, dm, m
	Bahnenlänge = Höhe der Treppenhauswand + Zugabe (auf ganze Bahnen aufgerundet)	Bahnenlänge Höhe der Treppenhauswand	mm, cm, dm, m mm, cm, dm, m
	$\text{Bahnen je Rolle} = \dfrac{\text{Länge der Tapetenrolle}}{\text{Bahnenlänge} + \text{Beschnittzugabe}}$ (auf ganze Bahnen aufgerundet)	Bahnen je Rolle Länge der Tapetenrolle Bahnenlänge Beschnittzugabe	Stück mm, cm, dm, m mm, cm, dm, m mm, cm, dm, m
	$\text{Anzahl benötigter Rollen} = \dfrac{\text{Länge der Treppenhauswand}}{\text{Bahnen je Rolle} \cdot \text{Tapetenbreite}}$ (auf ganze Rollen aufgerundet)	Anzahl benötigter Rollen Tapetenbreite	Stück mm, cm, dm, m
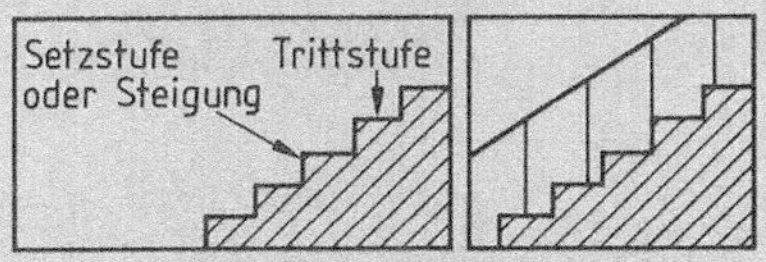 			

Kalkulation

Materialkosten

Bezeichnung	Stück	Preis	Gesamt
		DM	DM
		DM	DM
		DM	DM
		DM	DM
		DM	DM
		Summe =	DM

Materialgemeinkosten

%	von	DM	=	DM
Prozent		Materialkosten		Materialgemeinkosten

Lohnkosten

Bezeichnung	Anzahl	DM/Stunde	Gesamt
		DM	DM
		DM	DM
		DM	DM
		Summe =	DM

Lohngemeinkosten

%	von	DM	=	DM
Prozent		Lohnkosten		Lohngemeinkosten

Herstellkosten

Materialkosten + Materialgemeinkosten + Lohnkosten + Lohngemeinkosten = DM
Herstellkosten

Wagnis und Gewinn

%	von	DM	=	DM
Prozent		Herstellkosten		Wagnis und Gewinn

Nettoverkaufspreis

DM	+	DM	=	DM
Herstellkosten		Wagnis und Gewinn		Nettoverkaufspreis

Mehrwertsteuer

DM	von	DM	=	DM
Prozent		Nettoverkaufspreis		Mehrwertsteuer

Bruttoverkaufspreis

DM	+	DM	=	DM
Nettoverkaufspreis		Mehrwertsteuer		Bruttoverkaufspreis

Sachwortverzeichnis

GPSR Compliance

The European Union's (EU) General Product Safety Regulation (GPSR) is a set of rules that requires consumer products to be safe and our obligations to ensure this.

If you have any concerns about our products, you can contact us on ProductSafety@springernature.com

In case Publisher is established outside the EU, the EU authorized representative is:

Springer Nature Customer Service Center GmbH
Europaplatz 3
69115 Heidelberg, Germany

Batch number: 10816182

Printed by Printforce, the Netherlands